U0787071

高等学校工程应用型系列教材

C 语言程序设计

王廷梅　胡正坤　刘　琨　赵　玮　编著

科　学　出　版　社

北　京

内 容 简 介

本书是以实现一个完整的企业项目——学生成绩管理系统为载体展开的，主要实现录入、查询、统计、管理和保存等功能。本书主要内容包括C语言程序设计概述、C语言编程元素、选择程序设计、循环程序设计、数组程序设计、指针程序设计、函数程序设计、结构体程序设计、文件、C语言调试等。

本书适用于电子信息工程、计算机科学与技术及其相关专业应用型本科学生，也适用于C语言程序设计的初学者或以C语言为工作对象的工程技术人员；高职教育的相关专业的学生也可以通过内容的删减达到C语言学习的目的。

图书在版编目(CIP)数据

C语言程序设计 / 王廷梅等编著. —北京：科学出版社，2016.8
高等学校工程应用型系列教材
ISBN 978-7-03-049568-6

Ⅰ. ①C… Ⅱ. ①王… Ⅲ. ①C语言－程序设计－高等学校－教材 Ⅳ. ①TP312.8

中国版本图书馆CIP数据核字(2016)第190905号

责任编辑：潘斯斯 张丽花 / 责任校对：郭瑞芝
责任印制：赵 博 / 封面设计：迷底书装

科学出版社 出版
北京东黄城根北街16号
邮政编码：100717
http://www.sciencep.com
三河市骏杰印刷有限公司印刷
科学出版社发行 各地新华书店经销

*

2016年8月第 一 版 开本：787×1092 1/16
2025年8月第九次印刷 印张：22
字数：570 000

定价：79.00元

(如有印装质量问题，我社负责调换)

前　言

C 语言是一种计算机程序设计语言。其功能齐全，具有丰富的数据类型，计算功能和逻辑判断功能强大，适用于多种操作系统和多种机型，应用灵活广泛。它既有高级语言的特点，又具有汇编语言的特点。它可以作为系统设计语言，编写大型系统应用程序，也可以作为应用程序设计语言，编写不依赖计算机硬件的应用程序。

近年来，随着计算机技术的普及和应用，C 语言不仅被计算机及相关行业的从业者所掌握，而且被更广泛的计算机应用及爱好者学习和使用。国内外的许多高校，无论是本科教育还是高职教育，均把 C 语言程序设计作为计算机及其相关专业的入门语言和专业的学习起点。对于计算机偏软件类的专业来说，C 语言程序设计甚至成为其专业学习成功与否的关键点。

目前关于 C 语言程序设计类的书籍种类繁多，大概包括以下三种：第一类是经典类教材《C 语言程序设计》，这类教材知识点全面，内容丰富，且知识点讲解清晰。但是全书是以 C 语言本身为目标，强调知识点的学习，而不强调程序设计的逻辑思维。第二类是案例类教程《C 语言程序设计案例教程》，这类教材将知识点融入到案例中。但是整个章节不是完整的案例，也不是案例来驱动的，还是像经典教程一样讲解知识点，然后实现案例，重点还是案例的最终实现，而不是分析和设计的过程。第三类是程序设计思想与方法类教材，这类教材已经充分认识到程序设计中逻辑思维的培养、程序的书写风格，以及程序优化的重要性，但不是以一个完整的案例展开的，且一般描述比较抽象，内容较深。使用这类教材对应用型本科会存在很大困难。故在现有的计算机语言类教材中，都是按照语言自身为目标展开的，其案例也是围绕如何学会语言的知识点而设立的。但是在计算机语言的学习中，语言本身恰恰是最简单的，重点是如何用编程思维分析问题，用编程逻辑描述问题、程序调试技术、优化技术、代码规范等，以及程序设计的过程所涉及的方法、技术、工具以及规范，培养学习者逻辑思维能力、算法描述能力、规范代码能力、代码优化能力等。

本书是以实现一个完整的企业项目——学生成绩管理系统为载体展开的，主要实现录入、查询、统计、管理和保存等功能。知识体系主要包括 C 语言的编辑和编译环境、C 语言的描述工具、C 语言的分析和设计方法、C 语言的基本编程元素（包括数据类型、运算符和表达式、三种控制结构、数组、函数、指针、编译预处理、结构体和文件）、C 语句基本的优化方法等，在深度和广度上达到本科教育层次要求。在组织方式上，教学章节则按照职业任务构建和展开。第 1 章确定了学生成绩管理系统的开发语言、开发过程和功能模块框架；第 2 章通过讲解 C 语言的基本编程元素，分析确定了学生成绩管理系统的数据分析及系统的相关输入和输出方式和方法；第 3 章通过讲述选择程序设计实现了系统功能菜单多项选择功能；第 4 章利用循环程序设计实现了系统完整菜单功能；第 5 章通过讲解数组程序设计方法实现系统统计功能；第 6 章利用指针技术实现了系统查询功能；第 7 章函数实现了系统部分功能的模块化；第 8 章通过对结构体程序设计的方法的学习，实现了系统的录入和管理功能，其中管理功能包括增加、修改、删除等；第 9 章则通过对 C 语言文件的学习，实现了学生成绩管理系统的各种数据的备份和保存的功能；第 10 章为 C 语言调试。

本书编写顺序打破传统语言的知识体系，将程序设计语言知识点融入到项目中，每一章节设定任务，以任务驱动来展开内容的编写。每个任务按照问题描述、问题分析、关键知识点、任务实现、程序优化、代码阅读等 6 个环节进行讲解，并在每章节后设立相似的习题供学习者练习。按照任务来展开语言教学，不仅使学生学到语言的知识点，更重要的是掌握适用的场合、思维方法、分析和设计的过程、优化的方法。本书不是以教师为中心的教程，而是以学习者为中心的学习思路，重视编程逻辑思维的培养，并将职业及岗位所需的经验和技巧融入到各个环节中，可以有效改善学习者的学习效果。

本书的主要内容在应用型本科和高职院校计算机及相关专业使用多年，并根据任课教师、学生的意见和建议进行了多次的调整与完善。本书适用于电子信息工程、计算机科学与技术及其相关专业应用型本科学生，也适用于 C 语言程序设计的初学者或以 C 语言为工具的职场工程师；高职教育的相关专业的学生也可以通过内容的删减达到语言学习的目的。

本书由北京联合大学规划教材建设项目资助出版，其中王廷梅编写了第 1-5 章、第 7 章和第 9 章并完成统稿工作，胡正坤编写了第 10 章并验证了书中第 1、2、3、5 章的案例，刘琨编写了第 6 章并验证了书中第 7、8、9 章的案例，赵玮编写了第 8 章并验证了书中第 4、6、10 章的案例。另外，中关村软件园卢文静对本书案例选择给予了大力支持，同时在写作过程中也得到很多同事的支持和帮助，作者在此表示衷心的感谢。限于水平，书中的错漏之处在所难免，还望读者不吝指正。

作　者

2016 年 5 月

目　　录

第 1 章　C 语言程序设计概述

作为一名电脑编程的初学者或者一名计算机相关专业的大一新生，你可能对目前市面上琳琅满目的应用软件感到高深莫测，特别想自己也能成为编程高手，在互联网+时代大显身手。可是现实情况你是一个菜鸟，要想成为编程高手，需要学习的东西还有很多，所以你要脚踏实地从头学起。作为一名编程者，首先要熟悉计算机的解题步骤，培养自身的程序设计的逻辑思维；其次要掌握程序设计需要的技术、方法及工具；最终要通过一门具体的计算机语言，应用恰当的技术、方法和工具，编写能够解决实际问题的程序并运行之。C 语言以其简单易懂成为初学者学习编程的入门语言。本章主要介绍 C 语言的起源和发展、使用 C 语言进行程序设计的开发步骤、算法设计技术、算法描述方法，从宏观层面掌握如何用 C 语言进行程序设计。

本章问题：确定学生成绩管理系统之功能结构

问题背景：利用 C 语言开发一个学生成绩管理系统，首要的问题就是要了解 C 语言的特点、C 程序的基本结构；其次要通过访谈、研讨、例会等方式弄清楚学生成绩管理系统要实现哪些功能；接下来划分系统的功能模块，确定模块间的关系，即系统的功能结构；最终程序员对每个功能模块进行设计，编程实现系统功能。

1.1　C 语言概述

1.1.1　C 语言的起源和发展

C 语言最早的原型是 ALGOL60 语言，一种适用于科学计算的高级语言。1963 年剑桥大学将其发展成为 CPL(Combined Programing Language)。1967 年，剑桥大学的 Matin Richards 对 CPL 语言进行了简化，产生了 BCPL 语言。1970 年，美国贝尔实验室(Bell Labs)的 Ken Thompson 将 BCPL 进行修改，取名为 B 语言，并用 B 语言写了第一个 UNIX 系统。1973 年，贝尔实验室的 Dennis Ritchie(D.M.RITCHIE)在 BCPL 和 B 语言的基础上设计出了一种新的语言，取 BCPL 中的第二个字母为名，这就是大名鼎鼎的 C 语言。随后不久，Unix 的内核(Kernel)和应用程序全部用 C 语言改写。从此，C 语言成为 UNIX 环境下使用最广泛的主流编程语言。

1978 年，Dennis Ritchie 和brian Kernighan 合作推出了《The C Programming Language》的第一版，该著作简称为 K&R，书末的参考指南(Reference Manual)给出了当时 C 语言的完整定义，成为当时 C 语言事实上的标准，人们称之为 K&R C。在这一年以后，C 语言被移植到了各种机型上，并受到了广泛的支持，使 C 语言在当时的软件开发中几乎一统天下。

随着 C 语言在多个领域的推广、应用，一些新的特性不断被各种编译器实现并添加进来。于是，建立一个新的“无歧义、与具体平台无关的 C 语言定义”成为越来越重要的事情。1983 年，ascX3(ANSI 属下专门负责信息技术标准化的机构，现已改名为 INCITS)成立了一个专门的技术委员会 X3J11，负责起草关于 C 语言的标准草案。1989 年，草案被 ANSI 正式通过成为美国国家标准，被称为 C89 标准。

随后，《The C Programming Language》第二版开始出版发行，书中内容根据 ANSI C(C89)进行了更新。1990 年，在ISO/IEC JTC1/SC22/WG14(ISO/iec联合技术第 I 委员会第 22 分委员会第 14 工作组)的努力下，ISO批准了 ANSI C 成为国际标准。于是 ISO C(又称为 C90)诞生了。除了标准文档在印刷编排上的某些细节不同外，ISO C(C90)和 ANSI C(C89)在技术上完全一样。

之后，ISO 在 1994、1996 年分别出版了 C90 的技术勘误文档，更正了一些印刷错误，并在 1995 年通过了一份 C90 的技术补充，对 C90 进行了微小的扩充。经过扩充后的 ISO C 被称为 C95。

1999 年，ANSI 和 ISO 又通过了最新版本的 C 语言标准和技术勘误文档，在基本保留原来 C 语言特征的基础上，针对需要，增加了一些功能，尤其是对 C++中的一些功能。该标准被称为 C99。

2001 年和 2004 年对 C 语言先后进行了两次技术修正。

目前流行的 C 语言编译系统大多是以 ANSI C 为基础进行开发的，但不同版本的 C 编译系统所实现的语言功能和语法规则略有差别。

现在，各种 C 编译器都提供了对 C89(C90)的完整支持，对 C99 只提供了部分支持，还有一部分提供了对某些 K&R C 风格的支持。广泛流行的各种版本 C 语言编译系统虽然基本部分是相同的，但也有一些不同。在微型机上使用的有 Microsoft C(MS C)、borland Turbo C、Quick C 和at C 等，它们的不同版本又略有差异。目前企业级应用开发主流的面向对象开发语言 Java、C++、C#都是以 C 语言为基础发展起来的。

1.1.2 C 语言的特点

C 语言是一种成功的系统描述语言，用 C 语言开发的 UNIX 操作系统就是一个成功的范例。同时 C 语言又是一种通用的程序设计语言，在国际上广泛流行。世界上很多著名的计算公司都成功地开发了不同版本的 C 语言，很多优秀的应用程序也都是使用 C 语言开发的。Windows 操作系统下大部分代码用 ANSI C 开发，Unix/Linux 操作系统上的主要编程语言为 C 语言、单片机系统中 C 语言逐渐取代汇编语言，嵌入式系统支持的开发语言为 C 语言，C 语言还是黑客和网络安全以及 Tivoli 网管软件的开发语言等，它是一种很有发展前途的高级程序设计语言，其特点如下。

(1)C 语言是中级语言。它把高级语言的基本结构和语句与低级语言的实用性结合起来。C 语言可以像汇编语言一样对位、字节和地址进行操作，而这三者是计算机最基本的工作单元。

(2)C 语言是结构式语言。结构式语言的显著特点是代码及数据的分隔化，即程序的各个部分除了必要的信息交流外彼此独立。这种结构化方式可使程序层次清晰，便于使用、维护以及调试。C 语言是以函数形式提供给用户的，这些函数可方便地调用，并具有多种循环、条件语句控制程序流向，从而使程序完全结构化。

(3)C 语言功能齐全。具有各种各样的数据类型，并引入了指针概念，可使程序效率更高。而且计算功能、逻辑判断功能也比较强大。

(4)C 语言适用范围大。适合于多种操作系统，如 Windows、DOS、UNIX 等，也适用于多种机型。C 语言对编写需要硬件进行操作的场合明显优于其他计算机高级语言。

(5)用 C 语言编写的程序生成目标代码质量高，程序执行效率高。C 语言一般只比汇编程序生成的目标代码效率低 10%～20%。

(6)C 语言语法限制不太严格，易于编程。例如，不检查数组下标越界，由程序员自己保证程序的正确性。对变量类型的使用比较灵活，例如整型、字符型、逻辑型数据可以通用。分支、循环的条件表达式要求不严格，只要非 0，即为真。

(7)C 语言具有较好的可移植性，并具备很强的数据处理能力，因此适于编写系统软件、三维或二维图形及动画。

1.1.3　C 程序的基本结构

首先，让我们来看一个完整的 C 语言程序，了解 C 程序的基本结构。

【例 1.1】确定某个学生某门课程的考试成绩是否及格(注：及格为 60 分)。

```
#include <stdio.h>
void main()                          // 主函数的函数头
{                                    // 函数体开始
   int score;
   printf("请输入考试成绩：");
   scanf("%d",&score);
   /*判断是否高于 60 分，并输出提示信息*/
   if(score >= 60)
   {
      printf("恭喜你，及格了");
   }
   else
   {
      printf("没及格，请努力");
   }
}                                    // 函数体结束
```

以上是一段完整的 C 程序，将这段程序保存在以.c 为扩展名的文件中，经 C 编译器编译执行，其运行结果如下：

```
请输入考试成绩：60 ↙                 请输入考试成绩：40 ↙
恭喜你，及格了                        没及格，请努力
```

下面对例 1.1 程序做简单介绍。

(1)整个程序由一条以#include 开头的编译预处理语句、一个 main 函数和多条注释语句构成。

(2)main 函数，也称主函数，每个 C 程序必须有且只有一个主函数。

(3)C 语言中的每个函数都是由四个要素构成，即函数返回值类型、函数名字、函数参数和函数体。在 main 函数中，void 为函数返回值类型，表示该函数执行完后不需要函数值；其后的 main 为函数名；main 后面的“()”内是函数的参数，空括号表示该函数是无

参函数；main 下面一行的“{”与程序结尾的“}”中括起来的语句称为函数体。函数体中的语句将在后面几个章节详细讲述。

(4) 即使是没有任何功能的函数，即函数体内一条语句都没有，函数的四个要素一个也不能省。尤其是无参函数，函数名后面的小括号也不能省。下面是一个最简单的、没有任何功能的函数定义如下：

```
void dump()
  {   }
```

(5) C 程序中的函数分成两类，一类是用户自己定义的，比如 main 函数；另一类是系统提供的库函数，比如 main 函数体中的 printf() 输出函数和 scanf() 输入函数。

(6) 第一行语句为编译预处理语句，都是以“#”开头的。语句本身不属于 C 语句。由于在程序中使用的 printf() 输出函数和 scanf() 输入函数来自 C 函数库的 stdio.h 头文件中，故在程序开头处将 stdio.h 文件引入。相关的内容将在后面的章节讲述。

(7) C 程序中，“//”是行注释语句，/*……*/是块注释语句。注释语句可以使用任何语言，是给人看的，不必符合 C 语言的语法规则。注释是对关键的语句或结构进行解释说明，增强程序的可读性，便于程序员间的理解交流以及软件的后期维护。

(8) 程序执行时，首先从键盘上通过 scanf() 函数输入一个分数值保存到变量 score 中，然后使用 if 语句判断保存在 score 中的分数是否高于 60，如高于 60，利用 printf() 函数输出“恭喜你，及格了”，否则输出“没及格，请努力”。

【例 1.2】统计某个学生 10 门课程考试成绩的及格门数。

```
#include <stdio.h>
/*判断某个分数 mark 是否及格，如及格返回 1，否则返回 0*/
int isPass(int mark)
{
    if(mark>= 60)
       return 1;
    else
       return 0;
}
void main()
{
   int score,i,count=0;
   printf("请输入考试成绩\n");
   for(i=1;i<=10;i++)          //依次输入 10 个成绩
   {
       scanf("%d",&score);
       count = count + isPass(score);
   }
   printf("及格门数为%d",count);
}
```

与例 1.1 程序不同的是，本程序包含了 2 个函数，除了 C 程序必须要有的 main 函数外，还包含一个名字为 isPass 的函数。该函数返回值类型为 int，有一个 int 型参数 mark，函数主要判断传递给参数 mark 的分数是否大于等于 60 分，为真，则产生返回值 1，否则产生返回值 0。由此程序可知：

(1) C 程序可由若干个函数构成，除了一个 main 函数外，还可以包含多个其他的函数。函数的定义是相互独立的，不能交叉嵌套。

(2) 无论 main 函数的位置在哪，main 函数都是程序执行的起点，也是执行的终点。

(3) main 函数中的 count = count+isPass (score);语句中 isPass (score) 是函数调用。当执行到该语句时，控制会自动转到 isPass 函数的定义处，score 的值传递给 mark，判断 mark 值是否大于或等于 60，如为真，返回结果为 1，否则返回结果为 0，控制返回到 main 函数的 count=count+isPass (score);语句处。

(4) isPass 函数定义中的 return 语句的作用是将结果带回 main 函数中，而且带回值的类型必须是 int 的。

(5) 如果交换 main 函数和 isPass 函数的位置，即 main 函数写在前面，在 main 函数中调用 isPass 函数，则应在 main 函数中添加 isPass 函数声明语句，即 int isPass (int);否则会出现编译错误。

(6) 每一条 C 语句都是以“;”结束的。

(7) 一条 C 语句可以分写在多行上，一行也可以写多条语句。

另外，除了全局变量等少数情况下，C 语言的各种语句都要出现在某一个函数中，否则程序会出现编译错误。

1.2　程 序 设 计

以上我们学习了 C 程序的基本要素，但是要编写程序解决实际问题，设计出如例 1.2 所示的 C 程序，首要的问题是培养程序设计的逻辑思维，依据计算机的解题思路将解决问题的步骤一一描述出来，并将每一个步骤用 C 语句来实现。这个过程就是程序设计，而对解决问题的步骤进行的描述则被称之为算法 (Algorithm)。

1.2.1　算法

【例 1.3】 一杯清水和一杯盐水，交换两个杯子中的液体。

要交换两个杯子中的液体，必须借助第三个空杯子。解决问题的步骤如下：

(1) 将清水杯中的水倒入空杯子中；

(2) 将盐水杯中的水倒入清水杯中；

(3) 将空杯子中的清水倒入盐水杯中。

三个解题的步骤就是解决该问题的算法。

1. 算法的定义

在结构化程序设计中，解决任何问题都需要一定的步骤，当依次完成这些步骤后，问题也就迎刃而解了。所谓算法 (Algorithm) 是指对解题方案的准确而完整的描述，算法代表着用系统的方法描述解决问题的策略机制，是一系列解决问题的清晰步骤。比如把大象装冰箱问题，解决问题的思路分成三步，第一，把冰箱门打开；第二，把大象装进冰箱；第三，把冰箱门关上。再比如：求两个整数中的最大值。解决该问题分三个步，第一，准备两个数；第二，比较两个数的大小；第三，将大的数输出。

2. 算法的特性

【例 1.4】求三个整数中的最小值。

解决问题的算法如下：

(1)输入 3 个整数值，分别存放在变量 a,b,c；

(2)比较前两个整数 a 和 b 的大小，将大的数据存放在 a 中；

(3)比较 a 和 c 的大小，将大的数据存放在 a 中；

(4)输出 a 的值。

从例 1.4 的算法可知，解决该问题需要 4 步，每一步都是明确可以操作的，利用 C 语言的语句可以实现，3 个整数为输入，a 的值为输出，也是问题的最终解。

算法的几个特性：

(1)有穷性，一个算法应该包含有限的解题步骤。

(2)确定性，算法的每一步都是确定的，无二义性的，特定的输入有特定的输出。

(3)可行性，算法的每一步应该是使用现有的方法和技术可以实现的。

(4)输入，一个算法有零个或多个输入。

(5)输出，一个算法至少有一个输出，输出即为问题的解，也可以有多个输出。

3. 算法的设计

在程序设计中，确定解决问题的步骤即算法的设计至关重要。如果一个算法有缺陷或不适合某个问题，说明问题解决方案存在问题，那么执行这个算法就不会正确地解决这个问题。

【例 1.5】为例 1.2 统计某个学生 10 门课程考试成绩的及格门数问题设计算法。

(1)定义一个计数器 count，设置初始值为 0；

(2)取一个学生成绩存放到 score(从第一个学生成绩开始)；

(3)比较 score 值与 60 分的大小，如高于或等于 60，计数器 count 增 1；

(4)若还有成绩没统计，重复第(2)-(3)步；

(5)输出及格门数计数器 count 的值。

一个问题也可以有多种解决方案，即可以为一个问题设计多种算法。同一问题的不同算法在计算机上实现可能花费时间多少不同、占据存储空间的大小不同。

【例 1.6】完成两个变量值的交换，即将变量 a 和变量 b 的值交换。

设计算法 1：

(1)准备 a 和 b 的值，以及一个临时变量 temp；

(2)先把 a 的值存放在 temp 中；

(3)再将 b 的值存放到 a 中；

(4)最后将 temp 的值存放到 b 中，即 temp = a；a = b；b = temp。

设计算法 2：

(1)准备 a 和 b 的值；

(2)将 a 和 b 的和存放到 a 中，即 a = a+b；

(3)将 a 和 b 的差存放到 b 中，即 b = a–b；

(4)将 a 和 b 的差存放到 a 中，即 a = a–b；

分析以上两种算法，第一种算法简单，占用时间少，但需要多用一个存储空间 temp。第二种算法不占用额外的存储单元，占用空间少，但使用了相对复杂的计算，浪费了时间。

从例 1.6 可知，设计算法时，除了求得问题要求的解外，还要考虑实现算法所用的时间和空间，这是影响算法效率的关键性因素。一个算法的效率通常用空间复杂度与时间复杂度来衡量。

时间复杂度(Time-Complexity)是指执行算法所需要的计算工作量。算法的时间复杂度是一个函数，它定量地描述了一个算法的运行时间。一般情况下，算法的基本操作重复执行的次数是模块 n 的某一个函数 $f(n)$，因此，算法的时间复杂度记做：$T(n)=O(f(n))$。一般随着模块 n 的增大，算法执行的时间的增长率和 $f(n)$ 的增长率成正比，所以 $f(n)$ 越小，算法的时间复杂度越低，算法的效率越高。

空间复杂度(Space Complexity)是对一个算法在运行过程中临时占用存储空间大小的量度。一个算法在计算机存储器上所占用的存储空间，包括存储算法本身所占用的存储空间，算法的输入输出数据所占用的存储空间和算法在运行过程中临时占用的存储空间这三个方面。算法的输入输出数据所占用的存储空间是由要解决的问题决定的，它不随算法的不同而改变。存储算法本身所占用的存储空间与算法书写的长短成正比，要压缩这方面的存储空间，就必须编写出较短的算法。算法在运行过程中临时占用的存储空间随算法的不同而异，有的算法只需要占用少量的临时工作单元，而且不随问题规模的大小而改变，我们称这种算法是“就地”进行的，是节省存储的算法；有的算法需要占用的临时工作单元数与解决问题的规模 n 有关，它随着 n 的增大而增大，当 n 较大时，将占用较多的存储单元。

由例 1.6 可知，第一种算法时间复杂度好，空间复杂度相对不好；而第二种算法的空间复杂度好于第一种算法，但其时间复杂度相对不好。空间复杂度和时间复杂度一般是相互矛盾的。是用空间换时间，还是用时间换空间要根据具体情况来定。

4. 评价算法的设计优劣指标

【例 1.7】 求任意两个数 m 和 n 的最大公约数。(注：能同时整除 m 和 n 的最大的约数即为 m 和 n 的最大公约数)

第 1 种算法：用 1 到 n 之间的每一个数分别去除 m 和 n，最后一个能同时整除 m 和 n 的数即是所求。

第 2 种算法：用 n 到 1 之间的每一个数去除 m 和 n，第一个能同时整除 m 和 n 的数即为所求。

第 3 种算法：①用 m 对 n 取余数。②判断如果余数为 0，则 n 为两个数的最大公约数。③否则将 n 的值赋值给 m，将 m 对 n 的余数赋值给 n，转到第①步重复执行，直到 m 对 n 的余数为 0 为止，此时的 n 即为两个数的最大公约数。

三种算法中，第一种和第二种的空间复杂度相同，但第二种算法的计算次数明显少于第一种算法，故第二种算法的时间复杂度优于第一种算法。第三种算法在时间和空间都优于第二种算法。

评价一个算法设计的优劣主要通过以下几方面来评价。

(1) 正确性：一个算法必须正确才有存在的意义，这是最重要的指标。

(2) 友好性：算法实现的功能是给用户使用的，自然要具有良好的使用性，即用户友好性。

(3) 可读性：算法的实现可能需要多次的修改，也可能被移植到其他的功能中，因此算法应当是可读的、可以理解的，方便开发团队及后期维护人员对其分析、修改移植到自己的程序中，实现新的功能。

(4) 健壮性：在一个算法中，常会出现非法操作或者不合理的数据，这要求算法必须健壮，能够对这些问题进行检查、纠正。算法具有健壮性是非常重要的，初学者经常忽略健壮性，仅仅关注正常情况下问题的解。

(5) 效率：算法的效率主要是指算法的时间复杂度和空间复杂度。好的算法要找到二者的最佳交叉点。

1.2.2　算法的描述方法

一个算法有多种描述方式，常见的有自然语言、程序流程图、N-S 图、伪代码、计算机语言等。

1. 自然语言

自然语言描述算法是指用日常生活中使用的语言来描述算法的步骤。例如：求解 30 个学生的某门课程成绩的最高分，用自然语言描述为：

(1) 假设第一个分数为当前最高分。

(2) 从第二个数开始，依次与当前最高分比较，如果有分数高于当前最高分，则用该分数替换当前最高分，直到比较完所有的分数为止。

(3) 输出最高分。

从上例可知，自然语言通俗易懂，但是自然语言在描述上极容易出现歧义，且不同的人语言的描述能力不同，使用语言的习惯不同，这些都会造成其他人理解上的歧义。自然语言也受到国家和地域的限制。此外，用自然语言描述计算机程序中的分支和多重循环等算法，容易出现错误，经常发生描述不清的情况。因此，只有对较简单的问题、算法不是很复杂的问题才使用自然语言来描述。

2. 程序流程图

鉴于自然语言描述算法经常出现歧义，而计算机解题要求每一步必须是确定的，无二义性的，故在众多的算法描述方式中，程序流程图是最常用的一种。

流程图是由一些框图组成表示解题步骤及顺序的方法。美国国家标准化协会(ANSI)规定了一些常用的流程图符号，如图 1-1 所示。

符号	含义
	起止框，表示一个算法的起始和终止。
	输入输出框，从程序输出到计算机外部的，从计算机外部输入到程序中的数据。
	处理框，经进行的操作简单地写在框里。
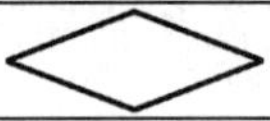	判断框，在框内写明判断条件，一般有两个分支，满足条件，执行一个分支，否则执行另一个分支。
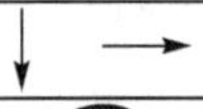	流程线，算法进行的方向。
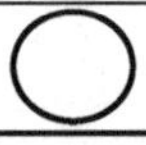	连接点，把大的流程图拆解为若干小的流程图，表示连接关系，一般在圆圈内标明连接的数字。

图 1-1　流程图的基本符号及含义

【例 1.8】画出比较两个考试分数大小的算法的流程图。

解题算法如下：

① 输入两个分数分别保存在变量 a 和 b 中；

② 判断变量 a 和 b 的值的大小，如果 a 大于 b，则输出 a 的值，否则输出 b 的值。

描述算法的流程图如图 1-2 所示。符号平行四边形表示为变量 a 和 b 输入值。符号菱形框表示判断条件 a>b 的条件成立与否。菱形框的一个分支 Yes 表示如果条件成立，即 a 中的分数大于 b 中的分数，就利用符号平行四边形表示输出 a 的值。另一个分支 No 表示条件不成立，即 a 中的分数小于或等于 b 中的分数，则利用符号平行四边形表示输出 b 的值。

程序流程图以其简单、直观、通用而受到程序员的青睐。

【例 1.9】画出 1+2+3+⋯+n 算法的流程图。

解题算法如下：

① 定义保存和的变量 sum，初始化为 0；

② 输入变量 n 的值；

③ 设置累加数 i 的初始值为 1；

④ 判断 i 的值如果小于或等于 n 的值，将 i 的值累加到 sum 中，i 的值增 1；

⑤ 重复执行④，直到 i 的值大于 n 的值为止，转到第⑥；

⑥ 输出变量 sum 的值。

描述算法的流程图如图 1-3 所示。输入 n 的值和输出 sum 的值使用符号平行四边形表示。判断条件 i≤n 是否成立使用符号菱形框表示，并使用“Yes”和“No”两个分支表示条件成立和不成立两种情况的处理。符号矩形框则表示某种处理，如给变量 sum 赋值为 0，即 sum = 0。又如将 i 的值累加到 sum 中，即 sum = sum + i。该算法中使用的循环控制语句将在第 4 章中详细讲述。

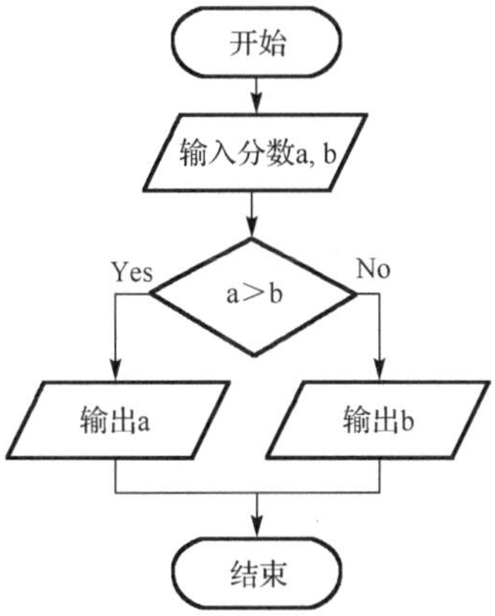

图 1-2　比较大小流程图

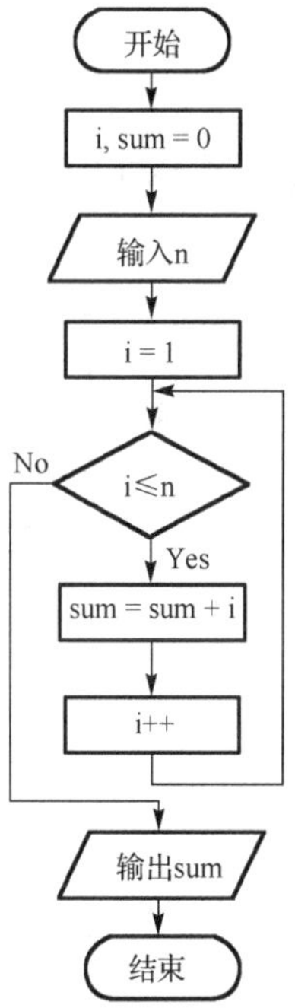

图 1-3　n 个数和的程序流程图

从上面两例可以看出，流程图表示算法形象直观，能够比较清楚地表示出各个步骤间的逻辑关系，故在一段时间内，企业软件设计及相关学术刊物均采用流程图表示算法。但是观察例 1.9 流程图会发现，该图占用的篇幅非常长，当算法比较复杂时，画流程图既庞大又浪费时间。

3. N-S 图

N-S 图也被称为盒图或 CHAPIN 图。1973 年，美国学者 I.Nassi 和 B.Shneiderman 提出了一种在流程图中完全去掉流程线，全部算法写在一个矩形阵内，在框内还可以包含其他框的流程图形式，即由一些基本的框组成一个大的框。这种流程图又称为 N-S 结构流程图(以两个人的名字的第一个字母组成)。

用 N-S 图可以表示结构化程序设计的三种结构，即顺序、分支和循环。

图 1-4 表示顺序结构，首先执行 A 语句，接着执行 B 语言。图 1-5 是分支结构，如果条件成立(为真)则执行语句 A，否则(为假)执行语句 B。如果只有一种情况，则另一种情况空白即可。图 1-6 是两种循环结构，左边为当型循环，当条件为真时，重复执行语句 A，直到条件为假时结束。右边为直到型循环，首先做语句 A，然后判断条件是否为真，如为真，则重复执行语句 A，直到条件为假结束。利用以上的四种 N-S 图可以描述所有的结构化程序设计的算法。

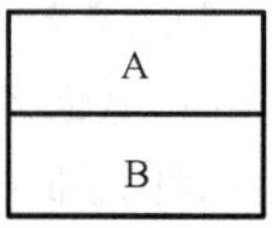

图 1-4 顺序结构

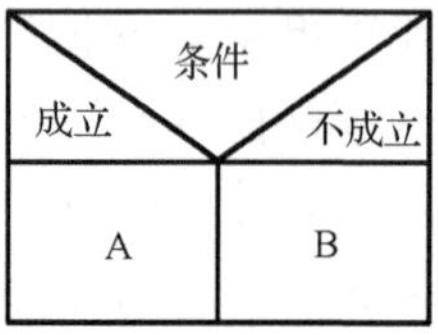

图 1-5　分支结构

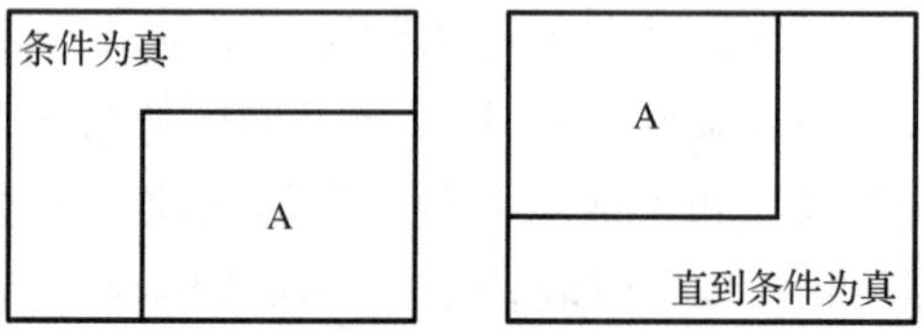

图 1-6　循环结构

【例 1.10】将例 1.8 的程序流程图改用 N-S 图表示，如图 1-7 所示。

盒图是利用上下顺序来表示执行的顺序，图中位置在上的先执行，在下面的后执行。

【例 1.11】将例 1.9 的程序流程图改用 N-S 图表示，如图 1-8 所示。

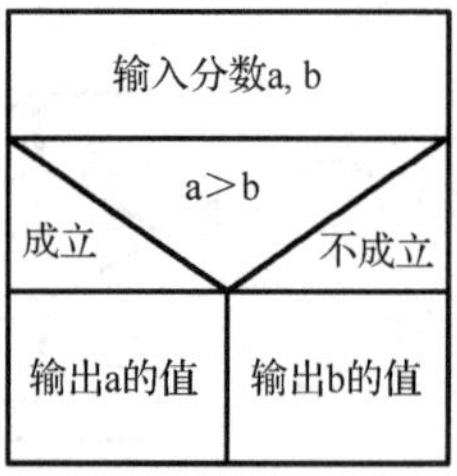

图 1-7

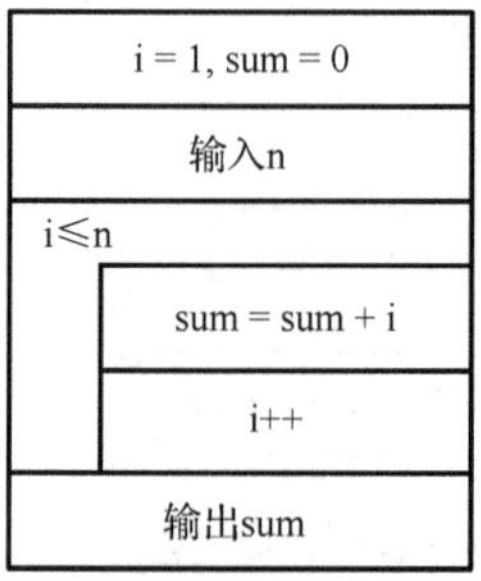

图 1-8

由上述几个例子可以看出，用 N-S 图描述算法比流程图节省篇幅，而且像流程图一样直观、形象。由于结构化程序设计的三种形式均可以用盒图表示，故只要是结构化的程序设计都可以使用盒图来描述算法。相对于程序流程图来说，盒图不能表示随意跳转的语句，比如 goto 语句。一般来说，随意跳转语句会破坏程序的结构化，故在编写 C 程序时，一般不提倡使用 goto 语句。

4. 伪代码

伪代码是用介于自然语言和计算机语言之间代码来描述算法，就是用接近计算机程序设计语言的代码来把算法的步骤表达清楚。伪代码非常接近计算机程序，但是又不能在计算机上运行，比如计算机可以执行的语句 i=1;，使用伪代码可以表示为 1→ i。

由于伪代码不采用图形符号，故比流程图和盒图使用起来更方便。另外，描述算法的下一步就是要编写计算机程序，用伪代码描述的算法更接近计算机语言，可以方便程序的编写。

例如：图 1-5 的盒图，用伪代码表示为：

```
if 条件
    语句 A
else
    语句 B
```

图 1-6 左边循环盒图伪代码表示为：

```
while  条件为真
{
    语句 A
}
```

图 1-6 右边的循环盒图伪代码为：

```
do
{
    语句 A
}直到 while 条件为假
```

【例 1.12】将例 1.8 的算法改用伪代码表示。

```
begin
   输入 a，b 的值
   if a>b
      输入 a 的值
   else
      输出 b 的值
end
```

【例 1.13】将例 1.9 的算法改用伪代码表示。

```
begin
   1 → i,0 → sum, n
   输入 n 的值
   while i<=n
   {
        sum +i → sum
        i+1 → i
   }
   输出 sum 的值
end
```

从上面的几个例子可以看出，使用伪代码描述算法没有严格的格式限制，只是按照设计者的意图将想法表述出来。与盒图和流程图相比，伪代码更容易修改，故是企业软件工程师常用的方法。同时我们也注意到，好的伪代码描述对设计者来说必须熟悉计算机语言，因其大多数的描述方法与计算机语言的结构是相同的。由于本书的读者是语言的初学者，不十分熟悉计算机语言，故本书中涉及的算法描述均采用了流程图或者盒图的描述方法。

5. 计算机语言

无论采用何种方法描述算法，最终的目的是将算法告诉计算机，让计算机完成解题。但是计算机不懂得流程图、盒图或伪代码表示的算法，只有将算法转换成使用计算机语言来描述，才能被计算机识别和接受。这个过程被称为编码，也是算法实现过程。

使用计算机语言来描述算法，必须选定一种语言，且符合该语言的语法规则。

【例 1.14】 将例 1.8 的算法改用 C 语言表示。

```
#include<stdio.h>
main()
{
    int a,b;
    scanf("%d %d",&a,&b);
    if(a>b)
        printf("%d",a);
    else
        printf("%d",b);
}
```

【例 1.15】 将例 1.8 的算法改用 C 语言表示。

```
#include<stdio.h>
main()
{
    int n,sum=0,i=1;
    scanf("%d",&n);
    while( i<=n)
    {
        sum = sum +i;
        i++;
    }
    printf("%d",sum);
}
```

例 1.13 和 1.14 都是用 C 语言描述的算法，运行 C 程序就可以直接执行算法，让计算机完成解题。

1.2.3 从算法到程序

算法是解决问题的方案步骤，一旦选定一个算法，并通过合适的方法描述算法，接下来就是要将该算法的各个步骤转换成计算机能够接受的形式，即用某种计算机语言编写程序实现算法，让计算机解题，如图 1-9 所示。利用某种计算机语言，例如 C 语言，将算法转换为程序的过程被称为编码(Coding)。编码是程序设计的一部分工作，也是程序员最重要的工作。

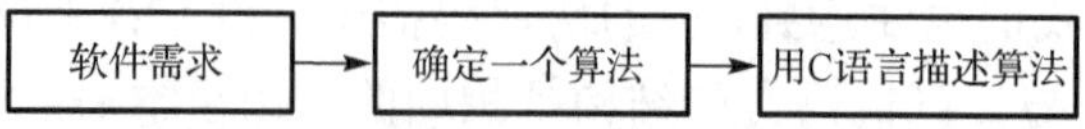

图 1-9　编码过程

1. 选择合适的语句结构编码

一种算法可能对应多种程序的实现。例如例 1.9 流程图描述的算法，至少可以有两种程序实现。除了例 1.15 利用 while 循环实现外，还可以使用 for 循环实现。

【例 1.16】 将例 1.15 改写成使用 for 语句循环实现。

```
#include<stdio.h>
main()
{
    int n,sum=0,i;
    scanf("%d",&n);
    for(i =1;i<=n;i++)
    {
        sum = sum +i;
    }
    printf("%d",sum);
}
```

比较两种循环实现的程序，用 for 循环实现的比 while 循环实现的要简洁。故在把算法转换到程序的时候，要在功能、时间复杂度、空间复杂度等方面综合考虑，尽量选择合适的语句结构，使程序达到最大可能的优化。除此之外,随着学习的深入,软件的功能越来越复杂,整个软件结构也需要优化设计。

2. 提高编码质量

除了保持良好的程序结构之外，在编码过程中需要注意的第二个要点是代码的质量。代码是否能够准确、完整和简洁地表达设计的算法是代码质量的重要指标。所谓准确性，就是代码应该严格地按照算法的步骤和规定来编写。例 1.15 中 while 语句的条件为 i<=n,表示 i 的值从 1 变化到 n，如果缺少了等号，即 i<n，就会导致程序的计算结果是错误的。

完整性是指代码中要包含算法中的所有的步骤和相关的要求，不能遗漏。例 1.15 中 while(i<=n)语句下面的大括号{}中，初学者经常忘写 i++;语句，即 i 的值增 1，导致出现无限循环的错误。

简洁性是指编写的代码应该避免冗余。无用的语句也会浪费运行时间，导致程序的性能下降。例如：计算 1-100 间偶数的和，只要写成：

```
for(i= 0;i<=100;i=i+2) //只循环 50 次
{
    sum = sum +i;
}
```

而不要写成：

```
for(i= 0;i<=100;i++)    //循环 100 次
{
    if(i%2==0)
      sum = sum +i;
}
```

3. 关注代码的后期维护

代码的后期可维护性是指代码应该清晰、容易阅读、容易理解、容易修改，并且在一定的范围内适应合理的需求变化。例如：求银行存款利息，程序如下：

```
#define  rate  2.5
void main()
{
    float interest, total;
    interest = total*rate;
}
```

rate 为存款利率，经常发生变化，故使用宏定义，一旦利率发生变化，只要修改#define 语句即可。

4. 养成良好的代码书写风格

(1) 代码书写要使用缩进格式，最好是 4 个或 8 个 (Tab 键) 字符。

(2) 大括号的起始括号“{”放在一行的末尾或下一行的第一位，结束符“}”放在一行的第一位。

(3) 标识符命名要短小精悍，要采用相应的英文缩写。

(4) 一定要给你的程序加注释。注释是说明你的代码做些什么，而不是怎么做的。要尽量避免将注释插在一个函数体里。将注释写在函数、关键代码、关键变量前，告诉别人它做些什么事情。

1.3 开发 C 程序的步骤

开发一个 C 语言程序，一般要经历九个步骤，如图 1-10 所示。这九个步骤中，会涉及企业软件开发中的几个岗位，其中前两步需求分析和算法设计属于系统分析师岗位职责；画程序流图、编写程序、调试程序、编译程序、执行程序是程序员的主要工作；测试程序是软件测试工程师的主要工作。有时也将程序员和软件测试工程师统称为软件工程师。

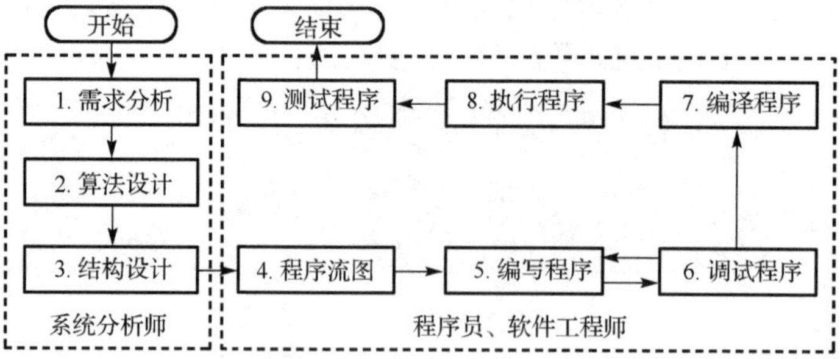

图 1-10　开发 C 程序的步骤

第 1 步，需求分析。需求分析的目的是理解项目的要求，回答项目要“做什么”。需求分析主要包括确定实现功能、性能的要求，程序的输入和输出数据的来源、去向、值的范围、格式等，以及程序的调用方式，人机交互的方式，与其他程序的关系，未来业务扩展和预留等方面。需求分析的大多信息来自项目的客户和用户。

第 2 步，设计核心算法。上面提到，算法就是解决问题的一系列步骤。解决一个问题通常会有几种算法，甚至不同的人也会设计出不同的算法。一般从时间复杂度、空间复杂度，甚至从经济角度去衡量和比对这些算法，从中选择最优的一种。

第 3 步，结构设计。结构化程序设计采用“自顶向下”的设计方法，是一种逐步求精的设计程序的过程和方法。对要完成的任务进行分解，先对最高层次中的问题进行定义、设计、编程和测试，而将其中未解决的问题作为一个子任务放到下一层次中去解决。这样逐层、逐个地进行定义、设计、编程和测试，直到所有层次上的问题均由编写的程序来解决，就能设计出具有层次结构的程序。

第 4 步，画流程图。确定好核心的算法，就要将算法中解决问题的步骤通过直观的、业内认可的图形形式描述出来。前面我们讲述了五种算法的描述方法，其中程序流程图和 N-S 图是结构化程序设计中最常使用的方法。利用两种图规定的标准图示，表示出算法中的每一个步骤。程序流程图和盒图是编写程序的主要依据。

第 5 步，编写程序。就是将选定的算法告诉给计算机，即选择合适的计算机语言实现算法。编写的代码除了符合语言要求的语法规则外，还要符合软件工程要求的编码规范，例如程序的可读性是第一位的。一般软件企业或者软件项目都有各自的编码规范，比如华为编码规范、微软编码规范等。

第 6 步，调试程序。调试程序属于编码活动的一部分。编程者在编码的过程中或者完成后，发现程序中存在逻辑错误或者编译错误，排除错误的过程称为调试。调试是编程者必备的重要技能。调试一般会借助相关的工具，使用正确的方法完成。

第 7 步，编译程序。将调试正确的程序利用编译器翻译成计算机能够识别的二进制编码形式，以便计算机能够依据编程者的要求执行任务。

第 8 步，执行程序。执行二进制编码文件，查看程序的运行结果。

第 9 步，测试程序。测试属于软件质量保证活动。测试程序是为了发现程序中隐藏的错误，并进行改正的过程。测试也是利用相关的测试工具完成的。企业软件项目必须经过各种测试才能提交给用户。另外，软件测试不仅测试编码，从需求分析阶段就开始了，贯穿于整个软件开发过程。

【例 1.17】 在 10 个有序整数集中查找给定的整数，并输出其所在位置。

第 1 步：需求分析

分析需要处理的对象：10 个有序整数和一个给定的整数，正负数均可。

限制条件：给定的数据一定在有序数集中。

输入数据：一个整数，输入到内存。

输出数据：给定整数的位置信息。

第 2 步：算法设计

算法 1：线性查找，让给定的数与 10 个有序数据依次比较，输出结果。

算法 2：折半查找，利用数据间的次序关系，先以有序数集的中点位置为比较对象，如果要找的数据小于该中点数据，则将待查序列缩小为左半部分，否则为右半部分。再基于确定的半部分做折半查找，直到找到给定数，显示位置。

分析一下，线性查找，最好的情况是比较 1 次就找到，最差情况是比较 10 次找到，平均要比较 5 次。在 10 个有序数中进行折半查找，最好情况比较 1 次，最差情况比较 4 次。两种算法实现占用的空间是相同的。故折半查找算法要优于线性查找算法。

第 3 步：结构设计

将在 10 个有序数中查找 x 这一问题，分解成“输入 10 个有序整数和给定整数 x”、“二分法查找给定整数 x 的位置”、“输出位置结果信息” 三个子功能，每个子功能通过函数来实现，函数名依次为 input、search、output，如图 1-11 所示。

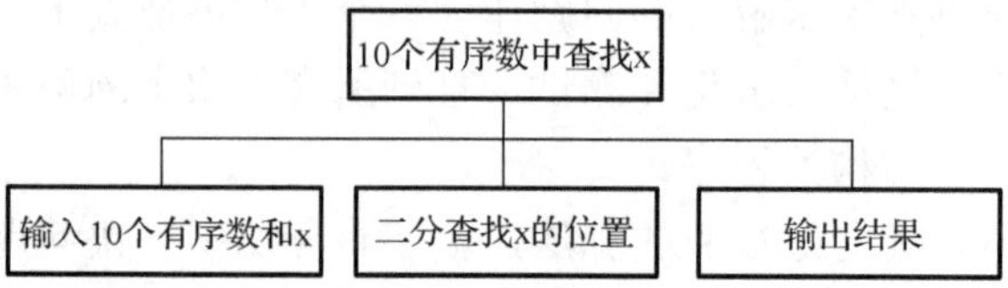

图 1-11　程序结构设计

第 4 步：画流程图

图 1-12 和图 1-13 分别为主函数流程图和 Search 函数流程图。

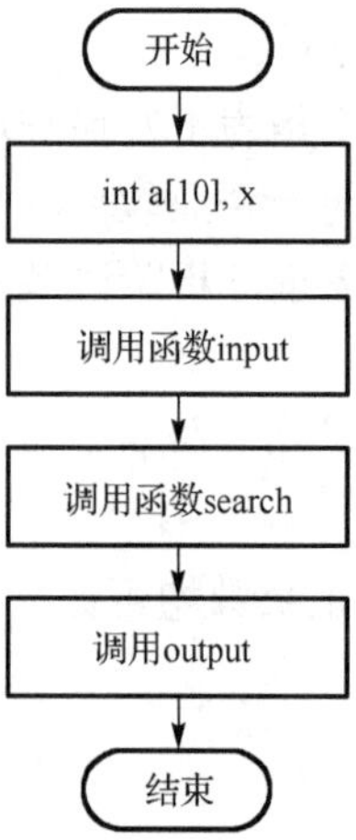

图 1-12　主函数流程图

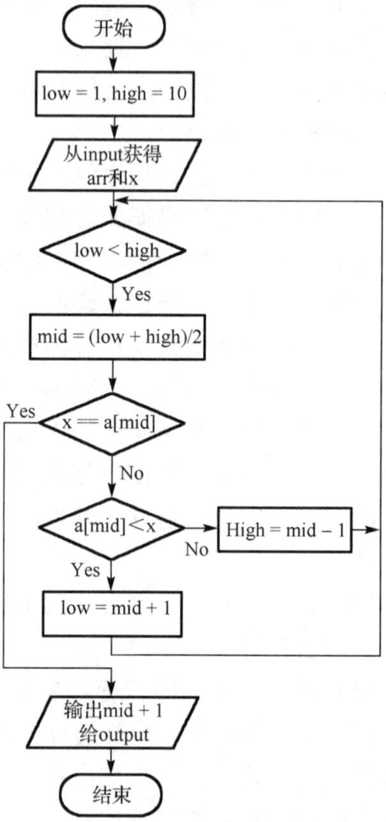

图 1-13　search 函数流程图

第 5 步：编写程序

```
#include <stdio.h>
/*输入数组 array 和查找给定数 p*/
void input(int array[10], int *p)
{
```

```
    int i;
    scanf("%d",p);
    for(i=0;i<10;i++)
    {
        scanf("%d",&array[i]);
    }
}
/*查找 x 在数组 array 中的位置，返回位置信息*/
int search( int array[10], int x)
{
    int low = 0, high = 9,mid;
    while(low <=high)
    {
        mid = (low + high) / 2;
        if(x==array[mid])
        {
            printf("%d",mid+1);
            break;
        }
        if(x > array[mid])
        {
            low = mid +1;
        }
        else
        {
            high=mid-1;
        }
    }
    return mid;
}
/*输出查找到的位置*/
void output(int  x)
{
    printf("查到的位置为%d", x);
}
/*主函数*/
main()
{
    int array[10];
    int x,location;
    input(array, &x);
    location = search(array,x);
    output(location);
}
```

第 6 步将上述代码各自保存为.c 的源文件，利用人工或C编译器查找其中存在的逻辑错误和编译错误，并加以改正。

第 7 步和第 8 步是将源程序进行编译或解释，转换成可执行的二进制文件。

第 9 步是使用黑盒测试和白盒测试技术设计测试用例，利用测试用例驱动程序运行，测试编写的程序中是否存在错误或缺陷，如存在，进一步评审并修订相关步骤产品，直到程序测试通过。

1.4　执行 C 程序

1.4.1　C 语言开发环境

利用第 1.3 节中程序开发的九个步骤，从第五步开始需要进行编辑源程序。计算机语言编辑源程序需要合适的集成开发环境。常用的 C 语言 IDE(集成开发环境)有 Microsoft Visual C++、Dev-C++、Code::Blocks、Borland C++、Watcom C++、Borland C++ Builder、gnudjgpp C++、Lccwin32 C Compiler 3.1、High C、Turbo C、C-Free、WIN-TC 等等。

C-Free 是一款 C/C++集成开发环境(IDE)。C-Free 中集成了 C/C++代码解析器，能够实时解析代码，并且在编写的过程中给出智能的提示。C-Free 提供了对目前业界主流 C/C++编译器的支持，可以在 C-Free 中轻松切换编译器。可定制的快捷键、外部工具以及外部帮助文档，使程序员在编写代码时得心应手。完善的工程/工程组管理使程序员能够方便地管理自己的代码。

对于一个初学者来说，C-Free 是一个最为适合的选择。首先，这是一款免费软件，对初学者不会有经济上的压力。其次，C-Free 的集成开发环境使用方便、简单易学，初学者很容易上手。最后，C-Free 软件小巧，安装容易。

另外，如果在 UNIX/LINUX 操作系统上，学习 C 语言一般使用 vim/emacx 来编辑源文件，使用 gcc/cc 来编译源文件，使用 make 程序来管理编译过程。本书中的程序都是在 C-Free5 开发环境下调试通过的。

1.4.2　解释与编译

在集成开发环境中编辑并调试正确的 C 语言源程序，需要转换成与之等价的目标文件。目标文件是扩展名.obj，是二进制文件。将源程序转换成目标文件的过程称为编译。编译有两种方式，一种是编译方式，就是把需要运行的源代码通过编译工具一次性编译成机器代码，如我们常见的文件名后.exe 或.com 的这种类型，计算机直接运行编译过的程序，速度运行快。另一种是解释方式，是把需要运行的源程序转换一句，运行一句。相对于编译方式，解释方式运行速度相对较慢。

C 语言是较典型的编译型语言，Ruby 是典型的解释型语言，Java 语言既有解释方式也有编译方式。

1.4.3　编辑、编译、链接和执行 C 程序

一般来说，执行一个 C 语言需要经历如图 1-14 所示的步骤。

图 1-14　C 语言的执行过程

1. 编辑 C 源文件

安装好 C-Free5 后，双击打开集成开发环境，如图 1-15 所示。

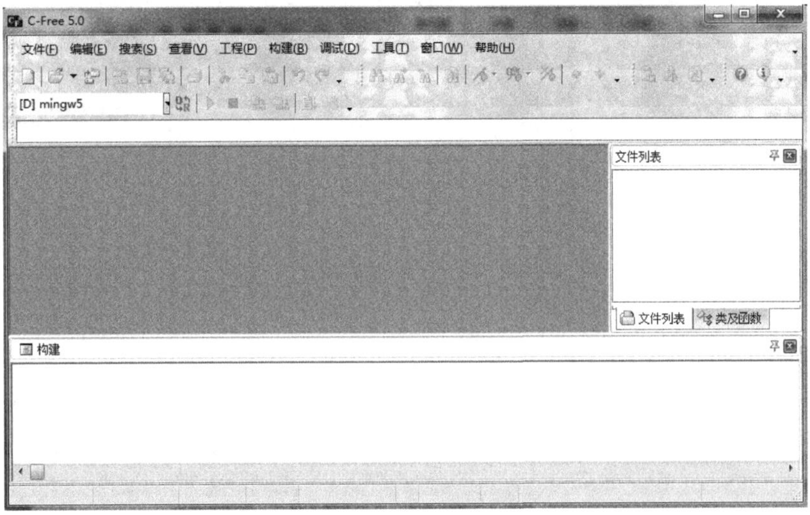

图 1-15　C-Free5 集成开发环境

单击“文件”→“新建”，弹出新建文件窗口，如图 1-16 所示。新建文件为默认文件名为“未命名.cpp”。这时就可以在代码编写区编辑源代码了。

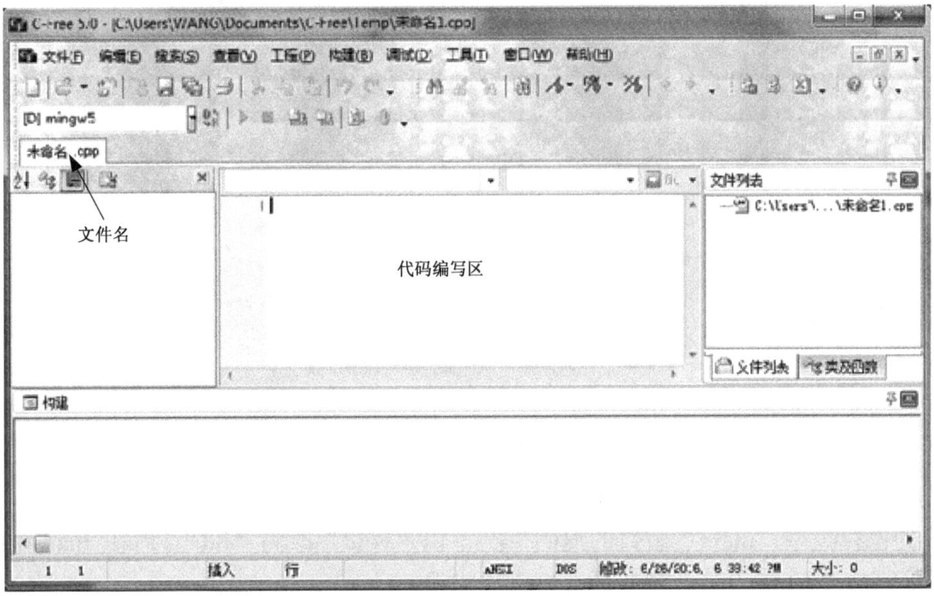

图 1-16　C-Free5 新建源文件窗口

图 1-17 编辑了判断分数是否及格的源程序，如果输入的分数大于或等于 60 分，则显示“恭喜你，及格了”，否则显示“没及格，请努力”。

单击“保存”命令按钮，弹出保存窗口如图 1-18 所示。选择保存的位置，在文件名处为源文件命名，如 test。在保存类型处选择预保存文件的类型，此处可以选择 C 语言文件(*.c)和 C++语言文件(*.cpp)。单击“保存”按钮，完成源程序的编辑。

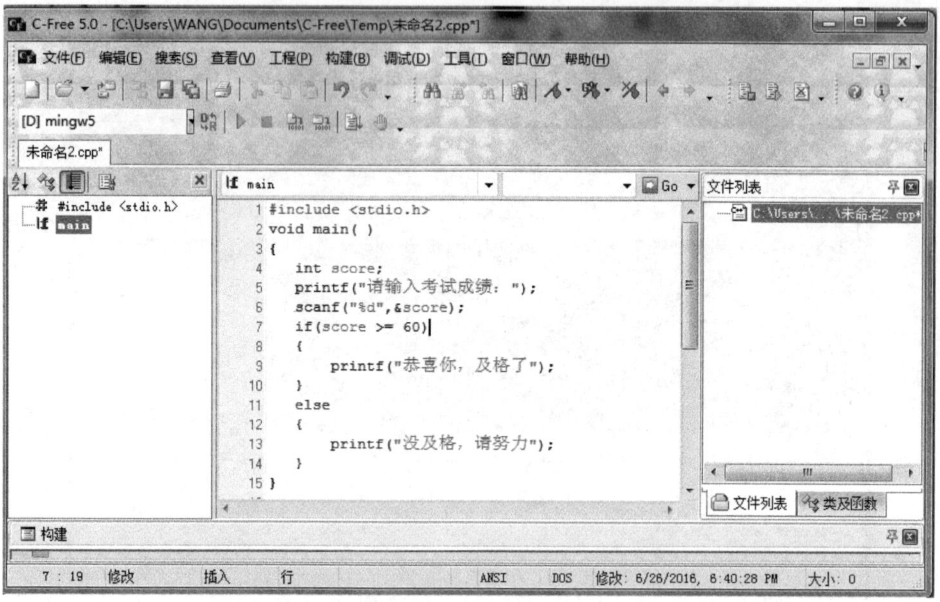

图 1-17　编写代码

图 1-18　保存源文件

注意，本书中的源程序均选择 C 语言文件.c 的保存类型。读者如果选择 C++语言文件(*.cpp)的保存类型，main()函数的返回值类型由“void”改为“int”，而在 main()函数的末尾需要添加“return 0”语言，否则将出现错误。

2. 编译 C 程序

源程序编辑之后，接着要把源程序编译为目标程序，即由文件扩展名由.c 变为.obj 的二进制文件。编译一方面是将源程序翻译成目标程序，另一方面也是为了验证编写的程序是否有语法错误。

单击“构建”→“编译-文件名”，弹出如图 1-19 所示信息，原因在于 C-Free5 虽然允许 main()函数返回值为 void，但是却向程序员发出一条警告。警告错误不影响程序的正确运行。

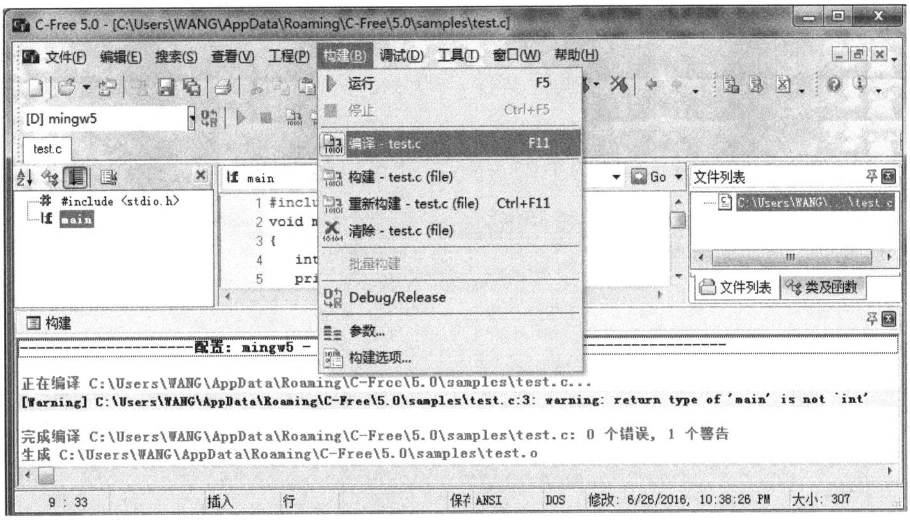

图 1-19　编译源文件

如果编译源程序有错误，则构建窗口显示相应的错误信息如图 1-20 所示。没有通过编译的程序需要修改后重新编译，直到没有编译错误而编译程序完成。

图 1-20　显示错误信息的构建窗口

3. 链接 C 程序

链接是把目标文件、操作系统的启动代码和用到的库文件进行组织最终生成可执行代码的过程。

单击“构建”→“构建-文件名”，弹出如图 1-21 所示界面，在构建窗口会显示目标文件链接信息。本程序没有链接错误，故显示“0 个错误，0 个警告”。

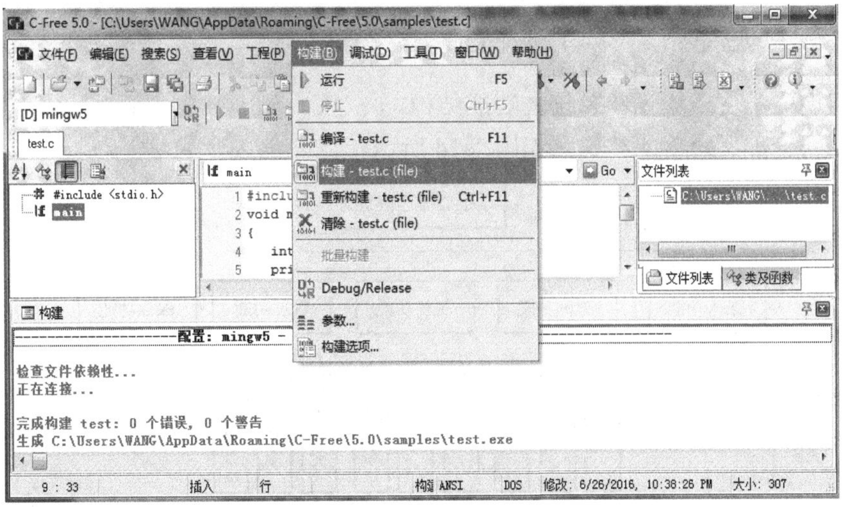

图 1-21　链接程序

4. 执行 C 程序

目标程序经过链接后生成了可执行文件，即.exe 文件。该文件可以直接被计算机识别并运行。

单击“构建”→“运行”，如图 1-22 所示，就可以运行可执行文件了。

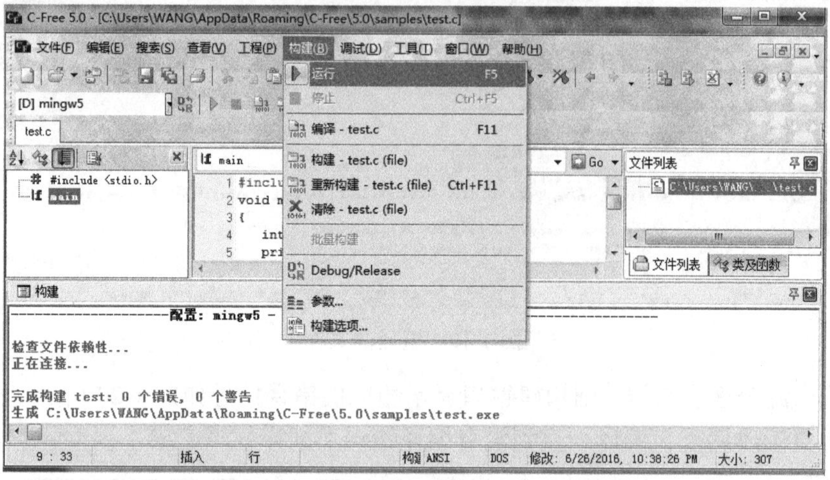

图 1-22　运行程序

程序运行结果如图 1-23 所示。

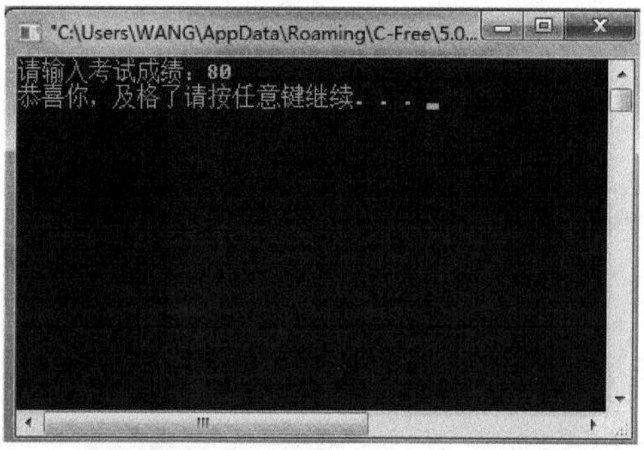

图 1-23　运行结果

问题实现：学生成绩管理系统之功能结构。

学生成绩管理系统功能结构图如图 1-24 所示。

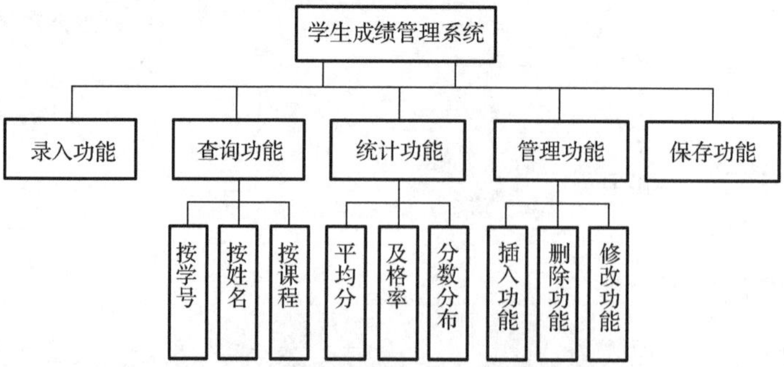

图 1-24　学生成绩管理系统之功能结构

习　　题

1．简单说明编写一个 C 程序的要点。

2．列出解决下列问题的步骤(注意：本问题没有标准的答案)。

(1) 做一道西红柿炒鸡蛋的菜。

(2) 从一楼坐电梯到六楼。

(3) 去超市购买面包。

(4) 开发一个 C 程序。

(5) 编写一个 C 语言的函数。

(6) 求三个学生考试成绩 scoreA、scoreB、scoreC 中的最高分。

(7) 把 10 个无序的考试成绩从大到小排序。

3．为下列问题设计算法。

(1) 1–1/2+1/3–1/4+……+1/99–1/100。

(2) 输出 3 到 1000 之间素数之和。

(3) 输出任意两个数之间的奇数。

如：输入为 1，25 两个数，则对应输出应是 1，3，5，7，9，11，13，15，17，19，21，23，25。

4．为下列问题画出流程图或盒图。

(1) 三个数的最小值。

(2) 输出 26 个小写的英文字母以及每个字母所对应的 ASCII 码值。

(3) 从键盘输入 100 个有符号整数，请分别统计其中正整数和负整数的个数。

(4) 输入若干名学生某科的考试成绩，然后统计出各分数段考试成绩的人数。其中 0～59 为及格、60～79 为中等、80～100 为优良。

5．依据开发 C 程序的八个步骤，完成下列 C 程序的开发。

(1) 1+2+3+⋯+100 之和。

(2) 4 个数从小到大排序。

第 2 章　C 语言编程元素

在上一章中，为学生成绩管理系统选定 C 语言作为实现的工具，知道开发一个 C 程序需要的九个步骤的设计思路，并通过自上而下的程序设计方法初步确定了软件系统的结构。接下来的任务就是如何一一实现每个功能。本章所要学习的内容是 C 程序里的基本编程元素，主要包括数据类型、运算符和表达式、输入和输入函数、构造数据类型、函数、C 语句以及预处理语句等。通过本章的学习，读者可以在宏观层面上把握 C 程序的各种编程元素及其使用的场合，从微观层面上，针对具体的问题，读者能够分析出需要存储的数据的种类、保存数据使用的数据结构、输入和输出数据的方法等。

本章问题：确定学生成绩管理系统之数据分析。

问题背景：学生成绩管理系统中，有学生信息，如学号、姓名、性别、专业、年龄、家庭住址等；大学四年学过的大约 40 门课程的考试成绩信息等；在实现查询、统计等功能时获得的结果信息等。要实现对学生信息和成绩信息的录入、查询、统计和管理功能，首要的问题是解决这些信息如何存储、在程序中如何表示它们、使用什么样的结构存储，以及这些数据如何输入到计算机中，经处理后又如何将结果输出去。

2.1　数 据 类 型

在结构化程序设计方法中，确定数据类型及其存储结构是程序结构确定之后的重要步骤。只有确定了在系统中流动着的数据，并利用适当的数据结构存储这些数据，才能进行下一步的设计与开发。数据及其存储结构定义的好坏直接关系到程序功能的实现与否和性能的好坏。

【例 2.1】学生成绩管理系统中，涉及学生的信息主要包括学号、姓名、性别、年龄、专业、各门课程考试成绩等。系统经常要对学生成绩的平均分、及格率等进行统计。分析该系统中各种数据的数据类型。

通常情况下，学号、姓名、专业都是用字符表示的数据。学生的学号大多使用十几位数字表示，例如 2015191232013。生活中学号常被误认为是数字。由于学号信息不进行类似于数字所做的加减乘除等运算，故学号是字符形式的数据。

性别一般可以用“男”或“女”表示，也可以用“M”或“F”表示。其中 M 代表 Male，F 代表 Female。

年龄和各门课程的考试成绩都是整数，且取值在一定的范围内。

平均分和及格率是小数数据。

由此分析可知，系统中存在多种形式的数据类型。系统如何表示、存储这些不同类型的数据呢？

2.1.1　什么是数据类型

在程序中要处理大量的数据，如例 2.1 中学生的学号、姓名、年龄、专业、考试分数、统计的结果，包括平均分、及格率以及分数的分布情况等。在这些被处理数据中，有些数据具有相同的属性、存储格式、处理规律、取值范围，比如学生年龄和各门课程分数都是整数，都可以进行加减乘除等四则运算，取值范围也在一定的范围内。学生名字、学号和专业都是多个字符构成的字符串。我们把具有相同属性的数据归为一类，称为数据类型。数据类型是确定一组值及其在值上的操作。

2.1.2　为何有数据类型之分

计算机系统要处理大量的数据，比如学生的成绩是整数、学生的名字是字符串、计算得到的平均分是实数等等。不同数据类型的取值范围不同，在计算机中占用的存储空间大小就不同，最重要的是计算机系统对它们的处理操作种类也不同。比如学生的成绩数据，通常取值范围在 0 到 100 之间，计算机系统利用 2 个字节即 16 个二进制位的存储单元来存储，2 个字节的存储单元可以存储数据范围在–32768 至+32767 之间，且对整数数据可以做加、减、乘、除和取余等操作。而对成绩的平均分、及格率等小数数据，系统会利用 4 个字节 32 个二进制位作为存储单元，取值范围在-3.4×10^{-38}到$+3.4\times10^{38}$之间，能做加、减、乘和除操作。在数学中，整数也属于实数范围内，即一个整数也可以用实数形式表示。在计算机系统中，如果把整数用实数形式表示，系统会为每个整数分配 4 个字节的存储单元而不是 2 个字节，如此大大浪费了存储空间。就像一个马戏团的动物，装大象和猴子的笼子大小是不同的，对它们的喂养和训练方法是不一样的，它们表演的节目也是不同的。因此，不同类型的数据需要区别对待。

2.1.3　数据类型的种类

C 语言的数据类型分为基本数据类型、构造数据类型、指针类型和空类型，如图 2-1 所示。

用 C 程序处理的每一个数据都是图 2-1 中所列出的数据类型中的一种。构造数据类型是由一种或多种基本数据类型构造而成，指针类型专指利用指针操作，空类型使用 void 表示，一般用在函数的返回值类型，表示该函数不需要返回任何值，后面章节详细讲述。

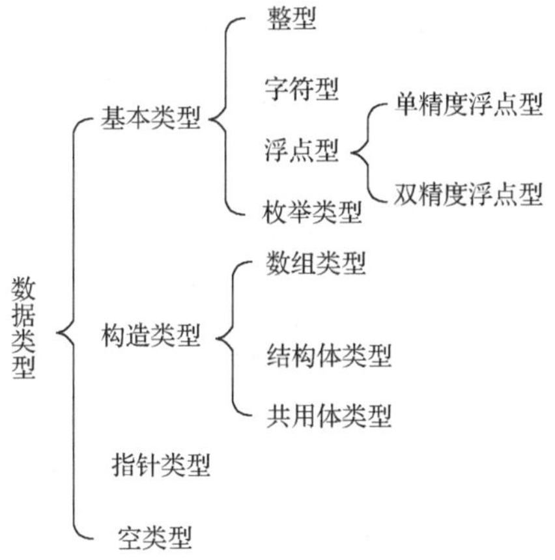

图 2-1　C 语言的数据类型

【例 2.2】学生信息管理系统中，有学号、姓名、性别、出生年月日、年龄、10 门课程考试成绩、当前成绩的平均分等信息，分析以上数据的数据类型。

学号、姓名为字符类型。年龄是整数类型。当前的平均分为实数类型，在 C 语言中被称为浮点类型。性别信息如果使用“男”和“女”表示，由于性别信息非男即女，故可使用枚举类型表示。每一门课程的考试成绩为整数，如果将 10 门考试成绩存放在一起，需要将保存 10 个整数的存储单元构造在一起，即数组类型。出生年月日，一般也会构造一个固定的结构，存储每个学生的出生年月日信息，称为结构体类型。故在 C 语言中，除了存放单个的字符、单个的整数等数据类型外，有时依据具体问题，将多个数据构造在一起进行存储，即构造数据类型。

不同数据类型的数据，在系统中的表现形式不同，有的直接以数据形式出现，如 100、

20.25 等，这种数据称之为常量，而有的数据要保存在一个变换的量中，这种数据称之为变量：故系统中的数据出现常常表现为两种形式，即常量和变量。

2.2 常　　量

【例 2.3】学生成绩管理系统中，期末考试完毕，系统要给每名学生的考试成绩计算学分绩点。课程学分绩点的计算公式为：

课程学分绩点 = 课程学分×绩点系数

百分制分数与绩点系数的对应关系为：0-59 分的绩点系数为 0；60 分绩点系数为 1.0；60 分以上，每增加 1 分，绩点系数增加 0.1。

计算一名学生课程考试成绩是 82 分的课程绩点。

解决问题的关键是归纳出绩点系数的公式。依据百分制分数与绩点系统的对应关系，得到计算出 0-100 间分数的绩点系数公式为：1.0 ＋（课程分数−60）×0.1。有了绩点公式，就可以根据不同的分数，计算出相对应的绩点。82 分的课程绩点公式为 1.0+(82−60)×0.1，计算对应的绩点为 3.2。

在绩点系数公式中，1.0、60 和 0.1 为常数，也就是本节提到的常量，下面将详细介绍关于常量的知识。

2.2.1　常量的定义

在程序运行过程中值不能被改变的量称为常量。不同的数据类型，常量的表现形式也不同。表 2-1 是 C 语言的常量及表示方法。

表 2-1　C 语言的常量及其表示

常量类型	表示方法
整型	十进制整数：0，−100, 456 八进制整数：以 0 开头，0456, 0100 十六进制整数：以 0x 或 0X 开头，0x456，−0X11
字符	单引号括起来的一个字符，‘a’，‘A’。注：‘’为空字符
浮点型	十进制小数形式：由数字和小数点构成(小数点不能省) 如：0.456，0.25，456.0，0.0 指数形式：用 e(或 E)表示，e 之前必须有数字，e 后必须是整数 如：456 表示为 4.56e2，　0.25 表示为 2.5E−1。

例 2.3 的绩点公式中，常量 1.0 和 0.1 均为浮点型常量，且以十进制小数形式表示。60 则为十进制整型常量。

C 语言中，字符型常量是以单引号引起来的一个字符，或者仅有单引号，即‘’为空字符，而‘ac’是错误的。

浮点型常量也可以使用指数形式表示，如 0.025 表示为 2.5e−2 即可。

2.2.2　特殊常量

在 C 语言中，还有一些特殊形式的常量，在程序设计中经常被使用且会起到非常良好的效果。

【例 2.4】计算半径为 2 的圆的面积和周长。

圆的面积公式为：面积=πr^2，圆的周长公式为：周长=$2\pi r$。由于 π 符号在编程环境中无法输入，且编译器也不能识别之，而 π 的取值虽然是一个常数，但是相对较长，书写出错的几率很大。在 C 语言编程中，程序员通常使用一个符号来表示这个常量。

1. 符号常量

符号常量是指用一个符号代表一个常量，习惯上使用大写字母表示，需要使用#define 来定义和赋初值。例如#define　PI　3.14159，表示用符号 PI 代表 3.14159，在程序中出现的每一个 PI，都是常数 3.14159。利用#define 来定义的语句被称为宏定义语句，不属于 C 语句，一般写在程序的最前面。

代码实现：

```
#include<stdio.h>
#define  PI  3.14159          //定义符号常量 PI，并赋初值。
main()
{
    float area, perimeter;
    area = PI * 2 *2;
    perimeter = 2 * PI * 2;
    printf("半径为 2 的圆的面积为%f，周长为%f",area,perimeter);
}
```

① 第二行语句定义了符号常量 PI，并初始化值为 3.14159。

② 程序中需要出现 3.14159 的地方，只要使用 PI 即可。

初学者极容易将符号常量误认为是变量。在程序运行期间，变量的值是可以被改变的，而符号常量一经#define 语句赋初值，且只能赋一次初值，在程序运行期间不允许改变它的值。预编译语句#define 中，将在本章后面介绍。

2. 转义字符常量

转义字符常量就是用字符“\”开头的字符序列，表示指定的操作或字符。C 语言中转义字符如表 2-2 所示。

表 2-2　C 语言的转义字符

字符形式	含义
\n	换行符，将当前位置移到下一行开头
\t	水平跳到下一个 Tab 位置
\b	退格符，将当前位置移到前一列
\r	回车符，将当前位置移到本行开头
\f	换页符，将当前位置移到下一页开头
\\	反斜杠符“\”
\'	单引号符　“’”
\"	双引号符　“””
\ddd	1～3 位八进制代表的符号。例如\101 代表大写字母‘A’
\xhh	1～2 位十六进制代表的符号。例如\x41 代表大写字母‘A’

C 语言的转义字符通常用于输出函数 printf 中，用来控制输出的格式。

2.2.3　应用常量编程

在例 2.3 中，依据绩点公式 1.0 +(课程分数−60)× 0.1 计算考试成绩 82 分的对应绩点。程序代码如下：

```
#include <stdio.h>
#define  BASE  1.0                //60 分绩点系数常量
#define  COEFFICIENT  0.1         //增加绩点系数常量
main()
{
    printf("%f", BASE + (82-60) * COEFFICIENT);
}
```

(1)第二条和第三条语句分别定义了两个符号常量，BASE 和 COEFFICIENT，分别代表 1.0 和 0.1。

(2)使用符号常量的好处在于，一旦计算绩点公式中的常数 1.0 和 0.1 发生变化时，不需要修改这些常量在程序中的每一次出现，仅修改符号常量定义处即可，如此方便了程序的修改和后期的维护。其次当常量在程序中出现的次数很多，多次书写发生错误的几率会增大，使用符号常量代替，可以减少错误的发生。

2.3　变　　量

【例 2.5】学生信息包括：学号、C 语言程序设计成绩、高等数学成绩、英语成绩。学生王晨的信息为：

学号	姓名	C 成绩	高数成绩	英语成绩
2015190432015	王晨	82	80	76

先将王晨同学的成绩信息保存在计算机中，再计算其成绩的平均分。

(1)学号、姓名是由多个字符构成，故要使用字符型变量存储。

(2)课程成绩是整数，使用整型变量存储。

(3)平均分是小数，使用浮点类型变量存储。

2.3.1　理解变量

顾名思义，变量就是在程序运行期间其值可以被改变的量。同常量一样，变量也都有自己的数据类型。实际上，变量就是计算机内存中用来存放不同数据类型数据的存储单元。

学习变量要掌握其 3 个要素，即类型、名字、值，如图 2-2 所示。

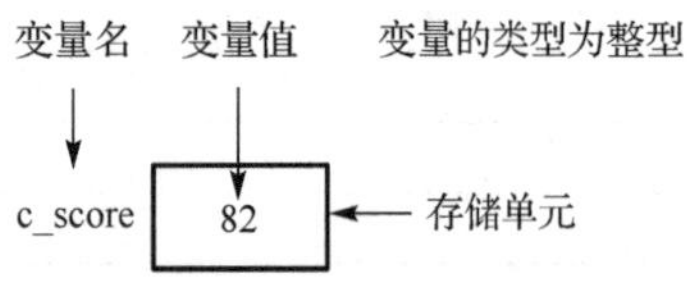

图 2-2　变量的 3 个要素

存储单元中存放数据的类型即为变量的类型，变量的名字是保存数据的存储单元起始地址的标识符，变量的值即为存储在存储单元中的数据。图 2-2 表示一个整数类型的变量 c_score 的值为 82。

2.3.2　变量的类型及定义

由于存储单元里存储数据的类型不同，变量也具有不同的数据类型。每种类型的变量在定义时有其自己的标识符和取值范围，如表 2-3 所示。

表 2-3

变量类型	标识符	二进制位数	取值范围
有符号整型	int	16	$-2^{15}\sim2^{15}-1$
无符号整型	unsigned	16	$0\sim2^{16}-1$
有符号短整型	short int 或 short	16	$-2^{15}\sim2^{15}-1$
无符号短整型	unsigned　short	16	$0\sim2^{16}-1$
有符号长整型	long int 或 long	32	$-2^{31}\sim2^{31}-1$
无符号长整型	unsigned long	32	$0\sim2^{32}-1$
单精度浮点型	float	32	有效位 6～7 位，$-3.4\times10^{-38}\sim+3.4\times10^{38}$
双精度浮点型	double	64	有效位 15～16 位，$-1.7\times10^{-308}\sim+1.7\times10^{308}$
字符型	char	8	0～255

存储不同类型的数据，需要定义不同类型的变量。变量定义的格式如下：

```
类型标识符　变量名;
```

例如：int c_score;，表示在计算机系统中申请到一个存储整数数据的存储单元，单元的标识为 c_score，即变量名。

【例 2.6】将王晨同学 C 语言程序设计成绩保存到计算机系统中。

在定义变量时，首先依据要存储的数据判读数据类型，选择正确的类型标识符，其次还要确定预保存数据的取值范围，选择恰当的标识符。C 语言程序设计成绩一定是整数的，确定为 int 型，又因为成绩信息不可能为负数，故可以定义为无符号的 unsigned int 型，即：

```
unsigned  int c_score;
c_score = 82;
```

或者

```
unsigned  int c_score = 82;
```

两种定义变量的方法运行的结果是相同的。第一种方法为先定义变量，再给变量赋值为 82，第二种方法是在变量定义的同时给变量赋值 82，称之为变量的初始化。

定义变量 float x；表示变量 x 标识的存储单元存储单精度浮点数据，值的变换范围在 $-3.4\times10^{-38}\sim+3.4\times10^{38}$，超出则会产生越界错误。double 类型为双精度浮点数，与 float 单精度浮点数相比，其有效数位更长，精度更高，表示数的范围更大。故在存储浮点类型数据时，要依据数据要求的精度和取值范围选择标识符定义变量。

无符号整型数据，即由 unsigned 标识的变量类型，只能表示正整数，其取值范围为有符号整型数据的 2 倍。

注意：在 C 语言中，每个字符在计算机内使用 ASCII 码表示，每个字符的 ASCII 码见附录 C 语言 ASCII 码表。如大写字母‘A’对应的 ASCII 码为 65，小写字母‘a’对应的 ASCII 码为 97，故 char 型变量可以参加整数运算，并与 ASCII 对应的整数互换，例如定义字符型变量 char ch=‘a’，则 ch + 20 = 117。

2.3.3 变量的使用原则

使用变量的基本原则是“先定义，后使用”，即只有先定义一个变量，才能使用变量保存或处理数据。

【例 2.7】 计算王晨同学三门课程的平均分。

C 程序设计成绩、高数成绩、英语成绩为无符号整数类型的三个变量，平均分为单精度浮点类型，定义如下：

```
#include <stdio.h>
void  main()
{
    float average;
    unsigned int c_score = 82;
    unsigned int math_score = 80;
    unsigned int english_score = 76;
    average = (c_score + math_score + english_score) / 3.0;
}
```

变量名字在定义时给出，变量名统称为标识符。在给变量命名时符合 C 语言的命名规则。由字母、数字、下划线组成，不能用数字开头，C 语言中某些具有特殊意义的词(保留字)不能作为变量名。企业软件项目开发时，会规定具体的变量命名规范，但最起码变量名要使用相应意义的英文单词来命名，让读者见名知意。

对变量的使用实际上是对变量赋值操作，如 average= (c_score+math_score+english_score) / 3.0; 语句即为对变量 average 的使用。变量 average 必须在该语句之前定义过，否则出现编译错误。

程序运行结果，变量 average 的值为 79.333336。

细心的读者会发现语句 average = (c_score + math_score + english_score) / 3.0;中求平均值把除以 3.0 改为除以 3，则 average 的值为 79.000000，丢失了后面的小数部分，其原因在于所有的成绩数据为整型，3 也是整型，其结果也会取整。如果改为 3.0，则系统会进行数据类型转换，将整型转换为浮点型，从而得到我们期望的结果。

2.4 各类数值型数据间的转换

C 语言中的数值型数据类型包括 double、float、int 和 char 类型，这些类型的数据组成的算式在计算时会发生数据类型的转换。有些转换是系统自动进行的，而有些转换要程序员显式操作才能完成。

2.4.1 隐式类型转换

【例 2.8】 计算算式 2.5 + 100/4 – ‘D’ * 20 的结果。

double、float、int 和 char 都是数值型数据，这些数据之间可以进行混合运算。在运算之前，计算机自动将不同类型的数据转换为同一种数据类型，转换的规则如图 2-3 所示。

float ⟶ double ⟵ long ⟵ char ⟵ int

图 2-3　数值类型数据间的转换规则

图 2-3 箭头方向说明隐式转换规则是小数据类型(占有字节数少)向大数据类型(占有字节数多)的类型转换。

算式 2.5 + 100/4 –‘D’ * 20 的结果为–1332.500000。因为 2.5 为 double 类型、100/4=25 是整型、‘D’为字符类型，ASCII 码为 68、20 为整型，故最终数据类型为 double 类型，系统自动保留 6 位小数点，即–1332.500000。

2.4.2　显式类型转换

数据类型间的转换是程序员显式完成的，称为显式类型转换或强制类型转换。强制转换的一般形式为：

```
(类型名)(表达式);
```

含义是将表达式的数据类型强制转换为括号里指定的数据类型。例如：

```
(int)3.14;
```

结果为 3，相当于取整操作。又如：

```
(char) 97 + 'A'  - (int) 100.25
```

结果为 62。

2.5　运算符和表达式

在例 2.6 中，式子(82 + 80 + 76)/3.0 进行加法运算和除法运算，该式子被称为算术表达式。C 语言提供了算术运算符和算术表达式、关系运算符和关系表达式、逻辑运算符和逻辑表达式等丰富的运算符和表达式。

【例 2.9】在学生成绩管理系统中，经常会做基于一定条件的统计操作，比如分别统计男生或女生的考试及格率，统计学生考试成绩分布情况等。学生信息包括学号、姓名、性别、C 成绩、高数成绩、英语成绩，判断某个学生是否是平均分高于或等于 60 分的男生。

分析上述问题，性别、C 成绩、高数成绩和英语成绩是解决问题的关键数据，需要仔细分析。其中性别变量为 char ssex；成绩变量分别为 int　c_score，math_score, english_score。

(1)假设性别信息以 char 型数据‘M’和‘F’来表示，M 代表男，F 代表女。

(2)判断是否为男生，即 ssex == ‘M’。

(3)判断平均分是否高于等于 60，(c_score + math_score + english_score) / 3.0 >= 60。

由此发现，在解决实际问题时，除了要存储多种类型的数据外，还要依据问题的限定条件构建各种表达式，如 ssex ==‘M’为逻辑表达式，(c_score + math_score + english_score) / 3.0 为算术表达式，(c_score + math_score + english_score) / 3.0 >= 60 为关系表达式。

2.5.1　算术运算符和算术表达式

数值计算是 C 语言基本的功能，它支持整型、浮点型和字符型数据进行加减乘除四则运算、整数的整除、取余、自增和自减运算。C 语言提供的算术运算符如表 2-4 所示。

表 2-4　C 语言提供的算术运算符

名称	符号	运算数数据类型	元数(目数)	结合性	示　例
加法	+	整型、浮点型、字符型	二元(二目)	从左向右	2.5+3 =5.500000
减法	–	整型、浮点型、字符型	二元(二目)	从左向右	2.5–3=–0.500000
乘法	*	整型、浮点型、字符型	二元(二目)	从左向右	2.5*3=7.500000
除法	/	整型、浮点型、字符型	二元(二目)	从左向右	2.5/5=0.500000,7/5=1
取余	%	整型、字符型	二元(二目)	从左向右	3%5 = 3
自增	++	整型、字符型	一元(一目)	从右向左	int i = 1; i++或++i
自减	– –	整型、字符型	一元(一目)	从右向左	int i = 1; i––或––i

说明：

(1) 元数(目数)：运算符要求参加运算的运算数的个数，如 2+3，必须两个运算数，故为二元(二目)运算符，而 i++，++运算符只要求一个运算数，故为一元(一目)运算符。

(2) 结合性：运算的方向性，即运算数先与哪个运算符结合。如果运算数先与左边运算符结合，称为左结合性；如果先与右边运算符结合。称为右结合性。例如 3+2 –5，2 先和左边的+号结合，3+2=5，然后 5–5 =0。所以运算符“+”是左结合性的。当然运算符的优先级和结合性都可以通过圆括号来改变。

(3) 7 个算术运算符的优先级，如表 2-5 所示。同一级别运算符按照结合性计算。

表 2-5　算术运算符的优先级

优先级	运算符
1	++　　––
2	*　　/　　%
3	+　　–

由表 2-5 可以得出，一元运算符的优先级高于二元运算符的优先级。

(4) 用算术运算符、括号、运算数相互连接而成且符合 C 语言语法规则的式子称为算术表达式。表达式的值为整个式子的最终结果。

【例 2.10】在学生成绩管理系统中，学生信息包括学号、姓名、性别、C 成绩、高数成绩、英语成绩，将平均分高于 60 分的前 5 个学生学号信息输出。

分析上述问题，学号、C 成绩、高数成绩和英语成绩是解决问题的关键数据，需要仔细分析。其中学号变量为 char sno[13]；成绩变量分别为 int　c_score，math_score, english_score。

(1) 判断平均分是否高于等于 60，(c_score + math_score + english_score) / 3.0 >= 60。在该算术表达式中，除法“/”运算，当两个运算数均为 int 型时，结果为除得的商，如 7/5=1。忽略掉小数部分。如果其中一个运算数为浮点类型，则结果保留小数部分。故本例中一定要除以 3.0。

(2) 定义 int 类型计数器变量 count，初始值为 0，每次出现高于 60 分的学生，count 增 1，即 count = count +1；或 count++。在 C 语言中自增“++”和自减“– –”运算，要求运算数必须是整型或字符型的变量，变量的值增 1 或减 1。i++与 i=i+1 是等价的，同理 i--与 i=i-1 是等价的。尤其注意 i++和++i，i--和--i 的用法。例如：

```
int k, i=1; k=++i;
int k, i=1; k=i--;
```

k=++i 和 k=i++都包含两个操作：一是 i 的值增 1，二是将 i 的值赋值给 k。问题的关键在于确定这两个操作谁先做。++写在 i 的前面，表示先做 i 的值增 1 操作，后做 i 的值赋值给 k 的操作。故最终 i 的值为 2，k 的值为 2。++写在 i 的后面，表示先做 i 的值赋值给 k 的操作，后做 i 的值增 1 操作，故最终 i 的值为 2，k 的值为 1。− −操作与++原理相同，不再重复介绍。

(3) 判断是否达到 5 个学生，使用 count % 5 == 0，判断 count 对 5 取余是否为 0，如是则达到 5 个，停止，否则继续。取余“%”运算，两个运算数必须都为整数。无论两个运算数的符号是整数还是负数，结果的符号和被除数相同。

例如，−3%2 = −1，3%−2 = 1，−3 %−2 = −1。

2.5.2　赋值运算符和赋值表达式

几乎每个 C 程序中都会出现赋值操作。如以上各个例子中带有“=”语句均做了赋值操作。

1. 赋值运算符

赋值运算符用“=”表示，一般写法为：

```
变量 = 值;
```

赋值运算符要求左边必须是变量，表示把右边的值赋值给左边的变量。

例如 int a，a = 25+‘A’;，表示把 25+65 的和赋值给整型变量 a，故 a 的值为 90。

2. 赋值表达式

用赋值运算符、括号、运算数相互连接而成且符合 C 语言语法规则的式子称为赋值表达式。表达式的值为赋值号右边的值。

例如：c_score = 76 为赋值表达式，该表达式最终值为 76。

3. 赋值运算符的优先级

有人认为“=”左边的值才是运算数，所以赋值运算符是一元运算符；有人认为“=”左右两边都是运算数，应该是二元运算符。由于不能确定其元数，故赋值运算符的运算优先级很低，处在所有二元运算符乃至三元运算符的后面。

2.5.3　关系运算符和关系表达式

C 语言提供的关系运算符如表 2-6 所示。

表 2-6　关系运算符

名称	符号	运算数数据类型	元数(目数)	结合性	示例
大于	>	整型、浮点型、字符型	二元(二目)	从左向右	3 > 2.5
大于等于	>=	整型、浮点型、字符型	二元(二目)	从左向右	‘Q’ >= ‘R’
小于	<	整型、浮点型、字符型	二元(二目)	从左向右	1 < 2
小于等于	<=	整型、浮点型、字符型	二元(二目)	从左向右	3.5 < = 4.5
等于	= =	整型、浮点型、字符型	二元(二目)	从左向右	97 = = ‘a’
不等于	!=	整型、浮点型、字符型	二元(二目)	从左向右	60 != 60

从上表可以得知：

(1) 六个关系运算符都是二元运算符，都是从左向右结合，即满足左结合性。

(2) 用关系运算符、括号、运算数相互连接而成且符合 C 语言语法规则的式子称为关系表达式。关系表达式的结果只有两种，真或假，如 1<2 为真，60 != 60 为假。

(3) 关系运算符的优先级别如表 2-7 所示。同一级别按照从左到右顺序计算。

表 2-7　关系运算符的优先级

优先级	运算符
1	>>=　<<=
2	= =　!=

在使用关系型运算符时，需要注意以下几点：

(1) = = 和 = 容易混淆。“==”表示判断是否相等，判断结果为真或者假，而“=”表示赋值，结果为赋值号右边的值。如 x == 1 表示判断变量 x 的值是否为 1，如是为真，否则为假。而 x=1 表示把 1 赋值给变量 x。

(2) 每个运算符>=、<=、= =和!=在写法上用两个符号表示一个运算符，故不能在两个符号中间插入空格，否则将出现编译错误。

2.5.4　逻辑运算符和逻辑表达式

C 语言提供的逻辑运算符如表 2-8 所示。

表 2-8　逻辑运算符

名称	符号	运算数数据类型	元数(目数)	结合性	示例
逻辑非	!	整型、浮点型、字符型	一元(一目)	从左向右	! 100
逻辑与	&&	整型、浮点型、字符型	二元(二目)	从左向右	(x>y) && (1<2)
逻辑或	||	整型、浮点型、字符型	二元(二目)	从左向右	(x>y) || (1<2)

从表 2-8 可知：

(1) 逻辑非！x，表示取相反值，即如 x 原来为真，！x 为假；如 x 为假，！x 为真。由于 C 语言中一切非 0 均为真，故！100 为假。

(2) 逻辑与 A && B，仅当 A 和 B 都为真时，式子为真，否则都为假。

(3) 逻辑或 A || B，仅当 A 和 B 都为假时，式子为假，否则都为真。

(4) 用逻辑运算符、括号、运算数相互连接而成且符合 C 语言语法规则的式子称为逻辑表达式。逻辑表达式的值只有真或假两种。

(5) 逻辑运算符的优先级别如表 2-9 所示。

表 2-9　逻辑运算符的优先级

优先级	运算符
1	!
2	&&
3	||

应用逻辑运算符时，应注意以下几个问题。

(1) 逻辑与&&运算，如 (1>2) && (‘A’<‘U’)，如确定第一个运算数 1>2 为假，计算机将不再计算第二个运算数‘A’<‘U’的值，因为整个表达式的值一定为假。

(2) 逻辑与||运算，如 (1<2) || (‘A’<‘U’)，如确定第一个运算数 1<2 为真，计算机将不再计算第二个运算数‘A’<‘U’的值，因为整个表达式的值一定为真。

2.5.5　运算符优先级总结

(1) 优先级的元数越少，优先级越高。

(2) 最常用的二元运算符中，算术运算符　**高于**　关系运算符　**高于**　逻辑运算符。

(3) 赋值运算符的运算优先级低于所有二元运算符。

(4) 所有运算符优先级参见附录。

2.5.6　应用运算符和表达式编程

【例 2.11】 在学生成绩管理系统中，学生信息包括学号、姓名、性别、成绩、高数成绩、英语成绩、Java 成绩，将某个男生高于 60 分的考试成绩按照 2 个一组输出来。

分析问题：

(1) 数据类型分析：学号和姓名为 char 数据类型，但学号和姓名不止一个字符，应该使用 char 类型的数组保存。性别为 char 类型数据，用“M”和“F”表示。成绩数据均为 int 类型，保存在 int 类型的数组中。

(2) 运算符和表达式分析：考试分数高于 60 表示为：score > 60。男生表示为 ssex == ‘M’。两个一组输出表示为 count % 3 == 0。

```
#include <stdio.h>
void main( )
{
    char  sno[ 15] = "2014190432013";
    char  sname[20] = "王晨";
    char  ssex = 'M';
    int i = 0,count = 0;
    int scores[10] = {80,45,78,90,59,76,89,97,50,90};
    for( i = 0 ; i <=9; i++)
    {
        if (ssex == 'M'  && scores[i] >= 60)
        {
              printf("%4d",scores[i]);
              count ++;
        }
        if( count % 3 == 0 )
        {
           printf("\n");
        }
    }
}
```

程序的运行结果为：

```
80  78  90
76  89  97
90
```

程序说明：

(1) sex == 'M'和 average >= 60 均为关系表达式。

(2) sex == 'M'　&&　average >= 60 为逻辑表达式，表示两个条件都成立时为真。

(3) 变量 count 为计数器，表达式 count % 3 == 0 表示每输出 3 个高于 60 分的成绩数据就输出一个换行。

2.6　输入输出语句

在 C 语言程序中，反复出现 scanf 和 printf 函数，读者大概也能猜出这两条函数语句是程序用来输入和输出数据的。系统中保存和处理的数据类型不同，在输入和输出这些不同的数据类型时，输入和输出语句也有不同的控制方法和表示形式。

【例 2.12】在例 2.9 中，学生王晨的各项信息是通过初始化的形式获得的。在实际问题中，学生的信息都是从外界通过键盘或其他方式输入到计算机中的。学生信息包括学号、姓名、性别、C 成绩、英语成绩、高数成绩，输出某个男生的学号、平均分以及高于 60 分的考试成绩。

分析上面的问题，除了给不同的数据定义变量外还涉及不同类型数据的输入和输出。C 语言中的输入和输出是以函数形式来实现的。

2.6.1　格式化输出函数 printf()

1. 函数使用格式

```
printf ("格式控制", 变量列表);
```

其中格式控制包含两种信息。

(1) 普通字符。原样要输出的字符。

(2) 格式控制符。%格式符，依据紧跟在%后的格式符决定输出数据的类型和格式。

(3) 变量列表是用逗号分隔开的若干个变量，其个数和出现的顺序由格式控制符中出现的“%”的个数和顺序决定的。

例如：

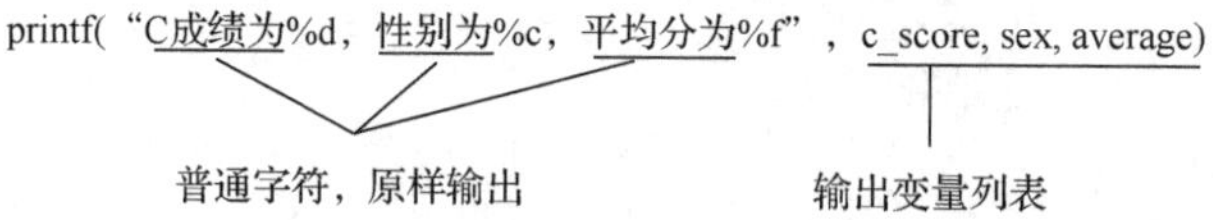

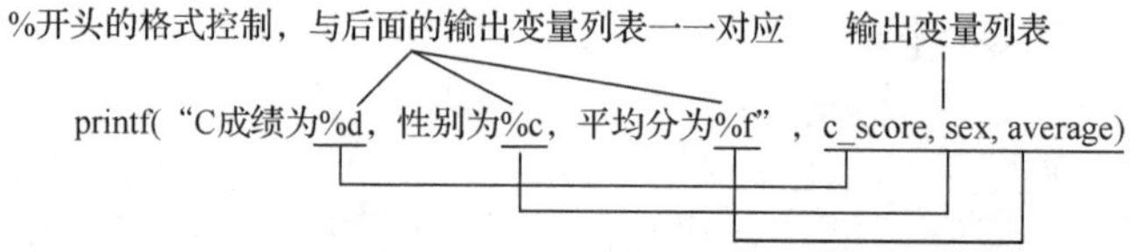

如果成绩 c_score 为 82，性别 sex 为‘F’，平均分 average 为 79.33，则输出结果为：

C 成绩为 82，性别为 F，平均分为 79.330000。

2. 格式字符

语句 printf(“C 成绩为%d，性别为%c，平均分为%f”,c_score,sex,average);中，格式控制符%后面紧跟了不同的格式符 d、c 或 f 等，分别表示输出整数、字符和浮点型数据。

C 语言针对输出不同数据类型的数据，提供了不同的格式符，并提供了多个附加格式符来保证数据得到友好输出显示。

1) d 格式符

含义：以十进制形式输出整数。

例如：学生王晨的 C 语言程序设计的成绩为 82 分，高等数学成绩为 80，英语成绩为 100 分，定义三个整型变量 score_c，score_math，score_english 分别保存三个成绩，如仅输出 C 语言程序设计的成绩，程序段为：

```
int  score_c, score_math, score_english;
score_c = 82;
score_math = 80;
score _ English = 100;
printf("%d", score_c);
```

输出结果为：82

如果要求王晨同学的三门课成绩都要输出，则可将输出语句修改为：

```
printf("%d%d%d", score_c,score_math,score_english);  //%d之间没有任何分隔符
```

输出结果为：8280100

该输出结果很难区分出每一门课的成绩。一般情况下，可以使用分隔符如空格、逗号、分号以及汉字作为原样输出的普通字符，以达到输出结果的清晰性。如：

```
printf("%d □%d□%d", c_score, math_score_math,english_score);
                                        //□表示空格，用空格分割。
```

输出结果为：82□80□100

```
printf("%d, %d, %d",  c_score, math_score_math,english_score);
                                        //用","分割
```

输出结果为：82，80，100

C 语言中，%d 格式控制的用法总结如下。

(1) %d。按十进制整数的实际长度输出数据，输出数据的范围在–32768～+32767 之间。

(2) %ld。输出长整型数据。当输出数据的大小超出–32768～+32767 范围，一般需要使用 long 类型的数据输出格式，否则容易发生错误。例如：

```
long temp = 327680;
printf("%ld",temp);
```

输出结果为：327680

(3) %md 或%mld。m 为正整数，表示为输出数据指定的列宽。如果数据的位数小于 m，在其左端用空格补全，如大于 m，则按照实际位数输出。例如：

```
int score = 98;
printf("%5d",score);
```

输出结果：□ □ □98

(4) %-md 或-mld。m 的含义与上面相同，“–”表示如果数据的位数小于 m，在其右端用空格补齐。上例改为：

```
printf("%-5d",score);
```

数据结果：98□ □ □

2) o 格式符

含义：用来以八进制形式输出正整数。

例如：

```
printf("%o",100);  //将十进制数 100 转换成对应的八进制数输出
```

输出结果为：144

与 d 格式符相同，输出长整型数据使用%lo 格式。也同样使用%mo、%mlo 或%-mo、%-mlo 格式来控制数据的输出。

例如：

```
printf("%5o",100);
```

输出结果：□ □ 144

注意：不能使用%o 格式符输出负数，否则会发生错误。

3) x 格式符

含义：用来以十六进制形式输出正整数。

例如：

```
printf("%x",100);  //将十进制数 100 转换成对应的十六进制数。
```

输出结果为：64

输出长整型数据使用%lx 格式。也同样使用%mx、%mlx 或%-mx、%-mlx 格式来控制数据的输出。

例如：

```
printf("%d, %5o, %-3x",100,100,100);
```

输出结果：100，□ □ 144,64 □

注意：与%o 相同， %x 格式符也不能输出负数。

4) u 格式符

含义：用来以十进制形式输出无符号 unsigned 型的数据。

例如：学生的考试成绩不可能是负数，所以可以用无符号形式输出。成绩是 90 分的各种输出形式。

```
int score = 90;
printf("十进制成绩%d，八进制成绩%o，十六进制成绩%x，无符号成绩%u", 90,90,90,90);
```

输出结果：十进制成绩 90，八进制成绩 132，十六进制成绩 5a，无符号成绩 90

注意：unsigned 类型的数据也可以使用%d、%o 和%x 的格式输出。也同样使用%mu、%mlu 或%-mu、%-mlu 格式来控制数据的输出。

5) c 格式符

含义：用来输出一个字符。

例如：输出学生王晨的性别。

```
printf("王晨同学的性别为%c", sex);
```

输出结果：王明同学的性别为 M

由于 0～255 间的整数和 char 型是可互换的，所以 0～255 间的整数或对应的字符使用%d 或%c 格式输出都是合法的。

【例 2.13】字符型数据和整型数据的相互输出形式

```
#include<stdio.h>
```

```
void main()
{
    char ch = 'A';
    int temp = 97;
    printf("%c,%d\n",ch,ch);
    printf("%c,%d",temp,temp);
}
```

输出结果：

```
A，65
a，97
```

输出格式%c，也可以使用%mc 或%-mc 格式来控制字符数据的输出的宽度。

例如：printf("%3c,%-4d\n",ch,ch);

输出结果：□ □ A，65□ □

6) s 格式符

含义：用来输出一个字符串。

例如：输出学生王晨的学号、名字和专业。

```
printf("%s 的学号为%s，专业为%s", sname,sno,major);
```

输出结果：王晨的学号为 2014190432013，专业为计算机科学与技术

输出格式%s，是按照字符串实际长度输出。也可以使用%ms 或%-ms 格式来控制字符串数据的输出宽度。

另外，%s 格式还有以下两种形式。

(1) %m.ns。将字符串中左端 *n* 个字符在 *m* 列上输出。这 *n* 个字符输出在 *m* 列的右侧，左端用空格补齐。

(2) %-m.ns。将字符串中左端 *n* 个字符在 *m* 列上输出。这 *n* 个字符输出在 *m* 列的左侧，右侧用空格补齐。

如果 $n>m$，则 *m* 自动取 *n* 的值，保证 *n* 个字符串均被输出。

【例 2.14】字符串的输出形式

```
#include<stdio.h>
void main()
{
    printf("%15s,%15.7s,%.7s,%-3.10s","Beijing China","Beijing China",
            "Beijing China","Beijing China","Beijing China");
}
```

输出结果：□ □ Beijing China, □ □ □□ □ □□ □ Beijing,Beijing,Beijing Ch

7) f 格式符

含义：用来以小数形式输出浮点型数据。

例如：printf("%f",1.234);

输出结果：1.234000

从上例中可知，%f 格式输出的浮点型数据系统会自动保留 6 为小数点。而且只有前七位数字是有效数字，后面的数据可能是不准确的。

另外%f 还可以使用如下格式。

(1) %m.nf，输出的数据占 *m* 列，有 *n* 位小数。如数据实际长度小于 *m*，左端补空格。

(2) %-m.nf，*m* 和 *n* 含义与上同，只有当数据实际长度小于 *m*，右端补空格。

【例 2.15】浮点型数据的输出形式

```
#include<stdio.h>
void main()
{
    float x = 12.345;
    double y = 12.345;
    printf("%f,%f,%8.2f,%-8.1f",x,y,x,y);
}
```

输出结果：12.345000,12.345000，□ □ □12.35,12.3□ □ □ □ □

从例 2.13 可知，单精度浮点和双精度浮点数据都使用%f 输出。在规定输出小数位时，采用四舍五入的形式取数据。

8) e 格式符

含义：以指数形式输出浮点型数据。

例如：printf("%e",12.34);

输出结果：1.234000e+001

大多数 C 编译器自动指定小数位数为 6 位，指数部分占 5 位，e 占 1 位，指数符号占 1 位，指数占 3 位。

%e 控制符也可以使用%m.ne 和%-m.ne，其含义和%f 的相同，此处不再详细讲解。

以上依据数据的不同类型、不同的输出格式，讲述了 8 种格式符号，总结如表 2-10 和表 2-11 所示。

表 2-10　printf 的格式字符

格式符号	含　义
d	以十进制形式输出整数
o	以八进制形式输出正整数
x 或 X	以十六进制形式处处正整数
u	以十进制形式输出正整数
c	以字符形式输出一个字符
s	输出一个字符串
f	以小数形式输出浮点型数据，默认保留 6 位小数
e 或 E	以指数形式输出浮点型数据

表 2-11　printf 的附加格式符

格式符号	含　义
l	输出长整型 long 数据，加在格式符前面
m	正整数，输出数据的总列宽
n	正整数，对字符串，表示输出字符串的长度 对浮点数，表示保留的小数位数
-	输出数据左对齐

注意：

(1) 格式符仅 x 和 e 两个格式符大小写均可以。

(2) 如果输出字符“%”，要使用下面的形式。

```
printf("%f%%",50/100.0);
```

输出结果：0.500000%

2.6.2　格式化输入函数 scanf()

1. 函数使用格式

```
scanf ("格式控制",变量的地址列表);
```

scanf 函数的格式控制与 printf 函数相同，两个函数主要的不同点在于 printf 函数是变量的列表，而 scanf 函数必须是变量的地址列表，对变量做取地址运算。例如输入学生年龄 age 的值：scanf(“%d”,&age)；

【例 2.16】将从键盘上输入的大写字符转换成对应的小写字母。

(1) 依据 ASCII 码表，小写字母 = 大写字母 + 32。大写字母比其对应的小写字母的 ASCII 码小 32。

(2) 判断一个字符是大写字母的逻辑表达式为 ch>='A' && ch<='Z'。

(3) 输入字符使用函数 scanf 的%c 格式符，输出字符使用函数 printf 的%c 的格式符。

```
#include<stdio.h>
void main()
{
   char ch;
   scanf("%c",&ch);                 //变量必须取地址
   if(ch>='A' && ch<='Z')
   {
      ch = ch +32;
      printf("%c",ch);
   }
}
```

程序运行结果如下：

```
D ↙
d
```

2. 格式符

与 printf 函数中的格式控制相同，以%后面紧跟的字符来表示输入的格式，如表 2-12 和表 2-13 所示。

表 2-12　scanf 的格式符

格式符号	含　义
d	以十进制形式输入整数
o	以八进制形式输入正整数
x 或 X	以十六进制形式输入正整数
u	以十进制形式输入正整数
c	输入单个字符
s	输入一个字符串
f	以小数形式或指数形式输如浮点型数据
e 或 E	与 f 相同

表 2-13　scanf 的附加格式符

格式符号	含　义
l	输入长整型 long 数据，加在格式符前面
h	输入短整型 short 数据
m	正整数，指定输入数据所占的列数
*	紧跟在*后面的输入项不给对应的变量赋值

【例 2.17】用 scanf 函数输入某学生的 C 成绩、高数成绩以及学分绩点信息。

分析上述问题，C成绩和高数成绩均为整型数据，学分绩点为单精度浮点型数据。

```
#include<stdio.h>
main()
{
    int c_score,math_score;
    float pointinfo;
    scanf("%d□%d□%f",&c_score,&math_score,&pointinfo);   //□表示空格
    printf("%d,%d,%f", c_score, math_score, pointinfo);
}
```

运行程序，并按以下方式输入值：

```
80  90   2.35↙
80,90,2.350000
```

程序说明：

(1)利用scanf输入整数和浮点型数据时，如果多个格式控制符%d或%f间无空格或者多个空格，输入数据时采用回车、一个或多个空格或者Tab键分隔数据。

(2)scanf函数一定是对变量取地址，如&a，否则是错误的。

(3)如果输入语句改写成scanf("%d,%d,%f,%f",&a,&b,&x,&y);，即用“，”做分隔符，则输入的数据也要利用“，”作为分隔符。

即1,2,2.35,5.0↙

其他符号作为分隔符同理。

【例2.18】用scanf函数输入学生的学号、姓名、性别信息。

分析以上问题，学号、姓名信息均为字符型数据，但是字符数要多于一个。在C语言中多个字符是采用字符数组来存储的。性别信息如果用字符‘M’表示男，用‘F’表示女，则性别信息为单一字符。

```
#include<stdio.h>
void main()
{
    char sno[15] , sname[10];
    char ssex;
    scanf("%c%s%s",&ssex,sno,sname);
    printf("学号为%s,姓名为%s,性别是%c ", sno,sname, ssex);
}
```

运行程序，当输入数据为：

```
M↙
2015190432013↙
王晨↙
```

运行结果：

```
学号为2015190432013,姓名为王晨,性别是M
```

程序说明：

(1)输入数据是以回车符作为结束符来分隔每一个数据的。

(2) 因为 sno 和 sname 为数组名，数组名本身就是地址，故输入函数中不能加取地址符“&”，而 ssex 为变量，输入时必须在变量前加取地址符号&。

(3) 如果将输入语句修改为 scanf("%s%c%s ", sno,&ssex,sname);，仍以回车符作为结束符，那么输入完 sno 后的回车符将被赋值给 ssex，而导致输入数据出现错误。故当%c 出现在输入语句的格式串中时，如果只有一个%c 则将其放在最前面；如果有多个%c 或者%c 不是第一个要输入的数据时，建议不要使用回车符作为数据的分隔符，而应该自行指定分隔符，空格、分号等。例如：

```
scanf("%s□%c□%s ", sno,&ssex,sname);
```

输入数据为：

```
2015190432013□M□王晨
```

输入数据可以准确地为每一个变量赋值。

2.6.3 字符输入和输出函数

利用 scanf 格式化输入函数在输入单个字符型数据时经常会发生意想不到的错误，给初学者带来很多困惑。在 C 程序中，需要处理字符数据情况很多，如学生的学号、姓名、性别等，故在 C 语言中，除了可以使用格式化输入函数 scanf 和输出函数 printf 外，还提供了单个字符的输入函数 getchar 和输出函数 putchar。

【例 2.19】 学生性别信息使用‘M’代表男，‘F’代表女。从键盘上依次输入 100 个学生的性别信息，统计男同学的人数并输出。

这是一个字符串分类统计的典型问题，即在一个字符串中分别统计各个字符出现的次数或者频率。解决该问题的关键点如下。

(1) 选取适当的字符输入函数。

(2) 判断是男同学的逻辑表达式 ssex == ‘M’。

(3) 定义整型变量 count，初始化为 0，作为男生人数计数器。

1. 字符输入函数 getchar

函数格式：getchar()

函数功能：getchar 是一个无参函数，实现从标准输入设备中读入一个字符。函数的返回值就是读入的字符。当读到文件尾时返回 EOF。

例如：从键盘上输入王晨同学的性别语句为：

```
sex = getchar();    //sex 为 char 型变量
```

将从键盘上输入的字符赋值给字符型变量 sex。

2. 字符输出函数 putchar

函数格式：putchar(ch)

函数功能：putchar 是有一个参数的函数，实现将一个字符写入到标准输出设备中。

例如：

```
sex = getchar();
putchar(sex);
```

如果输入为 M，则输出也为 M。

程序中经常使用 putchar 函数实现换行，即 putchar(‘\n’)；该语句的作用是将光标当前位置移到下一行的开头。

例 2.19 中，在输入学生性别信息时采用 getchar 函数将非常简单。程序代码如下：

```
#include <stdio.h>
main()
{
    char sex;
    int count = 0,i;
    for( i=0; i<100;i++)
    {
        sex = getchar();
        if(sex == 'M')   count++;
    }
    printf("100 名学生中共有%d 个男生", count);
}
```

如果将程序中 sex = getchar();语句换成 scanf(“%c”,&sex);，从第二次循环开始 sex 的值出现错误，原因在于第一次输入后的回车符保留在输入缓冲区中，并赋值给第二次循环的 sex 而导致错误发生。故在循环语句中使用格式化输入函数 scanf 输入%c 的数据时一定要注意。

2.6.4　应用输入和输出语句编程

【例 2.20】在学生成绩管理系统中，将平均分高于或等于 60 分的男生的学号、姓名、性别和平均成绩输出。

```
#include <stdio.h>
main()
{
    char  sno[ 11] ,sname[20],sex;
    int  age,c_score,math_score,english_score;
    float  average;
    printf("请输入学生信息\n");
    sex = getchar();
    scanf("%s%s%d%d%d%d",sno,sname,&age,&c_score,&math_score,
            &english_score);
    average = (c_score+math_score+english_score)/3.0;
    if ( sex == 'M'  && average >= 60)
    {
        printf("学号为%s,姓名为%s,性别为%c,年龄为%d,平均分为%.2f",sno,
                sname,sex,age,average);
    }
}
```

程序的运行情况如图 2-4 所示。

图 2-4

在上面的程序段中，如将 sex = getchar();下移一行，放在格式化输入函数 scanf 的后面，则 sex 的值将是 scanf 语句留在输入缓冲区中的回车符，而导致错误发生。

2.7　构造数据类型

第 2.6.4 小节中将一个学生的信息采用字符数组、整型、字符型等变量分别存储，在学生人数较少时，这种方式简单易行。但在实际的学生成绩管理系统中，需要输入并处理大量学生的信息。每个学生的信息有很多种数据类型、需要保存的成绩也不止于 3 门，这些信息单靠以基本数据类型分散存储是很难有效解决问题的，需要利用基本数据类型构造出更为复杂的数据类型。

2.7.1　数组

数组是最常用且最简单的构造行数据类型。其实际应用将在后面的章节详细讲述。

【例 2.21】一个学生从大一入学到大四毕业一般要学 40 门课程，如何保存一个学生的 40 门课程的成绩并求其成绩的平均分。如果有 30 个学生成绩怎么存储？

分析问题：

(1) 成绩数据的数据类型都是整数，其取值范围为 0～100，故均为 unsigned int 类型。

(2) 如使用基本数据类型整型变量，则要定义 40 个整型变量 score1～score40，可以想象，程序会非常冗长，输入函数 scanf 语句和输出函数 printf 语句都会很长，给程序员编程带来很大的麻烦。且一个学生需要 40 个整型变量，30 个学生需要 1200 个整型变量。

(3) 每一个变量定义，其实是向计算机系统申请一个存储空间，系统为程序分配一个存储空间。40 个变量则要提出 40 次申请，系统分配 40 次。设想能否一次向系统申请 40 个存储空间，系统一次性的分配给程序 40 个存储空间呢？

这些问题提示我们，需要用基本的数据类型构建复杂的数据类型，才能有利于程序员编程解决问题。

1. 数组的概念

数组是一种构造数据类型，用来保存多个相同数据类型的数据，不能将数据类型不同的数据存储在同一个数组中。数组是对变量概念的扩展，一个变量一次向系统申请一个存储单元，一个数组一次向系统申请多个存储单元，这些存储单元在存储位置上是连续的，只要记住第一个存储单元的位置以及存储单元的个数，就可以达到存储多个相同类型的数据的目的。

2. 数组的定义

含义：程序向计算机系统申请存储若干个同种数据类型的存储单元。

```
一维数组定义格式：数据类型 数组名[常量表达式]
```

数据类型代表存储数据的数据类型，数组名为第一个存储单元的位置标识，常量表达式是指存储单元的个数。

例 2.19 中存储一个学生 40 每门课程的考试成绩，定义整型数组如下：

```
int  score[40];
```

数组名为 score(程序员按照标识符规定命名)，存放 40 个 int 型数据。

再如：存放字符型 11 位学生学号信息。定义字符型数组如下：

```
char  sno[11];
```

再比如：char sname[20];

表示系统一次性分配给程序 20 个存储 char 类型数据的连续存储空间，第一个数据存放的存储地址标识是 sname。

3. 数组元素

数组中存储的数据称为数组元素，其表示方法为：

```
数组名[下标]          注意数组的下标从 0 开始。
```

例如 第三门课的成绩信息为：score[2]。

4. 二维数组

在例 2.19 中，存储 30 个学生的成绩，每个学生 40 门课程成绩，共计 1200 门成绩，要使用二维数组。

二维数组定义格式：数据类型 数组名[常量表达式 1] [常量表达式 2]

二维数组与数学中的矩阵类似，分为行和列，常量表达式 1 为行标，常量表达式 2 为列标，分别限定了数组中的行数和列数。

```
int  score[30][40];
```

表示系统一次性分配给程序 1200 个存储 int 类型数据的连续存储空间，第一个数据存放的地址为 score。数组 score 中共有 30 行 40 列，score[i][j]是第一个学生的第 j 门课的成绩。其中 i 的取值 0～29，j 的取值 0～39。

2.7.2 结构体

除相同数据类型的数据可以构建新的数据类型外，不同中数据类型的数据也可以构建新的构造类型。

【例 2.22】学生的信息主要包括：学号、姓名、性别、年龄、英语成绩、数学成绩、C 程序设计程序。如何保存并输出学生的信息。

问题分析：

在以前的例子中，一个学生的信息，采用基本数据类型变量保存学生王晨的基本信息如下：

```
char  sno[ 11] ,sname[20],sex;
int  age,c_score,math_score,english_score ;
```

以此方法，保存学生的信息需要做到：① 为每个学生定义7个变量，而且变量的名字不能重复。② 能够非常清楚地记得每个变量存储的是哪个学生的哪项信息。对程序员来说这似乎是复杂而有难度的。构造一种数据类型，能够将学生的信息构造成一个逻辑整体。

1. 结构体的概念

结构体也是一种构造数据类型，是由若干数据类型的数据项构造而成的复杂数据类型，这些数据项称为结构体的成员。每一个成员可以是基本的数据类型，也可以是构造数据类型。结构体也是对变量概念的扩展。与数组不同，结构体一次可以向系统申请多个存储单元来存储不同数据类型的数据。对结构体中存储的每一项信息，都要使用相应的名字标识，称为成员名，通过成员名实现对结构体信息的访问和处理。

2. 定义结构体数据类型

定义一个结构体数据类型，就是定义它所包含的每一个成员，每一个成员有数据类型和名称。结构体数据类型定义使用关键字struct，定义格式如下：

```
struct 结构体类型名
{
   数据类型 成员 1;
   数据类型 成员 2;
   ……
}
```

在例2.20中，定义学生结构体数据类型。

```
struct student
{
    char sno[20],sname[20],sex;
    int  age,c_score,math_score,english_score ;
}
```

3. 定义结构体变量

与定义普通变量相同，定义结构体变量格式如下：

```
struct 结构体类型名 变量 1, 变量 2, …;
```

例如：`struct student stu1,stu2;`

定义了两个struct student类型的结构体变量stu1和stu2。结构体变量定义常出现的错误是漏掉了关键字struct。

4. 结构体成员

访问结构体变量信息是通过操作其成员来实现的，结构体变量的成员表示为：

```
结构体变量名.成员名
```

例如：

```
stu1.sname    //结构体变量 stu1 的 sname 成员信息
```

5. 结构体数组

数组元素是一个结构体，该数组就是一个结构体数组。结构体数组的访问和处理办法和普通数组相同。例如：

```
struct student stu[30]  //定义 30 个元素的结构体数组，每个元素是 struct student 类型。
stu[10].sname           //第 11 个学生的 sname 信息。
```

例 2.20 的实现代码如下：

```
#include<stdio.h>
void main()
{
    struct student
    {
        char sno[20],sname[20],sex;
        int  age,c_score,math_score,english_score ;
    };
    struct student stu;
    scanf("%c%s%s%d%d%d%d",&stu.sex,stu.sno,stu.sname,&stu.age,
          &stu.c_score, &stu. math_score,&stu.english_score);
    printf("%c,%s,%s,%d,%d,%d,%d",stu.sex,stu.sno,stu.sname,stu.age,
           stu.c_score, stu. math_score,stu.english_score);
}
```

程序的运行情况如图 2-5 所示。

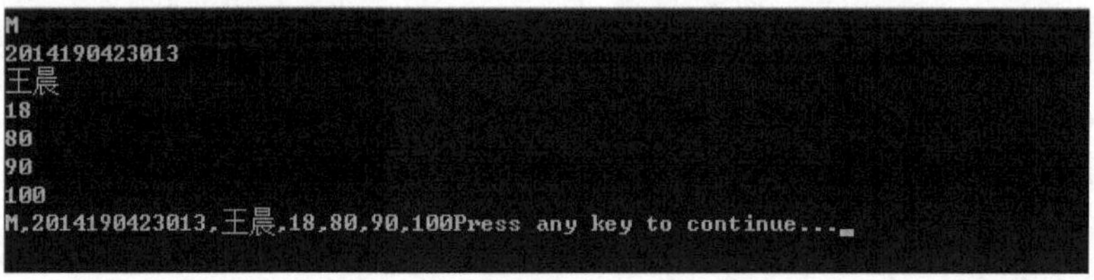

图 2-5

如果存储 30 个学生的信息，则定义结构体数组如下：

```
struct student stu_computer[30];
```

2.8　函　　数

C 程序是由一个或多个函数构成的。

【例 2.23】在学生成绩管理系统中，统计一个班级 C 语言课程考试成绩情况。

分析上例，统计课程考试成绩一般应该完成最高分、最低分、平均分及其分数分布情况等任务。如果这些任务都写在主函数中，一方面代码过于繁杂，容易出错，更重要的是编写在主函数中的代码不能被团队其他成员复用，造成效率不高等问题。而在企业开发软件项目时，通常采取“分而治之”的思想，把大任务分解成小任务。各个小任务完成了，大的任务自然而然就完成了。这就是模块化设计思想，C 程序的函数是实现模块化程序设计的重要形式。

2.8.1　模块化程序设计

结构化程序设计方法一般采用“自顶向下”的模块化程序设计方法，即将一个大问题分解成多个小问题，小问题还可以再分解为更小的问题。求解较小问题的算法与程序称为功能模块。各功能模块应该单独设计，然后将求解所有的小问题的功能模块组合成求解大问题的程序。

函数是为完成一个任务或者说一个功能而设计编写的。模块化程序设计中，将大的问题逐层分解，最终表现为实现一个任务或一个功能的函数。通过设计和编写函数达到解决问题的目的。

例如求三个整数的最值问题的模块化分解如图 2-6 所示。

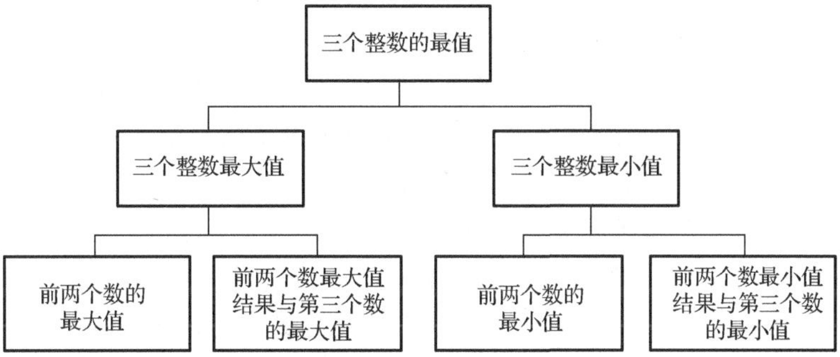

图 2-6　三个整数最值模块化设计

在分解的最底层，求最大值分支上，求前两个数的最大值、前两个数最大值结果与第三个数的最大值两个小问题可以归结为一个问题，求两个数的最大值问题。可以定义求两个数的最大值函数，两次使用两个数的最大值函数可以求得三个数的最大值。求解最小值同理。

在例 2.21 中，统计 C 程序成绩的分布的模块化设计如图 2-7 所示。

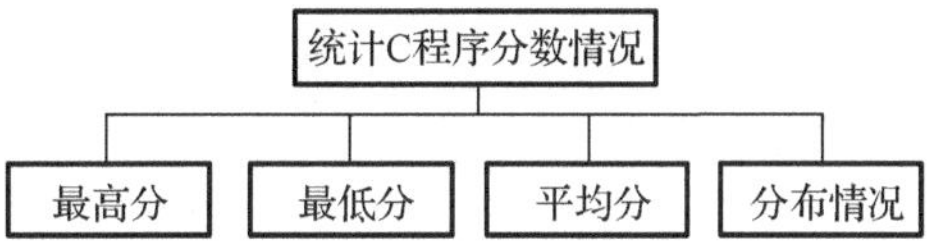

图 2-7 成绩分布模块化设计

2.8.2　函数定义的四个要素

函数是完成某项任务或功能的程序段。同普通变量一样，函数也要先定义后使用。

定义一个函数需要把握好 4 个要素，即函数返回值类型、函数名、函数参数和函数体。函数定义格式如下：

```
函数返回值类型    函数名(函数参数)
{
......    //函数体
}
```

例如：求两个整数最大值函数

```
int  getMax(int a,int b)
{
   if(a>b)
      return a;
   else
      return b;
}
```

2.8.3　函数的调用

定义过的函数就可以使用了，使用函数也称函数调用。

程序中出现的函数分成两种，一种是用户自定义函数，另一种是库函数，由 C 语言函数库提供的，需要在程序的开头用#include 引入相应的头文件。

例如 scanf 函数、printf 函数、getchar 函数、putchar 函数等，均在头文件 stdio.h 中，故在使用之前先要包含该头文件。系统函数不用定义，直接调用就可以了。

无论是用户自定义函数还是系统库函数，调用时应注意下面几个问题。

(1) 函数名一定正确，尤其是大小写必须相同。

(2) 函数参数数据类型和顺序要符合定义。

(3) 熟悉函数的功能，正确利用函数的返回值。

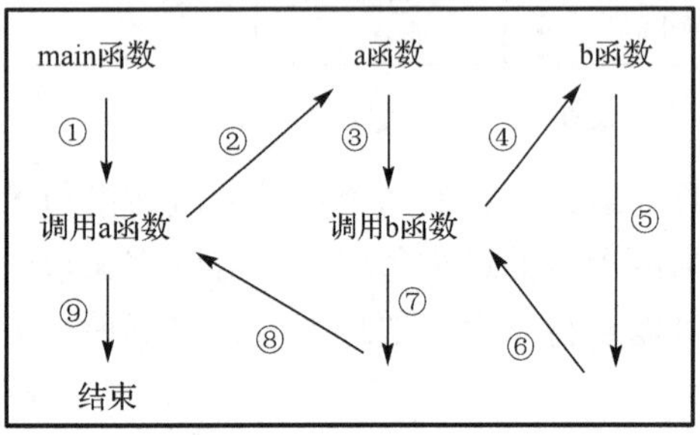

图 2-8

(4) 函数的嵌套调用。

在 C 语言中，函数是不能嵌套定义的，即在一个函数体内不能出现另一个函数的定义。但是 C 语言允许函数嵌套调用，即在一个函数调用过程中又调用了另一个函数，如图 2-8 所示。

如果一个函数在调用过程中又调用了它本身，这种嵌套调用被称为函数的递归调用。

例如求 n!的公式为递归调用。

```
/*计算 n!*/
int  f (int  n)
{
    long  c;
    if(n==1)  c=1;
    else c = f(n-1)*n;    //f(n-1)为函数递归调用
    return c;
}
```

2.8.4　函数的参数

函数的参数有两种，一种是定义时写在函数名后面的括号内的参数，称为形式参数(简称形参)。另一种是函数调用时，函数名后面括号内的参数，称为实在参数(简称实参)。实参和形参是一一对应的。

函数调用时，形参对实参有值的传递，传递的内容有两种。

(1) 传值：形式参数将其值复制一份给对应的实参，形参和实参各自独立。

(2) 传地址：形参将其地址传递给对应的实参，形参和实参合二为一。

2.9　C 语言的语句

以上所学均为 C 语言的词语，接下来就可以用词语构造句子了。C 语言提供了很多方便程序员使用的句子。

C 语言的句子包括：

(1) 空语句。C 语句必须以“；”结束，最简单的语句是一个分号，是空语句。

(2) 表达式语句。任何表达式加上分号即为表达式语句，如赋值表达式语句 x=3;，算术表达式语句 x+y+z;。

(3) 控制语句：

① 分支语句。if 语句、if-else 语句、switch 语句。

② 循环语句。while 语句、do-while 语句、for 语句。

③ 无条件跳转语句。goto 语句。

④ 循环跳转语句。continue 语句、break 语句。

(4) 函数调用语句。例如 putchar(ch);是调用系统函数 putchar 的语句。用户还可以调用自己定义的函数。

(5) 变量定义及初始化语句。如 int score = 100;。

2.10　预处理命令

为了提高编程效率，方便程序的后期维护等原因，ANSI C 统一规定可以在 C 程序中添加一些预处理命令。但这些命令不属于 C 语言的组成部分，C 编译器不能直接对它们进行编译。

C 语言的预处理命令以“#”开头，经常使用预处理命令是宏定义和文件包含。

2.10.1　宏定义

1. 宏定义的格式

宏定义又称宏代换、宏替换，简称宏，其定义格式为：

```
    #define 标识符 字符串
```

其中的标识符就是我们前面讲过的符号常量，也称宏名。宏定义的含义就是用字符串替换程序中标识符的每一次出现。例如：

```
    #define  PI  3.14159
```

就是把程序中出现的 PI 全部替换成 3.14159。

2. 使用宏定义注意的问题

(1) 宏名建议使用大写字母表示。

(2) 使用宏可以提高程序的通用性和可维护性，减少错误。一般数组大小是使用宏定义。

(3) 宏替换是在程序编译之前进行的，不做语法检查。
(4) 可以使用#undef 命令终止宏定义的作用域。
(5) 不必在宏定义语句后面加“;”。
(6) 宏定义不分配内存。
(7) 程序中“”内的内容永远不会宏替换。

3. 有参数的宏定义

除了一般的字符串替换外，宏定义也可以有参数。格式如下：

```
    #define 宏名(参数表) 字符串
```

例如：

```
    #define  s(a,b)  a*b
```

就是将程序中每一个 s(a,b) 替换成 a*b。
程序中的语句：

```
    area=s(3,2);
```

第一步替换为 area = a*b;,第二步替换为 area=3*2;。

2.10.2 文件包含

1. 文件包含

文件包含是指在一个源文件中，通过文件包含命令将另一个源文件的内容全部包含在此文件中，在源文件编译时，连同被包含进来的文件一起编译，生成目标代码文件。

文件包含用#include 命令来实现，其格式为：

```
    #include  "文件名"    或    #include<文件名>
```

表示将指定文件包含在当前的文件中。

例如：#include<stdio.h>　或 #include “stdio.h”

2. 使用文件包含注意的问题

① 文件包含是在程序被编译之前进行的。
② #include 命令的做法是将包含文件的内容复制到#include 语句处，得到新的文件。
③ 文件包含时不做语法检查。
④ 一个#include 命令只能包含一个文件。
⑤ 文件包含时可以嵌套的，即一个被包含文件又可以包含另一个被包含文件。
⑥ #include 命令中的文件名使用双引号和尖括号均可，但两种方式是有区别的。使用尖括号形式时，系统在存放 C 库函数文件的目录中查找被包含的文件。用双引号形式时，系统现在当前目录中查找被包含文件，如找不到，再到 C 库函数文件的目录中查找。

学生成绩管理系统之数据分析实现

1. 学生基本信息数据分析(表 2-14)

各变量定义为：

```
char sno[20],sname[20], major[20],addr[50], sex;
int  age;
```

2. 学生成绩信息数据分析

学生的成绩信息均为整数，不会出现用小数表示的分数，故都是整型，取值范围在 0～100 之间。

3. 统计或查询结果数据分析

统计学生的平均分和及格率都是小数，用单精度浮点类型。

表 2-14

学号	必须 13 位，字符类型
姓名	最长 20 位，字符类型
性别	M 代表男，F 代表女，字符类型
年龄	整型
专业	最长 20 位，字符类型
家庭住址	最长 50 位，字符类型

4. 学生成绩信息存储结构

学生成绩信息均为整数，保存一名学生的 40 门课程考试成绩使用整型一维数组，而保存 30 名学生的考试成绩使用整型的二维数组。

```
int score[40];
int score_computer[30][40]
```

5. 学生信息由不同的数据类型组成，将不同的数据类型定义为逻辑整体需要结构体类型，存储多个学生的信息则需要结构体数组。

```
struct student
{
    char sno[20],sname[20], major[20],addr[50], sex;
    int  age;
}
```

6. 以上信息的输入和输出均采用 scanf 函数和 printf 函数。其中%d 用来输入输出成绩信息和年龄信息、%f 用来输入输出平均分和及格率信息、%c 用来输入输出性别信息、%s 用来输入输出学号、姓名、专业和家庭住址信息等。

习　　题

1. 给下列数据定义合适的数据类型。

(1) 学生 40 门课程考试成绩的平均分。

(2) 一个月的天数。

(3) 南京长江大桥的长度。

(4) 从北京到西藏的距离。

(5) 你自己的名字。

2. 计算出保存你自己的名字需要的字节数，分别画出用 ASCII 码和字符形式表示你的名字是如何被保存到计算机中的。

3. 假设 a = 1，m =50, n=10.0，p=5.0，计算下面表达式的值。

① n/p+3　　② m/p+n−10*a　　③ −m%20

④ (m+n)/(p+a)　　⑤ m+n/p+a　　⑥ −p*n

⑦ m−3*n+4*a　　⑧ 18/p

4．将下列十进制数转换成用八进制和十六进制数表示。

① 100　　② 64　　③ −111

④ 3568　　⑤ −29786　　⑥ 95238

5．改正下面程序的错误。

①

```
#include<stdio.h>
  void main()
{
  width = 15
  area = length * width;
  printf("面积是%d",area);
}
```

②

```
#include<stdio.h>
void main()
{
  int length,width,area;
  length = 20;
  width = 15;
  area = length * width;
  printf("面积是%d",area);
```

③

```
#include<stdio.h>
void main()
{
  int length = 20;width = 15,area;
  area = length * width;
  printf("面积是%d",area);
}
```

6．确定下面描述的问题都会用到哪些数据类型，并如何将这些类型的数据进行输入和输出，并说明原因。

学生成绩管理系统中，需要存储信息包括以下几方面。

(1)学生的基本信息：学号、姓名、性别、专业、年龄、家庭住址。

(2)学生大学期间学过 40 门课程的考试成绩信息。

第 3 章　选择程序设计

通过上一章的学习，相信大家已经知道了 C 程序的结构，了解了 C 的编程要素及相关语句，并且实现了成绩管理系统的数据分析功能。目前的程序只能逐条向下运行，不能根据具体情况进行选择。例如在成绩管理系统中，用户选择“输入学生成绩”，程序跳转到输入成绩模块运行，即程序要根据用户指定的选择运行。再比如，输入学生成绩时，如果用户输入的成绩为负值，显然不合乎常理，此时程序应该给出“输入错误”的提示。这些功能的实现均属于 C 语言分支程序的范畴。本章主要讲解利用 C 语言提供的分支(选择)控制语句，选择结构是结构化程序设计的基本结构之一，熟练掌握分支(选择)程序设计是掌握计算机程序设计语言的最基本的技能之一，也可为后继章节循环、数组、指针、结构体等学习奠定良好的基础。

本章问题：学生成绩管理系统之菜单选择功能。

问题背景：在学生成绩管理系统中，登录系统后，能够进行多种操作，如录入成绩之后，再查询最高分、最低分，接着统计及格率和平均值，最后输出成绩信息。这些需求要求系统“菜单”的实现要具有选择性，按照用户的选择执行不同模块的程序，如图 3-1 所示。这种选择性问题需要使用分支或选择结构来解决。

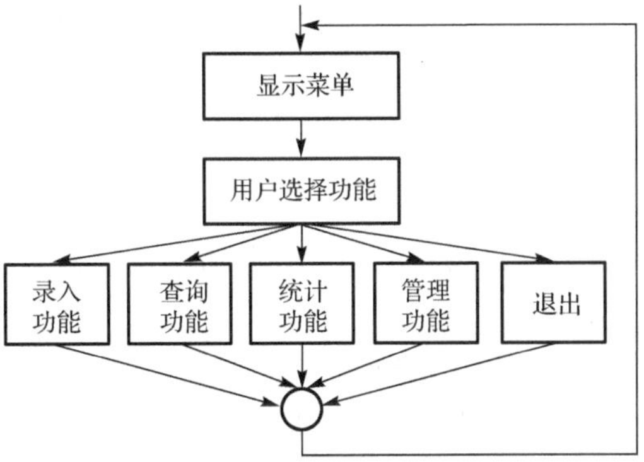

图 3-1　学生成绩管理系统菜单功能

3.1　选 择 结 构

学生成绩管理系统可提供多种功能，包括录入、查询、统计、管理、保存、退出等。用户要想使用这些功能，软件系统必须为用户提供使用这些功能的入口。在软件系统中，访问功能的入口通常是利用菜单来实现的。在 IT 专业领域，菜单也被称为接口(interface)。

菜单的设计以简单、易用为原则。在学生成绩管理系统中，设计如图 3-2 所示的菜单模式。

用户在使用菜单时，输入 1，进入“录入功能”；输入 2，进入“查询功能”；输入 3，进入“统计功能”；输入 4，进入“管理功能”；输入 5，进入“保存功能”；输入 6，进入

学生成绩管理系统

1 录入功能
2 查询功能
3 统计功能
4 管理功能
5 保存功能
6 退出系统

图 3-2　学生成绩管理系统菜单

“退出系统”，用户结束对系统的使用。

下面来分析一下菜单的实现方法。

(1) 显示菜单。这个任务实现很容易，只要使用已经学过的 printf 语句原样显示就可完成。

(2) 用户使用菜单功能。也就是说用户看到屏幕上显示的菜单，可以根据菜单上的提示，从键盘上输入要使用的功能对应的数字后回车，用户就可以进入相应的功能模块，进行相关功能的使用。例如从键盘上输入 4 后回车，用户可以进入管理功能模块，进行对成绩信息的各种管理操作；而从键盘上输入 6 后回车，用户可以退出对系统的使用，整个系统关闭。

(3) 处理用户的误操作。如果用户从键盘上输入的不是菜单中提示的数字，比如输入了 7 或者 0 等非 1-6 之间的数字，亦或用户输入了非数字字符，比如 ‘a’，此时菜单应该提示用户“输入错误，请重新输入”的提示信息。

从以上分析来看，以目前所掌握的 C 语言知识，显示菜单的任务很容易完成。而要实现依据用户从键盘上输入的数字进入相应的功能模块，其实是个多选一问题，即每次都是从多种选择中选择一种。这样的选择在处理用户的误操作时一样遇到。如果用户输入 1-6 间的数字字符，可以正常使用系统。如果用户输入是非 1-6 的数字字符或其他字符，系统需要提示输入错误，这是二选一的问题。

3.1.1　C 语言的选择语句

如此看来，在程序设计中，经常会遇到选择的问题，可能是二选一、也可能是多选一，这就要求语言提供表示选择的语句结构来解决这些问题。通常选择结构也叫分支结构。C 语言提供了三种用来实现选择的语句结构，即 if 语句、嵌套 if 语句和 switch 语句。

1. if 语句

顾名思义也称条件语句，是 C 语言中用来判断所给定的条件是否满足，根据判定结果的真或假来决定执行哪一个操作。

【例 3.1】如果今天有雾霾，我就戴口罩出门上班。

此题是一个选择问题，选择条件是“是否有雾霾”。如果有雾霾，即选择条件为真，则我就戴口罩上班。如果没有雾霾，我戴口罩上班与否问题没有提及，故这种选择是单重选择，也称单分支选择。 该问题用 if 语句表示为：

```
if (有雾霾)    我戴口罩出门上班
```

【例 3.2】求一个整数的绝对值。

此题是一个选择问题，选择条件是“是否是正数”。整数分成正数和负数，如果是正数，绝对值就是其本身；如果是负数，绝对值就是其相反数。所以要先判断这个整数是正数还是负数，然后依据不同的规则求绝对值。当然 0 可以归到任何一类。这是一个双重选择，也称双分支选择，即如果选择条件为真，整数是个正数，绝对值就是整数本身；如果选择条件为假，整数是个负数，绝对值就是该整数的相反数。该问题用 if 语句表示为：

```
if ( 为正数 )    整数本身
else    整数相反数
```

一般情况下当问题面临二选一，使用 if 语句实现选择结构。当单分支选择时，使用 if 语句；双分支选择时，使用 if-else 语句。

2. 嵌套的 if 语句

当解决比较复杂的选择问题时，可能需要在 if 语句中包含其他 if 语句。这也是在编程时经常遇到的问题。

【例 3.3】判断学生成绩的等级。100-80 为优、79-60 为及格、59-0 为不及格。

这是一个三选一问题。选择条件分别为“分数是 100-80”，“分数是 79-60”，“分数是 59-0”，满足不同的条件，确定分数不同的等级。多于双重选择可以称为多分支选择。这种问题可以使用 if 语句描述，但是需要嵌套使用才能实现。该问题可以表示为：

```
if (分数是 100-80)  成绩为优
else  if ( 分数是 79-60)  成绩为及格
else  if( 分数是 0-59)     成绩为不及格
else  输入分数错误
```

分析上面的表述方式，是在 if-else 语句中又嵌套了另一个 if-else 语句。一般使用 if 嵌套语句实现三选一，最多四选一的多重选择问题。

3. switch 语句

因其英文单词 switch 也称开关语句。这是一个多分支选择语句，可以完成多选一的问题。所以 if 语句、if 嵌套语句不能解决或者在表述上非常繁琐时，最好选用 switch 语句来完成。

【例 3.4】判断学生成绩的等级。100-90 为优、89-80 为良、79-60 为及格、59-0 为不及格。

这是一个四选一问题，如果使用 if 嵌套语句可以实现，但是在表述上非常繁琐，导致程序不易读懂。switch 语句可以对某个变量的值进行分情况处理，每种情况是一个分支，每个分支进行具体的处理，使用 switch 语句描述如下：

```
switch(成绩)
100-90：成绩为优
89-80：  成绩为良
79-60：  成绩为及格
59-0：   成绩为不及格
其他分数：分数错误
```

总之，在使用 C 语言提供的选择语句时，要依据具体的问题、分支的多少来选择合适的选择语句实现。

3.1.2　选择语句的引入

在 3.1.1 节简单介绍了选择语句，理解了三种选择语句的含义。其实选择语句就像平时出行时遇到的二岔或多岔路口，每次需要选择一条道路行走。下面将从程序设计的角度出发，看看选择语句如何在编程中使用。

【例 3.5】学生成绩管理系统中经常需要知道学生考试成绩落在哪一个分数段，如：90 分以上(含 90 分)为优，80 到 90 分(含 80 分)为良好，70 到 80 分(含 70 分)为中等，60 到 70 分(含 60)为及格，60 分以下为不及格。

解决上述问题，初步的解题思路如图 3-3 所示。

第一步输入学生成绩，第二步判断分数属于哪个区间并统计，第三步输出统计结果。

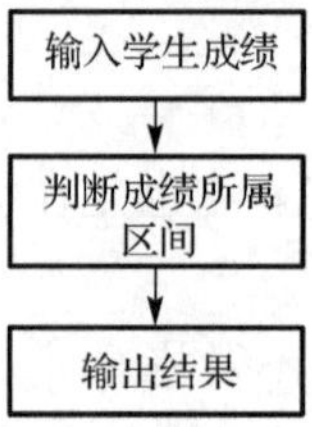

图 3-3　初步解题思路

输入学生成绩使用 scanf 语句实现，输出结果使用 printf 语句实现。此题的关键是第二步判断成绩所属区间并统计。由于题目中给定五个区间，对一个考试成绩来说，就是五选一问题，即根据具体输入的分数，输出相应的表示分数等级的信息。例如输入分数是 95 分，输出结果为“优”。使用程序流程图表示如图 3-4 所示。

从图 3-4 中可以看出，如果用程序流程图描述问题求解过程，则描述选择结构的是菱形框。下面先来看看利用选择结构编程有哪些要素。

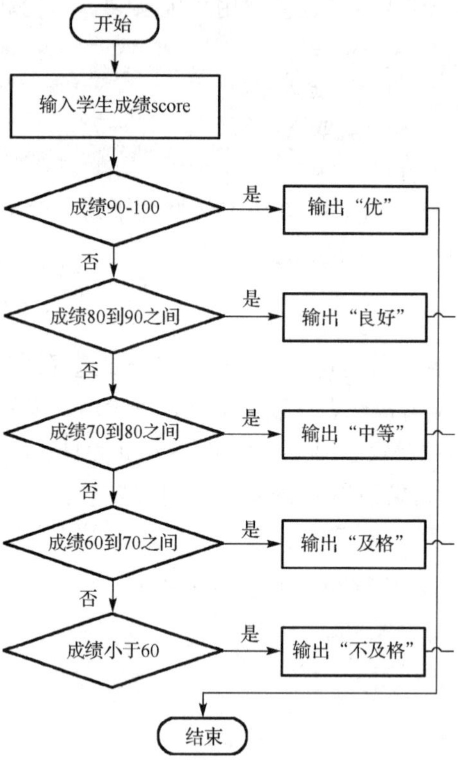

图 3-4　详细的程序流程图

3.1.3　选择语句编程要素

掌握了语句的编程要素，就相当于掌握了使用语句编程技术。在前面所讲述的选择结构中，使用选择语句编写程序有两个要素必须明确。

(1) 选择条件。任何一个选择结构都是依据一个条件进行选择，这个条件一般是一个关系表达式或者逻辑表达式。当然在 C 语言中，在特殊问题中，也可能是其他表达式。

(2) 每种选择或分支对应的处理操作。当判断选择条件为真或为假时，控制将进入到相应的分支中，依据具体情况进行相关处理操作。

【例 3.6】 写出下列问题的选择条件及相应处理。

(1) 如果三角形中有一个角是 90 度，则输出信息“这是一个直角三角形”，否则输出信息“这不是直角三角形”。

这是一个二选一、只有一个选择条件的问题。

① 选择条件：一个角是 90 度。

② 每种选择对应的处理操作：为真则利用 printf 语句输出“这是一个直角三角形”；为假则也利用 printf 语句输出“这不是直角三角形”。

(2) 统计从键盘上输入的字符，如果是数字字符，则数字计数器增 1；如果是字母字符，则字母计数器增 1；如果是其他字符，则其他计数器增 1。

这是一个三选一、有三个选择条件的问题。

选择条件	数字字符	字母字符	其他字符
对应的处理	digit ++	letter++	other++

(3) 银行存款的年利率是，活期 0.35%、三个月定期 1.10%、半年定期 1.30%、一年定期 1.50%、两年定期 2.10%。假设预存 10000 元，根据预存的期限，计算应得到的年利息。

分析，这是一个五选一、有五个选择条件的问题。

选择条件	存活期	存三个月	存半年	存一年	存两年
对应的处理	10000*0.0035	10000*0.011	10000*0.013	10000*0.015	10000*0.021

掌握应用选择结构编程的 2 个要素，准确地找到选择条件和相对应的处理，剩下的问题就是套用相关语句的格式了。

3.2　if 语句

if 语句是最常用的一种选择结构，可以实现单分支、双分支或多分支的选择问题。

3.2.1　if 语句格式

1. 单分支 if 语句格式

```
if (选择条件)
{
   语句;
}
```

格式说明：

(1) if 为关键字，if 后面是小括号，小括号中是选择条件，也称分支条件。

(2) 选择条件的真假值用来决定执行哪一个分支处理。选择条件通常是关系表达式、逻辑表达式。在 C 语言中，由于其使用的灵活性，选择表达式可以是任何形式的表达式。在 C 语言中，if(100)　printf("OK")；　也是合法的，因为在 C 语言中，非 0 即为真。

(3) if 下面的大括号里面的语句是当选择条件为真(非 0)时执行的语句，其中语句可以是单个语句、空语句或者复合语句。

2. 双分支 if 语句格式

```
if(选择条件)
{
   语句 1;
```

```
    }
    else
    {
        语句 2;
    }
```

格式说明：

(1) if 和 else 是关键字，和单分支 if 语句相同，if 后面是小括号，小括号中是选择条件，选择条件和单分支 if 语句相同。

(2) if 下面的大括号里面的语句 1 是当选择条件为真(非 0)时执行的语句，else 下面的大括号里面的语句 2 是当选择条件为假(0)时执行的语句。

当语句 1 和语句 2 只有一条语句时，大括号可以省略。例如：

```
    if ( x >0)
        printf ("%d",x);
    else
        printf("%d",-x);
```

但是，当语句 1 或语句 2 是复合语句时，必须保留大括号。

3.2.2 if 语句执行过程

1. 单分支 if 语句的执行过程(图 3-5)

如果选择条件为真(非 0)则执行语句；如果条件为假(0)，不执行语句块，直接跳出 if 语句执行 if 语句的下一条语句。例如：

```
    if( ch <= 'z'  && ch >= 'a')
    {
        ch = ch -32 ;
        printf( "%c", ch);
    }
```

相对应的程序流程图如图 3-6 所示。

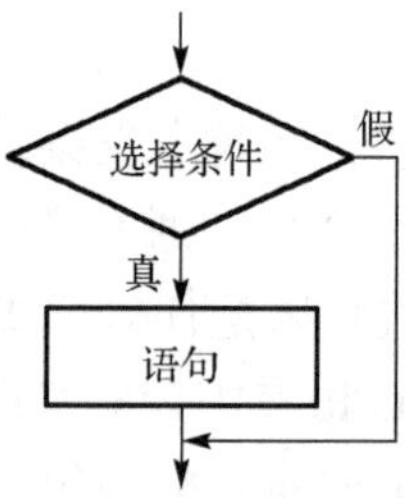

图 3-5　单分支 if 执行过程

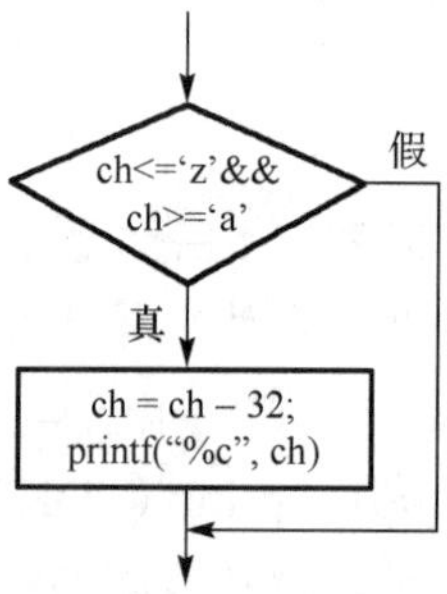

图 3-6

在实际使用选择语句时注意，选择语句中如果选择条件为真，执行后面的语句如果只有一条，则 if 后的{}可以省略。如果有多条语句才能完成处理，则必须使用{ }，把所有需要执行的语句放在{ }中。在企业级软件开发中，为了保持程序的清晰性，方便后期维护，即使是空语句或单条语句，一般都要求将用{}括起来。

例如：

```
if( x<0)
{
   x = -x;         //为真执行语句只有一条
}
```

再例如：

```
if( x >0 && y >0)
{
    z = x + y;
    printf("%d", z);    //为真执行语句是复合语句
}
```

再例如：

```
if ( x == 1)
    y = x +1;
    printf("%d", y);
```

观察上面的程序，在 if 后面有两条语句，如不用{ }，则系统认为如果 if 的条件成立，则只执行第一条语句，即 y=x+1;，其余语句与 if 无关。

if 单分支语句适用于只有一个分支的情形，即“如果满足条件，则做什么”这种情况用 if 语句实现。

2. 双分支 if 语句的执行过程(图 3-7)

如果选择条件为真(非 0)，则执行语句 1；如果选择条件为假(0)，则执行语句 2。为假执行语句 2 分支则是语句中 else 表述的内容。例如：

```
if( hours == 8)
{
   printf("工作时间 8 小时");
}
else
{
    printf("工作时间有误");
}
```

相对应的程序流程图如图 3-8 所示。

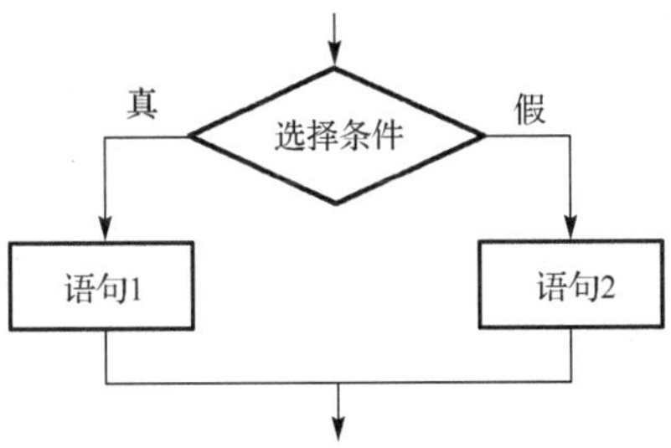

图 3-7　双分支 if 执行过程

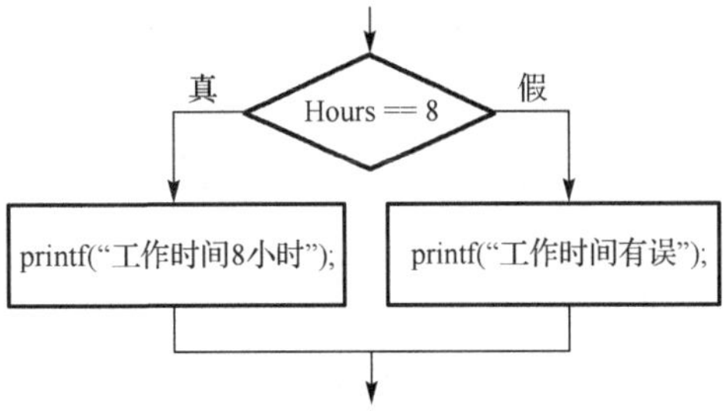

图 3-8

if 双分支语句适用于有两个分支的情形，即“如果满足条件，做什么，否则做什么”这种情况用 if-else 语句实现。

3.2.3　应用 if 语句编程

【例 3.7】从键盘输入一正整数，如果是奇数则输出该数字。

问题分析，这是一个二选一的问题，只要使用单分支 if 语句即可。输入的正整数 x 可能是奇数也可能是偶数。如果用户输入的奇数，就要输出该数字。

(1) 选择条件：x % 2 != 0

(2) 相应的处理：printf(“%d 是奇数”, x);

程序流程图如图 3-9 所示。

依据图 3-9 编写的程序代码如下：

```
#include <stdio.h>
void main()
{
   int  x;
   scanf("%d",&x);
   if(x%2 != 0)     /*x 对 2 取余数，余数不为 0
                      说明 x 为奇数*/
     printf("%d 为奇数",x);
}
```

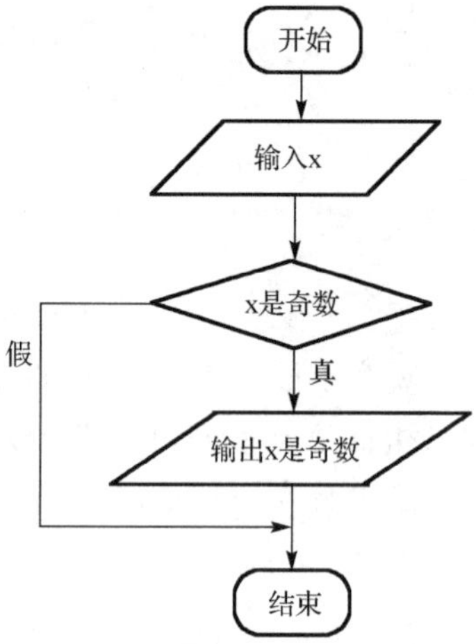

图 3-9

程序运行结果：

```
5↙
5 为奇数
```

程序说明：

(1) x%2 为 x 对 2 取余数，若余数不为 0，说明 x 为奇数。也可使用条件 x % 2 == 1。

(2) 当 x%2!=0 为真时输出这个数为奇数，执行 printf 语句。

(3) 如果 x 为偶数，x%2!=0 为假，不执行任何语句，转到 if 语句的下一条语句执行。

【例 3.8】输入任意三个数，按由小到大输出。

问题分析，为三个数 a、b 和 c 从小到大排序，需要将三个数进行一定规律的比较才能完成。那么就会出现多种如果，如果 a>b，或者如果 b>c，所以这是一个选择问题，需要使用 if 语句。

假设比较完毕，a 中存放最小值，b 中存放次小值，c 中存放最大值。首先 a 和 b 比较，如果 a>b，则 b 与 a 的值交换。然后 a 与 c 比较，如果 a>c，则 c 与 a 的值交换。最后比较 b 和 c 的值，如果 b>c，则 b 与 c 的值交换。由此算法得出：

选择条件	a>b	a>c	b>c
对应的处理	b 与 a 的值交换	c 与 a 的值交换	b 与 c 的值交换

两个数交换值的方法。若 a 与 b 交换值，不能简单地执行 a=b，如果这样执行 a 的值就变成了 b 的值，a 之前的数值就无法获取。因此做交换时要定义中间变量，比如 t，先把 a 的值暂存在 t 中，即 t=a，再执行 a=b，最后 b=t。

程序流程图如图 3-10 所示。

依据图 3-10 编写的程序代码如下：

```
# include <stdio.h>
void main()
{
    float a,b,c,t;
    printf("请输入三个数\n");
    scanf("%f,%f,%f",&a,&b,&c);
    if (a>b)
    {
        t = a;
        a = b;
        b = t;
    }
    if (a>c)
    {
        t = a;
        a = c;
        c = t;
    }
    if (b>c)
    {
        t = b;
        b = c;
        c=t;
    }
    printf("%5.2f,%5.2f,%5.2f",a,b,c);
}
```

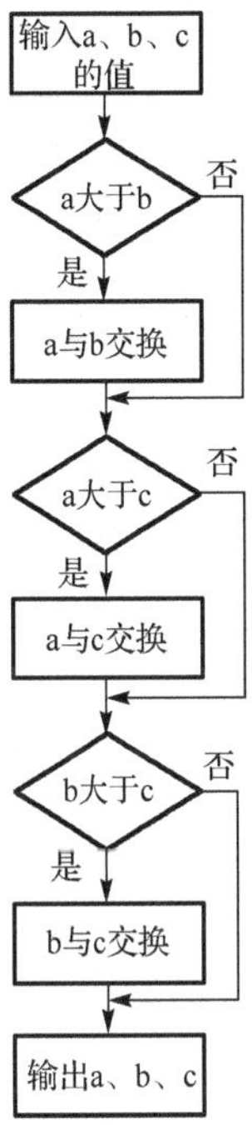

图 3-10

程序分析：

(1)定义 a、b、c、t 四个 float 变量，输入 a、b、c 的值。

(2)第一条选择语句判断 a 与 b 的大小，若 a>b，则交换 a，b。

(3)第二条选择语句判断 a 与 c 的大小，若 a>c，则交换 a，c，此时 a 存放的就是三个整数中的最小值。

(4)第三条选择语句判断 b 与 c 的大小，若 b>c，则交换 b，c。

【例 3.9】从键盘输入两个整数，输出两者的最大值。

分析问题，两个整数 a 和 b 比较，有两种可能的结果，不是 a 大就是 b 大。也就是说，比较 a 和 b，如果 a>b，就输出 a 的值，否则就输出 b 的值。

选择条件	a>b	
对应的处理	真：输出 a 的值	假：输出 b 的值

程序流程图如图 3-11 所示。

依据图 3-11 所示流程图编写的程序代码如下：

```
#include <stdio.h>
void main()
{
    int a,b;
    printf("请输入两个整数：\n");
    scanf ("%d,%d",&a,&b);
```

```
    if(a>b)          /*a 大于 b 时执行 if 分支*/
        printf("%d\n",a);
    else             /*a 小于 b 时执行 else 分支*/
        printf("%d \n",b);
}
```

程序运行结果：

```
请输入两个整数：
3,5↙
5
```

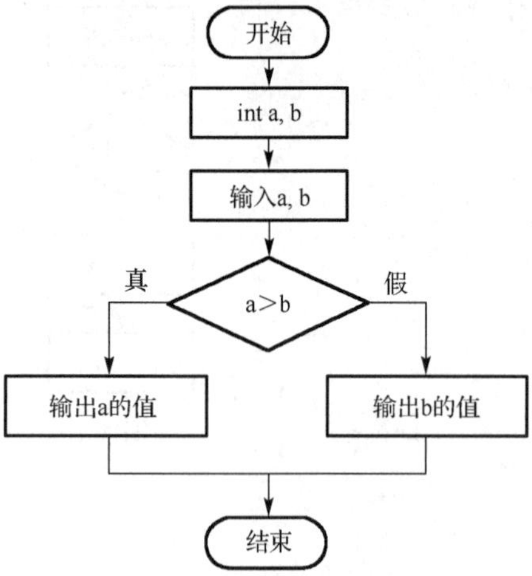

图 3-11

程序说明：

(1)输入两个整数存放到 a 和 b 中。

(2)判断选择条件 a>b，若为真，即 a 大于 b，执行 if 后的分支，输出 a 的值。

(3)否则选择条件 a>b 为假，即 a 小于或等于 b，执行 else 后的分支，输出 b 的值。

【例 3.10】用C语言实现下面分段函数的求解。

$$y=\begin{cases}2x+1 & x>0\\ 2x-1 & 其他\end{cases}$$

分析问题，这是一个二选一的问题，如果 x 的值大于 0，则 y 的值为 2x+1；如果 x 的值小于或等于 0，则 y 的值为 2x−1。

选择条件	x>0	
对应的处理	真：2x+1	假：2x-1

一个选择条件有真假两种处理方式，选用 if-else 语句实现，编写代码如下：

```
#include <stdio.h>
void main()
{
    int x,y;
    scanf("%d", &x);
    if(x>0)
        y=2*x+1;
    else
        y=2*x-1;
        printf("y=%d \n",y);
}
```

程序运行结果：

```
-5↙
y=-11
```

【例 3.11】编写一个模拟计算器四则运算的程序，两个操作数及操作符均从键盘输入。分析问题，两个数的四则运算包括加、减、乘和除，除了输入两个操作数 a 和 b 外，进行哪种运算主要取决于从键盘上输入的运算符 op。如果输入“+”，则计算两个数的和；如果输入“−”，则计算两个数的差；如果输入“*”，则计算两个数的积；如果输入“/”，则计算两个数的商。这是一个四选一的问题，可以使用 if 语句来实现。

选择条件	op== ‘+’	op== ‘−’	op== ‘*’	op== ‘/’
对应的处理	输出 a+b	输出 a−b	输出 a×b	输出 a/b

程序流程图如图 3-12 所示。

依据图 3-12 编写的程序代码如下：

```
#include <stdio.h>
void main()
{
   float a,b,c;
   char op;
   scanf("%f %c %f",&a,&op,&b);
   if(op=='+')
      printf("%f+%f = %f",a,b,a+b);
   if(op=='-')
      printf("%f-%f = %f",a,b,a-b);
   if(op=='*')
      printf("%f*%f = %f",a,b,a*b);
   if(op=='/')
      printf("%f/%f = %f",a,b,a/b);
}
```

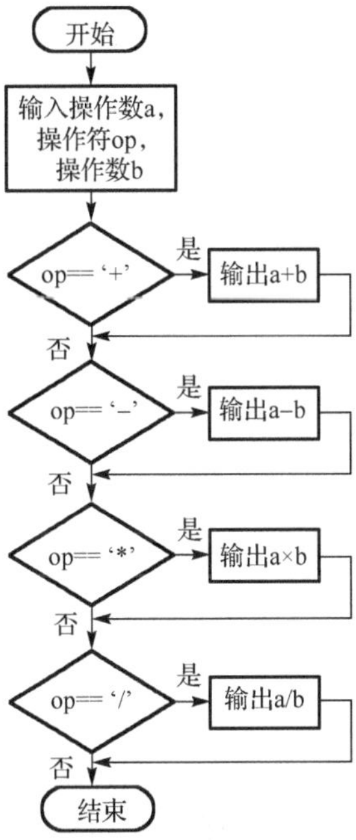

图 3-12　四则运算器流程图

程序运行结果：

```
2.5 * 3 ↙
2.500000*3.000000 = 7.500000
```

程序说明：

(1) 定义 float 类型变量 a、b 分别用来保存两个操作数，char 类型变量 op 用来保存操作符。

(2) 根据操作符的不同分别执行不同的 if 语句，如果 op 为“+”，执行 a+b；如果 op 为“−”，执行 a−b；如果 op 为“*”，执行 a×b；如果 op 为“/”，执行 a/b。

(3) 当运算符为“/”时，如果被除数 b 为 0，显然这种情况是不能计算的，但本程序没有处理这种情况，留给读者自己完成。

(4) 如果用户输入的操作符 op 为“+”、“−”、“*”、“/”之外的符号，应该提示操作符错误，关于这个如何实现也留给读者思考。

3.3　嵌套 if 语句

上面已经提到，当 if 语句或 if-else 语句中出现一个或多个 if 语句或 if-else 语句，这种情况就构成了嵌套的 if 语句。在应用嵌套 if 语句编程时，通常情况是选择条件比较多，这些条件并不是孤立的，而是存在着各种制约关系，需要多个 if 或 if-else 语句嵌套来表示这种复杂的关系。

【例 3.12】 改写例 3.11 实现的四则运算器程序。

仔细分析例 3.11 中依据程序流图编写的程序代码，会发现四个选择条件是相互独立并列出现的。无论输入四个运算符中的哪一个，四个 if 条件语句都要被判断执行。其实，每次仅仅输入一个运算符，如果输入“+”，就不可能再出现其他的运算符，尽可能减少执行判断其余运算的 if 语句。

改写图 3-12 所示的程序流程图如图 3-13 所示。

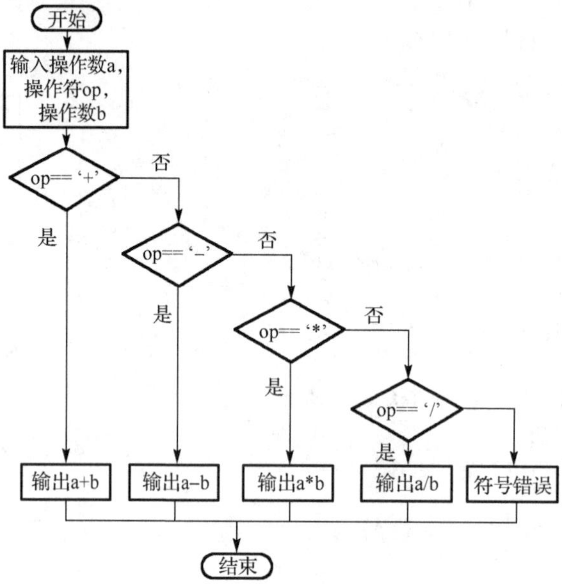

图 3-13　改写后的程序流程图

从程序流程图可以看出，其实是在 if-else 的 else 分支中嵌套了另一个 if-else 语句。这样最好的情况，如果用户输入的运算符是“+”，则只要执行“输出 a+b”即可，不需要再判断是否为其他运算。如果用户输入的运算符是“–”，程序要判断是否为“+”，执行 else 分支，再判断是否为“–”，执行“输出 a–b”即可，不需要再判断是否为乘或除。最坏的情况，用户输入的运算符是“/”，程序需要依次判断加、减、乘、除四种可能，执行“输出 a/b”运算。这种 if 语句嵌套的实现方法明显好于例 3.11。

依据图 3-13 所编写的程序代码如下：

```
#include <stdio.h>
void main()
{
   float a,b,c;
   char op;
   scanf("%f %c %f",&a,&op,&b);
   if(op=='+')
   {
      c=a+b;
      printf("%f%c%f=%f",a,op,b,c);
   }
   else if(op=='-')
   {
```

```
        c=a-b;
        printf("%f%c%f=%f",a,op,b,c);
    }
    else if(op=='*')
    {
        c=a*b;
        printf("%f%c%f=%f",a,op,b,c);
    }
    else if(op=='/')
    {
        c=a/b;
        printf("%f%c%f=%f",a,op,b,c);
    }
    else
        printf("符号错误");
}
```

程序说明：

(1) 定义 float 类型变量 a、b 分别用来保存两个操作数，char 类型变量 op 用来保存操作符。

(2) 减少不必要的运算判断是通过将 if-else 语句嵌套在另一个 if-else 语句的 else 分支中。例如判断减法运算的语句嵌套在判断加法运算的 else 分支中。

(3) 在本例中最后 else 分支中输出“符号错误”，当前四个分支都没有执行，说明 op 不是加减乘除中的任何一种，则执行最后的 else 分支。

(4) 在这个例子中仍然没有处理除数为 0 的情况，留给读者自己完成。

3.3.1　多重 if-else 结构

1. 多重 if-else 语句格式

```
if (选择条件 1)
{
    语句 1;
}
else if (选择条件 2)
{
    语句 2;
}
else if (选择条件 3)
{
    语句 3;
}
……
else
{
    语句 n;
}
```

格式说明：

(1) if 和 else 为关键字。

(2) 语句 1、语句 2……语句 n，这些语句可以是一条语句，也可以是多条语句。如果有多条语句，必须使用{}，如果只有一条语句，可以省略{}。

(3) 多重 if-else 语句其实是嵌套 if 语句的一种形式。

2. 多重 if-else 语句的执行过程

多重 if-else 语句的执行过程如图 3-14 所示。

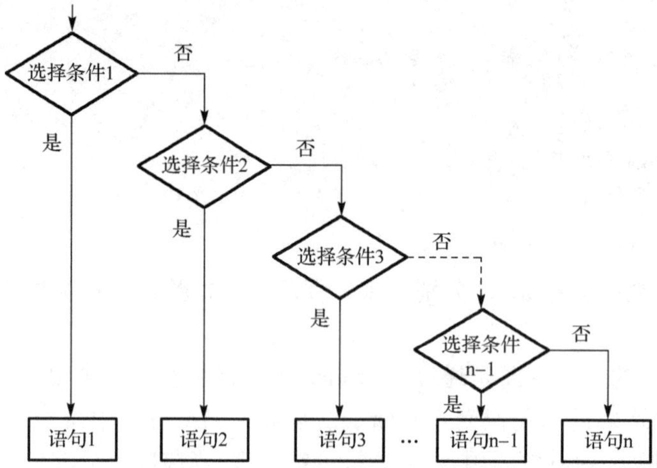

图 3-14　多重 if-else 的执行过程

首先判断选择条件 1 的值，若其值为真则执行语句 1，结束 if 语句；否则判断选择条件 2，若其值为真，执行语句 2，结束 if 语句；否则判断选择条件 3，此次类推；若选择条件 1，选择条件 2，…，选择条件 n–1 的值都为假，则执行语句块 n。从多重 if 语句的执行逻辑可以看到，在多重 if-else 语句中，对于语句 1，语句 2，…，语句 n，只会有一个语句被执行到。

多重 if-else 语句适用于有多个条件的情形，即“如果满足选择条件 1，则做什么，否则满足选择条件 2，则做什么……”，这种情况用多重 if 语句实现。多重 if 语句也可以写成多个并列的 if 语句，但是对比例 3.11 和 3.12，多重 if-else 语句的性能明显优于多个并列的 if 语句。

【例 3.13】例 3.6 中的第 3 道问题，银行存款的年利率是，活期 0.35%、三个月定期 1.10%、半年定期 1.30%、一年定期 1.50%、两年定期 2.10%。假设预存金额保存在整型变量 money 中，根据预存的期限，计算应得到的年利息。

选择条件	存活期	存三个月	存半年	存一年	存两年
对应的处理	money*0.0035	money*0.011	money*0.013	money*0.015	money*0.021

用户每次存款只能选择其中一种存款期限，故是五选一问题，使用多重 if-else 结构实现。假设存款期限选项用一个整数 limit 表示，0 为存活期、1 为存三个月、2 为存半年、3 为存一年、4 为存两年，float 类型变量 interest 存放年利息值。程序流程图如图 3-15 所示。

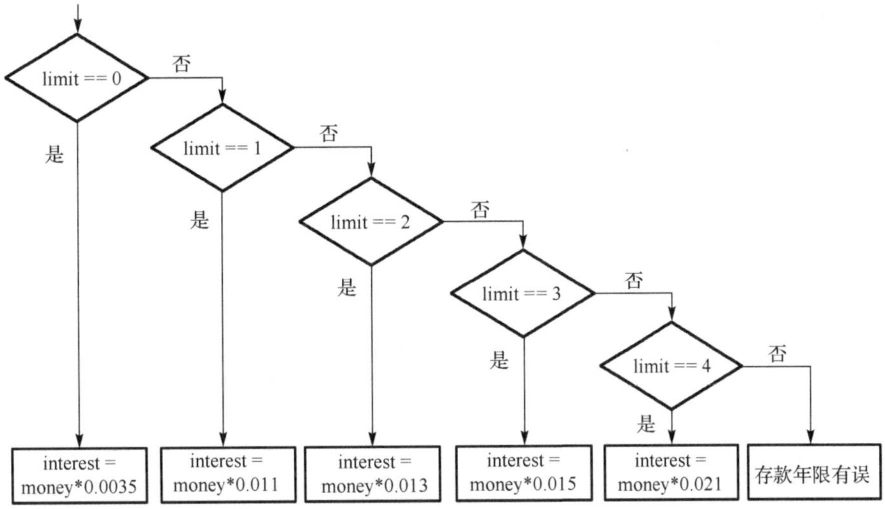

图 3-15　多重 if-else 求存款利息

依据图 3-15 编写的程序代码如下：

```
#include <stdio.h>
void main()
{
  float  interest =0 ;          //存放存款年利息
  int  limit, money;
  printf("请输入存款额及存款年限: ");
  scanf("%d %d",&money, &limit);
  if(limit == 0)
  {
    interest = money*0.0035;
  }
  else if(limit == 1)
  {
    interest = money*0.011;
  }
  else if(limit == 2)
  {
    interest = money*0.013;
  }
  else if(limit == 3)
  {
    interest = money*0.015;
  }
  else if(limit == 4)
  {
    interest = money*0.021;
  }
  else
    printf("符号错误");
  printf("年存款利息为%f", interest );
}
```

【例 3.14】编写程序，输入 x 的值，若其值大于 0，y 的值为 1；若 x 为 0，y 的值为 0；若 x 小于 0，y 的值为−1，输出 y 的值，函数表示如公式(一)所示。

$$y=\begin{cases}1, & x>0\\0, & x=0\\-1, & x<0\end{cases} \quad \text{（公式一）}$$

问题分析，这是一个有三个选择条件的三选一问题，可以使用三个并列的 if 语句完成，但是最好使用多重 if-else 语句。

选择条件	x>0	x=0	x<0
对应的处理	y=1	y=0	y=−1

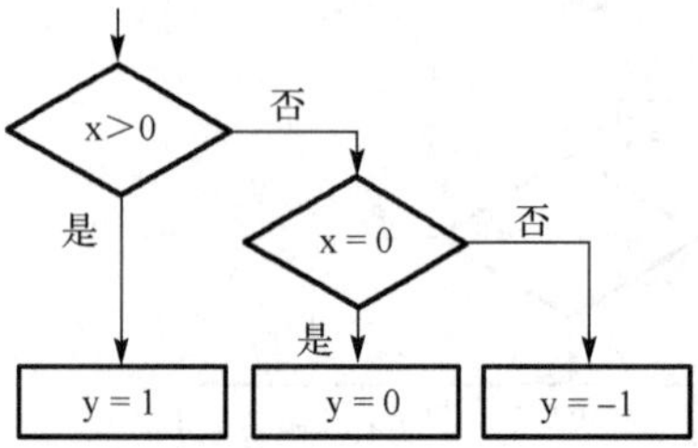

图 3-16

程序流程图如图 3-16 所示。

依据图 3-16 编写的程序代码如下：

```
#include <stdio.h>
void main()
{
   float  x ;
   int  y;
   printf("请输入自变量 x 的值: ");
   scanf("%f ",&x);
   if(x> 0)
   {
      y = 1;
   }
   else if(x == 0)
   {
      y = 0;
   }
   else
   {
      y = -1;
   }
   printf( "x=%f,y=%d", x,y);
}
```

程序运行结果：

```
请输入自变量 x 的值:
5↙
x=5.000000,y=1
```

观察上面的代码发现，有三个选择条件，但在编写程序只用了两个，没有使用 x < 0 选择条件。原因在于当排除了 x>0 和 x = 0 两个条件，只剩下唯一的可能 x<0，最后一个 else 正是表达了 x<0 的选择条件。

3.3.2 if 语句的多种嵌套形式

在多重 if-else 语句中，将 if-else 语句嵌套在另一个 if 语句的 else 分支中。实际上，无论在 if 语句还是 if-else 语句的在一个分支中，都可以嵌入另一个 if 或 if-else 语句，只要根据具体的问题逻辑编写程序即可。例如下面嵌套的语句格式就是最常用的 if 语句嵌套。

```
if (选择条件 1)
{
    if (选择条件 2)
        语句 1;
    else
        语句 2;
}
else
{
    if (选择条件 3 )
        语句 3;
    else
        语句 4;
}
```

上面的 if 语句嵌套形式是在 if-else 的两个分支中分别嵌入了完整的 if-else 语句，这种语句形式可以进行多种演变。如可以在 if 分支或 else 分支中仅嵌入 if 分支，没有 else 分支；也可以 if 分支有嵌入 if 语句，而 else 分支没有，反之也可以。总之，只要满足 if 或 if-else 语句的语法格式要求，读者可以依据具体问题逻辑使用 if 语句的多种嵌入形式。

【例 3.15】如果 x 大于 0，并且 y 大于 1，则 z=1；否则 z = 0。

嵌套 if 语句为：

```
if (x > 0)
   if (y > 1)
       z = 1;
    else
       z = 0;
```

对例 3.15 的程序段，初学者经常感到困惑的是有两个 if 一个 else，到底 else 和哪一个 if 语句配对的问题。解决这种困惑有两种方法。第一，按照前面建议的那样，规范地为每一个 if 或 if-else 语句添加大括号，明确地标明配对关系。例如例 3.15 可以等价表述为：

```
if (x > 0)
{
   if (y > 1)
   {
       z = 1;
   }
   else
   {
       z = 0;
   }
}
```

第二种方法是掌握一个原则，即从最内层开始，else 总是与它上面的、离它接近的、未曾配对的 if 配对。在例 3.15 中，else 要和第二个 if 语句配对。

前面提到，软件工程中程序的清晰性是第一位的，故这里建议大家编程时使用第一种方式，尽量不要使用第二种方式。

【例 3.16】输入两个整数 A、B，若两个数相等输出 A=B；若 A>B，输出 A>B；若 A<B，输出 A<B。

选择条件	A==B	A>B	A<B
对应的处理	输出 A=B	输出 A>B	输出 A<B

程序流程图如图 3-17 所示。

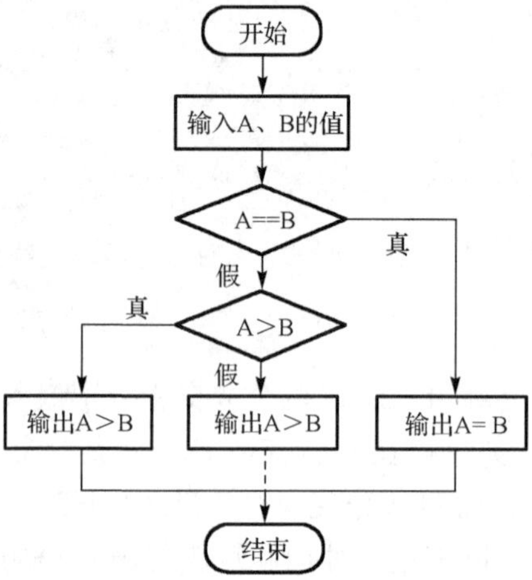

图 3-17

依据图 3-17 编写的程序代码如下：

```
#include<stdio.h>
void main()
{
    int A,B;
    printf("请输入 A 和 B 的值: \n ");
    scanf("%d,%d",&A,&B);
    if(A==B)    /*外层 if else 语句*/
    {
        printf(" A=B\n");
    }
    else
    {
        if(A>B)    /*内层 if else 语句*/
            printf("A>B\n");
        else
            printf("A<B\n");
    }
}
```

由例 3.16 可知，合理的安排 if 语句的嵌套形式，可以使得程序在清晰的基础上高效地实现预期目标。

【**例 3.17**】求一元二次方程 $ax^2+bx+c=0$ 的根。

根据数学知识分析，求方程根有以下几种可能性：

① a=0，不是二次方程。

② $b^2-4ac=0$，有两个相等的实根。

③ $b^2-4ac>0$，有两个不等的实根。

④ $b^2-4ac<0$，有两个共轭复数根。

因此可以确认这是一个有四个选择条件的问题，首先分为两种情况 a 等于 0 与 a 不等于 0，在 a 不等于 0 时又分为 $b^2-4ac=0$、$b^2-4ac>0$、$b^2-4ac<0$ 三种情况。使用嵌套 if 语句，里层的分支语句为一个多重 if 语句，其流程图如图 3-18 所示。

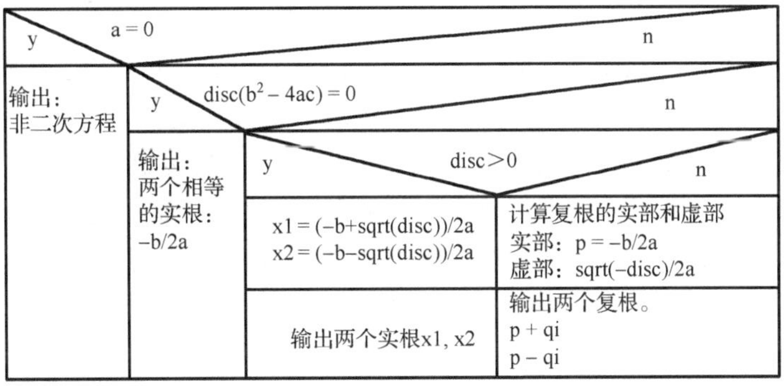

图 3-18

```
#include <math.h>
#include <stdio.h>
#define FLOATZERO 1e-6
void main()
{
  float a,b,c,d,disc,x1,x2,realpart,imagpart;
  scanf(&a,&b,&c);
  if(fabs(a)<=FLOATZERO)                              /* a=0 */
    printf("非二次方程\n");
  else
  {
    disc=b*b-4*a*c;                                   /* 计算 disc */

    if(fabs(disc)<= FLOATZERO)                        /* disc=0 */
      printf("有两个相等的根为:%f\n",-b/(2*a));
    else if(disc> FLOATZERO)                          /* disc>0 */
    {
      x1=(-b+sqrt(disc))/(2*a);
      x2=(-b-sqrt(disc))/(2*a);
      printf("有两个不同的根，分别为：%f,%f\n",x1,x2);
    }
    else                                              /* disc<0 */
    {
      realpart=-b/(2*a);
      imagpart=sqrt(-disc)/(2*a);
```

```
        printf("有两个复根:\n");
        printf("%f+%fi\n",realpart,imagpart);
        printf("%f-%fi\n",realpart,imagpart);
      }
    }
  }
```

程序说明：

首先输入方程的系数 a、b、c，相当于确定了方程。

外层 if 语句的 if 分支为 a 等于 0，else 分支为 a 不等于 0。

a 不等于 0 的分支里嵌套一个多重 if 语句，分别处理 $b^2-4ac=0$、$b^2-4ac>0$、$b^2-4ac<0$ 三种情况。

#include <math.h>中的 math.h 是一个头文件，这个头文件里包含了各种数学运算函数，在本程序中使用了求平方根的函数 sqrt，因此必须引用该头文件。

⑤判断 δ(disc)是否为 0，不能直接用 disc= =0。disc 是实数，实数在计算机中的存储和计算有微小的误差。“==”(等于运算符)是精确按位比较。如果使用 disc==0 比较，这可能导致原来为 0 的值由于上述误差而被判别为不等于 0，导致程序错误。

可以通过判断 disc 的绝对值是否小于一个很小的实数，小于此数可以认为等于 0。同理，如果需要判断两个浮点数相等也不能使用“= =”运算符，而是采用判断两数之差的绝对值小于一个很小的数。因此定义了一个常量 FLOATZERO，这个常量为一个很小的数。

3.4　条件运算符

前面学习的 if-else 语句是在程序设计中经常用到的一种结构，为了能够更加简洁地表述 if-else 语句的逻辑，在 C 语言中提供一种条件运算符，可以行使 if-else 的功能。

3.4.1　条件运算符的语句格式

条件运算符是三元运算符，有三个运算数，其运算符表述的格式为：

```
运算数 1?运算数 2 :运算数 3
```

格式说明：

① 运算数 1 相当于 if-else 语句中 if 后的选择条件，可以是逻辑表达式或关系表达式，当然在 C 语言中也可以是其他种类的表达式。

② 运算数 2 相当于 if-else 语句中 if 分支中的语句 1，即当选择条件为真时执行的语句。

③ 运算数 3 相当于 if-else 语句中 else 分支中的语句 2，即当选择条件为假时执行的语句。

使用 if-else 语句表述条件运算符如下：

```
if( 运算数 1)
{
    运算数 2;
}
else
{
```

```
        运算数 3;
    }
```

条件运算符的执行过程与 if-else 语句相同，先求解运算数 1，若其值为真(非 0)，则将运算数 2 的值作为整个条件表达式的值，否则(运算数 1 的值为假或 0)，将运算数 3 的值作为整个条件表达式的值。

例如：max=(a>b)?a:b，判断表达式 a>b，若为真，则 max 的值为 a 的值；若为假，则 max 的值为 b 的值。因此该条件表达式相当于以下程序的功能：

```
if(a>b)
  max=a;
else
  max=b;
```

3.4.2　条件运算符的运算优先级

前面提到，元数越低，其运算优先级越高。条件运算符是三元运算符，故其运算优先级低于一元和二元运算符，高于多元运算符(逗号运算符)和赋值运算符。

例如：m<n ? x : a+3　　等价于：　(m<n) ?(x) :(a+3) ；

a++>=10 && b-->20 ? a : b　　等价于：(a++>=10 && b-->20) ? a : b;

x=3+a>5 ? 100 : 200　　等价于　x= ((3+a>5) ? 100 : 200)

条件运算符具有右结合性。当一个表达式中出现多个条件运算符时，应该将位于最右边的问号与离它最近的冒号配对，并按这一原则正确区分各条件运算符的运算对象。

例如： w<x ? x+w : x<y ? x : y 与 w<x ? x+w : (x<y ? x : y) 等价，与 (w<x ? x+w : x<y) ? x : y 是不相等的。

3.4.3　条件运算符与 if-else 语句比较

读者可能会产生疑问，在遇到选择结构编程时，使用条件运算符还是使用 if-else 语句呢？哪一个更好些。下面先看一个例子。

【例 3.18】例 3.3 中的问题判断学生成绩的等级。其中 100-80 为优、79-60 为及格、59-0 为不及格。

这是一个三选一的问题。假设成绩存放在整型变量 score 中。

选择条件	score>=80 && score <=100	score>=60 && score <=79	score>=0 && score <= 59
对应的处理	输出优	输出及格	输出不及格

应用 if-else 语句编写程序如下：

```
#include<stdio.h>
void main()
{
   int score;
   scanf("%d",&score);
   if(score>=80 && score <=100)
     printf("优");
```

```
    else if(score>=60 && score <=79)
        printf("及格");
    else if(score>=0 && score <=59)
        printf("不及格");
    else
        printf("分数错误");
}
```

应用条件运算符编写程序如下：

```
#include<stdio.h>
void main()
{
    int score;
    scanf("%d",&score);
    (score>=80 && score <=100) ? printf("优") : (score>=60 && score <=79) ?
printf("及格") : (score>=0 && score <=59) ? printf("不及格") : printf("分数错误");
}
```

从以上两种实现程序可知：

① 使用 if-else 语句结构清晰，简单易懂；

② 使用条件运算符代码量少，但是条件表达式相对复杂，不易读懂；

③ 建议在不超过两个选择条件的情况下考虑使用条件运算符实现，但是三个或三个以上选择条件，最好使用 if 语句实现。

3.5　switch 语句

回到例 3.5 提出的问题，学生的考试成绩分数分成优、良、中、及格、不及格等五个级别，依据图 3-4 中冗长的程序流程图，使用 if 语句编写的程序代码如下：

```
#include<stdio.h>
void main()
{
    int score;
    scanf("%d",&score);
    if(score>=90 && score <=100)
        printf("优");
    else if(score>=80 && score <=89)
        printf("良");
    else if(score>=70 && score <=79)
        printf("中");
    else if(score>=60 && score <=69)
        printf("及格");
    else if(score>= 0 && score <=59)
        printf("不及格");
    else
        printf("分数错误");
}
```

从上面的程序可知，使用 if 语句实现成绩等级问题不仅程序流程图冗长难画，而且实现的代码量多，结构复杂，可读性差。

if 语句解决二选一、三选一问题比较适用，结构清晰，程序可读性强。但是对四选一、五选一以及在更多选择条件中选一的问题，使用 if 语句也可以解决，但是将使得程序失去良好的结构和清晰的可读性。对此类多选一问题，C 语言专门提供了开关语句 switch 来解决。

3.5.1　switch 语句的格式

switch 语句，也称 switch-case 语句或开关语句，是多路判断语句，其语句的语法格式为：

```
switch (表达式)
{
    case 常量表达式 1:
            语句 1;
            break;
    case 常量表达式 2:
            语句 2;
            break;
    ……
    case 常量表达式 n:
            语句 n;
            break;
        default:
            语句 n+1;
}
```

格式说明：

(1) switch 、case、break、default 为关键字。

(2) switch 后面小括号中的表达式的值必须可以离散表示，一般为整型或字符型。

(3) 每一个 case 表示一个分支或者一种选择，case 后面必须为常量表达式或者常量，其值通常是 switch 后面小括号中表达式所有可能取值中的一个，且各个常量表达式不能有相同的取值。常量表达式后为冒号。

(4) 语句 1，语句 2，…，语句 n+1，这些语句可以是单条语句也可以是多条语句。无论单条语句还是多条语句，均不需要{}。

(5) default 意为缺省，即当没有任何一个 case 分支被执行，则执行 default 分支。

(6) switch 后面的所有 case 及 default 语句要放在一个{}内。

(7) 每一个 case 分支中的 break 均可以省略，但是使用时要依据具体问题而定。

3.5.2　switch 语句的执行过程

switch 语句的程序流程图如图 3-19 所示。

图 3-19 中值 1、值 2 等分别表示常量表达式 1、常量表达式 2 等最终计算得到的值。

switch 语句的执行过程为：首先计算表达式的值，并把此值首先与 case 后的值 1 进行比较，如果相等则执行语句 1，然后执行 break 语句，结束 switch 语句；如果表达式的值与值 1 不相同，则与值 2 比较，如果相等则执行语句 2，然后执行 break 语句，结束 switch 语句；以此类推。也就是说计算得出的表达式值与哪个 case 值相同，就执行该 case 值所在的分支语句；当表达式的值与所有的 case 值都不相同，则执行 default 分支后的语句 n+1。

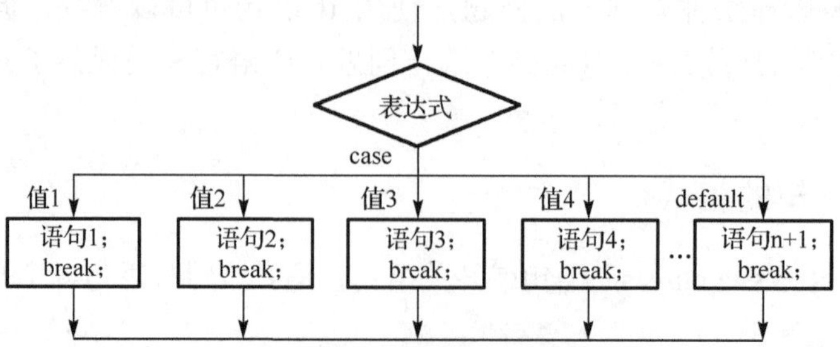

图 3-19　switch 程序流程图

switch 语句适用于从多个选择条件选一的情形，能用 switch 语句编写的程序一般也可以写成多重 if 语句或者多条 if 语句。

【例 3.19】读下面 switch 语句的程序段，画出其程序流程图，并说明其执行过程。

(1) switch 程序段是依据输入的奇数月份，输出当月固定的节日。

```
int month;
scanf("%d",&month);
switch(month)
{
    case 1: printf("元旦"); break;
    case 3: printf("妇女节"); break;
    case 5: printf("劳动节"); break;
    case 7: printf("建党节"); break;
    case 9: printf("教师节"); break;
    case 11: printf("本月没有固定节日"); break;
    default: printf("输入月份有误");
}
```

程序流程图如图 3-20 所示。

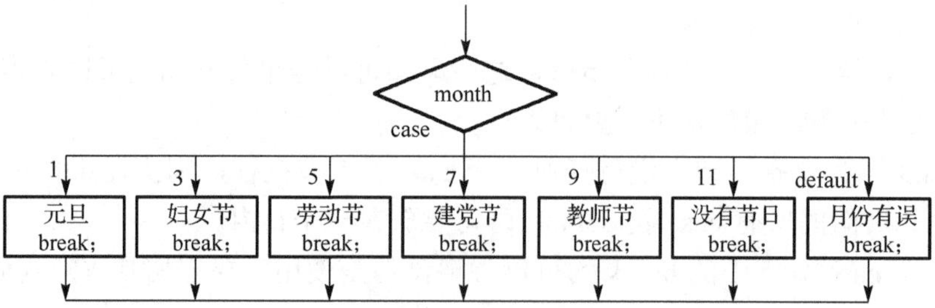

图 3-20

执行过程为：依据 scanf 语句输入的月份值进行判断，如果为 1，执行 case 1 分支，输出“元旦”，执行 break 结束 switch 语句的执行；如果为 2，执行 case 2 分支，输出“妇女节”，执行 break 结束 switch 语句的执行；依次类推。如果输入的月份不是 12 以内的奇数月，则执行 default 分支，输出“月份有误”，结束 switch 语句的执行。

由上面的问题可知：

① break;是用来终止 switch 语句执行的，故每一个分支中都有 break 语句。

② break 语句并不是 switch 语句中必需的。在 C 语言中，任何一个分支都可以没有 break。如果程序进入到某个分支执行，没有遇到 break 语句，则会进入该分支的下一个分支继续执行，直到遇到 break 语句结束或者一直运行到整个 switch 语句结束。

如果将例 3.19 程序改变为：

```
int month;
scanf("%d",&month);
switch(month)
{
   case 1: printf("元旦"); break;
   case 3: printf("妇女节");
   case 5: printf("劳动节");
   case 7: printf("建党节");
   case 9: printf("教师节"); break;
   case 11: printf("本月没有固定节日"); break;
   default: printf("输入月份有误");
}
```

当输入给 month 的值为 3，switch 语句执行 case 3 分支，输出“妇女节”，接着执行 case 5 分支，输出“劳动节”，接着执行 case 7 分支，输出“建党节”，接着执行 case 9 分支，输出“教师节”。在该分支有 break 语句，终止 switch 语句的执行。

③ 最后一个 default 分支的 break 语句可有可无，因为无论 break 有无，switch 语句在执行完最后一个分支后都会结束。

(2) switch 程序段是依据变量 x 和 y 的和，对变量 z 做不同的操作。

```
int x,y,z = 97;
scanf("%d%d",&x,&y);
switch( x+y)
{
  case 10:
  case 20: printf("%c", z); break;
  case 25: printf("%d",z); break;
  case 30: printf("%c", z+5);
}
```

程序流程图如图 3-21 所示。

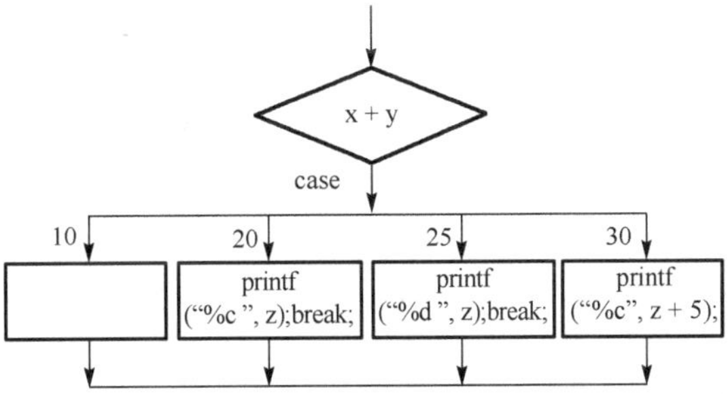

图 3-21

执行过程为：依据输入的整型变量 x 和 y 的值，计算 x+y 的和，如果和为 10，则执行 case 10 分支，该分支没有任何语句，关键是没有 break 语句，故继续执行 case 20 分支，输出 z 代表的字符‘a’，switch 语句终止执行。如果 x+y 的值为 20，则执行 case 20 分支，输出出 z 代表的字符‘a’switch 语句终止执行。其他分支以此类推，此处不再详细叙述。

由上面问题可知：

① switch 语句的 default 分支不是必须有的，要依据具体问题决定其有无。

② 如果有两个或两个以上的分支中都做相同的处理，即语句相同，则将这些分支相邻排放，将语句写在最后一个分支中，其余均空白即可。如 case 10 和 case 20 两个分支的写法。

③ switch 后面小括号内是整型表达式 x+y，执行时先计算该表达式的值。

(3) switch 程序段是依据输入的字符不同，做不同的操作。

```
char ch;
scanf("%c",&ch);
switch(ch)
{
   case '0': printf("增加信息"); break;
   case '1': printf("删除信息"); break;
   case '2': printf("修改信息"); break;
   case '3': printf("查询信息");break;
   default:  printf("输入有误");
}
```

程序流程图如图 3-22 所示。

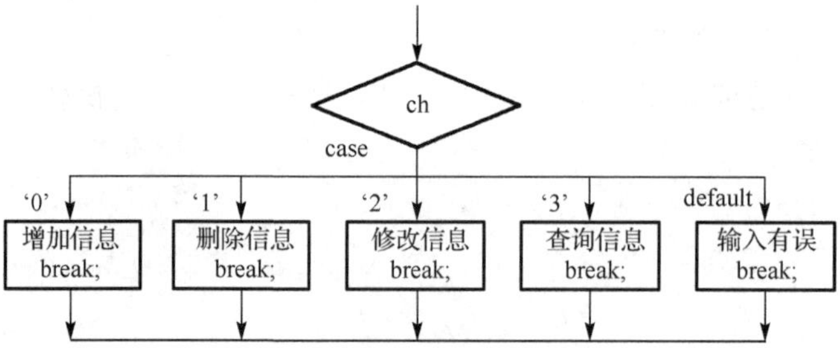

图 3-22

具体的执行过程此处不再赘述。这里主要表述的是 switch 语句的表达式是 char 类型变量 ch，故各个分支的 case 值必须是 char 类型的，即每个常量值需用单引号引起来，如‘0’、‘1’等，否则将出现错误。

3.5.3 switch 语句编程要素

当你面临一个多选一的问题，要使用 switch 语句编写程序时，重点掌握以下编程要素。

(1) 确定 switch 后面小括号中的表达式是整型或字符型的，且该表达式的可能取值越少越好。

(2) 确定 case 分支数、各分支排放次序、是否有 break，并确定是否需要 default 分支。

(3) 确定各 case 分支的具体操作语句。

【例 3.20】确定下面问题使用 switch 编程的各个要素

(1)编程实现两个整数的数学四则运算程序。这是一个四选一问题，适合使用 switch 语句实现。

问题分析，每次做加、减、乘或除的哪种运算要依据用户输入的运算符 op 来判断，故：

① 运算符 op 是 switch 后的表达式，由于常用的加减乘除符号用“+”、“−”、“*”、“/”表示，故运算符 op 是 char 类型的，有 4 种可能取值。

② 每种运算的处理都不相同，顺序可以任意排放，且每一个分支都需要 break 语句。另为防止用户输入其他字符，需要使用 default 分支增强程序的排错能力。

③ 每一个分支做相应的运算即可。

程序流程图如图 3-23 所示。

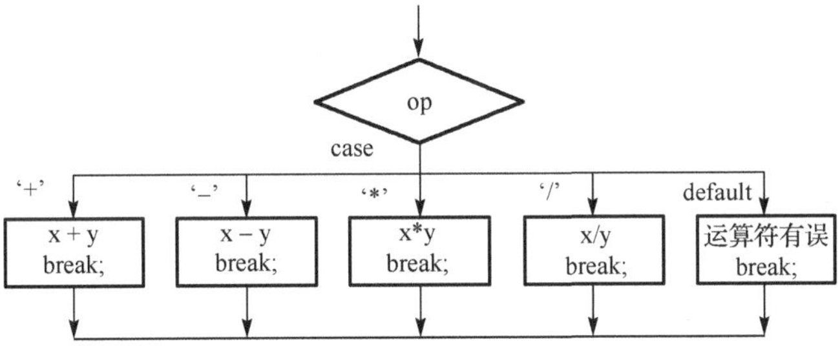

图 3-23

用 switch 语句表述的程序段：

```
int a,b;
char op;
scanf("%d %c %d",&a,&op,&b);
switch(op)
{
  case '+': printf("%d", a+b); break;
  case '-': printf("%d", a-b); break;
  case '*': printf("%d", a*b); break;
  case '/': printf("%d", a/b); break;
  default: printf("运算符有误");
}
```

但是，有的人将运算符 op 定义成 int 型，设定 0 代表加法、1 代表减法、2 代表乘法、3 代表除法。这样程序可以修改为：

```
int a,b;
int op;
scanf("%d %d %d",&a,&op,&b);
switch(op)
{
  case 0: printf("%d", a+b); break;
  case 1: printf("%d", a-b); break;
  case 2: printf("%d", a*b); break;
  case 3: printf("%d", a/b); break;
  default: printf("运算符有误");
}
```

在使用各种语句结构编写程序时，要灵活使用语句，不能死板，时刻相信程序员才是程序的主宰。

(2) 学生考试中的单选题一般是四选一的问题，用 switch 语句实现最终答案是 C 的判断过程。

问题分析，每一道选择题有四个可能值，即 A、B、C、D，但是只有一个选项是正确的。考生在解答答案是 C 的选择题时，给出的答题结果可能是 A、B、C、D 中的任何一个，如果是 C 则是正确的，其余都是错误的。

① 输入的答题结果 char 型变量 result，有四种可能取值 A、B、C、D。

② 只有当答题结果 C 是正确的，其余三种都是错的，故将 A、B、D 三个分支排放在一起。可以不使用 default 分支。

③ case C 分支显示正确，其余三个 case 分支显示错误。

程序流程图如图 3-24 所示。

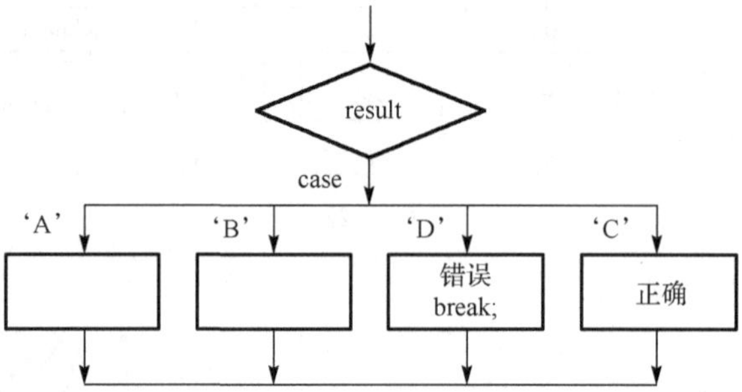

图 3-24

用 switch 语句表述的程序段：

```
char result;
scanf(" %c ",&result);
switch(result)
{
   case 'A':
   case 'B':
   case 'D': printf("错误"); break;
   case 'C': printf("正确");
}
```

(3) 例 3.5 提出的问题学生成绩五级分段。

问题分析，学生考试分数取值范围在 0-100 之间，要依据输入的成绩 score 来判断分数是哪个等级。如果设定分数 score 为 switch 语句的表达式，那么 switch 语句将至少有 101 个 case 分支才能覆盖从 0-100 的所有分数，这样的 switch 语句太庞大了。分析发现，100-90 之间的分数都是优，除 100 外，90-99 间的分数整除 10 得数都是 9，100 整除 10 为 10，故 100-90 之间 11 个可能值可以用 9 和 10 替代。同理，80-89 间的分数整除 10 结果都是 8，故 10 个可能值可以用 8 替代。依次类推，直到 0-59 间的分数整除 10 结果是 0、1、2、3、4、5。

① 使用 score/10 作为 switch 语句的表达式，可取的值为 0、1、2、3、4、5、6、7、8、9、10 共 11 个分支。

② 其中 10 和 9 都是优，相同的处理。8、7、6 分别是良、中、及格。对 0-5 都是不及格，是相同处理，可以使用一个 default 分支完成。

③ 每个分支输出相对应的等级信息即可。

程序流程图如图 3-25 所示。

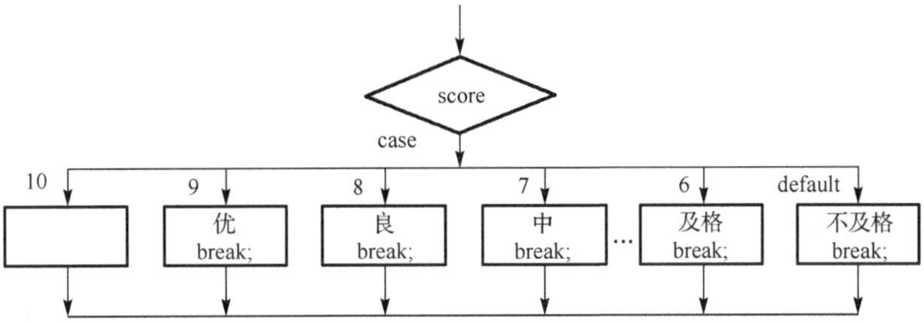

图 3-25

用 switch 语句表述的程序段：

```
int score;
scanf(" %d ",&score);
switch(score / 10)
{
  case 10:
  case 9: printf("优"); break;
  case 8: printf("良"); break;
  case 7: printf("中");break;
  case 6: printf("及格");break;
  default: printf("不及格");break;
}
```

3.5.4　应用 switch 结构编程

【例 3.21】运输公司对用户计算运费。路程 s 越远，每公里运费越低。计算标准如表 3-1。其中 s 为运输的公里数。设每公里、每吨货物的基本运费为 p，货物重量为 w，距离为 s，折扣为 d，则总运费 f 的计算公式为：$f=p\times w\times s\times(1-d)$。p、w、s 从键盘输入，从而计算费用。要求用 switch 语句实现。

表 3-1　计算标准

s	d
s<250km	没有折扣
250≤s<500	2%
500≤s<1000	5%
1000≤s<2000	8%
2000≤s<3000	10%
s≥3000	15%

问题分析，这是一个依据路程 s 的值来判断运输货物运费的折扣问题。是六选一问题，故使用 switch 语句实现。题目中 p、w、s 从键盘输入，折扣 d 根据距离确定。

确定使用 switch 语句，而 switch 语句的表达式值不能是题目中的区间，必须是常量值。仔细观察表 3-1 中的第一列的数值，可以用 s/250 作为 switch 语句的条件。按照此思路，表 3-1 可以转化为表 3-2。

(1) 使用 s/250 作为 switch 语句的表达式，可取的值为 0、1、2、3、4、5、6、7、8、9、10、11、12 等多个分支。

(2) 其中 0 和 1 处理各不相同，2 和 3 有相同处理，4、5、6、7 有相同处理，8、9、10、11 有相同处理，12 以上有相同处理。在 switch 语句中，表达式取值不能是无限个，故 12 以上可以使用 default 分支替代。

表 3-2　转化后的计算标准

s	c=(int) (s/250)	d
s＜250km	0	没有折扣
250≤s＜500	1	2%
500≤s＜1000	2,3	5%
1000≤s＜2000	4,5,6,7	8%
2000≤s＜3000	8,9,10,11	10%
s≥3000	12,13…	15%

(3) 每个分支进行相应公式计算即可。

程序流程图如图 3-26 所示。

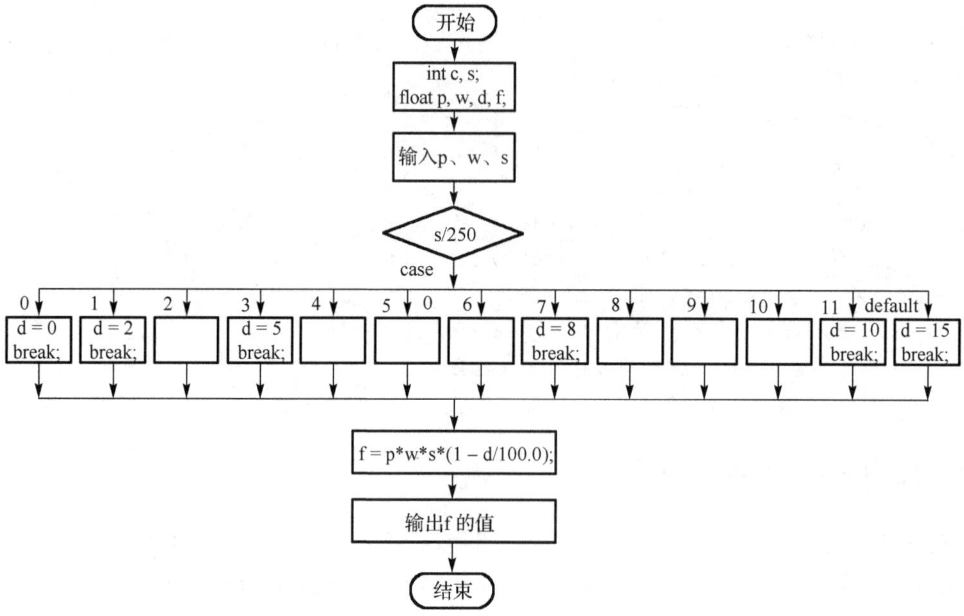

图 3-26

用 switch 语句表述的程序段：

```
#include <stdio.h>
void main()
{
    int c,s;
    float p,w,d,f;
    scanf("%f,%f,%d",&p,&w,&s);
    c=s/250;
    switch( c )
    {
    case 0:  d=0;break;
```

```
        case 1:  d=2;break;
        case 2:
        case 3:  d=5;break;
        case 4:
        case 5:
        case 6:
        case 7:  d=8;break;
        case 8:
        case 9:
        case 10:
        case 11:d=10;break;
        default: d=15;
        }
        f=p*w*s*(1-d/100.0);
        printf("费用为%f\n",f);
        }
```

程序说明：

c 为一整型变量，c=s/250，对除法求出的值取整。根据 s 值的不同可以分为几种情况。c 等于 0 即 s<250，此时折扣 d 为 0。250≤s＜500 时，c 等于 1，此时折扣 d 为 2。500≤s＜1000，c 可以为 2 或 3，此时折扣 d 为 5。1000≤s＜2000 时，c 可以等于 4、5、6、7，此时折扣 d 为 8。2000≤s＜3000，c 可以等于 8、9、10、11，此时折扣 d 等于 10。最后一种情况 s≥3000，c 为 12 以上的值，此时折扣 d 为 15。

其余 12 个分支，有一些分支的折扣相同，比如 3、4、5、6，这些分支不用 break 语句。程序执行过程中没有 break 语句，程序会继续向下执行，不跳出 switch 语句，直到给 d 赋值后，再执行 break 语句退出 switch 语句。

学生成绩管理系统之菜单选择功能实现

本章案例中提出学生成绩管理系统中的“菜单”的问题。其中菜单的设计如图 3-2 所示。系统向用户提供六种功能，用户在使用系统时，通过菜单输入相应的数字，就可以进入到相应的功能模块中操作，这是一个六选一的问题，可以使用嵌套 if 语句，也可以使用 switch 语句，但是使用 switch 语句实现更适合。本节选择使用 switch 语句实现，读者可以练习将其改成用嵌套 if 语句实现。

(1) 定义整型变量 menu_select 作为 switch 的表达式，其值可以为 1、2、3、4、5、6，共有六个分支。

(2) 不同的分支做不同的处理，故不存在有相同处理的分支。每个分支都有 break。

(3) 每一个分支进入相应的功能模块。由于各个功能模块在后续章节实现，故目前以 printf 语句的形式输出相应的信息。

(4) 在用户输入 menu_select 值时，可能误操作输入字符或其他符号，此时要使用 if 语句进行处理，及时提示用户重新输入。以目前所学知识，暂时只提供一次重新输入的机会。更多次重新输入，有兴趣的读者可以自行思考。

程序流程图如图 3-27 所示。

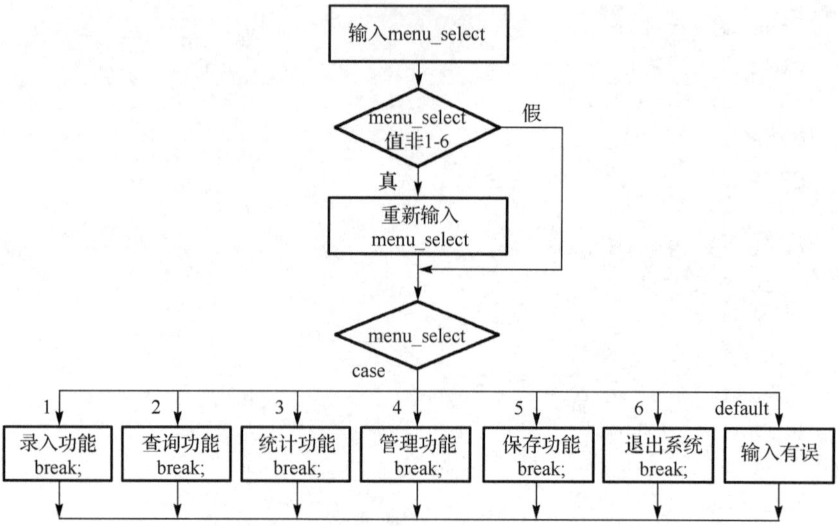

图 3-27　学生成绩管理系统菜单程序流程图

利用 switch 语句编写程序代码段如下：

```
    printf("*********************************************\n");
    printf("***              学生成绩管理系统            **\n");
    printf("***               1---录入功能               **\n");
    printf("***               2---查询功能               **\n");
    printf("***               3---统计功能               **\n");
    printf("***               4---管理功能               **\n");
    printf("***               5---保存功能               **\n");
    printf("***               6---退出系统               **\n");
    printf("*********************************************\n");
scanf("%d",&menu_select);
if( !(menu_select >= 1 && menu_select <=6))
{
    printf("请重新输入功能选择：");
    scanf("%d",&menu_select);
}
switch(menu_select)
{
    case 1: printf("录入功能\n"); break;
    case 2: printf("查询功能\n"); break;
    case 3: printf("统计功能\n"); break;
    case 4: printf("管理功能\n"); break;
    case 5: printf("保存功能\n"); break;
    case 6: printf("退出系统");
}
```

习　　题

1．输入一个实数，输出它的平方根值，如果输入数小于 0，输出“输入数据错误”提示。
2．从键盘输入三个数，按由大到小顺序输出。

3．从键盘输入两个数，按由小到大顺序输出。

4．从键盘输入两个数，求两个数的和，若两个数的和大于 100，则输出“两数的和大于 100”。

5．输入一商品的价格，若其价格比 1000 少则没折扣，其价格比 1000 大则折扣为 0.1，输出折扣后的价格。

6．if 语句编程序，输入 x 后按下式计算 y 值并输出。

$$y=\begin{cases}x+2*x^2+10, & 0\leqslant x\leqslant 8\\ x-3*x^3-9, & x<0\text{或}x>8\end{cases}$$

7．某商场举行购物优惠活动，(x 代表购物款，y 代表折扣)：x<1600 时，y=0%；x<2400 时，y=5%；x<3200 时，y=10%；x<6400 时，y=15%；x>=6400 时，y=20%；输入一个顾客的购物款后，显示它的应付款数。

8．编写程序判断某年是否为闰年。

第 4 章　循环程序设计

在上一章节中，解决了学生成绩管理系统中涉及的判断问题，实现了菜单选择功能。然而很多问题仅仅通过判断是不能得到解决的。本章所要学习的是结构化程序设计的循环控制结构，主要讲解 C 语言提供的循环语句，以及利用循环语句分析、设计以及解决存在重复操作的问题，达到熟练应用循环结构解决企业项目开发中遇到的实际问题的目标，也可为后继章节数组、指针、结构体等学习奠定良好的基础。

本章问题：应用循环控制结构实现学生成绩管理系统的菜单功能。

问题背景：在学生成绩管理系统中，登录系统后，能够进行多种操作，如录入成绩之后，再查询最高分、最低分，接着统计及格率和平均值，最后输出成绩信息。实现这些功能要求系统“菜单”的实现要具有重复可选性，如图 4-1 所示。

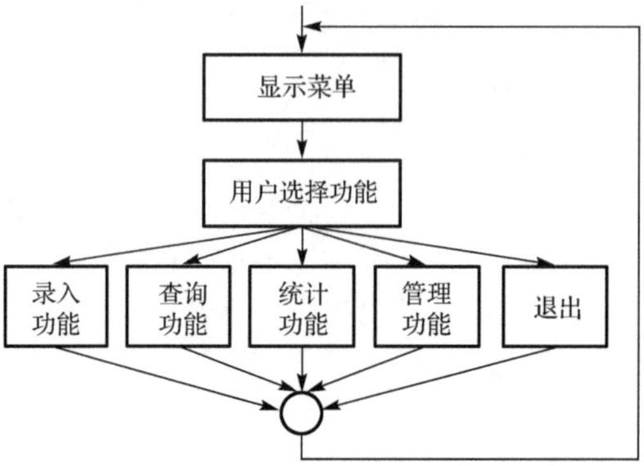

图 4-1　学生成绩管理系统菜单功能

此外，学生成绩管理系统中最常用的就是查询和统计操作，查询课程或学生考试成绩的最高分、最低分，统计课程或学生考试成绩的平均分、及格率以及学生考试成绩的分布情况等。这些操作尽管也涉及选择判断问题，但是经分析不难发现，此类问题常常需要重复执行一个或多个操作，例如计算最高分需要进行重复比较、计算平均分需要进行重复的累加等，这些问题都需要循环结构来解决。

4.1　循环控制语句

在企业项目实践中，经常会遇到许多具有规律性的重复操作问题。在学生成绩管理系统中，累计求和、求最值、求平均数都是有规律的重复操作。为了用计算机有效地解决这些问题，程序中就需要有重复执行某些语句的结构。C 语言提供了循环控制语句，只要找到重复操作的规律，设定好相应的循环条件，对需要重复执行的操作编写一次代码即可，重复的操作由循环控制语句自行完成。

【例 4.1】在学生成绩管理系统中，通常需要计算某门课程学生考试成绩的平均分。在企业软件项目开发中，此类问题表现为基于某个数据集上求解总和及平均值。编写 C 程序实现输入计算机科学与技术专业 30 名学生的《C 语言程序设计》课程考试成绩，计算该课程本次考试成绩的平均分，并将计算出的平均分输出。

解决上述问题，可以分成三步进行粗略的分析，第一步输入 30 个学生的《C 语言程序设计》课程的考试成绩；第二步计算 30 个学生考试成绩的平均分；第三步将计算结果显示在屏幕上。解决问题的步骤如图 4-2 所示。

进一步详细分析，输入考试成绩和输出平均分只需要使用 C 语言提供的 scanf()和 printf()函数即可实现。计算平均分一步是解决这个问题的关键。30 个学生成绩由用户从键盘上依次输入，每输入一个成绩，都要和前面已输入成绩的和进行累加，如此下去，直到最后一个学生的分数累加完毕，再利用累加和除以 30 即可得到平均分。

计算平均分的解题步骤如图 4-3 所示。

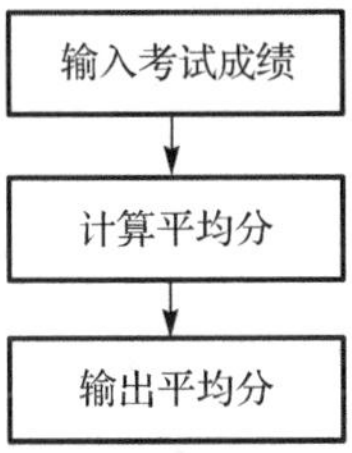

图 4-2　解决问题的步骤

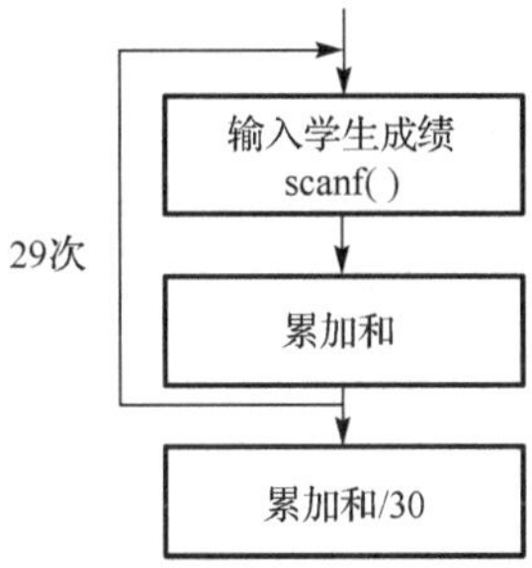

图 4-3　计算平均分的解题步骤

不难发现，依次输入的 30 个成绩，每一个成绩都要和它前面已经输入的所有成绩的和做累加。在整个计算过程中，累加操作被重复执行 30 次。这是一个非常典型的循环问题，C 语言中提供了四种循环控制语句来解决此类问题。下面将详细介绍 C 语言中的循环控制语句。

4.1.1　C 语言的循环语句

C 语言共提供四种实现循环控制的语句，每种循环都有其特有的语句结构和循环规律。

while 语句，也称当型循环，即当循环条件为真时，重复执行某项操作，直到循环条件为假时终止。

do-while 循环，也称直到型循环，即首先执行一次操作，再判断循环条件是否为真，如为真，重复执行操作，直到循环条件为假时终止。

for 循环是程序员最常使用的一种循环，同 while 循环和 do-while 循环相比，for 循环将循环的起点、循环条件、循环变化规律均包含在语句结构中，可以减少疏漏的发生几率。

if-goto 语句也可以实现循环控制功能。goto 语句是一种无条件转移语句，可以直接跳转到某行代码上。goto 语句的使用格式为：

```
goto 语句标号;
```

其中标号是一个有效的标识符，这个标识符加上一个“:”一起出现在程序某处，执行 goto 语句后，程序将跳转到该标号处并执行其后的语句。例如：

```
L: i = i+1;
```

```
    printf("%d", i);
    goto L;
```

上面程序段，当执行到 goto L; 语句时，控制会无条件跳转到标号 L 所在的语句 i=i+1; 处执行，从而构成循环。

将 goto 语句与 if 条件语句连用，语句格式为：

```
L: 语句
......
if (条件)
  goto  L;
```

当 L 标号语句出现在 if 语句之前则构成循环语句。当满足 if 语句的条件时，程序跳到标号 L 处运行。此语句要求 L 标号语句必须与 goto 语句在同一个函数中。例如：

```
loop: ch = getchar();
    n = n + 1;
    if( ch != '\n')
       goto loop;
```

上面的程序段实现了统计从键盘上重复输入的字符数，直到输入的字符为回车符终止。

goto 语句因其灵活的无条件跳转，会给某些程序的实现带来高效率。但是也因其无条件的跳转破坏了良好的程序结构，程序的可读性差，容易出错且不易维护。对初学者来说建议避免使用 goto 语句。在常用的计算机语言中，C 和 C++等高级编程语言保留了 goto 语句，但被建议少用或不用。Java 语言不支持使用 goto 语句。但是微软的 C#语言支持 goto 语言的使用。

4.1.2　循环的引入

循环是计算机解题的一个重要特征。由于计算机运算速度快，最适宜做重复工作。循环结构适用于解决重复执行相同或者相似操作的问题。这些操作重复执行可以由具有一定变化规律的变量控制，随着变量值的不断变化，使得循环继续或者终止。当我们进行程序设计时，首先要从复杂的不易理解的问题中分辨出是否有相同或者相似的重复操作，如有，则将求解过程转换为容易理解的一次操作的多次重复，从而可以降低问题的复杂程度，同时也减少程序的书写及输入的工作量。

【例 4.2】编程序输出以下语句：

```
我是第 1 位学生
我是第 2 位学生
......
我是第 10 位学生
```

如果用目前掌握的编程技术来解决例 4.2 提出的问题，只要写出 10 条输出语句即可，程序如下：

```
#include <stdio.h>
void main()
{
    printf("我是第 1 位学生\n");
```

```
        printf("我是第 2 位学生\n");
        printf("我是第 3 位学生\n");
        printf("我是第 4 位学生\n");
        printf("我是第 5 位学生\n");
        printf("我是第 6 位学生\n");
        printf("我是第 7 位学生\n");
        printf("我是第 8 位学生\n");
        printf("我是第 9 位学生\n");
        printf("我是第 10 位学生\n");
}
```

如果要输出到“我是第 100 位学生”，则需要 100 条输出语句，显然这样的程序不是一个好程序，也是不可取的程序。有没有更好的办法去编写这个程序呢？答案是肯定的。使用 C 语言的循环语句可以轻松解决这个问题。观察该程序中的 10 条语句，每条语句除了一个数字不同外，其余的完全相同，而不同的数字变化也有一定的规律，即从 1 开始每次增加 1 个。如果使用整型变量 i 来代替每条语句中的数字，则 10 条输出语句可以统一写为：

```
printf("我是第%d 位学生\n", i);
```

其中 i 的值从 1 依次变化到 10，每次增 1 即可。如果输出到“我是第 100 位学生”，则只需将 i 的值从 1 依次变化到 100 即可。

使用 for 循环语句来实现例 4.2 问题的程序如下：

```
#include <stdio.h>
void main()
{
    int  i;                                  //控制循环的次数
    /*i 的值从 1 变化到 10，每次增 1，重复执行 10 次输入语句*/
    for( i=1;i<=10; i++)
    {
        printf("我是第%d 位学生\n", i);       //重复的操作的语句
    }
}
```

从例 4.2 程序可以看出，因为使用了循环结构，大大简化了程序。

4.1.3　应用循环结构编程的要素

在利用循环结构编写程序时，首先需要明确几个关键的术语。

重复执行某个程序段的语句称为循环语句，其中被重复执行的程序段是循环体。例 4.2 中语句 printf(“我是第%d 位学生\n”, i)；为循环体。循环体可以是空语句(只有一个分号的语句)、单条 C 语言语句或者多条 C 语言语句组成的复合语句。当循环体为空语句时，表示循环体中什么也不做，在企业软件开发时一般利用空语句实现对未来功能的预留。例如：

```
for( i=1;i<=10; i++)
{
    ;          //空语句，以后会添加具体功能
}
```

控制循环是否继续进行的变量称为循环控制变量，如例 4.2 中的变量 i。一般情况下，随着循环控制变量值的不断改变，将使循环逐渐趋向于结束。如 i 的值每次增 1，直到为 10 循环停止。

使得循环能够进行的条件为循环条件，通常是一个包含循环控制变量的表达式。如例 4.2 中的 i<=10，只要 i 的值小于或等于 10 的范围内，就有新的循环开始。

故使用循环控制语句编写程序时，重点考虑运用以下编程要素和步骤：

(1) 首先确定要解决的问题是一个重复操作的循环问题并找出循环的操作；

(2) 然后确定循环控制变量及其值的变换规律、循环条件；

(3) 接着选择恰当的循环语句；

(4) 最后确定循环体，即问题中被重复执行的操作。

注意：要慎重设定循环控制变量的初始值、终止值及其变化规律，这将关系到循环运行的正确与否，以及是否能够正常地结束。很多循环因为循环控制变量值或变化规律的错误变成了死循环。所谓死循环是指不能结束的循环。例如：

```
for( i=1;i<=10; i--)
{
    printf("我是第%d 位学生\n", i);        //重复的操作的语句
}
```

i 的初始值为 1，每次减 1，永远满足 i<=10 的循环条件，成为无休止地进行下去的无限循环或死循环。

【例 4.3】编程计算 30 个学生《C 语言程序设计》课程考试成绩的平均分。

分析问题，要计算 30 个学生的成绩平均分，首先要计算 30 个学生的成绩总和，而总和需要将 30 个分数相加，即要重复进行 30 次加法运算，只是每次的加数为当前已有的累计和与新的分数。依据上面的解题步骤：

(1) 这是一个重复的问题，重复的操作为加法运算；

(2) 循环控制变量为整型变量 i，保证进行 30 次循环，即 i 从 1 变化到 30，i 每次增 1；

(3) 当循环次数已知时，最好选择 for 循环；

(4) 循环体为：当前的累加和 sum =当前的累加和 sum + 新的分数 score。

```
#include <stdio.h>
void main()
{
    int score;                        //存放学生考试成绩
    int  i;                           //循环控制变量
    double  sum=0, average;           //average 保存平均值
    printf("请输入学生成绩:");
    /*i 的值从 1 变化到 30，累加 30 个成绩*/
    for ( i = 1 ; i<=30 ; i++)        //i 的值从 1 变化到 30，每次增 1
    {
        scanf(" %d", &score);         //输入成绩
        sum = sum + score ;           //累加和
    }
    average = sum / 30.0;             //平均值
    printf ("30 个学生的成绩平均分为%f", average);
}
```

for（i = 1 ; i<=30 ; i++）下面的大括号内有两条语句，即 scanf(" %d", &score);和 sum = sum + score； 将两条或两条以上的语句用大括号括起来构成复合语句。复合语句中的所有语句是一个整体，要么全执行，要么一条也不执行。

循环体中如果只有一条语句，循环体的大括号{}可以省略。如果循环体由多条语句构成，则必须使用{ }，把所有需要循环执行的语句(循环体)放在{ }中。在企业级软件开发中，为了保持程序的清晰性，方便后期维护，即使循环体内是空语句或单个语句，一般都要求将循环体用{}括起来。

抓住循环结构的编程要素，灵活应用循环语句，会收到事半功倍的效果。下面讲述三种循环语句的结构及其应用方法。

4.2　while 循环语句

while 语句实现的循环是企业软件项目开发时程序员比较常用的一种循环语句。

【例 4.4】在学生成绩管理系统中，经常会遇到统计某门课程考试成绩的最高分或者最低分问题。这是一个非常有代表性的问题。在企业项目软件开发中，类似的问题常常表现为基于某个数据集上求解最值(最大值或最小值)问题。编写 C 程序统计 30 名学生《C 语言程序设计》课程考试成绩的最高分，并将统计出的最高分输出。

分析问题：要计算 30 个成绩的最高分，主要的操作是比较。由于是考试分数，初始假设最高分 max 为–1，然后依次用每一个分数 score 与 max 相比较，如果发现 score>max，则将用 score 的值替换 max 的值，直到比较完最后一个分数，max 即为最高分。从以上分析可知：

(1) 确定是一个循环问题。求解 30 个考试成绩最高分，实际就是分数的多次两两比较，获得最大值的过程，故两个数的比较是重复的操作。

(2) 循环控制变量 i 为计数器，控制 30 次的比较，其值由 1 变换到 30，即 i 的值小于或等于 30 时循环都要继续进行，每次 i 的值增 1，一旦 i 的值大于 30，循环即告终止。

(3) 确定循环体。输入分数 score，与当前最高分 max 比较，如 score>max，替换当前最高分，即 max=score。

(4) 输出显示最高分 max 的值。

在问题分析的基础上，接下来就可以编写程序。如果决定采用 while 循环来实现，必须首先要学习循环语句格式、熟悉执行过程、掌握编程要素等。

4.2.1　while 循环语句格式

while 循环语句的语法格式：

```
while (循环条件)
{
    语句;    //循环体
}
```

格式说明：

(1) while 为关键字。while 后面为小括号，小括号中是循环表达式，也称循环条件。

(2)循环条件常见为关系表达式或逻辑表达式，其中一般包含循环控制变量，用来决定循环是否继续进行。但在 C 语言中，循环条件可以是任何种类型的表达式。例如：

```
while (100)
{
   printf("ok");
}
```

在 C 语言中，非 0 即为真，100 是一个算术表达式，其值为 100 而非 0，故这是一个永远为真的循环，也就是前面提到的死循环。

(3)大括号里面的语句为循环体，其中语句可以是单个语句、空语句或者复合语句。依据实际问题确定循环体中语句的数量。

4.2.2　while 循环语句的执行过程

while 循环语句的执行过程如图 4-4 所示。在执行 while 循环语句时，首先进行循环控制变量的初始化，然后计算循环条件的值，当值为真(非 0)时，执行循环体语句，执行之后返回重新判断循环条件的真假，为真则再次执行循环体，如此反复直到循环条件为假，停止执行循环体，跳出循环，接着执行循环语句的下一条语句。在特殊情况下，如果循环条件的值在开始时就为假，那么一次也不执行循环体语句直接退出循环执行下一条语句。

【例 4.5】计算 1+2+3+…+100 之和。

显而易见，这是一个重复进行加法操作的循环问题。每一个加数也是循环控制变量 i，其值从 1 变化到 100，每次增加 1。循环条件为 i <= 100，循环体为 sum = sum + i。使用 while 循环语句的程序流程图如图 4-5 所示。

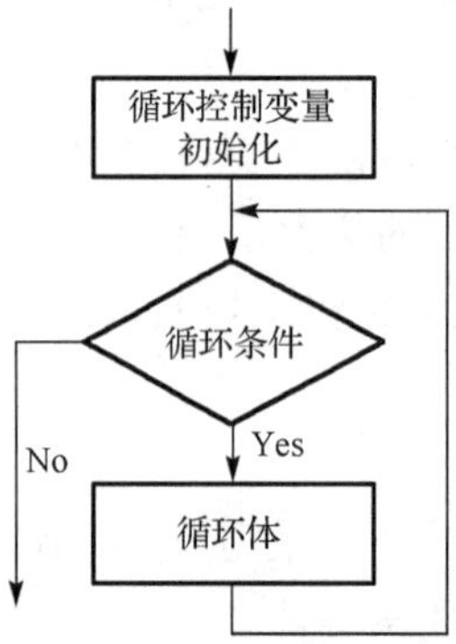

图 4-4　while 语句执行过程图

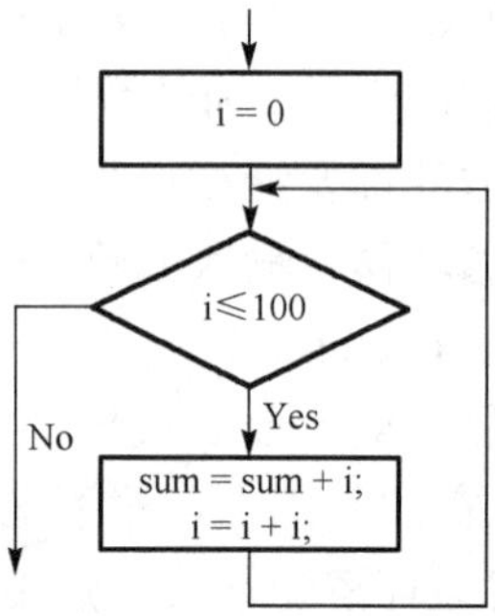

图 4-5　while 程序流程图

程序代码如下：

```
#include <stdio.h>
void main()
{
    int  i =1, sum = 0;
    while (i <= 100)
    {
        sum = sum + i;
```

```
            i = i + 1;
        }
        printf("1-100 之和为%d", sum);
    }
```

程序首先初始化整型变量 i 和 sum，之后进入循环。先判断 i 的值是否小于或等于 100，如为真，执行循环体语句，累计和到 sum，i 的值增 1。再重新判断当前 i 的值是否还小于或等于 100，如仍为真，再次执行循环体，如此循环，直到 i 的值大于 100，即循环条件为假，循环结束。执行 printf 语句，输出 sum 的值。

整型变量 sum 是用来存储累加和的，在使用之前必须进行初始化 sum = 0;，否则变量 sum 中会存在不可预知的值而导致累加和的错误。

i 为循环控制变量，sum=sum + i; i = i + 1; 两条语句为循环体，语句 i = 1;是对循环控制变量的初始化，循环体中语句 i = i + 1; 是对循环控制变量 i 的值的改变。循环一共做 100 次，完成 100 个数的累加，程序输出结果为：1～100 之和为 5050。

4.2.3　应用 while 循环编程的要素

(1) while 循环常常适用于循环次数未知的问题，但是也可以解决循环次数已知的问题。

(2) 确定循环控制变量、循环条件、变化规律。在 while 循环中，除了特殊情况外，循环控制变量必须在进入循环之前初始化，如语句 i = 1;，否则将由于 i 值的不正确导致循环错误。

(3) 确定循环体语句。在 while 循环中，在循环体中要有修改循环控制变量值的语句，如 i = i + 1;，使得循环趋近终止。否则极易出现死循环。

【例 4.6】利用 while 循环语句，编程计算若干名学生《C 语言程序设计》考试成绩之和，直到输入负数为止。

问题分析如下：

(1) 明确是一个循环问题。该问题求解多个学生的成绩之和，需要每次输入成绩后累加成绩和，输入成绩，之后的累加是重复操作。

(2) 只有输入的分数为负数时，循环结束，所以具体循环的次数未知，一般选用 while 循环来实现。

(3) 循环是否结束依据每次输入的成绩是否为负数，故保存分数的变量 score 决定循环何时结束，score 为循环控制变量，一旦为负数即告循环结束，循环条件为 score>=0。

(4) 输入成绩 score，累加到 sum 为循环体。

(5) 利用 printf 语句输出累加的成绩总和 sum。

程序流程图如图 4-6 所示。

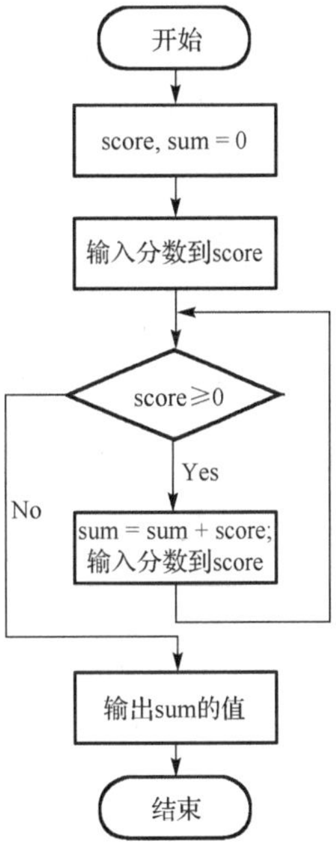

图 4-6　成绩之和程序流程图

其中第一个输入分数 score 为循环控制变量的初始化，循环体中的输入分数 score 为修改循环控制变量的值，使循环趋向终止。

依据图 4-6 编写的程序代码如下：

```
#include <stdio.h>
void main()
{
    int  score, sum=0;        //score 为循环控制变量，保存分数，sum 保存成绩累加和
    printf("请输入成绩:");
    scanf("%d", &score);      //输入成绩到 score，初始化循环控制变量 score
    /*累加输入的成绩，直到输入负数停止*/
    while(score >= 0)
    {
        sum=sum+score;        //累计到 sum 中
        scanf("%d",&score);   //输入成绩到 score，修改循环控制变量的值
    }
    printf("学生成绩总和为%d", sum);
}
```

程序说明：

(1) score 为循环控制变量，在循环开始前，利用 scanf 语句输入第一个成绩为其赋初值。变量 sum 用来保存成绩之和，必须初始化为 0。

(2) 当 while 后面圆括号里的循环条件 score >= 0 为真时，执行{}里的循环体，直到新输入的分数 score 值为负数时，循环条件为假终止循环。

(3) while 后面紧跟的{}里面 2 条语句为循环体，该循环体为复合语句，必须用{}括起来。如果不加{}，则 while 语句的循环体只默认紧跟其后的第一条语句，即语句 sum = sum + score;为其循环体。

(4) 在循环体内，语句 scanf("%d",&score); 用来修改循环变量 score 的值。这是好多初学者容易忽略掉的语句。

另外，在使用 while 循环时，还要注意以下几点。

(1) 循环控制变量需要经过正确的赋初值，否则有可能造成死循环。

(2) 在循环体中，应该有使循环趋向于结束的语句，一般由循环控制变量来实现。在 while 循环体内，如果缺少了修改循环控制变量 i++; 语句，i 的值将永远不会发生变化，while 语句将成为死循环。除非特殊设计，不要把循环写成死循环。

(3) 如果需要编写死循环的程序，可以把 while 的循环表达式赋值为永真的值，例如：

```
while (1)
{
    ……   //循环体
}
```

因为 1 为非 0，即永真。由于 while 的循环表达式的值为永真，因此这个循环将是一直执行下去的死循环，除非使用 break 语句跳出循环。break 语句将在后面介绍。

4.2.4　应用 while 循环编程

例 4.4 提出求解 30 个学生考试成绩最高分问题并依据问题分析，程序流程图如图 4-7 所示。

依据图 4-7 编写程序代码如下：

```
#include <stdio.h>
void main()
{
    int max= -1;              //max 中保存当前最高分
    int i=1, score;           //i 为循环控制变量，score
                                存放当前输入的成绩
    printf("请输入分数:");
    while ( i<=30)
    {
        scanf("%d",&score);  //输入新的分数到 score
        /*如果当前分数高于当前最高分，替换最高分*/
        if ( score > max )
            max = score;
        i ++;                  //循环变量的值增 1
    }
    printf("本次考试成绩最高分为%d\n",max);
}
```

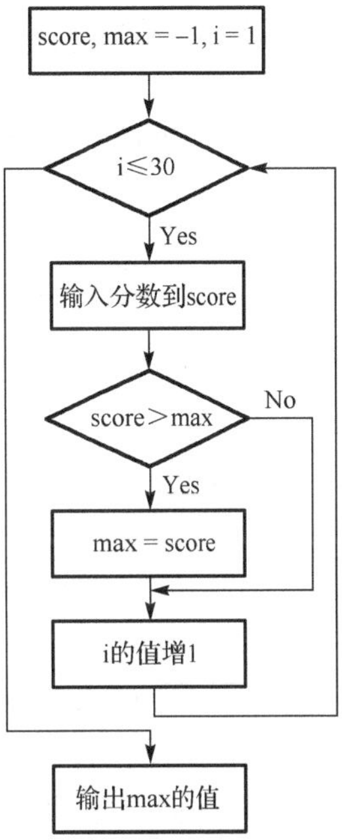

图 4-7　求最高分程序流程图

程序说明：

(1) 定义整型变量 max 用来保存当前最高分，初始值为−1；整型变量 score 用来存放当前输入的分数。

(2) 循环控制变量 i 进入循环前的初始值为 1。

(3) while 后圆括号中的 i<= 30 为循环条件，为真则循环继续，否则循环结束。

(4) while 循环体中有 3 条语句，其中 if 语句完成当前输入分数 score 与当前最大值 max 的比较，修改当前最大值 max。

(5) 循环体最后一条语句 i++，不断修改循环控制变量的值，使 i 的值逐渐接近 30，循环趋于结束。

(6) 如果求 30 名学生成绩的最低分，只要修改循环体中 if 语句判断条件，由 score>max 改为 score<max 即可。在此也建议将变量 max 修改为 min。

建议读者编写程序求解若干个学生考试成绩的最高分或最低分。

4.3　do-while 循环语句

do-while 语句实现的循环同 while 循环一样，也是企业软件项目开发比较常用的一种循环语句。但是两种循环语句在格式、执行过程及解决具体问题时存在差别。

【例 4.7】在学生成绩管理系统中，一般要统计某门课程学生考试成绩的分布情况。编程统计 C 语言程序设计 30 名学生考试成绩的分布情况，其中 100-90 为优、89-80 为良、79-70 为中、69-60 为及格、其余为不及格。

分析一下，该问题是依次输入 30 个学生的考试成绩，对每一个输入的分数判断落入哪一个分数段，并相应计数的循环问题。由于分数分布有优、良、中、及格和不及格五种，故在程序实现时应采用 switch 开关语句，并在每一个开关的分支中设定计数器。

(1) 循环控制变量为整型变量 i，初始值为 1，值的变换范围为 1 到 30。

(2) 循环条件为 i<=30。

(3) 循环体为：输入新的分数 score，利用 switch 语句判断该分数处于哪一个等级，给相应的分数段计数器 count1-count5 加 1。

这个问题可以使用 while 循环实现，也可以使用 do-while 循环语句实现。

4.3.1　do- while 循环语句的格式

do-while 语句的格式

```
do
{
    语句;   //循环体
} while (循环条件);
```

格式说明：

(1) do 和 while 为关键字。

(2) do 后面的{ }内是循环体，即循环中重复做的操作。

(3) while 后面的圆括号中为循环条件，其中一般是包含循环控制变量的表达式。

在 while 循环语句中，循环条件是放在前面的，需要先判断循环条件为真后，循环体才被执行。而在 do-while 循环语句中，除了多一个 do 关键字外，循环体出现在循环条件之上。另外使用时注意，do-while 语句结束的分号必须放在 while(循环条件) 的后面。

4.3.2　do-while 语句的执行过程

do-while 循环语句的执行过程如图 4-8 所示。首先对循环控制变量初始化，先执行一次循环体语句，然后判断循环条件，当循环条件的值为真(非 0)时，重复执行循环体中的语句，直到循环条件的值为假(0)时停止，执行循环语句的下一条语句。

【例 4.8】 计算 1+2+3+……+100 之和。

在例 4.5 中已经利用 while 循环语句实现了累加和运算，下面利用 do-while 循环语句实现，程序流程图如图 4-9 所示。请注意观察两种语句的不同。

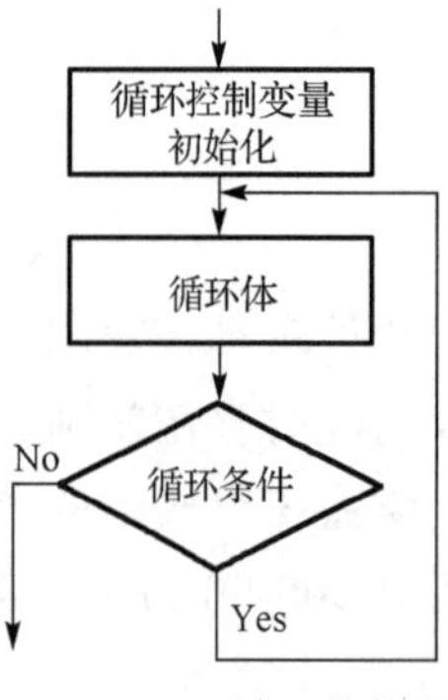

图 4-8　do-while 循环的执行过程

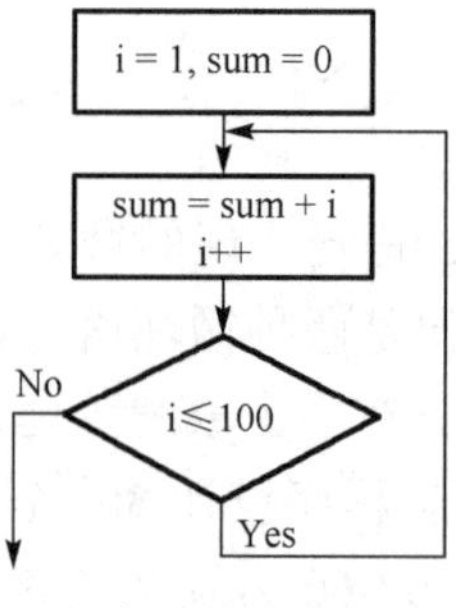

图 4-9　程序段对应的程序流程图

程序流程图对应的代码如下：

```
#include <stdio.h>
void main()
```

```
{
    int  i =1, sum = 0;
    do
    {
        sum = sum + i;
        i = i + 1;
    } while (i < = 100);
    printf("1-100 之和为%d", sum);
}
```

程序首先初始化整型变量 i 和 sum，之后进入循环。先执行一次循环体语句，将 1 累加到 sum 中，将 i 的值增加到 2。然后判断当前 i 的值是否小于或等于 100，如为真，则再次执行循环体，将 i 的值累加到 sum 中，i 的值增 1，如此重复，直到循环条件为假，即 i 的值大于 100 时循环终止。执行 printf 语句，输出 sum 的值。

程序输出结果为：1-100 之和为 5050。与利用 while 循环编程计算的结果相同。

将图 4-4 与图 4-8 比较发现，解决同一个问题，while 循环是先判断再执行循环体，而 do-while 循环是先执行一次循环体再判断循环是否继续进行。

【例 4.9】利用 do-while 循环语句改写例 4.6，编程计算若干名学生《C 语言程序设计》考试成绩之和，直到输入负数为止。

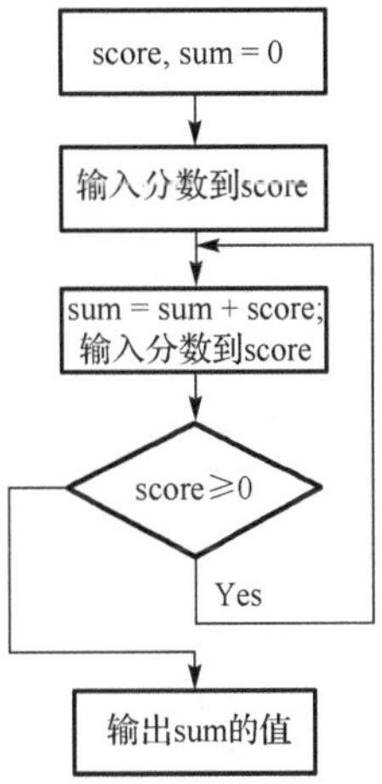

图 4-10　do-while 实现成绩和程序流程图

分析问题，同 while 循环语句相比，do-while 语句的循环体、循环控制变量不变。变化之处就是套用 do-while 的语句格式。

程序流程图如图 4-10 所示。

依据图 4-10 编写程序代码如下：

```
#include <stdio.h>
void main()
{
    int  score, sum=0;          //score 为循环控制变量，保存分数，sum 保存成绩累加和
    printf("请输入成绩:");
    scanf("%d",&score);         //循环控制变量赋初值
    do
    {
        sum=sum+score;          //累计到 sum 中
        scanf("%d",&score);  //输入成绩到 score，修改循环控制变量的值
    } while(score >= 0);
    printf("学生成绩总和为%d", sum);
}
```

程序说明：

(1) 输入一个分数到 score，对循环控制变量 score 赋初值。

(2) 执行一次循环体，累加当前 score 值到 sum，输入新的 score 值。

(3) 判断循环条件 score>=0，如为真，则循环继续。

(4) 当循环条件 score>=0 为假时，循环结束，输出学生成绩总和即可。

从例 4.6 和例 4.9 发现，while 循环和 do-while 循环可以解决相同的问题。下面思考一个问题，如果第一次输入到 score 中的分数为负数，在例 4.6 中，因为首次判断循环条件为假而导致循环体语句一次也不做，故 sum 最终值为 0。这是符合题目要求的。而在例 4.9 中，无论第一次输入的 score 是负数还是正数，循环体至少要做一次，而使 sum 最终值与输入给 score 的值相同，出现编程者不想要的结果。故一定小心处理 while 循环和 do-while 循环的区别。

【例 4.10】 阅读并比较以下两段程序，说明其不同之处。

```
#include <stdio.h>
void main()
{
    int s=0,n;
    scanf("%d",&n);
    while(n<= 3)
  {
    s = s + n;
      n++;
   }
  printf("s=%d",s);
}
```

```
#include <stdio.h>
void main()
{
    int s=0,n;
  scanf("%d",&n);
  do
{
  s = s + n;
    n++;
  } while(n<= 3);
  printf("s=%d",s);
}
```

程序运行如下：

```
4↙
s=0
```

```
4↙
s=4
```

分析程序发现：

(1) while 语句先判断，后执行，可能一次也不执行，因此在输入 4 时，第一次判断循环条件为假，循环一次也不执行，输出的 s 值为 0；

(2) do-while 语句为先执行一次循环体，后判断，循环体至少执行一次，当输入为 4 时，虽然循环条件为假，但由于先执行循环体，计算 s 的值为 4。

(3) 选择使用 while 还是 do-while，要确定做循环体的次数，如循环体至少做一次，则选择 while 和 do-while 均可，应该说 do-while 会更适合一些。如首次判断就可能为假，即可能循环体一次都不做，一定选择使用 while 循环，do-while 可能会出现错误。

4.3.3　应用 do-while 循环编程

【例 4.11】 利用 do-while 循环语句编程求解 30 名学生《C 语言程序设计》考试成绩 80 分以上学生的人数。

问题分析：

(1) 确定是循环问题。30 个成绩依次与 80 比较大小的重复操作，用循环解决。

(2) 循环至少被执行一次，适合于使用 do-while 语句。

(3) 循环控制变量为整型变量 i，i 的值从 1 到 30，循环条件为 i<=30，i 的值每次增 1。

(4) 确定循环体。输入成绩 score，与 80 比较，如大于等于 80，计数器 count 增 1。

程序流程图如图 4-11 所示。

依据图 4-11 编写程序代码如下：

```
#include <stdio.h>
void main()
{
    int count= 0;                   //80 分以上成绩个数计数器
    int  i=1, score;                //score 中存放当前输入的成绩，i 循环控制变量
    printf("请输入分数\n");
    do
    {
        scanf("%d",&score);         //输入新的分数，修改循环控制变量的值
        /*如果输入分数 score 高于 80 分，count 加 1*/
        if ( score >=80 && score<=100 )
            count++;
        i++;
    } while ( i<=30);
    printf("成绩大于 80 分的学生个数为%d\n",count);
}
```

程序说明：

(1) 循环控制变量 i 初始化为 1，计数器 count 初始化为 0。

(2) 直接执行一次循环体，输入分数到 score，判断是否介于 80～100，如是，count 计数器增 1。循环控制变量增 1。

(3) 再判断循环条件 i<=30 是否为真，如是，继续执行循环体，否则循环结束。

(4) 输出成绩 80 分以上学生人数。

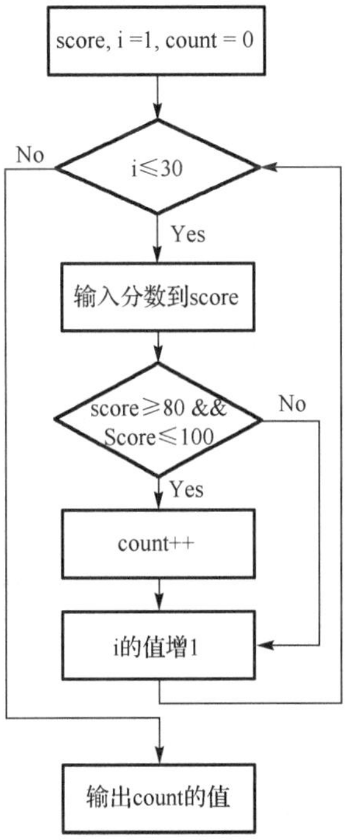

图 4-11　统计 80 分以上人数流程图

【例 4.12】 编程统计 C 语言程序设计 30 名学生考试成绩的分布情况，其中 100～90 为优、89～80 为良、79～70 为中、69～60 为及格、其余为不及格。

依据例 4.7 对问题的分析，程序流程图如图 4-12 所示。

其中 nopass、pass、mid、good 和 excell 为五个整型变量，分别为不及格、及格、中等、良和优学生的计数器。

依据图 4-12，编写代码如下：

```
#include<stdio.h>
void main()
{
    int i , score, nopass = 0,pass=0, mid = 0, good = 0, excel = 0;
                                        // 计数器初始化为 0
    i = 1;                              // 循环控制变量赋初值为 1
    do
    {
```

```
            scanf("%d", &score);
            switch(score/10)
            {
              case 10:
              case 9: excel ++; break;
              case 8: good ++; break;
              case 7: mid ++; break;
              case 6: pass ++; break;
              default: nopass ++;
            }
            i ++;                          //循环控制变量增 1
        }while( i <= 30);
        printf("优%d 人, 良%d 人, 中%d 人, 及格%d 人, 不及格%d 人",
                                  excel,good,mid,pass,nopass);
    }
```

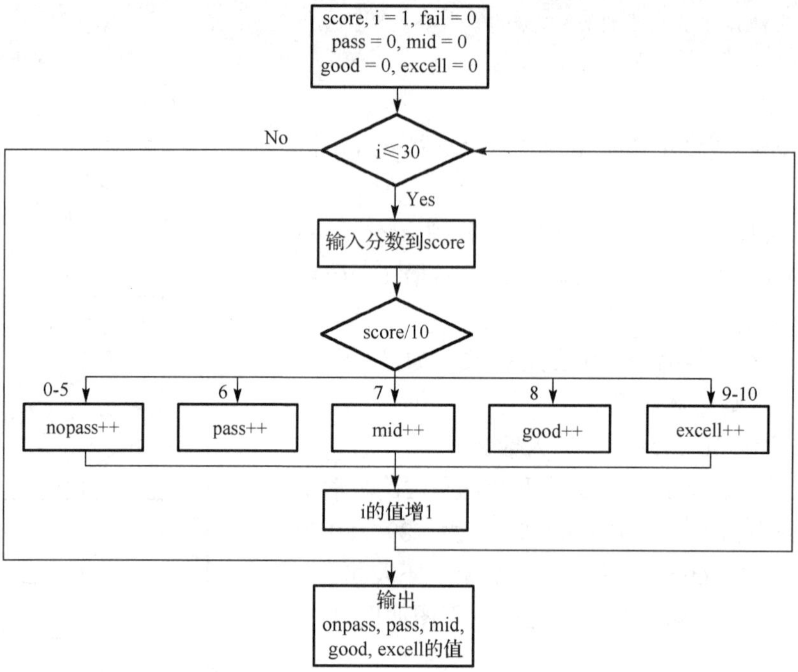

图 4-12　统计分数分布程序流程图

对上面的程序，要求在输入分数时，保证输入的分数在 0 到 100 之间的整数，如果输入其他的数字或者非数学信息，程序将无法处理而导致崩溃或错误的结果出现。读者可以进一步完善程序。

4.4　for 循环语句

for 循环是企业软件开发中常用的循环之一，也是 C 语言中使用最为灵活的循环语句，其实现的功能完全可以代替 while 和 do-while 循环。很多软件工程师更倾向于使用 for 循环编写程序。

4.4.1　for 循环语句格式

for 循环语句的语法格式为：

```
for( 表达式 1 ; 表达式 2 ; 表达式 3 )
{
    语句;
}
```

可以看出，for 循环语句的格式与 while、do-while 循环语句的格式相差很大。

(1) for 为关键字，其后为小括号，小括号中有三个表达式，表达式之间用分号隔开。

(2) 循环体放在 for 后面的{}内，如果循环体只有一条语句，原则上可以省略{}。在企业软件项目开发中，建议不要省略循环体的大括号{}。

(3) 循环体可以为空，表示什么也不做。

4.4.2　for 循环语句的执行过程

for 循环语句的执行过程如图 4-13 所示。

(1) 先计算表达式 1 的值，通常表达式 1 为循环控制变量初始化，一般由算术、赋值、逻辑或者逗号表达式构成。

(2) 接着计算表达式 2 的值，即表达式 2 的值为真(非 0)，则执行循环体一次，然后执行第③步，若为假(或 0)，结束转到第(5)步。通常表达式 2 为循环条件，用来控制循环是否继续重复进行，一般由关系或者逻辑表达式构成。

(3) 计算表达式 3 的值。通常表达式 3 为修改循环控制变量，一般由算术、赋值、逻辑或者逗号表达式构成。

(4) 转到第(2)步继续执行。

(5) 循环结束，执行 for 语句的下一条语句。

for 循环的三个表达式中，表达式 1 仅执行一次，表达式 2 至少执行一次或执行多次，表达式 3 可能一次也不执行或者执行多次。

【例 4.13】计算 1+2+3+…+100 之和。

前面使用 while 和 do-while 循环实现了 1 到 100 的累加和，下面利用 for 循环来实现，请注意对比三种循环语句在解决同一问题的不同，以及三种循环语句之间的互相转化。

问题分析，在 for 循环中，表达式 1 为循环控制变量赋初值，即 i = 1，表达式 2 为循环条件，即 i<=100，表达式 3 为循环控制变量修改，即 i++。套用 for 循环语句的格式，求解 1-100 的累加和的程序流程图如图 4-14 所示。

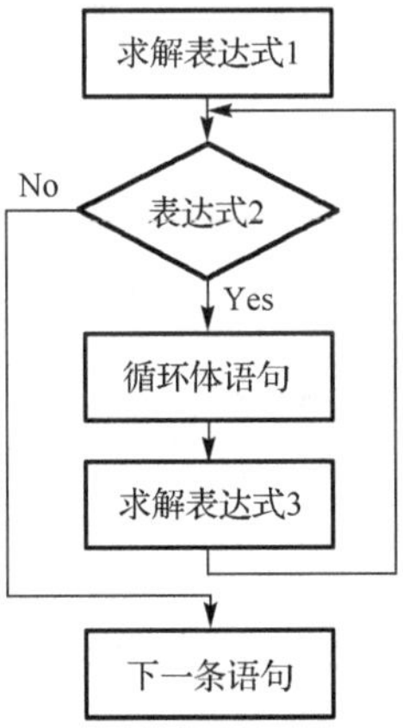

图 4-13　for 语句的执行过程

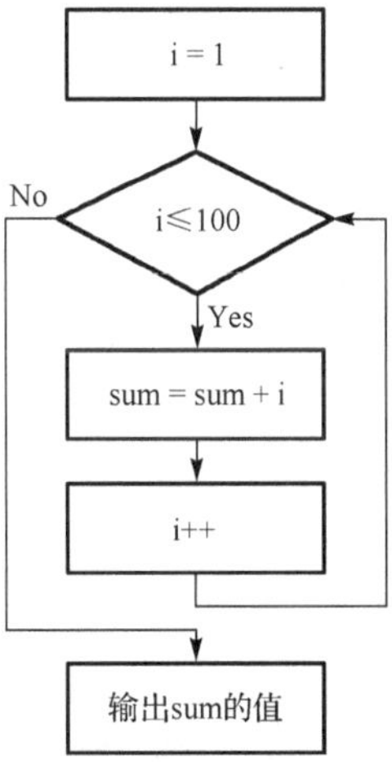

图 4-14　程序段对应的流程图

依据图 4-14 编写程序代码如下：

```
#include<stdio.h>
void main ()
{
    int  i, sum = 0;
    for ( i =1; i<=100; i++)
    {
        sum = sum +i;
    }
    printf("1-100 的累加和为%d",sum);
}
```

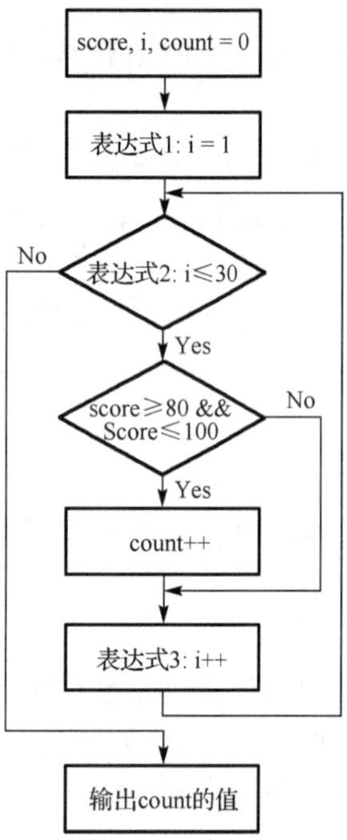

图 4-15　统计 80 分以上人数程序流程图

分析程序，首先执行 i=1，给循环控制变量 i 赋初值，然后判断表达式 2 语句 i<=100，如果为真，执行循环体 sum=sum+i;语句，将 i 的值累加到 sum，之后执行表达式 3，将循环控制变量 i 的值增 1，返回再判断表达式 2 语句 i<=100，如仍为真，继续执行循环体，直到表达式 2 为假，循环结束，执行 for 循环的下一条语句，利用 printf 语句输出 sum 的值。

对比利用 while、do-while 和 for 实现 1+2+3+…+100 的三个程序段可以看出，利用 for 循环实现的程序段是三种循环中最简单和灵活的，因为 for 循环语句将循环控制变量的赋初值、循环条件和循环控制变量的修改均包含在语句本身的结构中。

【例 4.14】 应用 for 循环改写例 4.11。

分析问题，利用 for 循环编程主要是找到语句结构中的三个重要表达式及循环体。

(1) 循环控制变量为整型变量 i，表达式 1 为：i=1。

(2) 循环条件表达式 2 为：i<=30。

(3) 循环控制变量 i 的值从 1 变化到 30，每次增 1，表达式 3 为：i++。

(4) 循环体为：输入成绩到 score，判断是否 80 分以上，如是，计数器 count 增 1。

程序流程图如图 4-15 所示。

依据图 4-15，编写程序如下：

```
#include <stdio.h>
void main()
{
    int  i, count=0;                // i 为循环控制变量，count 为计数器
    int  score ;                    //score 保存学生成绩
    for( i=1; i<=30; i++)
    {
       scanf("%d",&score);          //从键盘上输入学生成绩到 score
       if ( score >= 80 && score <=100)
           count ++;
```

```
        }
        printf("高于 80 分的学生人数为%d", count);
    }
```

程序分析：

(1) 首先执行表达式 1，把 i 的初值赋值为 1；

(2) 然后判断表达式 2，i<=30 为真，则执行循环体，输入分数到 score，判断是否高于 80，如为真，则计数器 count 增 1；

(3) 接着执行表达式 3，i 的值加 1 变为 2；

(4) 再次判断表达式 2，i<=30 为真，则执行循环体，输入分数到 score，判断是否高于 80，如为真，则计数器 count 增 1；

(5) 依此类推，直至 i 的值加 1 后为 31；判断表达式 2 的值为假，循环结束。

(6) 输出计数器 count 的值。

4.4.3 使用 for 循环编程的要素

从以上的例子可以看出，for 循环语句编程更适合于循环次数已知的问题，且准确找到 for 语句结构中的三个表达式及循环体是至关重要的，接下来只剩下套用语句格式即可。

(1) for 循环适合于循环次数已知的问题；

(2) 找到循环控制变量，给循环变量赋初值，确定表达式 1；

(3) 明确循环控制条件，确定表达式 2；

(4) 确定循环控制变量值的变化规律，确定表达式 3；

(5) 确定循环体。

【例 4.15】 确定下列问题的 for 语句三个表达式及循环体。

1．计算 100-1000 以内偶数的个数。

解法 1：

(1) 表达式 1：循环控制变量赋初值，整型变量 i = 100

(2) 表达式 2：循环条件，i<=1000

(3) 表达式 3：修改循环控制变量，i = i + 1;

(4) 循环体：if(i % 2 == 0) count ++;

解法 2：

(1) 表达式 1：循环控制变量赋初值，整型变量 i = 100

(2) 表达式 2：循环条件，i<=1000

(3) 表达式 3：修改循环控制变量，i = i + 2;

(4) 循环体：　count ++;

2．将输入的不及格学生的成绩输出到屏幕上，直到输入–1 停止。

分析问题，由每次输入的分数 score 是否为–1 决定循环是否继续，故 score 为循环控制变量。

(1) 表达式 1：循环控制变量赋初值，scanf(“%d”,&score);

(2) 表达式 2：循环条件，score != –1

(3) 表达式 3：修改循环控制变量，scanf(“%d”,&score);

(4) 循环体：　if(score < 60) printf("%d\n",score);

3．输入若干字母字符小写变大写并显示在屏幕上，直到输入回车键终止。

分析问题，由每次输入的字符 ch 是否为回车键\n 决定循环是否继续，故 ch 为循环控制变量。大写和小写字母的 ASCII 码等价关系为：小写 ＝ 大写 ＋32。

(1) 表达式 1：循环控制变量赋初值，字符型变量 ch = getchar()

(2) 表达式 2：循环条件，ch != '\n'

(3) 表达式 3：修改循环控制变量，ch = getchar()

(4) 循环体：　if(ch >= 'a'&& ch <='z')　printf("%c",ch -32);
　　　　　　else　printf("%c",ch);

4.4.4　应用 for 循环编程

【例 4.16】应用 for 循环计算 1+2+3+…+100 之和。

问题分析，前面已经计算过 1－100 的和，依据从前到后依次累加的方法，计算结果为 5050。现在换一种方法，即 1+99，2+98，…，49+51，再加上 1 个 50、1 个 100 的方法。

(1) 循环控制变量为整型变量 i 和 j，i 从 1 到 49，j 从 99 到 51，表达式 1 为 i=1，j=99；

(2) 循环控制条件表达式 2 为 i<50，j>50；

(3) 循环控制变量值的变化，i 每次增 1，j 每次减 1；

(4) 循环体为累计 i+j 的和。

程序流程图如图 4-16 所示。

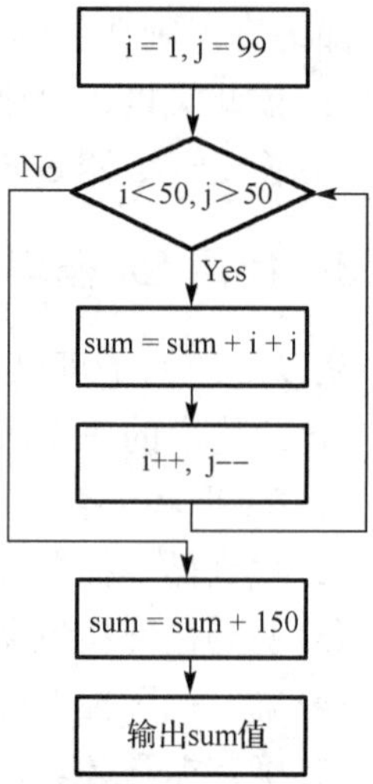

图 4-16　计算 1-100 和流程图

依据图 4-16 编写程序代码如下：

```
#include <stdio.h>
void main()
{
    int  i, j;                                  // i，j 为循环控制变量
    int  sum=0;                                 //sum 存放累计和
    for( i=1,j=99; i<50,j>50; i++,j--) //循环控制变量为 i 和 j
    {
        sum = sum + i + j;
    }
    sum = sum + 150 ;
    printf("1-100 的和为%d", sum);
}
```

程序说明：

(1) for 语句中的三个表达式都可以是逗号表达式，逗号表达式就是通过“,”运算符隔开的多个表达式组成的表达式。逗号表达式从左往右计算，整个表达式的值为最后一个表达式的值。逗号运算符在 C 语言运算符中的优先级最低。例如，x=3，y=5，z = 10 为逗号表达式，整个逗号表达式的值为 10。

(2) 表达式 1 为逗号表达式 i = 1, j = 99，即把 i 赋值为 1，把 j 赋值为 99，i 和 j 均为循环控制变量。表达式 2 也为逗号表达式 i<50, j>50，两个条件同时成立时，循环继续；表达式 3

也为逗号表达式 i++, j--，即把 i 的值增 1，把 j 的值减 1，同时修改循环控制变量的值。

由此可见，无论是哪种循环语句，其循环控制变量可能不止一个。在复杂的问题中，控制循环的变量可能会是多个。另外，在使用 for 循环语句时，还要注意以下几个问题。

(1) for 循环语句中有三个表达式，for 语句中的各个表达式都可以省略，但分号分隔符不能省略。

(2) 省略表达式 1，相当于省去了为循环变量赋初值，此时应在 for 语句之前给循环变量赋初值。

例如，例 4.16 中的 for 语句省略表达式 1，则可以把 i=1 赋值语句放在循环外面执行。

```
i=1, j=99;
for( ; i<50,j>50 ; i++,j--)
{
    sum = sum + i + j;
}
```

(3) 省略表达式 2，即没有循环控制条件，此时认为表达式 2 始终为真。在企业软件中，一般会在循环体内设法结束循环，否则将成为死循环。

例如，例 4.14 中的 for 语句省略表达式 2，则在循环体中使用 break 语句当 i>30 时强制退出循环。

```
for(i=1 ;  ;i++)
{
    if (i > 30)
        break;          //强制退出循环
    scanf("%d",&score);
    if ( score >= 80 && score <=100)
        count ++;
}
```

(4) 省略表达式 3，此时一般在循环体的最后有修改循环控制变量的语句。

例如，例 4.14 中的 for 语句省略表达式 3，在 for 循环中添加了 i++，仍然能够改变变量 i 的值。

```
for( i=1 ; i<=30;  )
{
    scanf("%d",&score);
    if ( score >= 80 && score <=100)
        count ++;
    i++;
}
```

(5) 也可以省略其中两个表达式或者三个表达式。如果三个表达式都省略，即不为循环变量赋初值，循环控制条件永远为真，不修改循环变量的值，无终止地执行循环体。此时应在循环体内设法结束循环，否则会成为死循环。

例如，以下这段程序省略了 for 语句中的三个表达式，因此这个循环为死循环，当输入 X 或者 x，使用 break 语句退出 for 循环。

```
for( ; ; )
{
```

```
    printf("这将一直进行下去");
    i=getch();
    if(i == 'X' || i == 'x')
      break;
}
```

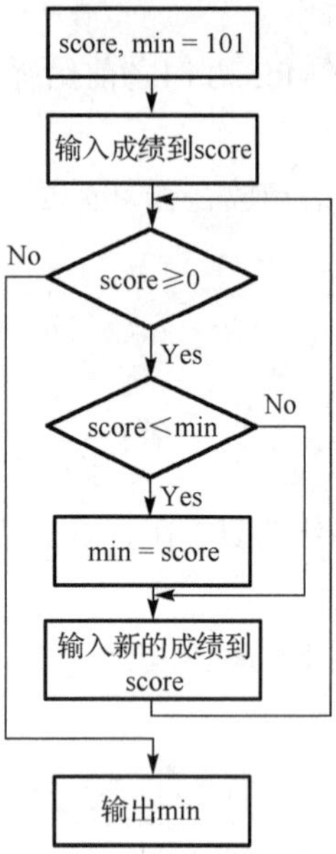

图 4-17　计算最低分的流程图

【例 4.17】利用 for 循环语句编写程序统计输入学生考试成绩的最低分，直到输入负数为止。

问题分析：

(1) 这是一个循环次数未知的循环问题，重复的操作是每次输入的分数 score 与当前的最低分 min 比较。

(2) 每次输入分数 score 的值的正负决定循环是否进行，score 是循环控制变量，故表达式 1 为：score 的初值是第一个输入的分数。

(3) 循环控制条件表达式 2 为：输入分数 score 当前值大于或等于 0。

(4) 表达式 3 为：输入新的分数存放在 score 中。

(5) 循环体为：与 min 比较，如小于，用 score 替换 min 的值。

程序流程图如图 4-17 所示。

根据图 4-17 编写程序代码如下。

```
#include <stdio.h>
void main()
{
    int min= 101;                    //min 中保存当前最低分
    int score;                       //score 中存放当前输入的成绩
    scanf("%d",&score);              //输入新的分数，修改循环控制变量的值
    for (  ; score >= 0; scanf("%d",&score))
    {
        if ( score<min )             /* 如果当前输入的分数小于当前最低分，
            min = score;                修改最低分为当前输入的分数 */
    }
    if (min == 101)
        printf("没有可计算的最大值");
    else
        printf("《C 语言程序设计》成绩最低分为%d\n",min);    // 输出最低分
}
```

程序说明：

(1) 表达式 1 省略，循环控制变量赋初值语句放在 for 语句之前替代表达式 1。

(2) 表达式 3 通过为 score 输入新的分数来改变循环控制变量 score 的值。

(3) 也可以省略表达式 3，即将 scanf(“请输入分数%d”,&score) 省略，将该语句移至循环体的最后一条语句位置处即可。

4.5　三种循环语句的比较

从上面的例子中可知，三种循环语句在使用时各有各的特点，也可以用于解决相同的问题。下面对三种循环结构做一下比较。

(1) 三种循环语句通常情况可以通用，即一个问题使用其中任一循环都能实现。

(2) while、for 循环是先判断后执行，如果条件为假，则循环体一次也不会被执行；do-while 循环是先执行后判断，即使开始条件为假，循环体也至少会被执行一次。

(3) 用 while 及 do-while 循环，循环变量的初始化应在循环开始之前进行，而 for 语句的循环变量初始化是在表达式 1 中完成的。

(4) 用 while 及 do-while 循环只在 while 后指定循环条件，应在循环体中对循环变量的值进行改变，而 for 语句的循环变量的改变是在表达式 3 中完成的。

(5) 选择三种循环的一般原则为：如果循环次数已知，用 for 循环；如果循环次数未知，用 while 或 do-while 循环；如果循环体至少要执行一次，选用 do-while。

(6) 三种循环语句中，for 语句的循环功能最强。

(7) for 语句可以改造成与之等价的 while 语句和 do-while 语句。

【例 4.18】 利用 while、do-while 和 for 循环语句实现统计 1-10000 能被 3 整除而不能被 8 整除的数的个数。

分析问题，对 1-10000 的每一个数组都要判断其是否能被 3 和 8 整除，这是一个重复 10000 次的操作，故是一个循环问题。接下来，确定循环的几个要素。

(1) 循环控制变量：　整型变量 i，赋初值为 i = 1。

(2) 循环条件：　i <= 10000;

(3) 修改循环控制变量：i ++;

(4) 循环体：if (i % 3 == 0 && i % 8 ！ =0)　 count ++;

1．利用 while 循环语句实现的程序片段

```
int i,count= 0;
i = 1;  //循环控制变量赋初值
while( i <= 10000)
{
      if ( i % 3 == 0 && i % 8 ! =0)
          count ++;
}
```

2．利用 do-while 循环语句实现的程序片段

```
int i,count= 0;
i = 1;  //循环控制变量赋初值
do
{
      if ( i % 3 == 0 && i % 8 ! =0)
          count ++;
} while( i <= 10000);
```

3．利用 for 循环语句实现的程序片段

```
int i,count= 0;
for ( i = 1; i<= 10000; i++)
{
    if ( i % 3 == 0 && i % 8 ! =0)
        count ++;
}
```

仔细分析以上三段程序段，可以得出三种循环语句的等价式。

```
for(表达式 1; 表达式 2; 表达式 3)
{
    语句;
}
```

与其等价的 while 语句为：

```
表达式 1;
while( 表达式 2)
{
     语句;
     表达式 3;
}
```

与其等价的 do-while 语句为：

```
表达式 1;
do
{
     语句;
     表达式 3;
} while( 表达式 2);
```

再次提示编程者，尽管三种循环语句有等价式，但是如果遇到首次为假时尤其注意，最好不要使用 do-while，以免发生难以找到的错误。

4.6 循环嵌套

上面我们通过以《C 语言程序设计》一门课程考试成绩为例，分析了使用 C 语言的 while、do-while 和 for 循环解决学生成绩管理系统中求解一门课程最高分、最低分、平均分以及分数段统计等功能。但是学生成绩管理系统中还经常面临更为复杂的问题，比如要查询统计多门课程的最高分、最低分、及格率等，这就要通过双层或多层循环嵌套来解决此类问题。

在学生成绩管理系统中，需要依次输入多门课程的学生考试成绩，并针对多门课程进行最高分、最低分、平均分的统计工作，最终将统计结果输出显示。在企业软件项目中，此类问题表现为基于多个数据集上的最值统计。

【例 4.19】输入计算机科学与技术专业 30 名学生的《C 语言程序设计》、《大学英语》、《高等数学》三门课程的考试成绩，分别统计每门课程考试成绩的最高分、最低分和平均分，并将统计结果输出显示。

分析问题，一门课程最值的统计使用单层循环，多门课程的最值统计是对一门课程最值统计的重复操作，属于双重循环问题。

(1) 一层循环用来完成单门课程最值的统计，另一层循环用来控制课程门数。

(2) 两层循环的循环次数均已知，故采用 for 循环。

(3) 统计单门课程最值的循环变量 i，值从 1 到 30，循环条件为 i<=30，每次增 1；控制课程门数的循环变量 j，值从 1 到 3，循环条件为 j<=3，每次增 1。

由此看来，单重循环很难解决该问题，需要多个循环嵌套在一起才能完成。

4.6.1 循环嵌套

循环嵌套为某个循环的循环体还是循环，可以使用前面学过的 while、do-while 和 for 三种循环任意组合嵌套在一起构成循环的嵌套，外层的循环称为“外循环”，循环体内包含另一个完整循环，称为“内循环”，内循环中还可以包含另一个循环，形成多层循环。图 4-18 为两个 for 循环构成的双重循环。

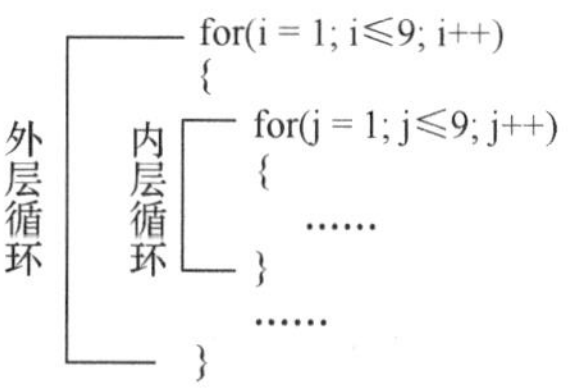

图 4-18　双重循环

【例 4.20】阅读下面的程序，写出输出结果。

```
#include<stdio.h>
void main()
{
    int i , j;
    for ( i = 1; i <=3; i++)
    {
        for(j = 1 ; j<=4;j++)
        {
            if ( i == j)
               printf("i * j = % d\n", i * j);
        }
    }
}
```

这是一个由两个 for 循环嵌套构成的双重循环，外层循环的循环控制变量为 i，其值由 1 变化到 3，内层循环的循环控制变量为 j，其值由 1 变换到 4。当外层循环 i 的值为 1 时，由于满足 i<=3 的循环条件，进入内层循环，j 为 1 时，i 和 j 相等，输出结果为：1 * 1= 1，其余 j 分别取 2、3、4，但是不满足 i == j 的条件，不产生任何输出结果。此时外层循环完成一次，转到 i ++ ，i 的值为 2，再次进入到内层循环，j 分别取 1、2、3、4，只有 j=2 时，满足 i= =j 的条件，输出：2 * 2 = 4，第二次外层循环完成。i 的值为 3，再次进入内层循环，j 再次取 1、2、3、4，只有 j=3 满足 i= =j 的条件，输出：3 * 3 = 9，双重循环结束。由于每次输出格式后面有\n，故最终的输出结果为：

```
1 * 1= 1
2 * 2 = 4
3 * 3 = 9
```

由此得出，循环嵌套在一起时，外层循环做一次，内层要做全部完整的循环。如果外层循环做 10 次，内层循环 8 次，则循环要做 10×8 = 80 次。

4.6.2　循环嵌套的合法形式

在企业级项目开发中，最经常使用双重循环嵌套，或者三重循环嵌套。本书主要介绍双重循环。三种循环(while 循环、do-while 循环、for 循环)可以互相嵌套或嵌套自己。

【例 4.21】利用双重循环输出如图 4-19 所示的九九乘法表。

1*1 = 1	1*2 = 2	1*3 = 3	1*4 = 4	1*5 = 5	1*6 = 1	1*7 = 7	1*8 = 8	1*9 = 9
2*1 = 2	2*2 = 4	2*3 = 6	2*4 = 8	2*5 = 10	2*6 = 12	2*7 = 14	2*8 = 16	2*9 = 18
3*1 = 3	3*2 = 6	3*3 = 9	3*4 = 12	3*5 = 15	3*6 = 18	3*7 = 21	3*8 = 24	3*9 = 27
4*1 = 4	4*2 = 8	4*3 = 12	4*4 = 16	4*5 = 20	4*6 = 24	4*7 = 28	4*8 = 32	4*9 = 36
5*1 = 5	5*2 = 10	5*3 = 15	5*4 = 20	5*5 = 25	5*6 = 30	5*7 = 35	5*8 = 40	5*9 = 45
6*1 = 6	6*2 = 12	6*3 = 18	6*4 = 24	6*5 = 30	6*6 = 36	6*7 = 42	6*8 = 48	6*9 = 54
7*1 = 7	7*2 = 14	7*3 = 21	7*4 = 28	7*5 = 35	7*6 = 42	7*7 = 49	7*8 = 56	7*9 = 63
8*1 = 8	8*2 = 16	8*3 = 24	8*4 = 32	8*5 = 40	8*6 = 48	8*7 = 56	8*8 = 64	8*9 = 72
9*1 = 9	9*2 = 18	9*3 = 27	9*4 = 36	9*5 = 45	9*6 = 54	9*7 = 63	9*8 = 72	9*9 = 81

图 4-19　九九乘法表

显而易见，这是一个多次进行乘法操作的循环问题。利用循环实现，主要是找到循环控制变量、初始值及其值的变化规律、循环结束条件和循环体。仔细观察九九乘法表中的每一次乘法，第一个乘数由 1 变化到 9；第二个乘数也是由 1 变换到 9，如果第一个乘数用整型变量 i 表示，其值为 1-9。第二个乘数用整型变量 j 表示，其值也为 1-9，则利用两重循环就可以解决该问题。循环嵌套的形式可以有以下几种。

解法一：while 和 while 嵌套

```
int i, j;
i = 1, j = 1;
while (i <= 9)                    //外层循环，控制每一行的输出
{
  while ( j <= 9)                 //内层循环，控制每一列的输出
  {
     printf ( "i * j = %d", i*j);
     if( j % 9 == 0)              //一行显示 9 个等式
        printf( "\n");
     j ++;                        //修改内层循环控制变量
  }
  i ++;                           //修改外层循环控制变量
}
```

解法二：do-while 和 while 嵌套

```
int i, j;
i = 1, j = 1;
do                                //外层循环，控制每一行的输出
{
  while ( j <= 9)                 //内层循环，控制每一列的输出
  {
     printf ( "i * j = %d", i*j);
     if( j % 9 == 0)              // 一行显示 9 个等式
       printf( "\n");
     j ++;                        //修改内层循环控制变量
  } while (i <= 9);
```

```
    i ++;                         //修改内层循环控制变量
}
```

解法三：for 和 for 嵌套

```
int i, j;
for(i = 1;i <= 9 ;i++)            //外层循环，控制每一行的输出
{
  for(j = 1;j<=9; j++)            //内层循环，控制每一列的输出
  {
     printf ("i * j = %d", i*j);
     if( j % 9 == 0)              // 一行显示 9 个等式
       printf("\n");
  }
}
```

解法四：for 和 while 嵌套

```
int i, j = 1;
for(i = 1;i <= 9 ;i++)            //外层循环，控制每一行的输出
{
  while(j <=9)                    //内层循环，控制每一列的输出
  {
     printf ("i * j = %d", i*j);
     if( j % 9 == 0)              //一行显示 9 个等式
       printf("\n");
     j ++;                        //修改内层循环控制变量
  }
}
```

以上四种形式两层嵌套循环都是合法形式。故 while、do-while 和 for 三种循环语句中可以任意嵌套，但要保证外层循环能够完全包围内层循环。

【例 4.22】将例 4.21 的问题稍微修改一下，输出如图 4-20 所示的九九乘法表。

1*1 = 1								
1*2 = 2	2*2 = 4							
1*3 = 3	2*3 = 6	3*3 = 9						
1*4 = 4	2*4 = 8	3*4 = 12	4*4 = 16					
1*5 = 5	2*5 = 10	3*5 = 15	4*5 = 20	5*5 = 25				
1*6 = 6	2*6 = 12	3*6 = 18	4*6 = 24	5*6 = 30	6*6 = 36			
1*7 = 7	2*7 = 14	3*7 = 21	4*7 = 28	5*7 = 35	6*7 = 42	7*7 = 49		
1*8 = 8	2*8 = 16	3*8 = 24	4*8 = 32	5*8 = 40	6*8 = 48	7*8 = 56	8*8 = 64	
1*9 = 9	2*9 = 18	3*9 = 27	4*9 = 36	5*9 = 45	6*9 = 54	7*9 = 63	8*9 = 72	9*9 = 81

图 4-20　九九乘法表

分析问题，与图 4-19 相比，图 4-20 缺少了乘法表的右上半部分，用来控制行的整型变量 i 保持不变，依然是 9 行，而控制列的整形变量 j 在每一行的显示发生了改变。第一行 j 的值只取 1，第二行取 1、2，第三行取 1、2、3，以此类推，第九行 j 的值取 1 到 9；而第一行时 i 值为 1，第二行时，i 值为 2，第九行时，i 的值为 9。所以 j 值的变换范围为 1–i。程序代码片段修改如下。

```
int i, j;
for(i = 1;i <= 9 ;i++)                 //外层循环，控制每一行的输出
```

```
    {
       for(j = 1;j<=i; j++)                //内层循环，控制每一列的输出
       {
           printf ("i * j = %d", i*j);
           if( j % i == 0)                 // 一行显示 i 个等式
             printf("\n");
       }
    }
```

由上面两例可知，在使用循环嵌套编程时，注意以下几个问题。

(1)嵌套循环必须为完全嵌套，即内层循环的头和尾都嵌套在外层循环里，此为合法嵌套。若内层循环的头在外层循环里，而尾在外层循环外，形成交叉循环，此为不合法嵌套。

(2)嵌套的循环中，除特殊问题外，一般内循环使用的循环控制变量与外循环使用的循环控制变量名称不能相同，否则内外循环均改变此变量的值，循环必然变得混乱。

(3)外层循环执行一次，内层循环要执行一个完整的循环。

(4)循环嵌套的深度可达两层、三层、四层，甚至更多。企业实际项目开发过程中，考虑到程序的清晰性和可读性，实际层数可根据应用程序的需要而定，但软件工程中要求一般循环嵌套不要超过三层为好。

4.6.3　应用循环嵌套编程的要素

无论是循环的二层、三层还是多层嵌套，在使用循环嵌套编程时，首先必须明确嵌套的层数、各层嵌套循环控制变量初值及其值的变化范围、循环条件以及循环体。采用嵌套循环编程时，依次确定如下要素。

(1)确定外层循环的循环控制变量值的变化范围、循环条件。

(2)确定内层循环的循环控制变量值的变化范围、循环条件。

(3)确定内层循环的循环体。

(4)确定外层循环的循环体。

【例 4.23】分别确定下列循环嵌套问题的循环控制变量的初值及变换范围、循环条件及循环体。

(1)计算 1!+2!+3!+…+100!

问题分析，1!= 1，2! = 1×2，3! = 1×2×3，……，100! =1×2×3×……×100，重复对 1～100 的所有数求阶乘运算，是外层循环。对每一个数，重复做乘法运算实现累乘积，是内层循环。

① 外层循环：循环控制变量为整型变量 i，值变化范围 1-100，循环条件为 i<=100。

② 内层循环：循环控制变量为整型变量 j，值变化范围 1 - i，循环条件为 j <=i。

③ 内层循环体：factorial = factorial * j，其中 factorial 是存放当前累乘积的变量。

④ 外层循环体：除了要完整地包含内层循环外，还要在内存循环前将累乘积变量 factorial 赋值为 1，准备保存新的累乘积。并在每次内循环结束后，将当前的累乘积 factorial 的值累加到 sum 中。

利用两个 for 循环嵌套实现的代码程序段如下。

```
    long factorial =1, sum = 0;
```

```
int i , j ;
for( i=1; i<=100;i++)
{
    factorial  = 1;
    for(j =1; j<=i; j++)
    {
        factorial = factorial * j;
    }
    sum = sum + factorial;
}
```

利用 for 和 while 循环嵌套实现的代码程序段如下。

```
long factorial =1, sum = 0;
int i , j=1 ;
for( i=1; i<=100;i++)
{
    factorial  = 1;
    while( j<=i)
    {
        factorial = factorial * j;
        j ++;
    }
    sum = sum + factorial;
}
```

从上面两种循环嵌套实现代码来看，由于 for 循环本身包含了循环控制变量的赋初值和修改，在循环体仅包含重复的操作即可。而 while 循环本身不包含这两部分内容，在使用时一定要现对循环控制变量赋初值，如 j = 1。在循环体中包含修改循环控制变量值的语句，如 j++。

(2)求 100～10000 的所有完全数。

问题分析，完全数(Perfect number)，又称完美数或完备数，是一些特殊的自然数，各个小于它的约数(真约数，列出某数的约数，去掉该数本身，剩下的就是它的真约数)的和等于它本身的自然数叫做完全数。例如：第一个完全数是 6，它有约数 1、2、3、6，除去它本身 6 外，其余 3 个数相加，1+2+3=6；第二个完全数是 28，它有约数 1、2、4、7、14、28，除去它本身 28 外，其余 5 个数相加，1+2+4+7+14=28。

重复判断 100-10000 之间的每一个数是否是完全数，是外层循环。对每一个自然数，找到其所有的真约数，并判断真约数的和是否等于这个自然数，是内层循环。

① 外层循环：循环控制变量为整型变量 i，值变化范围 100-10000，循环条件为 i<=10000。

② 内层循环：循环控制变量为整型变量 j，值变化范围 1–i–1，循环条件为 j <=i–1。

③ 内层循环体：if(i % j == 0)　sum = sum + j; 其中 i % j == 0 为真，可以确定 j 是 i 的约数。

④ 外层循环体：除了要完整地包含内层循环外，还要在内存循环开始前将累加和变量 sum 清 0。在每次内层循环结束后，判断累加和 sum 和 i 是否相等，如相等，则输出 i 的值。

利用 for 循环嵌套实现的代码段如下。

```
int sum = 0;
int i, j;
for (i =100;i<=10000;i++)
{
   sum  = 0;                              //累加和清 0
   for( j = 1; j<=i-1; j++)
   {
      if( i % j == 0)                     //判断 j 是 i 的真约数
         sum = sum + j;
   }
   if ( sum == i)                         //判断约数和与自然数 i 相等
     printf( "%d 是完全数\n", i);
}
```

利用 while 和 do-while 语句嵌套实现的代码程序段如下。

```
int sum = 0;
int i = 100, j =1;
do
{
   sum  = 0;                              //累加和清 0
   while( j<=i-1)
   {
      if( i % j == 0)                     // 判断 j 是 i 的真约数
         sum = sum + j;
      j ++;
   }
   if ( sum == i)                         // 判断约数和与自然数 i 相等
     printf( "%d 是完全数\n", i);
   i ++;
}while( i <=10000);
```

(3) 马克思手稿中有一道趣味数学题，有 30 个人，有男人、女人和小孩，在一家饭馆中吃饭共花费了 50 元，每个男人各花费了 3 元，每个女人各花费了 2 元，每个小孩各花费了 1 元，问男人、女人和小孩各几人。

分析问题，假设男人 x 人、女人 y 人，小孩 z 人，则依据题意，下面的等式成立。

$$\begin{cases} x+y+z=30 \\ 3x+2y+z=50 \end{cases}$$

也就是说在 1-30 的取值范围内，任何满足上面两个等式的 x、y 和 z 取值组合都是本题的解。故整型变量 x 为第一层循环控制变量，整型变量 y 为第二层循环控制变量，整型变量 z 为第三层循环控制变量。

① 第一层循环：循环控制变量为整型变量 x，值变化范围 1-30，循环条件为 x<=30。

② 第二层循环：循环控制变量为整型变量 y，值变化范围 1-30，循环条件为 y<=30。

③ 第三层循环：循环控制变量为整型变量 z，值变化范围 1-30，循环条件为 z<=30。

④ 第三层循环体：if(x+y+z == 30 && 3*x+2*y+z == 50)

　　　　printf("男人有%d，女人有%d，小孩有%d", x,y,z);

⑤ 其余两层循环体：完整地包含第三层循环即可。

利用 for 循环三层嵌套实现的程序段代码如下：

```
int x, y, z;
for(x=1; x<=30;x++)
   for(y=1; y<=30;y++)
      for(z=1; z<=30;z++)
      {
           if( x+y+z == 30 && 3*x+2*y+z == 50)
                    printf( "男人有%d, 女人有%d, 小孩有%d", x,y,z);
      }
```

上面是一种穷举的解题方法，其实每个男人需要 3 元，共花费 50 元，说明男人最多有 16 人。同理女人最多有 25 人。也可以将等式 x+y+z = 30 转换成 z = 30-x-y，带入等式 3x+2y+z=50 中，得到 2x + y = 20。这样只要双重循环嵌套就可以解决问题。

利用 for 循环双层嵌套实现的程序代码如下。

```
int x, y;
for(x=1; x<=16;x++)
   for(y=1; y<=25;y++)
   {
      if(2*x+y== 30)
         printf( "男人有%d, 女人有%d, 小孩有%d", x,y,50-x-y);
   }
```

由此可见，一个问题有多重解法。相比较而言，第二种解法明显优于第一种解法。

4.6.4　应用循环嵌套编程

依据例 4.9 对问题的分析，使用双重循环嵌套来实现。

(1) 外层循环：循环控制变量为整型变量 i，控制课程门数，值变化范围 1-3，循环条件为 i<=3。

(2) 内层循环：循环控制变量为整型变量 j，控制每门课程成绩个数，值变化范围 1 -30，循环条件为 j <=30。

(3) 内层循环体：输入分数 score，将 score 累加到 sum 中，比较 score 与当前最高分 max 的大小，如 score> max，则 max = score。比较 score 与当前最低分 min 的大小，如 score< min，则 min = score。

(4) 外层循环体：除了要完整地包含内层循环外，还要在每次内层循环前将 sum 清 0，以便累加下一门课程的成绩总和。在每次完成内循环后，需要求解每门课程的平均分，即 sum = sum / 30。

图 4-21 所示的是求解问题的程序盒图。

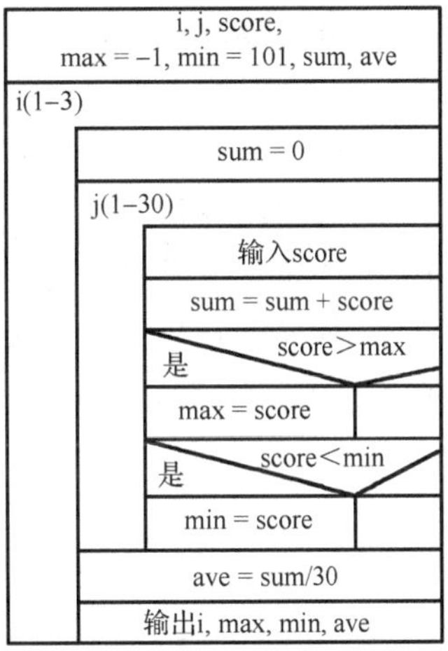

图 4-21　求成绩最值程序盒图

依据图 4-21 程序流程图编写程序代码如下。

```
#include<stdio.h>
void main()
```

```
{
int i , j,score ;   //i为外层循环控制变量，j为内存循环控制变量，score保存当前分数
int max=-1, min=101;    //max、min分别保存当前最大值、最小值。
double sum, ave;    //ave保存每门课程的平均分，sum保存每门课程的成绩累加和。
for ( i =1; i<=3; i++)
{
   sum = 0;
   for ( j =1; j<=30; j++)
   {
       scanf("%d",&score);
       sum = sum + score;
       if(score > max )   max = score;
       if(score < min )   min = score;
   }
   ave = sum / 30.0;
   printf("第%d门课程的最高分为%d，最低分为%d，平均分为%f\n", i,max,min,ave);
}
}
```

【例 4.24】将保存在一维数组中的 10 个整数逆序输出。假设其中每个整数都是不超过 5 位的数。

例如：整数 12345 的输出格式为：54321。

问题分析，这是一个对 10 个整数进行逆序输出的重复操作，假设数组名字为 number。而求每个整数逆序的方法为：

① 对整数 0，其逆序也为 0；

② 对不为 0 的任何一个整数 x，用 x % 10 的方法得到个位数字输出。然后进行 x = x/10 运算，再进行 x % 10 运算，得到百位数字输出。依次计算，直到 x = x /10 运算后 x 的值为 0 停止。故求一个整数逆序的过程也需要应用循环完成。

由此可知，本问题需要双重循环来实现。

① 外层循环：循环控制变量为整型变量 i，控制数组 number 中整数的个数，值变化范围 0-9，循环条件为 i <10；

② 内层循环：循环控制变量为 number[i]，循环条件为 number[i] != 0；

③ 内层循环体：对不为 0 的整数，printf("%d ", number[i] % 10);，之后再通过 number[i] /= 10 算式修改循环控制变量 number[i]的值。

④ 外层循环体：除了要完整地包含内层循环外， 还要在外循环中处理当 number[i] 为 0 的情况，即当 number[i] == 0，直接输出 0 即可。

程序代码如下：

```
#include <stdio.h>
void main()
{
    int number[10],i;
    for(i = 0; i < 10; i++)
    {
        scanf("%d", &number[i]);
```

```
        }
        for(i = 0; i < 10; i++)
        {
            if(number[i] == 0)                      //当数组元素为 0 时，则输出为 0。
                printf("%d\n", number[i]);
            else
            {
                while(number[i])
                {
                    printf("%d ", number[i] % 10); //对 10 取余数
                    number[i] /= 10;               //对 10 整除
                }
            }
        }
    }
```

4.7　循环跳转语句

我们已经学习了如何使用三种循环及循环嵌套来解决重复操作的问题，这些问题都是按照给定的循环结束条件完成整个循环。在学生成绩管理系统中，我们还经常遇到一些这样的循环问题，它们有给定的循环结束条件，但是在循环执行的过程中，因为某事件的发生导致循环的提前结束而不需要循环完成指定的次数。为了解决提前结束循环问题，C 语言提供了 2 条循环跳转语句：break 语句和 continue 语句。

【例 4.25】 在学生成绩管理系统中，需要统计某门课程考试成绩的及格率，即考试成绩 60 分及以上学生的人数。比如，依次输入 30 个学生《C 语言程序设计》课程的考试成绩，统计将考试成绩及格的人数显示到屏幕上。

分析问题：重复输入 30 个学生的考试成绩，对每一个成绩都需要与 60 进行比较，故这是一个需要单重循环来实现的循环问题。

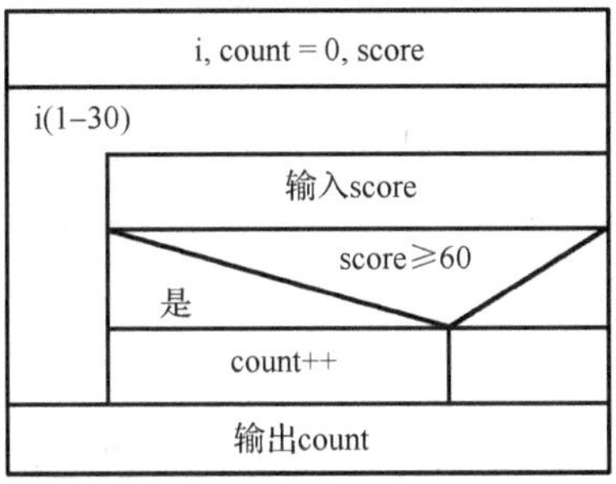

图 4-22　统计及格人数程序盒图

(1) 循环控制变量：利用整型变量 i 来控制学生的个数，其值变化范围为 1-30。

(2) 循环条件为 i <= 30。

(3) 循环体为：输入学生成绩 score，判断 score 与 60 的大小关系，如果大于或等于 60，则及格人数计数器增 1。

经分析获得的程序盒图如图 4-22 所示。

依据图 4-22 编写的程序代码如下。

```
#include<stdio.h>
void main()
{
    int i,count = 0,score;
    for(i=1; i<=30;i++)
    {
        scanf("%d", &score);
```

```
            if( score>= 60)
                count ++;
        }
        printf("及格人数为%d\n",count);
    }
```

请读者思考，如果将循环体中 if 语句的条件(score>= 60)改写为(score<60)，也就是说如果 score 中的成绩为不及格，那么将不做 count ++的计数，提前结束本次循环，进行下一次循环。在 C 语言中 continue 语句可以实现这个功能。

4.7.1 continue 语句

continue 语句的一般形式为：

```
continue
```

continue 语句只能用在循环里，作用是结束本次循环，跳过循环体中剩余的语句而执行下一次循环，即终止当前这一轮循环，跳过循环体中位于 continue 后面的语句而立即开始下一轮循环。对于 while 和 do-while 来讲，意味着跳过循环体中剩余的语句，立即返回判断循环条件，根据循环条件的真假决定是否开始下一次的循环；对于 for 语句来讲，则意味着跳过循环体中剩余的语句，立即求解表达式 3，并判断表达式 2 的真假。

【例 4.26】 输出 1～100 所有的奇数。

(1)循环控制变量：利用整型变量 i 来控制 1-100 间的数，其值变化范围为 1-100。

(2)循环条件为 i <= 100。

(3)循环体为：如果 i 为奇数，则输出该数字。

编写程序代码如下。

```
#include <stdio.h>
void main()
{
    int i, count = 0;
    for(i =1; i<=100; i++)
    {
        if ( i % 2 == 0)        //判断 i 是否为偶数
          countiue;             //终止本次循环
        printf( "%d,",i);
    }
}
```

在程序中，如果 i 是奇数，如 i=55，在 if 语句中 55%2 = 1，不执行 continue 语句，执行下一条语句 printf(“%d,”,i);，输出 i 的值。如果 i 是偶数，如 i=66，在 if 语句中 66 % 2 = 0，执行 continue 语句，放弃执行 printf 语句，控制返回到 for 语句表达式 3 的 i++，i 为 67，继续执行循环体。

【例 4.27】 利用 continue 语句实现例 4.25 中的问题。

循环控制变量取值、循环条件等与例 4.25 相同，如果使用 continue 语句，则解决问题的程序盒图如图 4-23 所示。

依据图 4-23 编写的程序代码如下。

```
#include<stdio.h>
void main()
{
    int i,count = 0,score;
      for(i=1; i<=30;i++)
      {
           scanf("%d", &score);
         if( score< 60)
         continue;
         count ++;
      }
      printf("及格人数为%d\n",count);
}
```

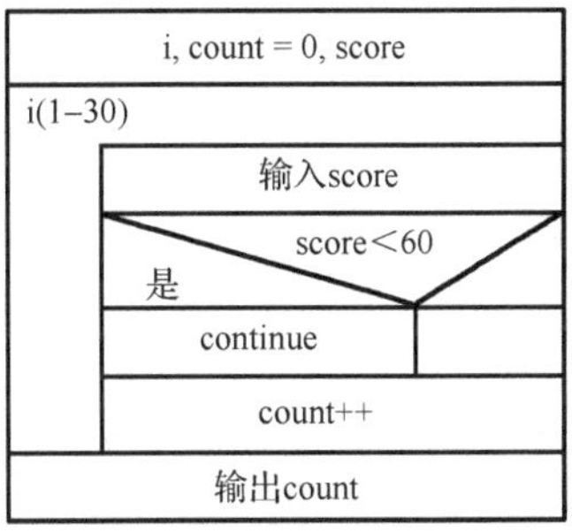

图 4-23　利用 continue 的程序盒图

从例 4.25 和 4.27 中可知，下列代码段是等价的。读者在使用时可以依据自己的编程习惯来选择。

```
for(i=1; i<=30;i++)
{
     scanf("%d", &score);
     if( score< 60)
       continue;
     count ++;
}
```

等价于

```
for(i=1; i<=30;i++)
{
     scanf("%d", &score);
     if( score>=60)
     count ++;
}
```

其次，continue 语句用在 while 和 do-while 语句中具有相同的功能，读者可以使用 while 或 do-while 语句自行改写。

4.7.2　break 语句

break 语句的一般格式为：

```
break;
```

break 语句可以改变程序的控制流。在 C 语言中，break 有两种用法。第一种是用于 switch 语句时，可以使程序跳出 switch 语句的某一个 case 分支，在第三章已经详细学习过。第二种是用于 do-while、while、for 循环语句中时，可以终止整个循环而执行循环的下一条语句。break 语句在循环中通常与条件语句一起使用。若条件值为真，执行 break 语句，将跳出循环，控制流转向循环的下一条语句。如果已执行 break 语句，则直接跳出结束循环，就不会执行循环体中位于 break 语句后的语句。若在多层嵌套循环中，一个 break 语句只能跳出离它就近的循环。

【例 4.28】统计输入的字符串中数字字符的个数，字符串输入以回车键结束。

分析问题：这是对输入的每一个字符判断其是否为数字的重复操作，是一个循环问题。

(1) 循环控制变量：依靠输入的字符是否是回车符决定循环是否继续，故循环控制变量为输入的字符 c，初值为 c = getchar ()。

(2) 循环条件为 c != '\n'。

(3) 循环体为：if(c >='0' && c <='9')　count ++。

程序流程图如图 4-24 所示。

依据图 4-24，编写程序代码如下。

```
#include<stdio.h>
void main()
{
    int count=0;
    char c;
    printf("请输入一行字符：\n");
    while(c=getchar())
    {
        if(c=='\n ')
           break;
        if(c >= '0'&& c <= '9')
           count++;
    }
    printf("共有 %d 个数字字符。\n",count);
}
```

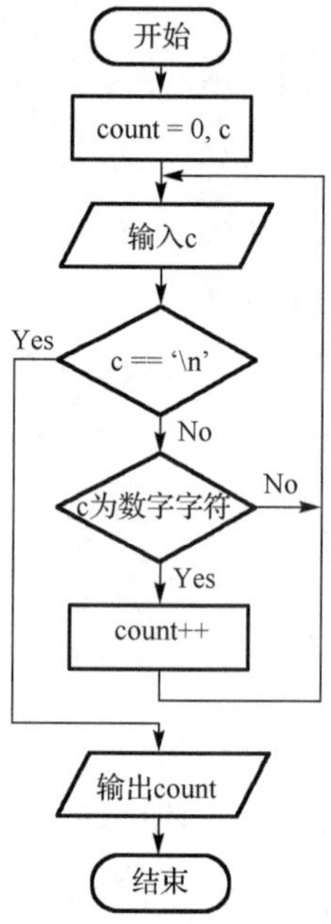

图 4-24

程序运行结果：

```
a1bc 33aa4a5↙
```

共有 5 个数字字符。

对上面的程序分析可知：

(1) 循环条件为 c=getchar()，每次输入一个字符，这个条件相当于为恒真，因此这个循环为死循环。

(2) c=getchar() 放在循环条件中，每次判断循环条件时即执行该语句，当然也可以把此语句放在循环体中，循环条件换为一恒真的条件即可，请读者自己修改。

(3) 在循环体中如果 c 不是回车符，不执行 break 语句，执行下一条 if 语句，判断是否为数字字符，如是执行 count ++，数字字符的个数增 1。

(4) 当 c 为回车符，即 c==' \n'为真，执行 break，退出整个 while 循环。

4.7.3 continue 和 break 语句的区别

continue 和 break 语句都是循环跳转语句，但是两条语句在使用上有很大的区别。

(1) continue 语句只结束当次循环，控制转到下一次循环，如果仍然满足循环条件，循环还要继续。

(2) break 是结束整个循环，控制跳转到循环语句的下一条语句继续执行。

例如，下面第一个程序，在 while 循环体中，当 i==5 为真时，执行 continue 语句，程序将跳过循环体中剩余的语句，返回循环条件处判断此时循环条件是否满足，如仍满足，则继续执行循环体语句。第二个程序的 while 循环体中，当 i==5 为真时，执行 break 语句，跳出整个 while 循环，执行 while 语句的下一条语句。

```
while(i<10)
{
   ......
   if(i==5)
     continue;
   ......    //循环体剩余语句
}
```

```
while(i<10)
{
   ......
   if(i==5)
     break;
   ......
}
......  // while 循环的下一条语句
```

(3) continue 语句只能在循环语句中使用，即是循环体中的一条语句。而 break 语句可以用在 switch 语句或循环语句的循环体中，并通常作为 if 语句的内嵌语句出现。

(4) 使用 break 语句时需要注意循环嵌套的情况，如果 break 语句出现在双层或多层嵌套的循环语句的循环体中，break 语句只能终止它所在的最内层循环，而不能终止多层循环的执行。例如：

```
while(1)
{
    while(1)
    {
       ......                      // break 语句前的循环体语句
       break;
       ......                      // break 语句后的循环体语句
    }
    ......                         // 外层循环的循环体语句
}
```

这是一个双重循环嵌套，break 语句位于内层循环的循环体中，当执行到 break 语句时，内层 while 循环终止，程序控制转移到外层循环的循环体语句处继续执行，也就是说 break 仅仅控制跳出了包含它的内层循环。

4.8　循环程序设计应用实例

【例 4.29】阅读及分析设计编程统计 30 个学生五门课程的考试成绩人数分布情况，其中 0-59 为不及格、60-79 为中等、80-100 为优秀。

问题分析：

(1) 30 个学生的 5 门课程共计 150 个成绩，确定每一个成绩等级是一个重复操作，属于循环问题。

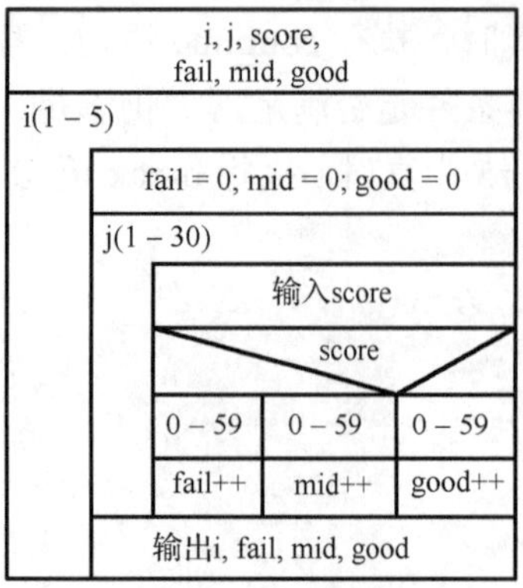

图 4-25

(2) 每门课程成绩人数分布是单重循环，多门课程成绩的统计使用双重循环。

(3) 完成变量 i 控制课程门数，i 值从 1-5，内层循环 j 控制每门课程的学生人数，j 值从 1-30。

(4) 循环次数已知，两层循环都适合于采用 for 语句。

(5) 内层循环体为判断每一个分数的等级，建议采用 switch 语句。

程序流程图如图 4-25 所示。

依据图 4-25 编写程序代码如下。

```
#include<stdio.h>
void main()
{
    int fail , mid,good; //fail 计数不及格，mid 计数中等，good 计数优良
    int i ,j,score;
    printf("请输入一行字符：\n");
    for(i=1;i<=5;i++)
    {
        mid = 0;
        fail = 0;
        good = 0;
        printf("请输入第%d 科成绩\n",i);
        for (j = 1; j<=30; j++)
        {
            scanf("%d",&score);
            switch(score/10)
            {
                case 10:
                case 9:
                case 8: good++; break;
                case 7:
                case 6: mid++;break;
                default: fail++;
            }
        }
        printf("第%d 门课程不及格人数%d,中等人数%d,优良人数%d\n", i,
               fail,mid,good);
    }
}
```

【例 4.30】 阅读及分析设计用 $\frac{\pi}{4}\approx 1-\frac{1}{3}+\frac{1}{5}-\frac{1}{7}+\cdots$ 公式计算 π 的近似值，直到最后一项的绝对值小于 1E-6 为止的 for 循环实现程序。

问题分析：

(1) 依次构建每一项，并累计是一个重复操作，故采用循环。

(2) 循环结束为最后一项的绝对值小于 1E-6，故循环次数未知，适合采用 while 语句。

(3) 循环控制变量为保存项的变量 *t*，初始值为 1，循环条件为|*t*|>1E-6。

(4) 循环体为构建每一项 *t*，累加到 pi 中。

程序流程图如图 4-26 所示。

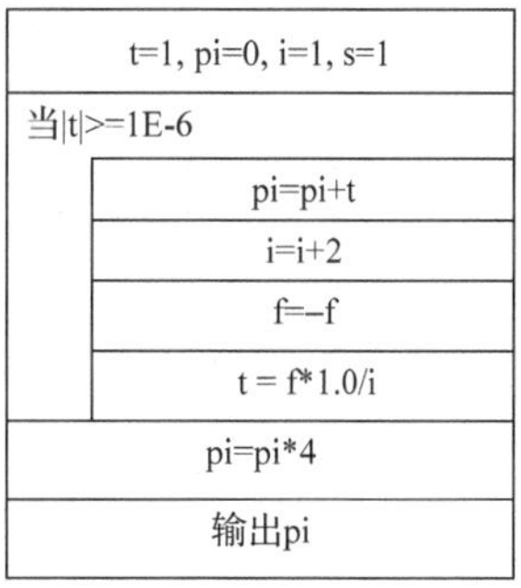

图 4-26

```
#include <math.h>
#include <stdio.h>
void main()
{
   int i,f;
   float t,pi;
   f=1;pi=0;t = 1; i=1;
while(fabs(t)>= 1e-6)
   {
       pi=pi+t;
       i=i+2;
       f=-f;
       t = f*1.0/i;                //t 的值为算式右边的各个项
   }
   pi=pi*4;
   printf("pi=%10.6f\n",pi);
}
```

程序运行结果：

```
Pi=3.1415939
```

程序说明：

(1) 每项的分母，等于前一项分母加 2，用 i=i+2 实现，因为初始 t 赋值为 1，即第一项的 1 不需再进行加法，i 的初值为 3。

(2) 每项的符号交替变化，用 f= –f 实现，f 的初值为 1。

(3) 使用 t= f*1.0/i 计算各个加数，pi=pi+t 进行求和。

(4) for 循环的第二个表达式判断|t|是否大于等于 1E-6。

(5) fabs (t) 的功能为求 t 的绝对值函数，fabs 函数在头文件 math.h 中定义，因此在程序开始有语句#include <math.h>。

【例 4.31】 阅读及分析设计求 3–100 间的全部素数。

素数是指能被 1 和它本身整除外，再没有其他的数能被其整除的整数。

问题分析：

(1) 该问题判断某个数是否为素数为重复操作，故是一个循环问题。

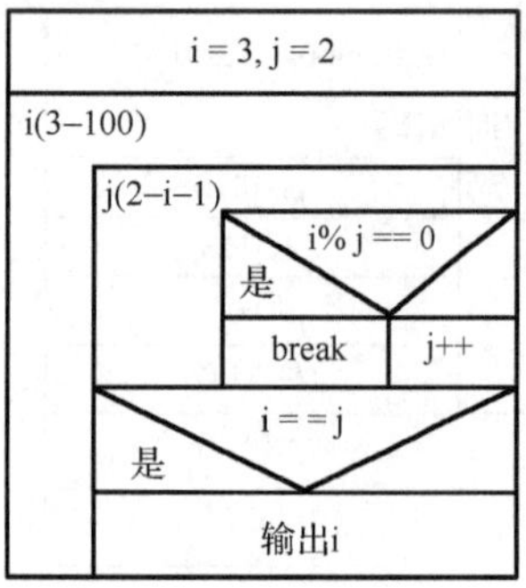

图 4-27

(2)判断每个数是素数是内层循环，判断多个数是素数使用双层循环。

(3)外层循环控制变量 i，值为 3-100，循环条件为 i<=300；内层循环控制变量 j，值为 2 – i-1，循环条件为 j<=i-1。

(4)内层循环体为判断从 2 – i-1 是否有数被整除，如有，则循环结束。

(5)外层循环体除包含内层循环体外，依条件输出素数。

程序流程图如图 4-27 所示。

依据图 4-27 编写程序代码如下。

```
#include <stdio.h>
main()
{
    int i, j;
    for(i=3;i<=100;i++)
    {
        for(j=2;j<=i-1;j++)
        {
           if(i%j == 0)
             break;
        }
           if (i==j)
           {
             printf("%8d",i);
           }
    }
}
```

【例 4.32】阅读及分析设计百钱买百鸡问题，鸡翁一，值钱五；鸡母一，值钱三；鸡雏三，值钱一。百钱买百鸡，问鸡翁、鸡母、鸡雏各买几只？

问题分析：

这是一个古典的数学问题，设 100 只鸡中鸡翁、鸡母、鸡雏分别为 x，y，z，问题化为三元一次方程组 5x+3y+z/3=100，x+y+z=100 中 x，y，z 的取值问题，其中 x 的值 0～20，y 的值 0～33，z 的值 0～99。

(1)该问题是在 x、y、z 的取值范围中重复验证其值是否适合上述两个方程，是一个循环问题。

(2)要分别控制 x、y 和 z 的值变化，故需使用三重循环。

(3)x、y 和 z 为循环控制变量，循环次数已知，故采用 for 循环。

(4)循环体为测试是否满足上述两个方程式。

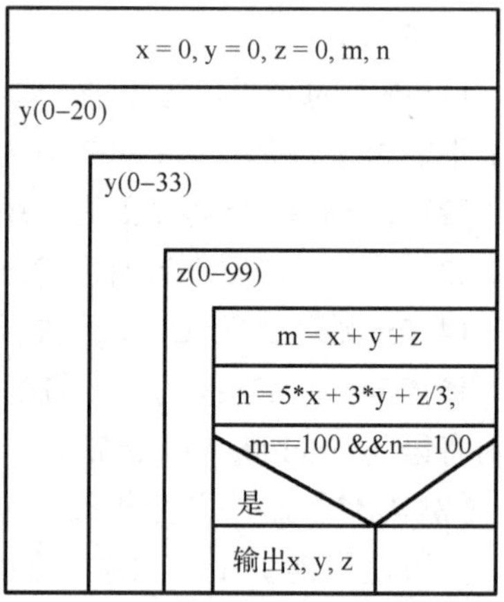

图 4-28

解法 1：利用三层循环实现，程序流程图如图 4-28 所示。

依据图 4-28 编写程序代码如下。

```
#include  <stdio.h>
void main()
{
  float x, y, z, m, n;
  for(x=0; x<=20; x++)
     for(y=0; y<=33; y++)
         for(z=0; z<=99; z++)
{
            m=x+y+z;
            n=5*x+3*y+z/3;
if(m= =100  &&  n= =100)
               printf(" %5.0f, %5 .0f, %5 .0f \n " , x, y, z);
         }
}
```

程序运行结果：

```
0,  25,  75
4,  18,  78
8,  11,  81
12,  4,  84
```

解法 2：利用二重循环实现百钱百鸡问题，程序代码如下。

```
#include  <stdio.h>
main()
{
    float x, y, z, m, n;
    for(x=0; x<=20; x++)
       for(y=0; y<=33; y++)
       {
          z=100-x-y;
          n=5*x+3*y+ z/3;
          if(n==100)
              printf("%5.0f, %5.0f, %5.0f \n ", x, y, z);
       }
}
```

解法 3：利用单循环实现百钱百鸡问题，编写程序代码如下。

```
#include  <stdio.h>
main()
{
    int x, y, n;
    long m=100;
    float  z;
    for(x=0; x<=20; x++)
  {
       y=(100-7*x)/4;
       z=100-x-y;
```

```
        m=x+y+z;
        n=5*x+3*y+(int)(z/3);
        if(y>=0  &&  z>=0  &&  n==100)
            printf("%5d, %5d, %5.0f \n ", x, y, z);
        }
    }
```

【例 4.33】 求 100 到 300 之间不能被 4 整除的数的和。

分析问题，这是一个重复判断 100 到 300 之间每个整数是否能被 4 整除的循环问题。

(1) 循环控制变量：整型变量 i，其值变化从 100-300。

(2) 循环条件为 i <=300。

(3) 循环体为：if(i % 4 == 0)　continue;

　　　　sum = sum + i;

程序流程图如图 4-29 所示。

依据图 4-29 编写的程序代码如下。

```
#include<stdio.h>
void main()
{
    int i,sum = 0;
    for(i=100; i<=300;i++)
    {
        if( i % 4 == 0)
          continue;
        sum += i;
    }
    printf("sum = %d \n",sum);
}
```

程序运行结果：

```
sum = 30000
```

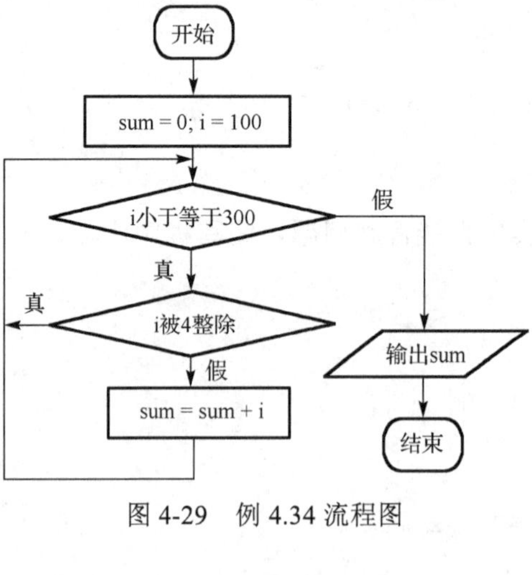

图 4-29　例 4.34 流程图

程序说明：

(1) 程序中如果删除 if 语句就相当于求 100 到 300 之间所有数的和。

(2) 现要求 100 到 300 间不能被 4 整除的数的和，判断 i % 4 == 0，当其值为真，执行 continue 语句，此时跳过 sum += i 语句，重新返回循环的开始，相当于 i 能被 4 整除时，不执行 sum += i 语句，不进行加法运算。

4.9　循 环 优 化

程序优化是指对解决同一问题的几个不同的程序，进行比较、修改、调整或重新编写程序，把一般程序变换为语句最少、占用内存量少、处理速度最快、外部设备分时使用效率最高的最优程序。循环表示了问题中重复多次做的操作，其程序设计的优化程度是关系到性能优劣关键问题。下面是循环常见的优化方法。

1. 尽量减少循环体语句

对于一些不需要循环变量参加运算的任务可以把它们放到循环外面。

例如：

```
for ( i =1; i<=100; i++)
{
    t = 0;
    sum = sum + i;
}
```

优化后的代码：

```
t = 0;
for ( i =1; i<=100; i++)
{
    sum = sum + i;
}
```

2. while 循环和 do…while 循环

用 while 循环时有以下两种循环形式：

```
int i = 0;
while (i<1000)
{
    i++;
    ……              //其他程序
}
```

或：

```
int i =1000;
do
{
    i--;
} while (i>0);
```

在这两种循环中，使用 do…while 循环编译后生成的代码的长度短于 while 循环。

3. 把相关循环放到一个循环里，也会加快速度。

例如：

```
for (i = 0; i < MAX; i++)
     for (j = 0;j < MAX; j++)
         a[i][j] = 0.0;                //a为一个二维数组，i为行，j为列
 for (i = 0; i < MAX; i++)
    a[i][i] = 1.0;
```

优化后的代码：

```
for (i = 0; i < MAX; i++)
{
    for (j = 0; j < MAX; j++)
         a[i][j] = 0.0;
     a[i][i] = 1.0;
}
```

4. 循环倒置

循环控制变量由大到小循环，速度要比由小到大快很多。

例如：

```
for( i =1; i<1000; i++)
{  ...... }
```

优化后的代码：

```
i = 1000;
while ( --i)
{  ......  }
```

5. 减少在循环中判断的次数

例如：

```
for( i =1; i<1000; i++)
{
   if ( x == 0 )
   {
         ......       //用户程序
   }
}
```

优化后的代码为：

```
if ( x = =0 )
{
    for( i =1; i<1000; i++)
    {
         ......       //用户程序
    }
}
```

6．选择使用好的无限循环

在企业级软件开发过程中，经常会用到死循环，C 语言中常用的两种方法是：while(1) 和 for(; ;)。这两种方法的效果是相同的。但是 for(; ;)在执行时不占寄存器，不进行判断等，比 while(1)速度快。

学生成绩管理系统的菜单实现

```
#include<stdio.h>
void main()
{
    int menu_select;
    menu_select = -1;
    while(menu_select!=0)
    {
        /*显示菜单*/
        printf("**************************************\n");
        printf("***              请选择 0-4          **\n");
        printf("***            1---录入功能          **\n");
        printf("***            2---查询功能          **\n");
        printf("***            3---统计功能          **\n");
        printf("***            4---管理功能          **\n");
        printf("***            5---保存功能          **\n");
        printf("***            0---退出系统          **\n");
        printf("**************************************\n");
            scanf("%d",& menu_select);      //用户输入选择项
            /*输入 0-5 不同的值，进入不同的功能模块*/
            switch(menu_select)
            {
                case 1:  printf("已进入录入模块\n"); break;
                case 2:  printf("已进入查询模块\n"); break;
                case 3:  printf("已进入统计模块\n"); break;
                case 4:  printf("已进入管理模块\n"); break;
                case 5:  printf("已进入保存模块\n"); break;
                default: printf("输入错误，请重新输入\n");
            }
        }
}
```

说明：

在 switch 的每个 case 分支中，目前每个功能模块使用一条输出语句替代。这些模块功能将在后续的章节陆续实现。

习　题

1．输出所有的水仙花数，即各位数字立方相加之和等于该数本身。

2．从键盘上输入一个三位数，将其逆序输出。例如 123，输出为 321。

3．编写程序，计算 1/(1+2) + 1/(2+3) + 1/(3+4)+…前 50 项之和。

4．从键盘上连续输入若干正整数，求其和及平均值，直到输入 0 结束。

5．输入一位整数 *m*，输出 100 以内其十位上的数字是 *m* 的所有两位数。

6．求斐波那契数列的前 20 项。斐波那契数列的特点：第 1、2 项都是 1，从第 3 项开始，每一项都是前两项的和。

7．请打印下列图形。

```
ABCDEF
BCDEF
CDEF
DEF
EF
F
```

8．请打印下列图形。

```
*
* * *
* * * * *
* * * * * * *
* * * * * * * * *
* * * * * * *
* * * * *
* * *
*
```

9．求 1000 以内每个合数的全部因子。(注：合数是除了 1 和它本身外，还有其他的因子的整数)

10．为了使电文保密，往往按一定规律将其转换成密码，收报人再按约定的规律将其译回原文。例如，可以按以下规律将电文变成密码：将字母 A 变成字母 E(a 变 e，即将变成其后的第 4 个字母) W 变成字母 A，X 变成字母 B，Y 变成字母 C，Z 变成字母 D。

要求：字母按上述规律转换，非字母字符不变。如，“China”应转换为“Glmre”。

请输入一行字符，要求输出其相应的密码。

第 5 章　数组程序设计

在本书的第 2 章已经学习过 C 语言的数据类型，并使用基本的数据类型编写了很多的程序，相信大家对基本数据类型的使用已经没有问题了。本章所学的数组是一种构造数据类型，是对某种基本数据类型的扩展。数组是相同数据类型的元素按一定顺序排列的集合，把有限个数据类型相同的变量用一个名字命名，然后用编号区分每一个变量，这个名字就是数组名。在利用程序设计解决实际问题时，数组适用于问题中涉及大量的同种类型的数据，实现对这些数据的保存和处理操作。数组中的数据类型可能是基本数据类型，也可能是构造数据类型。本章主要学习如何利用数组进行程序设计来解决实际问题。

本章问题：应用数组类型实现学生成绩管理系统之统计功能。

问题背景：统计功能是学生成绩管理系统中比较常用的功能，如计算考试成绩的及格率或不及格率、平均分、各分数段人数分布、进行考试成绩排序等。这些操作除了需要选择判断语句、重复执行一个或多个操作的循环语句，更需要关注的是，每个学生有多门考试成绩、每门课程有多个学生成绩，甚至一个班级所有学生的全部课程成绩，这些成绩信息都是整数类型的。实现学生成绩管理系统的统计功能，首先要解决的是这么多成绩数据如何存储的问题，其次在存储的数据上完成分数分布统计、平均分统计、及格率或不及格率统计、成绩排序等功能。

学生成绩管理系统的统计功能结构如图 5-1 所示。

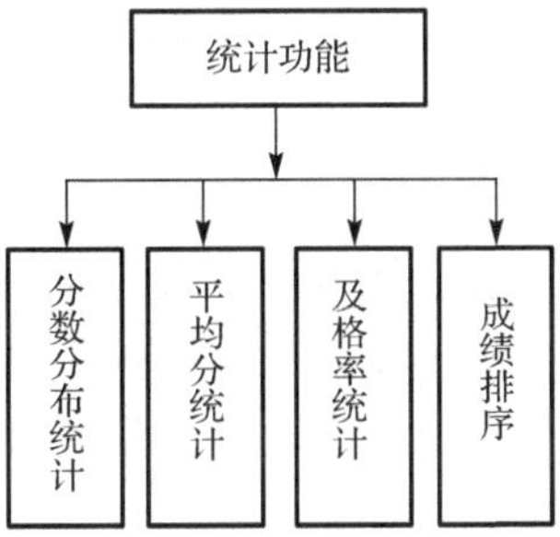

图 5-1　学生成绩管理系统统计功能图

5.1　数组数据类型

在以信息化为主要特征的 21 世纪，数据尤为重要。大数据、云计算、互联网+等为代表的新技术层出不穷。有人说掌握了数据就拥有了一切，这其实要求掌握数据的人起码要完成两项任务。第一，这些数据如何存储才能方便使用；第二，利用查询统计等各种方法，从存储的数据中挖掘有用的信息，产生价值。

在前面几个章节中，当处理成绩、平均分、学生性别等数据时，都是采用了单个变量的形式来存储，对于所处理的问题涉及的数据量不多是没有问题的。但是正如我们在本章问题中提出的，如果考试成绩数据很多，是不是也要使用单个变量来实现呢。答案肯定是否定的，这涉及数据管理问题。

数据管理与仓库管理有同样的道理。当仓库中只保管少量物品时，管理员可以凭借个人的记忆力或者简单的位置标识就可以轻松管理仓库。但是当仓库的物品越来越多，不仅物品的种类增多，同类商品的数量也增大，管理员无论有多么聪明的头脑，都会感到力不从心。于是，仓库会被重新规划，划分出存放各种物品的专有区域并编号，管理员记录每一个专有区域的位置及编号、该区域存放物品的种类及数量。这种管理模式同样适用于数据管理。当有大量数据要存储时，可以首先将数据按照类型分类，将同种类型的数据存放在存储器的某个位置，只要记住第一个数据的存放位置以及数据的个数，那么这些数据都会被找到。这就是数组的概念。

5.1.1　引入数组

【例 5.1】将 50 名学生的 C 程序设计成绩输入到计算机中保存起来。

分析一下，问题逻辑很简单。保存 50 个学生的考试成绩，首先需要定义 50 个 int 型变量 s1、s2、…、s50，其次需要使用 scanf 函数将成绩输入到 50 个变量中，编程代码如下。

```
#include<stdio.h>
void main()
{
   int s1,s2,s3,…,s50;
   scanf("%d%d%d…%d",&s1,&s2,&s3,…,&s50);
}
```

注意，C 编译环境是不接受语句中的省略号的，但是在书中为了节省篇幅，将中间的变量定义和输入格式都省略掉了，读者如果使用这种方法实现，必须把省略掉的信息填全。

这种解题方法尽管可以实现题目要求，但是定义的变量太多、scanf 语句也过于繁琐，如果数据量进一步增加，100 个、1000 个、10000 个或更多，可想而知，这样的做法是不明智的。

首先解决定义多个变量问题。设想是否能一次性向系统申请多个存储空间用来存储要处理的数据，就像在仓库中申请一块区域存放相同种类的物品一样。其次处理这些存储在一起的数据，如 scanf 输入数据，是否能借助第四章学过的循环来完成，这要求对这些数据的表示要有规律可循。

基于以上分析提出了数组的概念。

1. 数组的逻辑形式

数组是相同数据类型的数据的集合，将多个同种类型的数据按照一定的次序组织起来，其逻辑形式如图 5-2 所示。

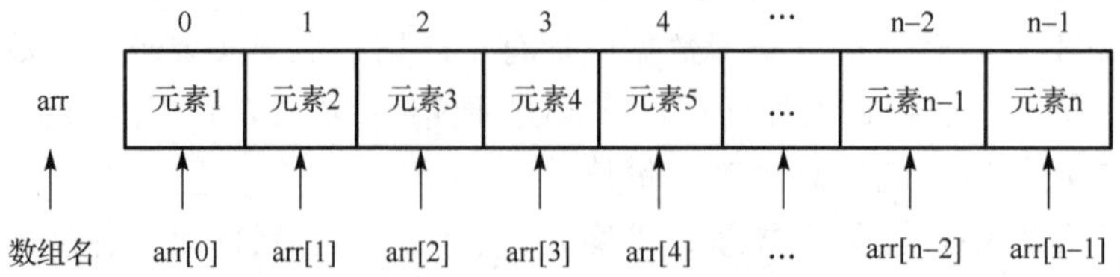

图 5-2　数组的逻辑形式

其中 arr 是数组名，其后从元素 1 到元素 n 是数组 arr 中存放的数据，被称为数组的元素。同一数组中的元素必须具有相同的数据类型，比如都是 int 类型的或 char 类型的。这些数组元素线性排列，每一个元素在该排列中有一个序号，称为下标，即图 5-2 中写在各个元素上面的数字。数组的下标都是从“0”开始排序的。例如元素 1 的下标为 0、元素 2 的下标为 1，以此类推，元素 n 的下标为 n–1。数组中元素的个数是数组的大小，图 5-2 所示 arr 数组的大小为 n。

有了下标，数组中的每一个元素就可以使用数组名+下标的形式表示。数组元素表示为：数组名[下标]。

例如：图 5-2 中数组元素 5 可以表示为 arr[4]，arr[4]与元素 5 相等，而数组元素 n 表示为 arr[n-1]，arr[n-1]与元素 n 相等。

除了掌握数组及其元素的逻辑表示外，对初学者而言，理解数组在内存中的存储方法更为重要。

2. 内存中的数组

与变量相比，数组的各个元素在内存中占据连续的存储单元，数组在内存中的物理表示如图 5-3 所示。

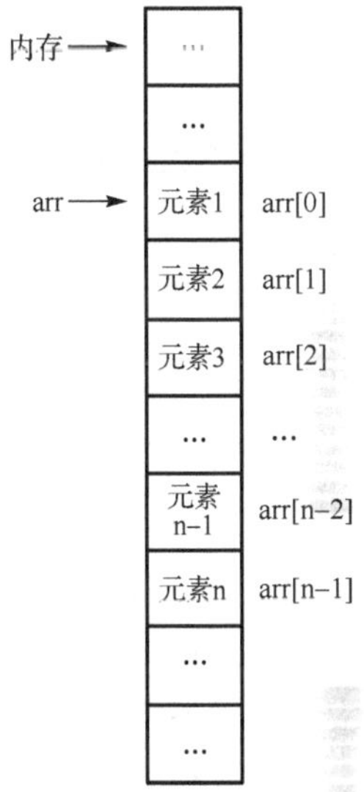

图 5-3　数组的物理表示

由图 5-3 可知，数组是将其元素存储在内存的地址连续的存储单元中，其中数组名标识了第一个元素所在的存储位置，故数组名是一个地址，是存储数组元素的首地址。数组中元素的存储位置可以表述为：&数组元素。例如数组 arr 中元素 3 的存储位置为：&arr[2]、元素 n 的存储位置为&arr[n-1]，如此可知，arr 与&arr[0]是相等的。

【例 5.2】画出保存 15 以内偶数的数组的逻辑表示形式和物理表示形式。

问题分析，15 以内的偶数包括 2、4、6、8、10、12、14 共计 7 个，而且都是整数类型，故可以采用数组形式存储。

数组的逻辑表示形式如图 5-4 所示。

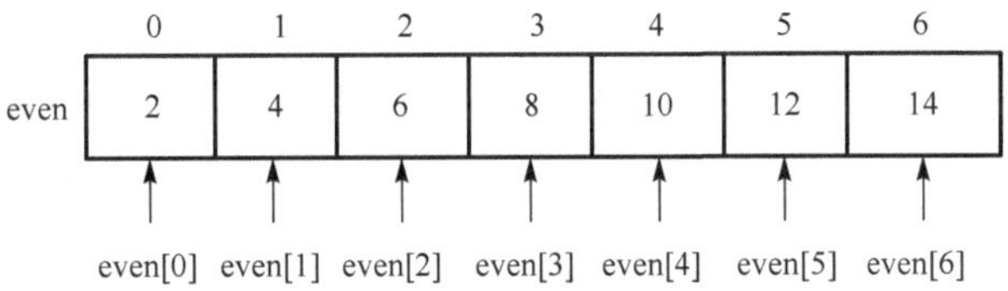

图 5-4　数组的逻辑表示形式

数组名为 even，这是偶数对应的英文单词。数组名也是一个标识符，需要编程人员自行命名。在数组命名时，除了满足 C 语言对标识符的命名规则外，还要注意选用与中文意思对应的英文单词，达到见名知意的效果，提高程序的可读性。

由于数组 even 中存储的都是整数，故称 even 是一个 int 型数组。每一个数组元素可以使用 even[i]来表示，其中 $0 \leqslant i \leqslant 6$。例如元素 10 可以表示为 even[4]。

数组的物理表示形式如图 5-5 所示。

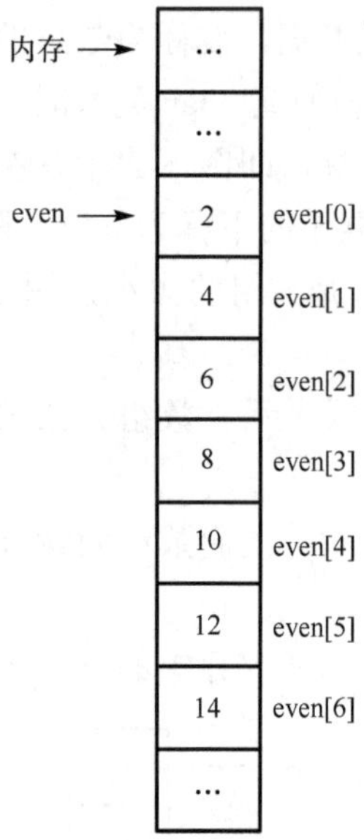

图 5-5　数组的物理表示形式

图 5-5 中内存的方格中有省略号的存储单元可能存储的是其他的变量或数组元素，一定不属于 even 数组。

5.1.2　数组的种类

【例 5.3】如何存储下列成绩信息。

(1) 一个英文句子“I love China”。

问题分析，英文句子中都是由字符构成的，故保存这些字符使用 char 类型的数组。数组的逻辑表示形式如图 5-6 所示。

在图 5-6 中，eng 是由 12 个元素的 char 类型数组。空白的元素中存储的字符为空格。类似于这种图 5-6 所示的数组，每个数组元素由数组名和一维下标表示，如元素 v 用 eng[4] 表示，这样的数组称为一维数组。本章的开头所举实例均为一维数组，此处不再赘述。

(2) 存储 5 个学生的英语、数学、C 程序设计的成绩如表 5-1 所示。

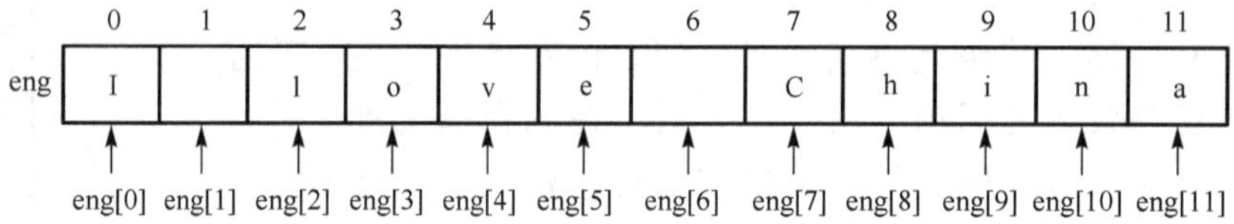

图 5-6

问题分析，当存储一个学生 3 门课程的成绩可以使用一维数组，存储 5 个学生 3 门课考试成绩就需要 5 个一维数组，如此存储数据在进行学生成绩横向对比时存在很多麻烦，应该将这些数据存储在同一个结构中。成绩数据可以如图 5-7 所示来保存。

表 5-1　学生成绩

学生	英语	数学	C 程序设计
A	89	76	70
B	90	80	85
C	80	75	86
D	77	79	82
E	60	52	70

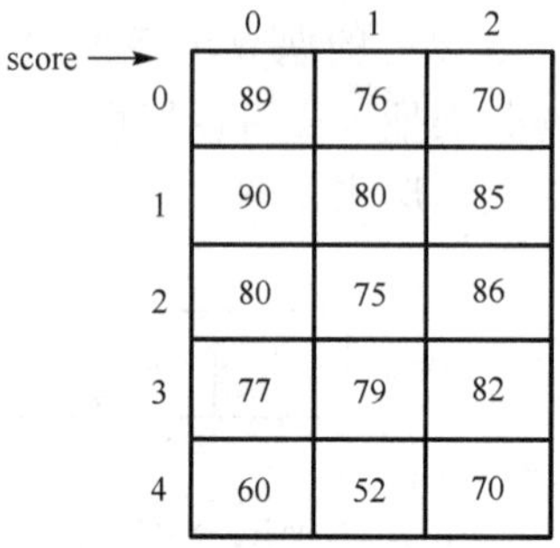

图 5-7

在图 5-7 中，score 为存储结构的名字。学生成绩数据是按照行和列的表形式来存储的。给每个行和列从 0 开始编号。表中行表示学生，第 0 行表示学生 A，第 1 行表示学生 B，以此类推，第 4 行表示学生 E。列表示课程，第 0 列表示英语，第 1 列表示数学，第 2 列表示 C 程序设计。

类似图 5-7 所示的存储结构，需要使用行和列两个维度来表示数据称为二维数组。存储结构名字为二维数组名。每个成绩数据都处在行和列的交叉处，就可以用数组名及行与列的编号来表示交叉处成绩数据。如学生 D 的数学成绩 79 可以表示为：score[3][1]，学生 E 的 C 程序设计成绩 70 表示为：score[4][2]。

假设数组名为 a，二维数组的逻辑表示形式如图 5-8 所示。

a →	0	1	2	…	n−1
0	a[0][0]	a[0][1]	a[0][2]	a[0][·]	a[0][n−1]
1	a[1][0]	a[1][1]	a[1][2]	a[1][·]	a[1][n−1]
2	a[2][0]	a[2][1]	a[2][2]	a[2][·]	a[2][n−1]
…	a[·][0]	a[·][1]	a[·][2]	a[·][·]	a[·][n−1]
m−1	a[m−1][0]	a[m−1][1]	a[m−1][2]	a[m−1][·]	a[m−1][n−1]

图 5-8　二维数组逻辑表示形式

图 5-8 表示一个 *m* 行 *n* 列的二维数组 a，其数组元素表示为：

数组名[行下标][列下标]

例如第 2 行第 1 列的元素表示为 a[1][0]，第 *m* 行 *n* 列元素表示为 a[m−1][n−1]。

(3) 现在要存储 10 个班、每个班 30 个学生、每个学生 10 门课程的考试成绩。

问题分析，保存 5 个学生的 3 门课考试成绩需要使用二维数组，表明学生和课程两个维度来表示。现在要表示每个数据都有三个维度的信息，班级、学生和课程，故需要使用三维数组来存储。

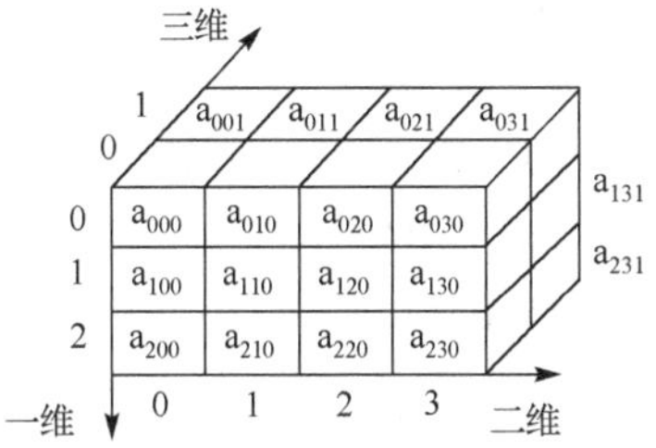

图 5-9　三维数组的表示形式

三维数组的逻辑表示形式如图 5-9 所示。

在三维数组中，数据元素需要使用三个维度的下标来表示：

数据名[第一维下标][第二维下标][第三维下标]

假设三维数组 score 来存储 10 个班、每个班 30 个学生、每个学生 10 门课程的考试成绩，如果第一维度是班、第二维度为学生、第三维度为课程，则第 5 个班第 28 个学生的第 6 门课程成绩表示为：score[4][27][5]。

随着大数据时代的到来，数据的呈现更为复杂，表示一个数据可能需要更多的维度，这就需要四维数组、五维数组或更多维数组。其逻辑表述与二维和三维数组的原理是相同的。一般来说，三维数组及其以上维度的数组称为多维数组。多维数组的维度排序要根据具体问题设定。根据解决问题的不同可以改变多维数组维度的排列顺序。

5.1.3　数组编程要素

数组是一种构造数据类型，适用于解决有大量同种类型数据的问题，依据处理数据所需要的维度表示，确定使用一维、二维或多维数组来存储。使用数组来编程的核心要素为：

(1) 确定使用数组，处理同种数据类型；

(2) 确定使用数组的维度及其维度排序，依据处理数据的表述维度和具体要解决的问题；

(3) 确定数组名，做到见名知意。

【例 5.4】确定下列数据的存储结构。

(1) 1 个学生的姓名

(2) 10 种商品的价格

(3) 30 个学生的某门课程考试成绩

(4) 30 个学生的姓名

(5) 4 个连锁店，每个店 20 种商品的价格

(6) 5 个班，每班 30 名学生的姓名

分析上述问题，每个问题处理的都是相同类型数据，其中(1)、(4)、(6)题处理的数据都是 char 类型的。(2)、(5)题处理的数据是 float 类型的。第(3)题处理的数据是 int 型的。故这些数据都可以使用相应类型的数组来存储。

第(1)题：存储 1 个学生的姓名，使用 char 类型的一维数组即可。但需要注意，英文名字每个字符占一个字节，而中文名字的每个字符占 2 个字节，故申请数组元素个数时，中文名字申请存储空间需要加倍。

第(2)题：每个价格只要商品一个维度来表示即可，故存储 10 种商品的价格使用 float 类型的一维数组即可。

第(3)题：每一个成绩是要学生一个维度来表示即可，故 30 个学生的某门课程的考试成绩使用 int 类型的一维数组存储即可。

第(4)题：30 个学生的命名都是 char 类型，无论是中文还是英文。每一个字符需要学生和名字字符序号两个维度来表示，故需要使用 char 类型的二维数组。在确定最大列值时，应该使用问题中最长学生名字占有的字节数。

第(5)题：每一个价格需要连锁店和商品名两个维度来表示，故需要使用 float 类型的二维数组来存储。

第(6)题：每个字符需要班级、学生、名字字符序号三个维度来表示，故需要使用 char 类型三维数组来存储。

5.2 一 维 数 组

一维数组用来存储多个相同类型数据，且每一个数据只要一个维度来表示即可。下面讲述一维数组的使用方法。

【例 5.5】在学生成绩管理系统中，经常会遇到计算某门课程考试成绩的平均分等问题。如使用数组来完成这个任务时，首先需要解决数组存储问题，在此基础上进行平均值的计算。这是一个非常有代表性的问题。在企业项目软件开发中，类似的问题常常表现为基于某个数据集上的求均值问题。现有 30 个学生的《C 程序设计》课程成绩，先将成绩输入到计算机中保存，再对成绩进行均值计算，最后将平均成绩输出。

基于成绩都是整数的事实，很明确需要一个 int 型的一维数组 scores，共计申请 30 个存储单元。解决该问题初步的分析可以分成四步进行，第一步向计算机申请 30 个存储整数的存储单元，即定义 int 型数组 scores；第二步将 30 个学生的考试成绩输入并存储在数组 scores 中；第三步通过引用数组元素计算 10 个学生考试成绩的平均分；第四步将计算结果输出在屏幕上。解决问题的步骤如图 5-10 所示。

首先来解决第一步，定义一个数组。

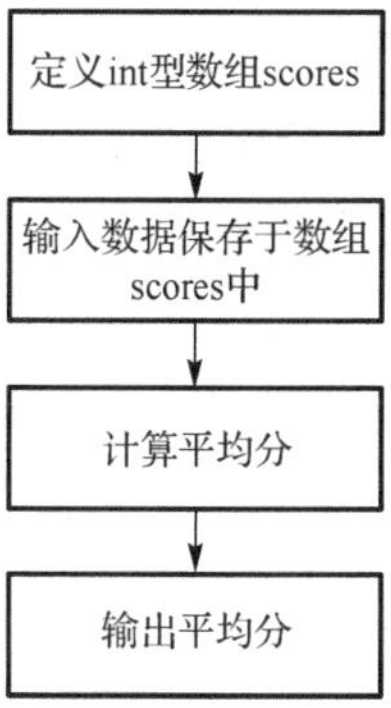

图 5-10　初步步骤

5.2.1　定义一维数组

C 语言中定义一维数组要明确下列三件事情：

(1) 数组预存储数据的类型，即数组的数据类型；

(2) 预存储数据的最多个数，即数组的长度；

(3) 数组的名字，需要见名知意。

确定以上三件事情之后，数组的定义只需要符合 C 语言数组定义的格式即可。C 语言一维数组定义的格式为：

```
数据类型　数组名[数组长度]
```

在例 5.4 中前三道题，都是使用一维数组来存储数据，其数组定义依次为：

第(1)题：char　sname[8]

假设中文姓名最长为 4 个汉字，每个汉字占 2 个字节，故需要数组长度为 8。如果数组长度为 6，则 4 个汉字的学生名字信息将无法存储。数组名 sanme，其中 s 表示 student，name 是名字。从 sname 可以看出数组中存储的是学生的名字信息。

第(2)题：float　prod_price[10]

尽管有的商品价格是整数，但是只要出现一个小数的价格，该数组就要定义为浮点类型的。由于普通商品对精度要求并不是很高，故采用了 float 单精度浮点类型。保存 10 个商品的价格，故数组长度为 10。数组名 prod_price 中 prod 是商品 product 的前 4 个字母，price 表示价格，从数组名可以看出数组中保存的是商品的价格。

第(3)题：int　scores[30]

分数都是整数的，故数组是 int 型。30 个学生的考试成绩，故数组长度为 30。数组名 scores 中 score 表示分数，s 是复数，表示多个，scores 表示存储多个考试分数。

在例 5.5 中，存储 30 个学生的 C 程序设计的分数，可以定义为：

```
int c_scores[30]
```

数组名 c_scores 表示 C 程序设计课程的考试分数。

在企业软件项目开发过程中，还经常使用第二章中学过符号常量来表示数组的长度，例 5.5 中定义的数组 int c_scores[30]，也可以等价地定义为：

```
#define N 30
int c_scores[N];
```

在此提醒读者，N 是符号常量，代表常数 30，不是变量。定义数组时，数组长度不能使用变量。

另外，数组长度也可以是一个常量表达式，例如：int scores[10+20]、char names[2*18]。遇到此种语句，系统会先计算常量表达式的值，然后再申请存储单元。

注意，数组长度一经定义无法改变，故在确定数组长度时一定为预保存的最大数据个数。

5.2.2　初始化一维数组

与变量可以初始化一样，一维数组也可以初始化，就是在数组定义时对数组元素进行赋初值。数组的初始化可以给全部数组元素赋初值，也可以给部分数组元素赋初值。

1. 给全部数组元素赋初值

【例 5.6】 将 58、97、90、60、67、89、98、80、90、45 十个学生的考试成绩存放在数组中。

问题分析，问题中都是整型数据，共 10 个分数，故需要定义 int 型数组 scores，数组长度为 10。由于事先知道存入到数组中的数据，最好在定义数组的同时对数组元素进行赋初值，即数组的初始化。

一维数组初始化格式为：

```
    数据类型  数组名[数组长度] = { 值1, 值2, ......}
```

用大括号将初始值括起来，初值间用逗号分隔开。

例 5.6 中定义并初始化一维数组为：

```
    int scores[10] = { 58,97,90,60,67,89,98,80,90,45};
```

此语句中，10 个分数数据依次存入到 scores[0]-scores[9]的 10 个数组元素中。

如给全部的数组元素都赋初值，则在定义数组时其数组长度信息可以省略。如例 5.6 可以定义为：int scores[ ] = { 58,97,90,60,67,89,98,80,90,45};

除此之外，数组长度信息均不可省略。

2. 给部分数组元素赋初值

【例 5.7】 例 5.6 中知道 10 个学生本次的考试成绩，该班一共 30 名学生，还有 20 名学生的考试成绩未知，故只能给数组的前 10 个元素进行初始化。

```
    int scores[30] = { 58,97,90,60,67,89,98,80,90,45};
```

除了数组长度变为 30 外，数组初始化与例 5.6 相同，此时 scores 数组的前十个元素 scores[0]-scores[9]为给定的已知值，而从 scores[10]-scores[29]为未知数，根据使用的系统不同，这些未赋初值的存储单元可能被默认赋初值。如 Turbo C 和 C-free 则为这些未赋初值的 int 型存储单元默认赋初值为 0。

在给部分数组元素赋初值时，一定要给从 0 开始的前面数组元素依次赋初值。在前面的数组元素未初始化前，不能给后面的数组元素进行初始化操作。例如：

float　arr[7] = {10.15,3.34,5.67,3,78}，只能初始化如图 5-11 所示：

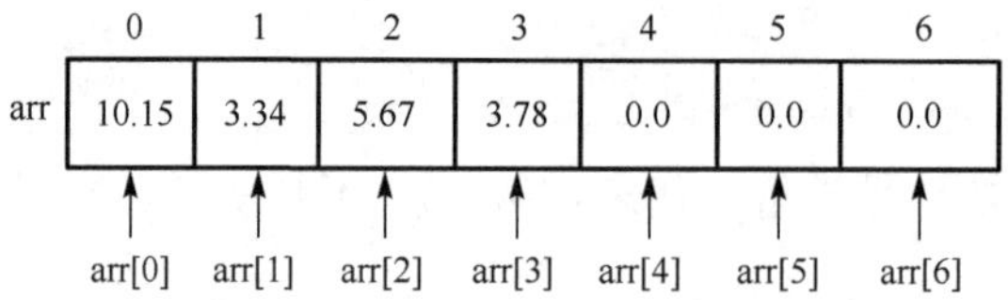

图 5-11　部分数组元素初始化

图 5-11 说明，只能给前 4 个数组元素进行初始化操作，后两个数组元素 arr[5]和 arr[6]系统默认的初始值为 0.0。

3. 给数组元素赋全 0

对 int、float 和 double 型数组，如果在定义时已知其存储数据为全 0，可以初始化为：

```
    int  arr[ 10] = { 0};          //int 型全 0 数组
```

```
float  arr[8] = {0.0};      //float 型全 0 数组
double arr[ 20] = {0.0};   //double 型全 0 数组
```

5.2.3　应用一维数组

在 C 语言中，不允许利用数组名来使用全部的数组元素，而是通过数组名[下标]的形式来引用数组元素，达到对数组的使用。在这里注意一个问题，一个数组长度是 10 的数组 arr，其下标的变化范围为 0-9，数组元素 arr[0] - arr[9]，其中数组下标的下限(下界)为 0，上限(上界)为 9。在使用数组时，不能使用超出上界和下界之外的下标值，否则会出现数组越界错误。

进一步分析例 5.5，输入数据使用 scanf 函数即可，而输入 30 个学生的考试成绩是一个重复的操作，只是每次存入的存储单元不同而已，这可以使用第四章已经学习过的循环语句来完成。由于是存储在 int 型数组 scores 中，故每个存储单元可以借助 scores[i]来表示，其中 0≤i≤29。而计算平均分就是将每次输入到 scores[i]中的分数累加起来保存到整型变量 sum 中，最后用 sum 除以 30.0 即可。

从以上分析可知，可以将第二步和第三步合并在一个循环中一并实现。解决问题的步骤如图 5-12 所示。

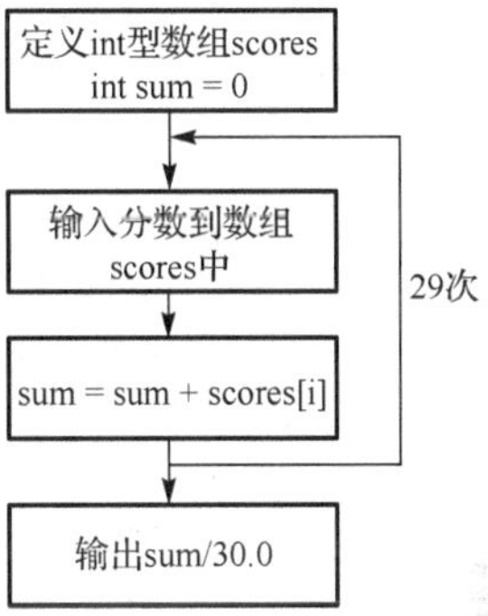

图 5-12　进一步分析

依据图 5-12 编写的程序代码如下。

```
#include <stdio.h>
void main()
{
    int  scores[30],sum=0;          /定义/scores 数组存储分数，sum 保存累加和
    int i;                          // 循环控制变量
    for(i =0; i<=29; i++)
    {
        scanf("%d",&scores[i]);     //输入分数到 scores[i]
        sum = sum + scores[i];      //将分数累加到 sum 中
    }
    printf("%5f", sum / 30.0);      //输出平均分
}
```

由于分数需要从键盘上依次输入到数组中，故不能对 scores 数组进行初始化操作。每次输入的分数除保存在 scores[i]中，同时将其累加到 sum 中。

【例 5.8】求 50 个学生的《C 程序设计》课程考试成绩的最高分和最低分。

在第 4 章中利用循环语句已经编写过求最高分和最低分的程序代码，但由于没有学习过数组，只是利用一个变量临时存储分数，完成大小比较后，立即又存入新的分数。这样尽管能得到最高分和最低分，学生的分数没有保存起来，不便于其他功能的实现。下面利用数组来实现求解最高分和最低分。

问题分析，存储 50 个学生的考试成绩，需要定义 int 型数组，数组长度为 50，数组名为 c_scores，每一个学生的分数用 c_scores[i]，其中 0≤i≤49。求最高分和最低分的算法与第四章相同，此处不再赘述。求解此问题程序流程图如图 5-13 所示。

依据图 5-13 编写的程序代码如下：

```
#include<stdio.h>
void main()
{
    int c_scores[50],max = 101,min = -1;
                    //c_scores 存分数、max 最高分、min 最低分
    int i; //i 为循环控制变量
    for( i=0; i<50;i++)
    {
        scanf("%d", &c_scores[i]);
        if(c_scores[i] > max)     //当前分数大于 max
          max = c_scores[i];      //替换最高分 max
        if(c_scores[i] < min)     //当前分数小于 min
          min = c_scores[i];      //替换最低分 min
    }
    for( i=0; i<50;i++)
    {
        printf("%5d", c_scores[i]);
                                //依次输出每一个分数
    }
    printf("最高分为%d，最低分为%d", max,min);
}
```

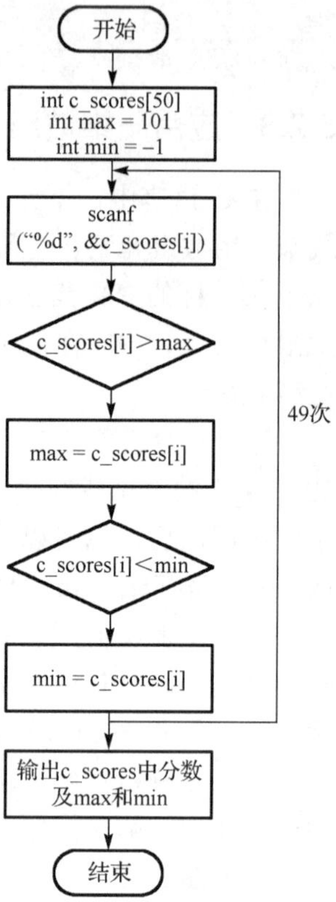

图 5-13　求解最高分和最低分流程图

从上面例子可以看出，使用一维数组除了能够解决存储大量的同种类型数据之外，还有一个重要的特点是，操作一维数组元素都是通过循环来实现的，后面会对数组与循环进行专门的应用讲解。

5.3　二 维 数 组

与一维数组相比，二维数组在定义、初始化和使用方面会相对复杂一些。一维数组可以存储类似于多名学生一门课程的考试成绩，或者一名学生多门课程的考试成绩。现在要解决存储更为复杂的成绩问题，即多个学生多门课程的考试成绩问题。

【例 5.9】存储 30 名学生 8 门课程的考试成绩。

问题分析，30 名学生 8 门课程的考试成绩数据共计 240 个整数，确定使用 int 型数组。而对于每一个成绩数据，需要使用哪个学生和哪门课程两个维度来标识，故需要使用 int 型的二维数组，行表示学生，行下标范围为 0-29，列表示课程，列下标范围为 0-7。数组名为 stu_scores，stu 是 student 的前三个字母。数组 stu_scores 有 30 行 8 列，即 stu_scores[30][8]。

图 5-14

由于每个数据需要使用行和列来标识，故需要使用二重循环实现输入操作。外层循环变量 i 控制行（学生），内层循环变量 j 控制列（课程），数组中每一个成绩数据表示为 stu_scores[i][j]。解决问题的流程图如图 5-14 所示。

从以上分析可知，在利用二维数组存储数据并进行操作时，确定行、列及其下标值的变化范围对于准确定义一个二维数组是极其重要的。其中二维数组的行数也称为行长，列数也称为列长。

5.3.1　定义二维数组

C 语言中定义二维数组要明确下列三件事情：

(1) 数组预存储数据的类型，即数组的数据类型；

(2) 数组行维度、列维度及行、列下标值的变化范围；

(3) 数组的名字，需要见名知意。

明确以上三件事情之后，数组的定义只需要符合 C 语言数组定义的格式即可。C 语言二维数组定义的格式为：

```
数据类型　数组名[行长][列长]
```

例 5.9 中存储学生成绩的数组可以定义为：

```
int stu_scores[30][8]        //行维度表示学生，列维度表示课程。也可以定义为：
int stu_scores[8][30]        //行维度表示课程，列维度表示学生
```

具体采用哪种方式定义数组，要根据具体问题来确定。从原理上说，使用数组的行和列是相同的。但是常见使用数组的规则是先操作行，再操作列。

例 5.4 中第 (4)、(5) 题都是使用二维数组来存储数据的。

第 (4) 题：char stu_names[30][8]

学生的名字都是 char 类型的，每一行存储一个学生的名字，故行维度表示学生，行下标变化范围 0-29。每一列存储学生名字中的每一个字符，列维度表示名字字符。假设每个最长名字为 4 个中文字符，则列下标变化范围为 0-7。数组名 stu_names 的 stu 是 student 的前三个字母，代表学生。

第 (5) 题：float store_price[4][20]

商品价格都是小数表示的，都是 float 类型，每一行存储一个连锁店的全部商品价格，故行维度表示连锁店，行下标变化范围为 0-3。每一列存储每一种商品的价格，列维度表示商品，列下标的变化范围为 0-19。数组名 store_price 的 store 表示店铺，price 表示价格。也有的项目为表述更加清楚，采用数组名 store_prod_price。

与一维数组相同，定义二维数组的行长和列长都可以使用符号常量。例 5.4 中第 4 题可以改写为：

```
#define M 30
#define N 8
char stu_names[M][N]
```

理解了二维数组的定义方法，以此类推，三维数组以及更多维数组的定义也可以轻松完成。例 5.4 第 (6) 题存储 5 个班、每班 30 名学生的姓名。假设每个学生的名字最长 4 个中文字符，三维数组定义为：

```
char class_stu_names[5][30][8]
```

更多维数组的定义此处不再赘述。

5.3.2　初始化二维数组

无论何种类型的二维数组，都可以在定义的同时为其数组元素赋初值，即初始化二维数组。由于二维数组具有行列两个维度，故在初始化时比一维数组相对复杂。

二维数组初始化格式为：

```
数据类型　数组名[行长][列长] = {初始化数据}
```

二维数组的初始化也是将初始化数据放在等号后面的大括号中，常见有以下几种情况。

1. 按行进行初始化

【例 5.10】4 个学生 3 门课程的考试成绩存储如图 5-15 所示。

定义并初始化二维数组 stu_scores 为：

```
int stu_scores[4][3]={{89,76,70},{90,80,85},{80,75,86},{77,79,82}};
```

在外层大括号内的每一个“{}”依次表示各行，每一个“{}”内的数据表示每行中各列的初始化数据。如第二个“{}”中的 85 是数组元素 stu_scores[1][2]中存储的数据。这是在程序设计中最常用的初始化方式。

2. 不按行初始化

【例 5.11】将 1.0-9.0 存储在如图 5-16 所示的二维数组中。

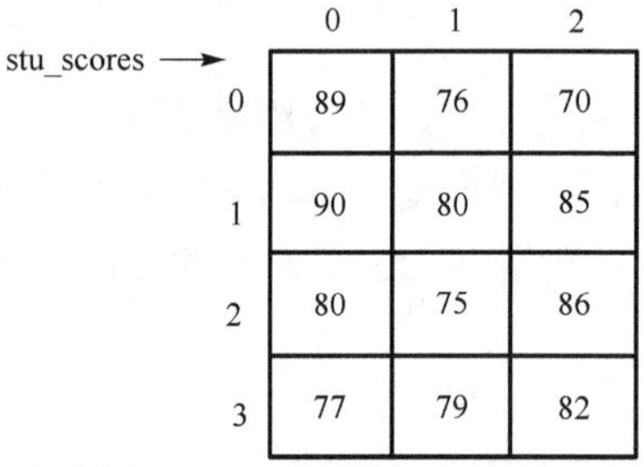

图 5-15

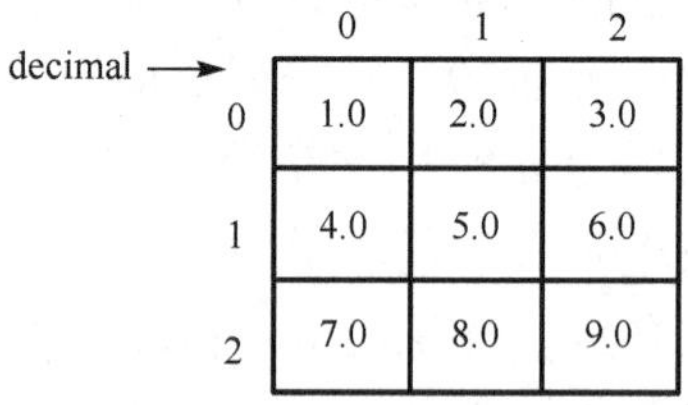

图 5-16

定义并初始化二维数组 decimal 为：

```
double decimal[3][3] = {1.0,2.0,3.0,4.0,5.0,6.0,7.0,8.0,9.0};
```

这种方式下，系统会用大括号中的数据按行赋初值，即先给第 0 行各列赋值，然后给第 1 行各列赋值，依次类推，直到取完所有初值数据。如果还有行或列未被赋值，在 c-free 或 Turbo C 中，会赋给系统的默认值。

注意，在数组初始化时，初值数据不允许超过行、列或者数组所能存储的最大数据，否则会出现严重错误。

3. 给部分数组元素赋值

【例 5.12】给如图 5-17 所示的二维数组初始化。

为图 5-17(a)定义并初始化二维数组 example 为：

```
int example[2][3] = {{2,5},{6}}
```

为图 5-17(b)定义并初始化二维数组 example 为：

```
int example[3][3]= {{2,5},{},{6}};
```

为图 5-17(c)定义并初始化二维数组 example 为：

```
int example[2][3] = {{2,5}} ;
```

也可以定义并初始化为：

```
int example[2][3] = {2,5}
```

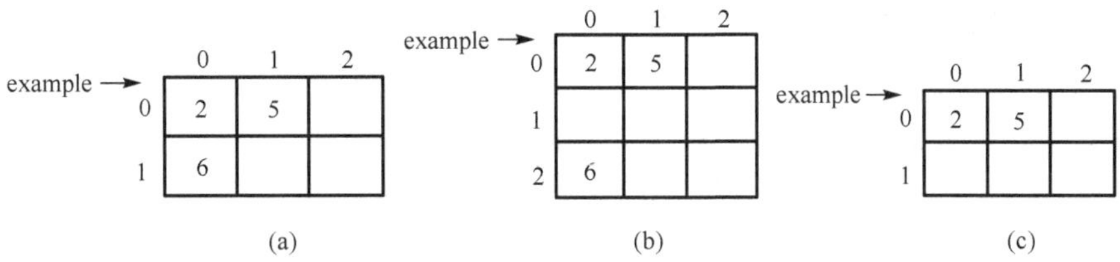

图 5-17

4. 可以省略行维度长度定义的初始化

【例 5.13】二维数组 example 定义为：int example[ ][3]={ 1,2,3,4,5,6}，画出初始化后的数组。

问题分析，数组有 3 列，即每列有 3 个数据，初始化共计 6 个数据，则该数组有 2 行。数组初始化如图 5-18 所示。

又如：int example[][2]={1,2,3,4,5};是 3 行 2 列的二维数组。

一般来说，省略行长的初始化，系统会根据给定的数据个数和列长来计算行长，计算规则如下：

(1) 如初值数据个数能被列长整除，行长就是商数；

(2) 如初值数据个数不能被列长整除，行长就是商数+1。

例如 int example[][4]={1,2,3,4,5,6};　6 除以 4 商数为 1，不能整除，故行长为 1+1=2。

【例 5.14】二维数组 example 定义为：int example[ ][3]={ {1,2},{},{6}}，画出初始化后的数组。

问题分析，省略第一维度行长也可以通过初始化时的“{}”，大括号的个数就是行长。数组初始化如图 5-19 所示。

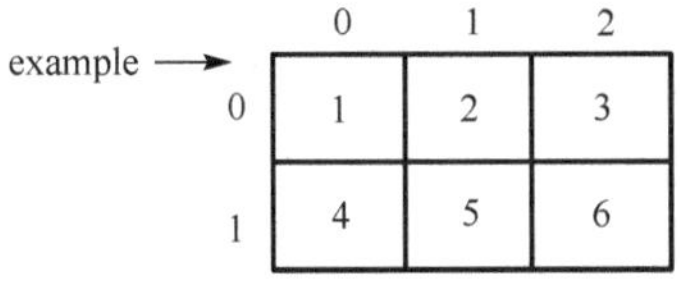

图 5-18

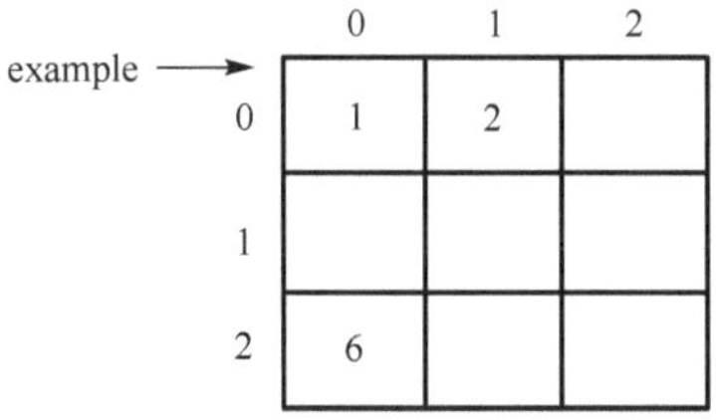

图 5-19

注意：二维数组初始化操作时，第二维度(列维)是不能省略的，否则将发生编译错误。

5.3.3 应用二维数组

二维数组经常应用于对大量的、同种数据类型、需要两个维度来标识的数据的存储和处理问题。

【例 5.15】某班 30 名学生 8 门课程的考试成绩，计算每门课程的考试平均分。

首先分析问题中的数据。该问题是对学生成绩数据的计算，成绩数据都是整数，而每一个成绩数据需要学生和课程两个维度标识，故需要使用二维数组。

(1) 所有的成绩数据为整数，所以二维数组为 int 型的。

(2) 问题最终求解每门课程的平均分，建议以课程作为行维度，行下标值变化范围 0-7。学生作为列维度，列下标值为 0-29。

(3) 二维数组中存储学生成绩，数组名为 stu_scores。

其次分析解决问题的步骤：

(1) 定义保存成绩数据的二维数组 stu_scores。

(2) 利用 scanf 函数输入成绩数据保存在 stu_scores 数组中。

(3) 累加 stu_scores 数组的每一行数据到 sum，用 sum/30.0 输出每一行平均值，直到输出所有行的平均值。

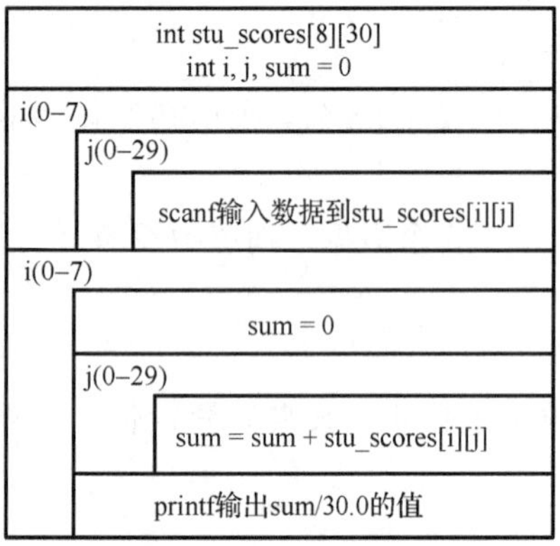

图 5-20

最后分析使用的语句结构。

利用 scanf 语句输入成绩数据时，将每一个数据存放在 stu_scores 数组的每个数组元素 stu_scores[i][j]中，需要利用二重循环来实现。其中外层循环控制变量 i 控制行值变化，内层循环控制变量 j 控制列值变化。

同样在计算每门课程的平均值时，外层循环控制变量 i 控制行值变化，保证每一行数据累加之后输出平均值；内层循环控制变量 j 控制列值变化，累加每一行数据之和。

分析得到的程序流程图如图 5-20 所示。

依据图 5-20 编写的程序代码如下。

```
#include<stdio.h>
void main()
{
    int stu_scores[8][30];
    int i,j,sum=0;
    for(i = 0;i<8;i++)              //输入分数到数据 stu_scores 中
    {
       for(j = 0;j<30;j++)
       {
           scanf("%d",&stu_scores[i][j];
       }
    }
    for(i = 0;i<8;i++)              //计算每门课程平均分
    {
       sum = 0;                     //sum 清 0
       for(j = 0;j<30;j++)          //累加
       {
           sum = sum + stu_scores[i][j];
       }
```

```
        printf("第一门课程的平均分为%f\n",sum/30.0);    //输出平均分
    }
}
```

【例 5.16】某班 30 名学生 8 门课程的考试成绩，计算每名学生 8 门课程成绩的平均分。

首先分析问题中的数据。与例 5.15 相比，虽然求解问题发生变化，但是所处理的数据仍然是整数，而且也必须使用学生和课程两个维度标识，所以还是需要二维数组来解决问题。

(1) 所有的成绩数据为整数，所以二维数组为 int 型的。

(2) 由于求解的是每名学生 8 门课程的平均分，需要将每个学生的 8 门课程成绩累计后求平均值，故建议二维数组的行维度为学生，行下标值变化范围为 0-29；而列维度为课程，列下标值变化范围为 0-7。

(3) 二维数组中存储学生成绩，数组名为 stu_scores。

由于本问题计算出来的平均分有 30 个，数据相对较多，故需要一个 float 型的一维数组来依次存放 30 名学生的平均分。

(1) 计算出的平均分数据为小数，所以数组的数据类型为 float 型。

(2) 每一个平均分数据只需要学生一个维度来标识即可，故需要一维数组，其下标值变化范围为 0～29。

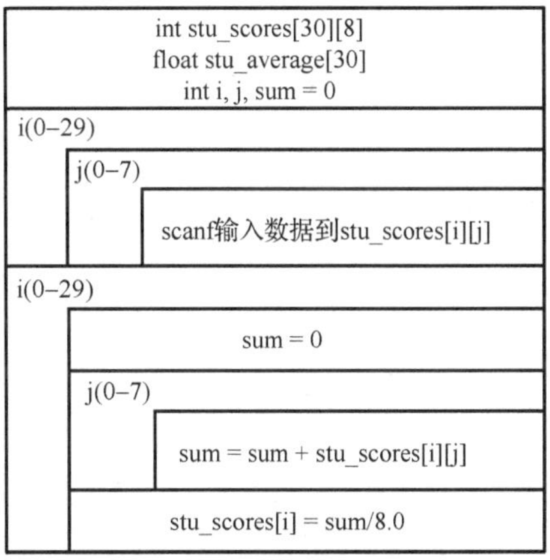

图 5-21

(3) 一维数组中存放平均分数据，故数组命名为 stu_averages。

问题解决步骤分析与语句结构分析与例 5-15 基本相同，此处略去。程序流程图如图 5-21 所示。

依据图 5-21 编写的程序代码如下。

```
#include<stdio.h>
void main()
{
    int stu_scores[30][8], stu_average[30]
    int i,j,sum=0;
    for(i = 0;i<29;i++)                //输入分数到数据 stu_scores 中
    {
        for(j = 0;j<8;j++)
        {
            scanf("%d",&stu_scores[i][j];
        }
    }
    for(i = 0;i<29;i++)                //计算每门课程平均分
    {
        sum = 0;                       //sum 清 0
        for(j = 0;j<8;j++)             //累加
        {
```

```
            sum = sum + stu_scores[i][j];
        }
        stu_scores[i] = sum / 8.0;   //保存到 stu_scores 对应的存储单元中
    }
}
```

由例 5.15 和 5.16 可知，二维数组用来保存和处理涉及大量的、相同数据类型的、需要两个维度来标识的数据。除此之外，二维数组中数据元素的访问是用二重循环来实现的。

【例 5.17】利用例 5.16 的二维数组求解每门课程的平均分。

问题分析，在例 5.16 中，存储成绩的二维数组 stu_scores 中行表示课程，列表示学生。现在要求每门课程的平均分，就是将数组中每一列数据累加后求平均值，并将平均值存入到 float 型的一维数组 course_averages[8]中。编写程序代码如下。

```
#include<stdio.h>
void main()
{
    int stu_scores[30][8], course_average[8]
    int i,j,sum=0;
    for(i = 0;i<29;i++)           //输入分数到数据 stu_scores 中
    {
        for(j = 0;j<8;j++)
        {
            scanf("%d",&stu_scores[i][j];
        }
    }
    for(j = 0;j<8;j++)            //计算每门课程平均分
    {
        sum = 0;                  //sum 清 0
        for(i = 0;i<29;i++)       //累加
        {
            sum = sum + stu_scores[i][j];
        }
        course_scores[j] = sum / 30.0; //保存到 course_scores 对应的存储单元中
    }
}
```

由例 5.17 可知，可以通过交换二重循环的内外循环可以实现先访问列，再访问行。读者自行完成使用例 5.15 的二维数组，计算每名学生的 8 门课程的平均分。

5.4　字 符 数 组

在实际问题中经常会遇到处理字符串问题。字符串是由多个字符相互连接而成的串，例如学生名字、专业、课程名称等。在 C 语言中，没有提供专门的数据类型来处理字符串数据，而是使用字符数组实现对字符串的存储和处理的。

【例 5.18】在学生成绩管理系统中，存储“计算机科学与技术”专业名称。

问题分析，“计算机科学与技术”是个字符串，需要使用 char 类型的数组来存储。由于一个中文字符需要 2 个字节来存放，而一个 char 类型字符仅占 1 个字节，所以需要 16 个字节，即需要 16 个存储单元。如果该数组名命名为 stu_major，则该数组定义为：

char stu_major[16]。

如何将“计算机科学与技术”字符串在定义数组时存放到 stu_major 中呢？下面将要学习字符数组的初始化。

5.4.1　初始化字符数组

与其他类型的数组相同，字符数组分为一维数组、二维数组和多维数组，初始化方法与其他数组略有不同。

1. 逐个字符赋值进行初始化

初始化一维数组的语句格式为：

```
char 数组名[数组长度] = {'字符常量1', '字符常量2',……}
```

初始化二维数组的语句格式为：

```
char 数组名[行长] [列长] = {{'字符常量1', '字符常量2',…},{…},…{…}}
```

二维数组的初始化需要使用大括号来区分各行。

【例 5.19】用字符串“Hello”初始化一维字符数组 str。

问题分析，就是将“Hello”中的字符依次存放到数组 str 的 str[0]-str[4]中。初始化语句为：char str[5]={'H','e','l','l','o'};

如果初始化字符数与数组长度相同，也可以省略数组长度，即 char str[ ]={'H','e','l','l','o'};此时数组 str 存储状况如图 5-22 所示。

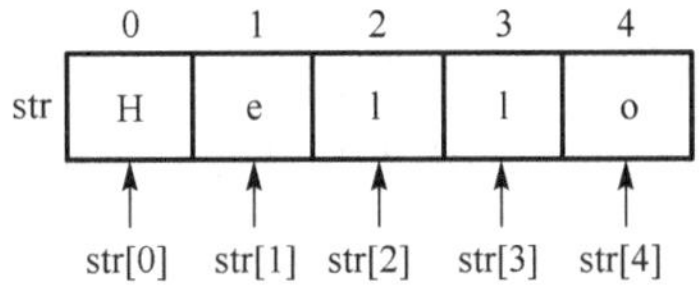

图 5-22

在初始化字符数组时，如果采用逐个字符赋值方法，大括号里的每一个字符必须使用单引号括起来，否则将发生编译错误。

【例 5.20】用字符串“C Language”初始化一维字符数组 str[12]。

问题分析，字符串“C Language”共计有字符 10 个字符，而数组长度为 12。初始化语句为：char str[12]={'C',' ','L','a','n' , 'g','u' , 'a' , 'g','e'};

如果初始化字符数小于字符数组长度，定义时不能省略数组长度。此时数组 str 存储状况如图 5-23 所示。

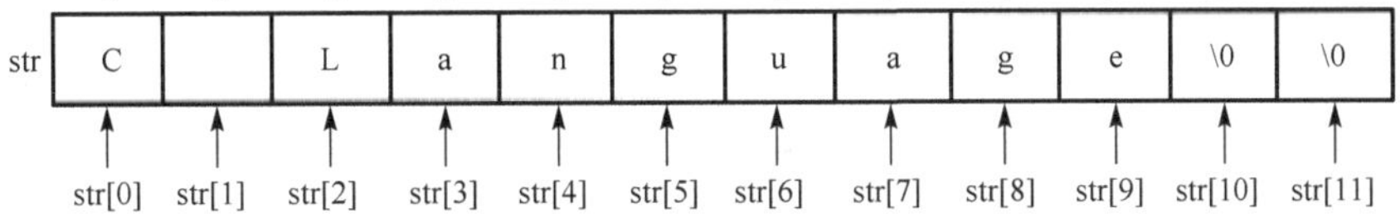

图 5-23

当初始化字符数小于字符数组长度时，没有被初始化的数组元素均存放字符‘\0’。关于字符‘\0’，读者必须掌握以下两点：

(1) 字符‘\0’为字符串结束标志，该字符既无动作，也不显示任何字符。

(2) 系统每遇到该字符时，认为字符串已经到末尾。无论字符串或字符数组在其后是否还有其他字符，均不再被处理。

【例 5.21】存储字符串“China”、“HongKong”、“Macau”和“Taiwan”。

问题分析，存储一个字符串需要一维字符数组，存储多个字符串需要使用二维字符数组。

(1) 每个字符串作为二维数组的行维度。4 个字符串，行下标值变化范围为 0-3。列维度是每个字符串中的字符，以字符串中最长串长为列长，字符串“HongKong”有 8 个字符，长度最长。列下标值变化范围为 0-7。

(2) 数组名为 PRC，表示 People'sRepublicofChina。

定义并初始化二维数组 PRC 语句为：

```
char PRC[4][8] ={{'C', 'h', 'i', 'n', 'a'},{ 'H', 'o', 'n', 'g', 'K', 'o', 'n', 'g'},
                { 'M', 'a', 'c', 'a', 'u'},{ 'T', 'a', 'i', 'w', 'a', 'n'}}
```

数组 PRC 存储情况如图 5-24 所示。

PRC →

	0	1	2	3	4	5	6	7
0	C	h	i	n	a	\0	\0	\0
1	H	o	n	g	K	o	n	g
2	M	a	c	a	u	\0	\0	\0
3	T	a	i	w	a	n	\0	\0

图 5-24

细心的读者可以发现，以上例子的字符数组初始化数据均为西文字母，没有出现中文字符。中文字符不能使用逐个字符赋值方式初始化，原因在于每个中文字符占 2 个字节，不能使用单引号引起来一个中文字符，即‘中’是错误的。如果初始化数据包含中文，必须使用下面的方法完成初始化操作。

2. 用字符串常量初始化。

初始化一维数组的语句格式为：

```
char 数组名[数组长度] = "字符串常量"
```

初始化二维数组的语句格式为：

```
char 数组名[行长] [列长] = {"字符串常量 1", "字符串常量 2",......}
```

其中，字符长常量必须使用双引号引起来。在二维数组的初始化语句中，每一个字符串常量为一行，各行利用逗号隔开。

【例 5.22】将例 5.19 用字符串常量进行初始化。

问题分析，如果使用初始化语句：char str[5]= “Hello”，将会发生错误。原因是，在 C 语言中，每个字符串会被自动添加一个串结束标志‘\0’。尽管看不到，但是字符串“Hello”共计有 6 个字符。如果数组 str 仅定义 5 个存储空间显然是不够的。所以正确的初始化语句是：

```
char char str[6]= "Hello";
```

或者

```
char char str[ ]= "Hello";
```

数组 str 的存储情况如图 5-25 所示。

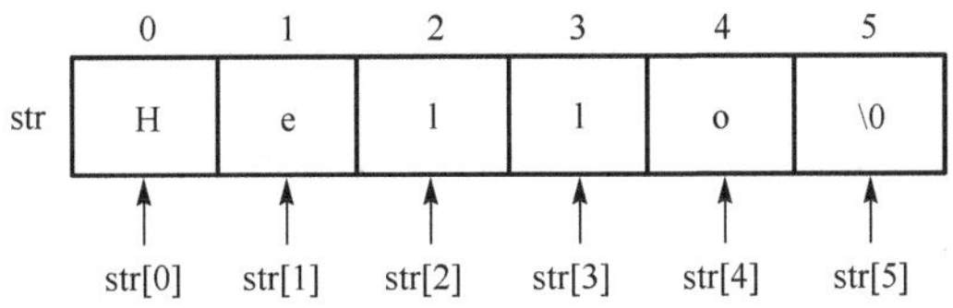

图 5-25

【例 5.23】将例 5.21 用字符串常量进行初始化。

初始化语句为：

```
char PRC[4][9] ={"China", "HongKong", "Macau", "Taiwan"};
```

与例 5.21 相比，数组 PRC 的列长由原来的 8 增加到 9，原因为“HongKong”字符串的最后还隐含一个结束符‘\0’，其串长度为 9。

再如：

```
char PRC[4][5] ={"中国", "香港", "澳门", "台湾"};
```

5.4.2　字符数组的输入和输出

为了方便处理字符和字符串，C 语言提供了专门用于字符串输入和输出的函数。在前面的章节中已经学习过单个字符的输入函数 getchar 和输出函数 putchar。现在要学习字符数组的输入和输出方法。

1. 利用 scanf 和 printf 函数的%c 或%s 实现输入和输出

【例 5.24】在学生成绩管理系统中，输入学生王晨的专业名称并输出。

问题分析，首先专业名称都是字符，并且根据题意可知，都是中文字符。故需要使用字符数组来存储。

(1) 仅一个学生的专业名称，使用一维字符数组即可。

(2) 考虑到专业名称的长度，假设问题中最长的专业名称长度为 15 个中文字符，下标值变化范围 0-29。

(3) 输入和输出使用 scanf 和 printf 函数实现。可以使用%c 和%s 来实现。

依据以上分析编写代码如下。

```
#include<stdio.h>
void main()
{
    char major[30],ch;
    int i = 0;
    scanf("%c",&ch);
    while(ch != '\n')          //依次写入字符数组 major 中，直到回车键结束
    {
        major[i] = ch;
        i++;
        scanf("%c",&ch);
    }
```

```
        major[i] = '\0';          //数组最后一个元素为串结束符 '\0'
        printf("%s",major);
    }
```

由此例可知，如果使用格式符%c，需要操作数组元素 major[i]。而使用格式符%s，只要操作数据名 major 即可。

在此例中，字符数组的输入采用了格式符%c，输出则使用了格式串%s。也可以输入时使用%s，而输出时使用%c。请读者自行完成。

输入和输出均使用%s 是最简单的实现方式，编写代码如下：

```
    #include<stdio.h>
    main()
    {
        char major[30];
        scanf("%s",major);
        printf("%s",major);
    }
```

上面程序适合于输入的专业字符串中没有空格符出现。如果有空格符出现，如输入“计算机　科学与技术”，scanf 的格式串%s 仅接收空格前的字符“计算机”，将其后面的字符丢弃。要克服这个问题，C 语言提供了 gets 和 puts 函数用于字符串的输入和输出。

【例 5.25】 在学生成绩管理系统中，输入 10 名学生专业名称并输出。

问题分析，存储一个学生的专业名称使用一维字符数组，存储 10 个学生的专业名称需要使用二维字符数组。

(1) 二维数组每一行存储一个学生的专业名称，行维度学生，行下标值变换范围为 0-9。列下标值变化范围为 0-29。

(2) 输入和输出使用 scanf 和 printf 函数实现。可以使用%c 和%s 来实现。

依据以上分析编写代码如下。

```
    #include<stdio.h>
    void main()
    {
        char major[10][30];
        int i=0;
        for( i=0; i<3;i++)
        {
            scanf("%s",major[i]);        //输入一行字符串
        }
         for( i=0; i<3;i++)
        {
            printf("%s\n",major[i]);    //输出一行字符串
        }
    }
```

由例 5.25 可知，二维数组是一个特殊的一维数组。二维数组名加行下标，如 major[i]，可以表示二维数组的第 i 行。

2. 使用 gets 和 puts 函数实现输入和输出

gets 函数的格式为：

```
gets(字符数组名);
```

该语句的功能是从标准输入设备键盘上读入一行字符串（以回车符结束）保存到字符数组中。

puts 函数的格式为：

```
puts(字符数组名);
```

该语句的功能是将字符数组中的字符串输出到标准的输出设备显示器上。

【例 5.26】 学生成绩管理系统中，输入某学生的学号、姓名、专业及家庭住址并输出。

问题分析，学号、姓名、专业及家庭住址均为字符串，故需要 4 个一维字符数组来存储。假设学号为 12 位、姓名最长为 10 位、专业为 30 位、家庭住址为 50 位。编写程序代码如下：

```
#include<stdio.h>
void main()
{
    char sno[12],sname[10],smajor[30],saddr[50];
    gets(sno);            //输入学号
    gets(sname);          //输入姓名
    gets(smajor);         //输入专业
    gets(saddr);          //输入地址
    puts(sno);            //输出学号
    puts(sname);          //输出姓名
    puts(smajor);         //输出专业
    puts(saddr);          //输出地址
}
```

gets 函数可以接受包含空格的字符串，将接收到的字符串存入到指定的字符数组中，并用串结束符\0 取代回车符\n 存放到字符数组中。

同理，如果输入多名学生的学号、姓名、专业及家庭住址并输出时，需要使用二维字符数组。依据学生个数确定二维数组的行下标值变换范围，就可以使用循环语句完成对二维数组的输入和输出操作了，请读者参考例 5.25 自行完成。

5.4.3　字符串处理函数

为了很好地处理字符串数据，C 语言的标准函数库中提供了很多与字符串有关的内置函数，这些函数均包含在 string.h 头文件中，所以要使用标准函数库中的字符串函数时，必须注意以下几点。

① 程序前面必须包含语句：

```
#include <string.h>
```

② 熟悉每个函数的功能，以便在适合的问题中应用。

③ 准确使用函数名字和格式要求。

下面介绍最常用的几个字符串处理函数。

1. 字符串长度函数 strlen

使用格式：strlen(字符串 s);

功能：计算字符串 s 中字符的个数，即字符串 s 的长度。其中字符串 s 可以是一个字符串或者是一个字符数组。

【例 5.27】统计保存在字符数组 stu_addr 中某学生家庭住址“北京市朝阳区北四环”的字符串长度。

问题分析，计算字符数组中保存的字符个数，即字符数组的长度，可以使用字符串长度函数 strlen。编写代码如下。

```
#include<string.h>
#include<stdio.h>
void main()
{
    char stu_addr[]="北京市朝阳区北四环";        //数组初始化
    int length;
    length = strlen(stu_addr);                   //应用 strlen 函数
    printf("%d",length);                         //输出长度
}
```

该程序的运行结果为 18。因 stu_addr 数组中共有 9 个中文字符，每个字符占两个字节，而每个 char 字符占 1 个字节，故共计 18 个字符长。如果不使用数组，直接使用字符串也可。即：strlen("北京市朝阳区北四环")，其结果也为 18。

函数 strlen 在计算字符串的长度时，也是遇到串结束符终止的，结束符后的字符不再计入字符串的长度。例如：strlen(“length of array\0 C Language”)；的结果是 15。原因是计算 length of array 的长度后遇到串结束符\0 而终止了运算。

strlen 函数遇到\0 终止计算，串结束符\0 并不统计在串长度内。

2. 字符串复制函数 strcpy

使用格式：strcpy(目标字符串 dest,源字符串 src)；

功能：将源字符串 src 中的字符串复制到目标字符串 dest 中。

【例 5.28】将专业信息“计算机科学与技术”保存到字符数组 stu_major 中。

问题分析，解决该问题有很多种方法，可以利用数组的初始化，直接在定义数组的同时用“计算机科学与技术”为其赋初值；也可以通过 scanf 或 gets 函数输入到数组中；还可以使用字符串复制函数 strcpy 来完成。编写代码如下。

```
#include<string.h>
#include<stdio.h>
void main()
{
   char stu_major[20];
   strcpy(stu_major,"计算机科学与技术" );
   puts(stu_major);
}
```

该程序的运行结果为“计算机科学与技术”，也就是说利用 strcpy 函数可以将一个字符串复制到字符数组中。在该问题中，读者需要注意，由于字符数组 stu_major 需要保存复制过来的字符串，故在定义 stu_major 数组时，要保证其长度要大于或等于源字符串的长度，以免发生难以发现的错误。

另外，函数格式中的源字符串 src 也可以是一个字符数组，实现两个数组之间字符串的复制。

3. 字符串比较函数 strcmp

使用格式：strcmp(字符串 1,字符串 2)；

功能：按照 ASCII 码顺序比较字符串 1 和字符串 2 的大小。如果字符串 1 和字符串 2 相同则结果为 0；字符串 1 大于字符串 2 时结果为正数；字符串 1 小于字符串 2 时结果为负数。

【例 5.29】在学生成绩管理系统中的登录功能，假设系统设定的用户名为“admin”，密码为“123456”。输入用户名和密码验证是否为合法用户。

问题分析，登录功能的用户名和密码都是字符串，需要定义 username 字符数组保存输入的用户名，定义 password 字符数组保存输入的密码。然后利用字符串比较函数 strcmp 比较输入的用户名和密码与系统中设定的是否一致，如一致就是合法用户，否则为非法用户。编写程序代码如下。

```
#include<string.h>
#include<stdio.h>
void main()
{
   char username[10],password[6];
   gets(username);            //输入用户名到 username
   gets(password);            //输入密码到 password
   if(strcmp(username,"admin") == 0 && strcmp(password,"123456")== 0)
                              //字符串比较
      printf("合法用户");
   else
      printf("不合法用户");
}
```

在 C 语言中，两个字符串比较需要使用 strcmp 函数，不能使用“= =”运算符。strcmp 函数格式中的字符串均可以用字符数组替代。

strcmp 函数通过从左向右，逐个比较两个字符串中对应的字符，相同字符则一致跳过，不同字符则依据 ASCII 码值确定大小，从而确定两个字符串的大小。如果全部字符相同则两个字符串相等。例如：

strcmp(“abc”, “abc”)的值为 0，而 strcmp(“acb”, “abc”)的值为正数，strcmp(“abc”, “acb”)的值为负数。

4. 字符串连接函数 strcat

使用格式：strcat(目标字符串 dest,源字符串 src)；

功能：将源字符串 src 中的字符串连接到目标字符串 dest 中字符串的后面。

【例 5.30】在学生成绩管理系统中，将学生王晨的学号、姓名、专业、家庭住址信息存放在一起并输出。

问题分析，王晨同学的学号、姓名、专业、家庭住址是 4 个字符串，一般是保存在 4 个字符型数组中，想要把 4 个字符数组信息连接起来，保存在一个数组中，可以使用字符串连接函数 strcat 来实现。编写代码如下。

```
#include<string.h>
#include<stdio.h>
void main()
{
```

```
    char sno[12],sname[80],smajor[30],saddr[50];
    char sinfo[100];            //存储学生完整信息的数组
    gets(sno);                  //输入学号
    gets(sname);                //输入姓名
    gets(smajor);               //输入专业
    gets(saddr);                //输入家庭住址
    strcpy(sinfo,sno);          //将学号字符串复制到数组 sinfo 中
    strcat(sinfo,sname);        //连接姓名字符串到 sinfo 中
    strcat(sinfo,smajor);       //连接专业字符串到 sinfo 中
    strcat(sinfo,saddr);        //连接家庭住址字符串到 sinfo 中
    puts(sinfo);                //输出 sinfo 中的完整字符串
}
```

在上例中，运行结果是将输入的学号、姓名、专业和家庭地址连接在一起，存储在字符数组 sinfo 里并输出。故在定义 sinfo 数组时，数组长度一定要足够大，能够满足对所要连接字符串的存储，连接后的字符串长度是原来两个字符串长度之和。

例如输入字符串依次为：

```
201219043201↙
王晨↙
计算机科学与技术↙
北京市朝阳区北四环东路↙
```

输出结果：201219043201 王晨计算机科学与技术北京市朝阳区北四环东路

字符串连接函数 strcat 是将目标字符串 dest 末尾的串结束符‘\0’去掉，将源字符串 src 的字符依次连接到目标字符串 dest 的尾部，并在最后一个字符后面加上串结束符。

以上是字符串操作中最常用的几个处理函数。当然在 C 标准库函数中，还用很多的字符串处理函数，比如函数 strlwr 可以将字符串中的大写字母转换成小写字母，而函数 strupr 可以将字符串中的小写字母转换成大写字母。更多字符串处理函数参见本书附录。读者只要掌握使用标准库函数的要素，使用这些函数可以达到事半功倍的效果。

在此也建议感兴趣的读者，可以自己试着编写程序来实现标准库函数的功能，这对于提高编程能力有很大的帮助。

5.4.4　应用字符数组

字符数组用来存储大量的 char 类型数据，经常基于这些数据进行查询、统计等操作。

【例 5.31】某个字符串存储在字符数组中，统计某个字符在该字符串中出现的次数。

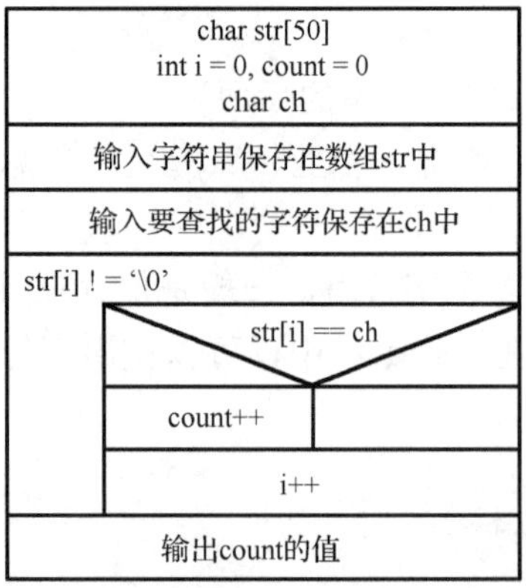

图 5-26

问题分析，统计某个字符 ch 在一个字符串 str 中出现的次数，就是用 ch 依次与字符串 str 中每一个字符对比，如果相同，则计数器 count 增 1，否则比较下一个字符，直到遇到字符串结束标志。

① 这是一个重复对比是否与字符 ch 相同的操作，故需要使用循环。

② 循环条件是 str[i]!=‘\0’，循环次数未知，最好采用 while 循环。

③ 循环体为：if(str[i] == ch)　count ++;。

依据以上思路的程序流程图如图 5-26 所示。

依据图 5-26 编写的程序代码如下。

```
#include<stdio.h>
void main()
{
   char str[50];
   int i = 0,count = 0;
   char ch;
   gets(str);                       //输入字符串
   ch = getchar();                  //输入要查找的字符
   while(str[i] != '\0')            //没有到字符串 str 末尾
   {
      if(str[i] == ch)              //如果串 str 中的某个字符与 ch 相同
      {
         count ++;
      }
      i ++;
   }
   printf("%d",count);
}
```

从上例可知，如果统计其他字符出现的个数及频率也可。类似的问题还包括统计一个字符串中字母、数字及其他字符的个数。还可以实现查找某字符在字符串中出现的位置，感兴趣的读者可以编程自行解决。

【例 5.32】 在学生成绩管理系统中，经常需要查找某个学生信息，而最准确的查找条件就是使用学号。也就是说，根据输入的学生学号，查找该学生是否在系统中。比如在某班 30 个学生中查找某个学生是否为该班学生。假设学号长度为 12 位。

首先分析问题中的数据，该问题是对学生的学号进行查找，学号信息都是 char 类型。由于是多个学生的学号，需要使用二维数组来存储。

(1) 所有的学号数据为字符串，所以二维数组为 char 型。

(2) 存储 30 个学生学号的二维数组中，行维度为学生，行下标变化范围为 0-29；列维度为学号中的字符，列下标变化范围为 0-11。

(3) 二维数组中存储学生学号，数组名为 stu_nos。

(4) 还需要一维字符数组 sno 用来存储查找条件，其下标值变化范围为 0-11。

其次分析解决问题的步骤：

(1) 定义保存学号数据的二维数组 stu_nos。

(2) 利用字符串输入函数 gets 输入班级学号数据并保存在 stu_nos 数组中。

(3) 利用字符串输入函数 gets 输入将要查找的学号存放在 sno 中。

(4) 利用字符串比较函数 strcmp，sno 中字符串依次与 stu_nos 中的学号字符串进行对比，如果找到，显示“该生属于本班”，否则显示“该生不属于本班”。

最后分析使用的语句结构。

利用函数 strcmp 进行字符串比较时，是将 stu_nos 中的学号数据依次与 sno 字符串比较，直到找到，这是一个重复的操作，需要利用循环来实现。循环控制变量 i 值变化范围 0-29。

依据以上分析得到的程序流程图如图 5-27 所示。

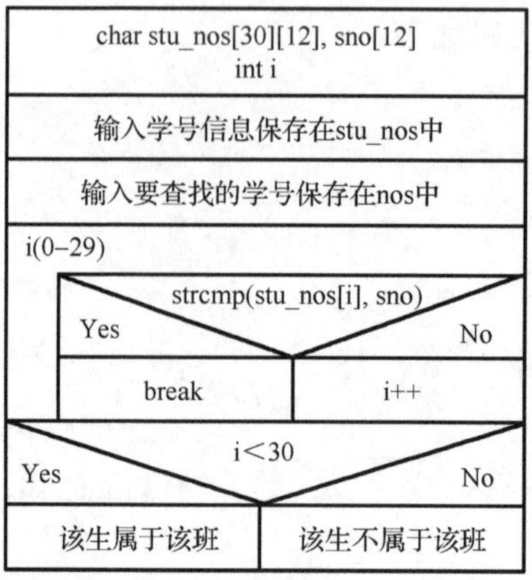

图 5-27

依据图 5-27 编写的程序如下。

```
#include<string.h>
#include<stdio.h>
void main()
{
   char stu_nos[30][12],sno[12];
   int i;
   for(i = 0; i<30;i++)           //输入班级所有同学学号
   {
      gets(stu_nos[i]);
   }
   gets(sno);                     //输入要查找的学号

   for(i = 0; i<30;i++)           //依次对比学号
   {
      if(strcmp(stu_nos[i],sno))
      {
         break;                   //如找到查找的学号，终止循环
      }
      else
      {
         i++;                     //没有找到，则对比下一个
      }
   }
   if( i < 30)                    //找到该学号
     printf("该生在该班");
   else                           //没找到该学号
     printf("该生不在该班");
}
```

5.5　数组与循环

从上面学过的一维数组、二维数组以及字符数组可以知道，数组除了可以存储大量的

相同类型数据外，更重要的是可以利用数组名+下标的方式来有规律地表示其数组元素，使得保存及处理数组元素可以通过循环简单而有效地实现。在企业编程实践中，数组与循环是相伴而行的。

【例 5.33】编程计算存储在数组中 10 名学生《C 程序设计》课程考试成绩平均分。

就目前掌握的知识而言，这是一个非常简单的问题。具体的分析不在这里赘述。下面不使用循环来解决该问题，程序代码如下。

```
#include <stdio.h>
void main()
{
    int stu_score[10]={86,95,75,66,56,80,85,72,66,96};
    double  sum=0, average;    //average 保存平均值
    printf("\n10 个学生的成绩分别是：86，95，75，66，56，80，85，72，66，96\n");
    sum=stu_score[0]+stu_score[1]+stu_score[2]+stu_score[3]+stu_score[4]
    +stu_score[5]+stu_score[6]+stu_score[7]+stu_score[8]+stu_score[9];
    average = sum/10;   //计算平均分
    printf ("\n 10 个学生的成绩平均分为%f",average);
}
```

上面的程序是通过引用所有的数组元素进行累加，10 个数组元素累加得到成绩的总和，然后再除以 10 得到平均分。这种解法可以说明一个问题，即每一个数组元素其实也是一个独立的变量，需要时可以利用数组名+下标的形式随时引用。

从另一方面，题目中是 10 个学生的成绩，如果统计 100 个、10000 个学生的成绩，还用这种写法显然是不可取的。如果改用循环来实现，效果显著。程序改写如下。

```
#include <stdio.h>
void main()
{
   int stu_score[10]={86,95,75,66,56,80,85,72,66,96};
    double  sum=0, average;     //average 保存平均值
    printf("\n10 个学生的成绩分别是：86，95，75，66，56，80，85，72，66，96\n");
    for(i =0 ; i<10; i++)        //成绩累加
    {
        sum =sum + stu_score[i];
    }
    average = sum/10;            //计算平均分
    printf ("\n 10 个学生的成绩平均分为%f",average);
}
```

显而易见，冗长的语句被简洁的循环语句替代。

【例 5.34】在学生成绩管理系统中，经常会对学生的考试成绩进行排序，从大到小或者从小到大。对某班 30 名学生的《C 程序设计》考试成绩降序排列并输出。

将杂乱无章的数据元素，通过一定的方法按关键字顺序排列的过程叫做排序。排序的目的是将一组“无序”的记录序列调整为“有序”的记录序列。基于某个数值集合上进行排序是企业级软件开发经常进行的操作和处理。常见的排序方法有插入排序、冒泡排序、选择排序等。

1. 利用插入排序算法实现

分析例 5.34 问题，对 30 名学生考试分数的降序排序显然是一个基于 int 型一维数组上的数据操作问题。首先利用插入排序方法来实现。

首先熟悉插入排序的思想，每步将一个待排序的记录，按其关键码值的大小插入前面已经排好序的记录中适当位置上，直到全部插入完为止。也就是说，在要排序的一组数中，假设前面(*n*−1) [*n*>=2] 个数已经是排好顺序的，现在要把第 *n* 个数插到前面的有序数中，使得这 *n* 个数也是排好顺序的。如此反复循环，直到全部排好顺序。例如：

25、37、50、60 是已经升序排列的一组有序数，现要为数 40 找到合适的位置，插入到该有序序列中，插入后仍然是升序排列的。新的序列为：25，37，40，50，60。

其次分析问题中的数据。

(1)所有成绩数据为整数，且只需要学生维度来标识即可，所以一维数组为 int 型的。

(2)共 30 个学生的成绩，故数组下标值变化范围为 0-29。

(3)数组中存储学生成绩，数组名为 stu_score。

再次分析解决问题的步骤。

(1)定义保存成绩数据的一维数组 stu_score。

(2)利用 scanf 函数输入成绩数据到 stu_score 中。

(3)利用插入排序算法完成分数的降序排序。

(4)输出排序好的成绩信息。

最后分析使用的语句结构。

本问题的关键语句结构主要用来实现插入排序算法。该算法具体描述为：

(1)从第一个元素开始，该元素可以认为已经被排序。

(2)取出下一个元素，在已经排序的元素序列中从后向前扫描。

(3)如果该元素(已排序)小于新元素，将该元素移到下一位置。

(4)重复步骤(3)，直到找到已排序的元素大于或者等于新元素的位置。

(5)将新元素插入到下一位置中。

(6)重复步骤(2)～(5)。

由此算法描述可知，假设数组有 *n* 个元素，除第一个元素外，其余 *n*-1 个元素都需要找到自己适当的位置，插入到有序队列中，故这是循环的外层循环，循环控制变量 i 的值变化范围为 1–*n*。对于每一个元素，找到自己适当位置是一个不断的比较过程，这是内循环，循环控制变量 j 的值变换范围为(i–1)–0。

解决问题的程序流程图如图 5-28 所示。

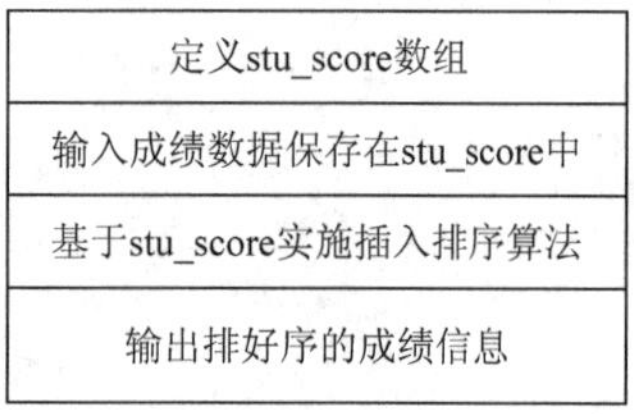

图 5-28

依据图 5-28，结合插入排序算法编写的程序代码如下。

```
#include <stdio.h>
main()
{
  int stu_score[7];
  int i,j,k;
  int temp;
```

```
    for(i =0 ;i<7;i++)                          //输入待排序的数据
       scanf("%d",&stu_score[i]);
    for(i = 1; i < 7;i++)                       //插入排序算法开始
    {
       temp =  stu_score[i];
       k = i;
       for( j = i-1; j>=0; j--)
       {
          if(temp > stu_score[j])
          {
              stu_score[j+1] = stu_score[j];
              k = j;
          }
       }
       stu_score[k] = temp;
    }                                           //插入排序算法结束
     for(i =0 ;i<7;i++)                     //输出排好序的数据
       printf("%d\n",stu_score[i]);
}
```

2. 利用选择排序算法实现

选择排序算法的基本思想：升序(或降序)排序过程，第 1 趟，在待排序记录 r[1]～r[n]中选出最小(或最大)的记录，将它与 r[1]交换；第 2 趟，在待排序记录 r[2]～r[n]中选出最小(或最大)的记录，将它与 r[2]交换；以此类推，第 i 趟在待排序记录 r[i]～r[n]中选出最小(或最大)的记录，将它与 r[i]交换，使有序序列不断增长直到全部排序完毕。

例如：简单选择排序的升序排序过程，其中大括号内为无序区，大括号外为有序序列。

初始序列：{ 49 27 65 97 76 12 38 }

第 1 趟：12 与 49 交换：12　{ 27 65 97 76 49 38 }

第 2 趟：27 不动　　　：12　27　{ 65 97 76 49 38 }

第 3 趟：65 与 38 交换：12　27　38　{ 97 76 65 49}

第 4 趟：97 与 49 交换：12　27　38　49　{ 97 76 65 }

第 5 趟：76 与 65 交换：12　27　38　49　65　{ 97 76 }

第 6 趟：97 与 76 交换：12　27　38　49　65　76　97　完成。

分析例 5.34，利用选择排序算法完成 30 个学生成绩的降序排序，除了最后一个待排序位置外，其余的 29 个位置都是从无序的数集中选择一个当前最大的数，这是外层循环，循环控制变量 i 控制排序的位置，其值变化范围为 0-28。对于每一个位置，需要从无序的数集中选择最大值，重复对比过程，这是内层循环，循环控制变量 j 控制最大值查找过程，其值变化范围为(i+1)-29。利用选择排序算法修改程序代码如下。

```
    #include<stdio.h>
    void main()
    {
       int stu_score[30];
       int i,j,k ,temp;
```

```
        for(i=0;i<30;i++)                    //输入数据
        {
           scanf("%d",&stu_score[i]);
        }
        for(i=0; i<29; i++)                  //选择排序算法开始
        {
            temp = stu_score[i];
            k = i;
            for(j = i + 1; j <= 29; j++)
            {
               if(stu_score[j] > temp)
               {
                   temp = stu_score[j];
                   k = j;
               }
            }
            temp = stu_score[i];             //交换 stu_score[i]和 stu_score[k]
            stu_score[i] = stu_score[k];
            stu_score[k] = temp;
        }                                    //选择排序算法结束
        for(i=0;i<30;i++)                    //输出降序排列的分数
        {
           printf("%d\n",stu_score[i]);
        }
    }
```

3. *利用冒泡排序算法实现*

冒泡排序算法的基本思想是：冒泡排序是一种简单的交换排序方法。假设待排序存放在数组 r[n]中，升序(或降序)排序过程为，第一趟，将第一个数据和第二个数据进行比较，若 r[1]>r[2](或 r[1]<r[2])，则将两个记录交换之，然后比较第二个数据和第三个数据。依次类推，直至第 $n-1$ 个数据和第 n 个数据比较过为止。其结果是使得最大(或最小)数据被安置到最后一个位置上。第二趟，对前面的 $n-1$ 个记录进行同样的操作，其结果是使次大的数据被安置到第 $n-1$ 位置；以此类推，直到全部排序完毕。

例如：原始待排序数组| 6 | 2 | 4 | 1 | 5 | 9 |，升序排序。

第一趟：

第一次两两比较，6 > 2 交换

交换前状态| 6 | 2 | 4 | 1 | 5 | 9 |

交换后状态| 2 | 6 | 4 | 1 | 5 | 9 |

第二次两两比较，6 > 4 交换

交换前状态| 2 | 6 | 4 | 1 | 5 | 9 |

交换后状态| 2 | 4 | 6 | 1 | 5 | 9 |

第三次两两比较，6 > 1 交换

交换前状态| 2 | 4 | 6 | 1 | 5 | 9 |

交换后状态| 2 | 4 | 1 | 6 | 5 | 9 |

第四次两两比较，6 > 5 交换

交换前状态| 2 | 4 | 1 | 6 | 5 | 9 |

交换后状态| 2 | 4 | 1 | 5 | 6 | 9 |

第五次两两比较，6 < 9 不交换

交换前状态| 2 | 4 | 1 | 5 | 6 | 9 |

交换后状态| 2 | 4 | 1 | 5 | 6 | 9 |

第二趟：

第一次两两比较，2 < 4 不交换

交换前状态| 2 | 4 | 1 | 5 | 6 | 9 |

交换后状态| 2 | 4 | 1 | 5 | 6 | 9 |

第二次两两比较，4 > 1 交换

交换前状态| 2 | 4 | 1 | 5 | 6 | 9 |

交换后状态| 2 | 1 | 4 | 5 | 6 | 9 |

第三次两两比较，4 < 5 不交换

交换前状态| 2 | 1 | 4 | 5 | 6 | 9 |

交换后状态| 2 | 1 | 4 | 5 | 6 | 9 |

第四次两两比较，5 < 6 不交换

交换前状态| 2 | 1 | 4 | 5 | 6 | 9 |

交换后状态| 2 | 1 | 4 | 5 | 6 | 9 |

第三趟：

第一次两两比较，2 > 1 交换

交换后状态| 2 | 1 | 4 | 5 | 6 | 9 |

交换后状态| 1 | 2 | 4 | 5 | 6 | 9 |

第二次两两比较,2 < 4 不交换

交换后状态| 1 | 2 | 4 | 5 | 6 | 9 |

交换后状态| 1 | 2 | 4 | 5 | 6 | 9 |

第三次两两比较,4 < 5 不交换

交换后状态| 1 | 2 | 4 | 5 | 6 | 9 |

交换后状态| 1 | 2 | 4 | 5 | 6 | 9 |

第四趟排序(外循环)无交换

第五趟排序(外循环)无交换

排序完毕，输出最终结果 1 2 4 5 6 9。

分析例 5.34，利用冒泡排序算法完成 30 个学生成绩的降序排序，每一趟排序完成，使得一个数据排在了确定的位置，则每一趟排序是外循环，循环控制变量 i 控制排序的趟数，其值变化范围为 0-29；每一趟排序都是在重复比较相邻两个数据的大小，并在降序时进行交换，这是内层循环，循环控制变量 j 值的变化范围为 i-29。

利用冒泡排序算法修改程序代码如下。

```
#include <stdio.h>
main()
```

```
{
    int stu_score[7];
    int i,j,k;
    int temp;
    for(i =0 ;i<7;i++)                    //输入待排序的数据
        scanf("%d",&stu_score[i]);
    for(i = 0; i < 7;i++)                 //冒泡排序算法开始
    {
        for( j = i; j < 7; j++)
        {
            if(stu_score[i] > stu_score[j])
            {
                temp = stu_score[j];
                stu_score[j]=stu_score[i];
                stu_score[i] = temp;
            }
        }
    }                                     //冒泡排序算法结束
    for(i =0 ;i<7;i++)                    //输出排好序的数据
        printf("%d\n",stu_score[i]);
}
```

典型的排序算法还有快速排序、希尔排序、堆排序等多种排序方法，感兴趣的读者可以查阅相关资料，自行编程实现。

【例 5.35】实现简单的加密算法，将字符串中的英文字母转换成字母表序列的其后 3 个字母。

分析问题的加密规则，字符串中可能是从 a -z 的 26 个小写字母，也可能是 A -Z 的 26 个大写字母。加密规则是依据字母表顺序，将某字母转换成该字母向后 3 个对应的字母，例如小写字母 a，加密后的字母为 d。这里需要注意的是 x(X)、y(Y)和 z(Z)，后 3 个字符分别对应 a(A)、b(B)和 c(C)。

分析问题中数据，因为是处理一个英文字符串，故需要字符数组。

(1) 存储并处理一个字符串，故需要一个 char 类型的一维数组。

(2) 数组长度表示字符串的最大长度，假设定义为 80。

(3) 存放预加密的字符串，称为明文，数组名为 str_cleartxt。

(4) 存放加密后的字符串，称为密文，数组名为 str_ciphertxt。

分析解题步骤。

(1) 定义 char 类型数组 str_cleartxt;

(2) 利用 gets 函数输入预加密的字符串到 str_cleartxt 数组中;

(3) 根据加密规则，给字符数组 str_cleartxt 中的明文加密;

(4) 输出密文，即数组 str_ciphertxt 中的字符串。

分析关键语句结构。

本问题的关键语句结构主要实现加密算法。

对字符串中的每一个英文字符都要转换为加密字符，这是一个重复操作，故使用一重循环实现。循环条件是预转换的字母不是串结束符\0，循环次数未知，故建议使用 while 循环。

(1) 循环控制变量 str_cleartxt[i]为 char 类型，循环结束条件为 str_cleartxt[i]! = ‘\0’。

(2) 循环体中的加密公式为 str_cleartxt[i] = str_cleartxt[i] + 3，如果 str_cleartxt[i]中为字符 x、y 或 z 时，加密公式变为 str_cleartxt[i] = str_cleartxt[i] + 3-26。

依据以上分析编写的程序代码为：

```
#include <stdio.h>
main()
{
   char str_cleartxt[80],str_ciphertxt[80];
   int i = 0;
   gets(str_cleartxt);                    //输入密文
   while( str_cleartxt[i] != '\0' ) //加密算法开始
   {
      if((str_cleartxt[i] >= 'x' && str_cleartxt[i] <= 'z' )||
         (str_cleartxt[i] >= 'X' && str_cleartxt[i] <= 'Z' ))
                                      //当预转换字符为 x(X)、y(Y)和 z(Z)时
          str_ciphertxt[i] = ( str_cleartxt[i]+ 3 )- 26;
      else
          str_ciphertxt[i] = ( str_cleartxt[i]+ 3);
      i++;
   }  //加密算法结束
   str_ciphertxt[i]= '\0';
   puts(str_ciphertxt);  //输出密文
}
```

【例 5.36】 编程实现两个 3×3 矩阵的乘法运算。

$$\begin{bmatrix}1 & 2 & 3\\4 & 5 & 6\\7 & 8 & 9\end{bmatrix}\quad\begin{bmatrix}1 & 4 & 7\\2 & 5 & 8\\3 & 6 & 9\end{bmatrix}$$

首先熟悉矩阵乘法，矩阵乘法的公式为：设 A 为 $m \times p$ 的矩阵，B 为 $p \times n$ 的矩阵，那么，称 $m \times n$ 的矩阵 C 为矩阵 A 和 B 的乘积，记作 $C = AB$，其中矩阵 C 中的第 i 行第 j 列元素可以表示为：

$$(AB)_{ij} = \sum_{k=1}^{p} a_{ik} \cdot b_{kj} = a_{ij}b_{ij} + a_{j2}b_{2j} + \cdots + a_{ip}b_{pj}$$

也就是说，乘积 C 的第 m 行第 n 列的元素等于矩阵 A 的第 m 行的元素与矩阵 B 的第 n 列对应元素乘积之和。

例如：

$$C = AB = \begin{pmatrix}1 & 2 & 3\\4 & 5 & 6\end{pmatrix}\begin{pmatrix}1 & 4\\2 & 5\\3 & 6\end{pmatrix} = \begin{pmatrix}1\times1+2\times2+3\times3 & 1\times4+2\times5+3\times6\\4\times1+5\times2+6\times3 & 4\times4+5\times5+6\times6\end{pmatrix}$$

其次分析问题中的数据。

(1) 由于问题涉及矩阵，每个数据需要行和列两个维度来标识，需要两个 int 型的二维数组。

(2) 两个二维数组都是 3 行 3 列的，故行下标 i 值变化范围为 0–2，列下标值变化范围为 0～2。

(3) 数组存储的是矩阵的数据，故数组名分别定义为 matrixA 和 matrixB。

(4) matrixA 和 matrixB 的成绩需要保存在新的矩阵 matrixC 中，也是 3 行 3 列。

再次分析解决问题的步骤：

(1) 定义保存两个矩阵数据的二维数组 matrixA、matrixB 和保存结果矩阵 matrixC；

(2) 利用矩阵数据初始化二维数组 matrixA 和 matrixB；

(3) 利用矩阵乘法公式计算 matrixA 和 matrixB 的乘积；

(4) 输出乘积矩阵 matrixC 的数据。

最后分析使用的语句结构。

本问题的关键语句结构主要用来实现矩阵乘法算法。

矩阵 matrixC 的第 m 行第 n 列的元素等于矩阵 matrixA 的第 m 行的元素与矩阵 matrixB 的第 n 列对应元素乘积之和。也就是说，matrixA 的每一行都要和 matrixB 所有列的对应元素相乘并累加和。故要有一层循环来控制 matrixA 的行，循环控制变量 i 值的变化范围为 0-2；一层循环来控制 matrixA 的列和 matrixB 的行，循环控制变量 j 值的变化范围为 0-2；一层循环来控制 matrixB 的列，循环控制变量 k 值的变化范围为 0-2。故这个问题需要三重循环来实现。

依据以上分析编写的程序代码如下：

```
#include <stdio.h>
main()
{
    int matrixA[3][3] ={1,2,3,4,5,6,7,8,9};
    int matrixB[3][3] = {1,4,7,2,5,8,3,6,9},matrixC[3][3];
    int i,j,k,sum = 0;
    for(i=0;i<3;i++)
    {
        for(j =0; j<3; j++)
        {
            sum = 0;
            for(k = 0; k<3; k++)
            {
                sum =  sum + matrixA[i][k]*matrixB[k][j];
            }
            matrixC[i][j] = sum;
        }
    }
     for(i=0;i<3;i++)
        for(j =0; j<3; j++)
           printf("%d\n",matrixC[i][j]);
}
```

学生成绩管理系统之统计功能实现

```
/*学生成绩排序*/
void stu_sort()
{
 int i,j,p,s;
int stu_score[10];
printf("\n 请输入学生的成绩,共 10 人\n");
for(i=0;i<10;i++)
{
       printf("\n 请输入第");
        printf("%d",i+1);
        printf("个学生的成绩:");
       scanf("%d",&stu_score[i]);
}
for(i=0;i<10;i++)
{
    p=i;
       for(j=i+1;j<10;j++)
           if(stu_score[i]<stu_score[j])
           {
               p=j;
           }
       if(i!=p)
      {
           s=stu_score[i];
           stu_score[i]=stu_score[p];
           stu_score[p]=s;
       }
   }
    printf("\n 排序成绩结果为:\n");
    for(i=0;i<10;i++)
        printf("%-3d",stu_score[i]);
}
/*统计学生成绩不及格率*/
void stu_frate()
{
int count= 0;//60 分以下成绩个数计数器
 int  i=0;
 int stu_score[10];   //存储 10 个学生考试成绩
 int f_rate;//不及格率
do
{
   printf("\n 请输入第");
   printf("%d",i+1);
   printf("个学生的成绩:");
   scanf("%d",&stu_score[i]);
  /*如果输入分数 stu_score[i]低于 60 分, count 加 1*/
    if (stu_score[i]<60 )
```

```
        count++;
      i++;
    }
    while ( i<10);
    f_rate=count*100/10;
    printf("\n 不及格率为%d%%",f_rate);
  }
  /*统计学生成绩的平均分*/
  void stu_average()
  {
    int stu_score[10];//存放学生考试成绩
    int  i;       //循环控制变量
    double  sum=0, average;  //average 保存平均值
    printf("\n 请输入学生的成绩,共 10 人\n");
     while(i<10)
      {
        printf("\n 请输入第");
        printf("%d",i+1);
        printf("个学生的成绩:");
        scanf("%d",&stu_score[i]);
        sum = sum + stu_score[i] ;
        i++;
      }
     average = sum/10;
     printf ("\n 10 个学生的成绩平均分为%f",average);
  }
```

习　　题

1．为下列问题定义数组。

(1) 50 个电话号码

(2) 30 个学生的年龄

(3) 25 个代表一定意义的字符

(4) 100 个银行的利率

(5) 30 天的气温

(6) 10 行 25 列的小数

(7) 2 行 7 列的字符

2．针对下列数据，编写程序完成几个问题。

1.93,6.38,2.25,7.21,15.23,100.34,19.27,9.35,89.37。

(1) 输入、保存、输出这些数据。

(2) 按照下面的形式输出数据。

```
  1.93    6.38    2.25
  7.21    15.23   100.34
 19.27    9.35    89.37
```

3．编写程序求一个 4×5 的实数矩阵中所有元素的和。

4．给定一维整型数组，输入数据并求第一个值为奇数元素之前的元素和。

5．给定一维整型数组，输入数据并对前一半元素升序排序，对后一半元素降序排序。

6．输入字符串并统计各数字字符出现的次数。

7．给定二维数组 a[M][N]，输入数据并将元素按照行序存入到一维数组 b 中。

8．有 5 名学生，每名学生有语文、数学、物理和外语四门课的考试成绩，编程统计各学生的总分和平均分，以及所有学生各科的总分和平均分。

第 6 章　指针程序设计

上一章大家学习了数组。数组把一组值保存在了一段连续的空间内，用数组名和下标就能很容易地访问数组中的各个元素。除了利用数组名、下标、变量名访问内存中的元素，C 语言提供了根据地址访问元素的方式，这就是本章要介绍的指针。指针与第二章学习的基本数据类型不同，它直接访问程序运行时的内存空间，所以我们说指针存储的是内存地址。

本章问题：应用指针类型实现学生成绩管理系统之查询功能。

问题背景：用户输入一个成绩，判断是否存在此成绩，如果存在，输出是第几位学生的成绩，如果不存在提示没找到。查询算法要求用户输入一个要查询的成绩，通过程序来判断这个成绩是否存在。对于查询算法其实就是遍历(依次访问)数组的每个元素，看看当前元素与用户输入的成绩是否相同，如果相同说明找到了，此时不需要继续进行查找，程序结束；如果不相同继续查找；当访问到最后一个元素，仍然没有与输入的成绩相同的元素，说明数组中没有与输入成绩相同的，即没有查找到。

6.1　什么是指针

6.1.1　引入指针

在计算机中，运行任何应用首先需要将其调入内存。计算机内存是以字节(8 位二进制)为单位的连续存储单元，一个存储单元可以存储一个字节。就像街道上每个商店都有一个编号一样，每一个存储单元都有一个整数编号，这个编号被称为内存地址，如图 6-1 所示。存储单元的地址和存储单元的内容不是一个概念，存储单元的地址相当于商店编号，而存储单元的内容是存储单元中存储的数据，相当于商店里的货物。在图 6-1 中，假设内存地址从 4000 开始的两个字节中存放了一个整数 6，内存地址从 4002 开始的两个字节中存放了一个整数 10。那么，首地址 4000、4002 就相当于两个商店的编号分别是 4000 和 4002，整数 6 和 10 就相当于商店里摆放的货物。

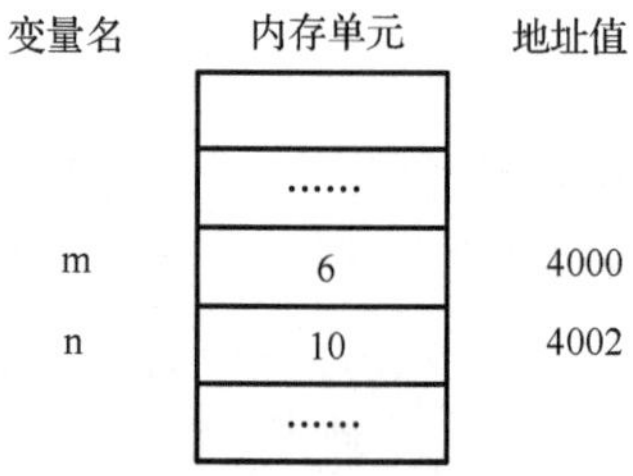

图 6-1　变量内存图

第二章中我们在学习基本数据类型时，用整型变量来表达 6 和 10 的值。定义如下：

```
int m = 6;  int n = 10;
```

实际上，我们定义整型变量，是为这个内存单元起了一个名字，就像每个商店都有自己的名字一样，用变量 m、n 来代表内存单元中的内容。定义变量时，系统就按照其类型为变量分配一块连续的存储单元，则这块存储单元的首地址称为该变量的指针(也称该变量的地址)。比如在 C 语言中，为一个 float 类型的变量分配连续四个字节的内存地址：3000、3001、3002、3003，则地址 3000 是变量的指针或者说变量的地址是 3000。所以，变量的地址就是变量的指针。变量在内存单元中存储内容，同时也有自己的地址。就像商店都有自己的店铺名和编号一样。

6.1.2　理解指针

实际上，指针代表了一个数据在内存中的首地址。数据根据类型不同，在内存中所占空间大小不同。在第二章中，我们了解过 int 型变量占 2 个字节，float 型变量占 4 个字节，double 型数据占 8 个字节，char 型数据占 1 个字节。第 5 章的数组按照定义的数组长度也占用连续的一段内存空间。那么，它们的首地址都是它们的指针，也就是说不管数据所占内存有多大，它们的指针都代表它们的首地址。如图 6-2 所示，整型数据 a 占用编号为 2000、2001 的两个字节，字符串 str 占用 2002、2003、2004、2005、2006 五个字节，浮点型数据 f 占用 3000、3001、3002、3003 四个字节。所以，a 的首地址是 2000，str 的首地址是 2002，f 的首地址是 3000，那么，我们也可以说 a 的指针是 2000，str 的指针是 2002，f 的指针是 3000。

名字	存储内容	地址
a	56	2000
str	hello	2002
	…	⋮
f	3.145	3000
	…	⋮
p	3000	8000
⋮	A	⋮
	…	

图 6-2　变量存储示意图

而变量 p 比较特殊，它存储了 f 的内存地址，p 本身的首地址是 8000。p 也是一个变量，我们称其为指针变量，它专门用于存储其他数据的地址。关于指针变量的进一步讨论在下个小节详细解释。

6.2　指向变量的指针

6.2.1　指针变量的定义

那么，指针是怎样使用的呢？图 6-2 画出了各种不同数据类型的存储示意图。图中存储了各种不同类型的数据，为了方便对数据快速存取，为每个数据取了一个名字，并标示了每个数据的内存地址，让名字和地址编号一一对应起来。这样就可以通过名字存取数据，也可以通过地址存取数据。(注意：图 6-2 中每个小格代表的地址大小不同，比如 a=56，占用两个字节；str="hello"占用 5 个字节。图 6-2 只是示意图，并不是严谨的内存地址表达。

比如，通过名字 f 可以读取地址编号为 3000 的浮点型数据 3.145，也可以由地址 3000 取出数据 3.145。请注意，p 中存储了 f 的地址，是一个特殊的变量，那么就可以通过 p 间接地存取 f 的数据。像 p 这样专门用来存放其他变量的地址的变量，称为指针变量。我们也可以说指针变量 p 指向了变量 f。

在第 6.1.2 节，我们讨论了不同类型的变量占用的内存空间不同，而指针又代表其首地址。比如，图 6-2 中的 p 存储的是浮点型变量 f 的首地址，则这个首地址代表连续四个字节的数据。如果 p 存储的是整型变量 a 的首地址 2000，则这个首地址代表连续两个字节的数据。所以，在定义指针变量的时候一定要标明这个指针所代表的数据的类型，以此规定此指针变量只能指向一种类型的数据。

【例 6.1】定义两个指向整型变量的指针。

```
#include <stdio.h>
void main ()
{    int a,b;
     int *pointer_1,  *pointer_2;
 }
```

程序分析：

定义了两个整型变量 a、b，两个指向整型变量的指针 pointer_1、pointer_2。

指针变量定义的形式如下：

```
基类型  *指针变量名;
```

如：

```
1:  int i, *p, *q;
2:  float f, *fp;
3:  double d, *dp;
4:  char ch, *cp;
```

第一行，定义了 p 和 q 两个可以指向整型变量的指针变量；第二行，定义了一个可以指向浮点型变量的指针变量 fp；第三行，定义了一个可以指向 double 型变量的指针变量 dp；第四行，定义了一个可以指向 char 型变量的指针变量 cp。

在定义指针变量的时候，前文讲过的基本数据类型都可以作为这里的“基类型”。在指针变量前面的“*”，是指针变量的标志，看到变量定义时前面有“*”，则说明是一个指针变量。而指针变量的名字不包括*，例如: float *pointer_1；指针变量名是 pointer_1，而不是* pointer_1，请不要搞错。

指针定义的基类型必须与该指针指向的变量的类型相同。例如以下赋值是错误的，因为 pointer_1 的基类型是 int，而变量 a 是 float 类型，现在要让指针指向浮点型变量，类型不匹配，pointer_1 只能指向 int 型变量。

```
float  a;
int  * pointer_1;
pointer_1=&a;
```

指针变量必须先定义才能使用。

6.2.2　指针变量的引用

【例 6.2】定义两个指向整型变量的指针，使用指针输出变量的值。

```
#include <stdio.h>
void  main ()
{     int a,b;
      int *pointer_1,  *pointer_2;
      a=20;
      b=10;
      pointer_1=&a;            /*把变量 a 的地址赋给 pointer_1 */
      pointer_2=&b;            /*把变量 b 的地址赋给 pointer_2 */
      printf("%d, %d\n",a,b);
      printf("%d, %d\n",*pointer_1, *pointer_2);
}
```

运行结果：

```
20,10
20,10
```

程序分析：

(1) 定义两个整型变量 a、b，两个指向整型变量的指针 pointer_1、pointer_2。

(2) 使用“直接访问”的方式给 a、b 赋值为 20、10。

(3) pointer_1 赋值为 a 的地址，pointer_2 赋值为 b 的地址，因此相当于 pointer_1 指向 a，pointer_2 指向 b。

(4) 分别输出 a、b 值及*pointer_1、*pointer_2 的值。

(5) 通过结果可以发现，*pointer_1 与 a 的值完全相同，因为 pointer_1 中存放的是 a 的地址，对这个指针取值，即取 pointer_1 所指向变量的值，这个值就是 a。

可以用赋值语句使一个指针变量存放另一个变量的地址，从而使它指向一个该变量，如：

```
pointer_1=&i;
pointer_2=&j;
```

pointer_1 赋值为变量 i 的地址，则 pointer_1 指向变量 i；同理 pointer_2 赋值为变量 j 的地址，则 pointer_2 指向变量 j，如图 6-3 所示。

- 运算符&：表示取地址。例如&i 即为变量 i 的地址。在上面例子中，pointer_1 值为变量 i 的地址，即相当于 pointer_1 指向变量 i，pointer_2 值为变量 j 的地址，即相当于 pointer_2 指向变量 j，如图 6-3 所示。

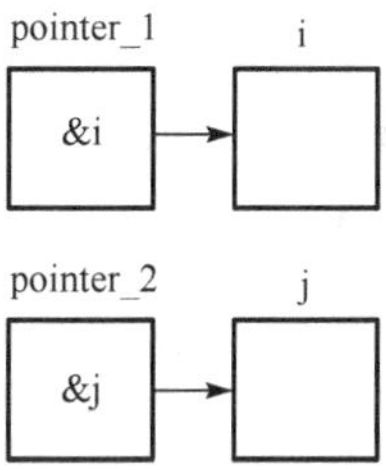

图 6-3　指针变量

- 运算符*：表示取值，这个“*”跟指针定义时的“*”含义是不相同的。指针定义时的“*”表示是指针类型，这里的“*”表示取值。 例如*pointer_1 即取 pointer_1 所指向的变量的值，因此*pointer_1 的值就是变量 i 的值，*pointer_2 的值就是变量 j 的值。

注意：

(1) 指针变量中只能存放地址，不要将一个整数(或任何其他非地址类型的数据)赋给一个指针变量。

(2) 运算符*与定义指针变量的*，尽管都是*，但含义是不同的。定义指针变量的*是指示定义的为一个指针变量，而运算符*表示要访问该指针指向的地址单元的值。

6.2.3　应用指针变量

【例 6.3】定义两个指向整型变量的指针，使用指针改变变量的值。

```
#include <stdio.h>
void  main ()
{    int a,b;
     int *pointer_1,  *pointer_2;
     a=20;
     b=10;
     pointer_1=&a;    /*把变量 a 的地址赋给 pointer_1 */
     pointer_2=&b;    /*把变量 b 的地址赋给 pointer_2 */
```

```
        *pointer_1=*pointer_1+5;
        *pointer_2=*pointer_2+5;
        printf("%d, %d\n",a,b);
        printf("%d, %d\n",*pointer_1, *pointer_2);
    }
```

运行结果：

```
25,15
25,15
```

程序分析：

(1) 定义两个整型变量 a、b，两个指向整型变量的指针 pointer_1、pointer_2。

(2) 使用“直接访问”的方式给 a、b 赋值为 20、10。

(3) pointer_1 赋值为 a 的地址，pointer_2 赋值为 b 的地址，因此相当于 pointer_1 指向 a，pointer_2 指向 b。

(4) 执行语句“*pointer_1=*pointer_1+5;”，把 pointer_1 所指向的内存单元值 20 加 5，该内存单元值变为 25。

(5) 执行语句“*pointer_2=*pointer_2+5;”，把 pointer_2 所指向的内存单元值 10 加 5，该内存单元值变为 15。

(6) 通过结果可以发现，*pointer_1 与 a 的值完全相同。通过指针做运算与直接使用变量做运算，效果完全一样。

【例 6.4】 指针间的赋值。

```
#include <stdio.h>
void  main ()
{    int a;
     int *pointer_1,  *pointer_2;
     a=20;
     pointer_1=&a;   /*把变量 a 的地址赋给 pointer_1 */
     pointer_2=pointer_1;
     *pointer_1=*pointer_1+5;
     printf("%d, %d, %d\n",a, *pointer_1, *pointer_2);
}
```

运行结果：

```
25,25,25
```

程序分析：

(1) 定义整型变量 a，两个指向整型变量的指针 pointer_1、pointer_2。

(2) 使用“直接访问”的方式给 a 赋值为 20。

(3) pointer_1 赋值为 a 的地址，pointer_2 赋值为 pointer_1，因此相当于 pointer_1 与 pointer_2 同时指向 a。

(4) 执行语句“*pointer_1=*pointer_1+5;”，把 pointer_1 所指向的内存单元值 20 加 5，该内存单元值变为 25。

(5) 通过结果可以发现，*pointer_1、*pointer_2 与 a 的值完全相同。

对“&”和“*”运算符进一步说明。

如果已执行了语句 pointer_1=&a;

(1) &* pointer_1：“&”和“*”两个运算符的优先级别相同，但按自右而左方向结合，因此先进行* pointer_1 的运算，即变量 a，再执行&运算。因此，&* pointer_1 与&a 相同，即变量 a 的地址。

如果有 pointer_2 =&* pointer_1;，它的作用是将&a(a 的地址)赋给 pointer_2 ，如果 pointer_2 原来指向 b，经过重新赋值后它已不再指向 b 了，而指向了 a，如图 6-4 所示。

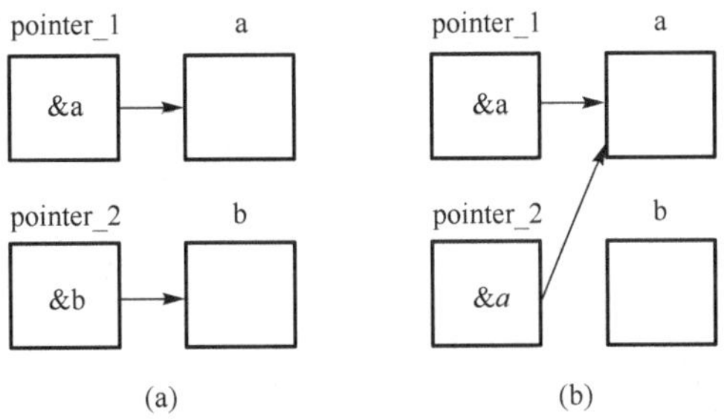

图 6-4　指针的移动

(2) *&a：先进行&a 运算，得到 a 的地址，再进行*运算，即&a 所指向的变量，也就是变量 a。*&a 和*pointer_1 的作用是一样的，它们都等价于变量 a。即*&a 与 a 等价。

(3) (*pointer_1)++相当于 a++。注意括号是必要的，如果没有括号，就成为了*pointer_1++。++和*为同一优先级别，而结合方向为自右而左，因此它相当于*(pointer_1++)。由于++在 pointer_1 的右侧，是“后加”，因此先对 pointer_1 的原值进行*运算，得到 a 的值，然后使 pointer_1 的值改变，这样 pointer_1 不再指向 a 了。

【例 6.5】输入两个整数，按照由小到大顺序输出，用指针实现。

程序分析：

(1) 两个数按由小到大的顺序输出，需要比较这两个数，如果满足由小到大的顺序，则直接输出；如果不满足，两个数要进行交换，交换时使用中间变量辅助交换。

(2) 本例要求用指针实现，因此需要定义两个指向整型变量的指针，通过指针赋值完成交换。

```
#include <stdio.h>
void main()
{ int *p1, *p2, *p, x, y;
  scanf("%d, %d", &x, &y);
  p1=&x;
  p2=&y;
  if(*p1>*p2)
  {
    p=p1;
    p1=p2;
    p2=p;
  }
  printf("%d, %d\n\n",x,y);
  printf("%d, %d\n",*p1,*p2);
}
```

运行情况如下：

```
8, 6↙
8, 6
6, 8
```

程序说明：

(1) 输入 8,6，x 值为 8，y 值为 6，p1 指向 x，p2 指向 y，*p1 为 8，*p2 为 6。

(2) if 语句判断，由于*p1>*p2，将 p1 和 p2 交换，注意这里的交换只是指针交换，p1 指向 p2 所指向的变量，即 p1 指向 y，p2 指向 p1 指向的变量，即 p2 指向 x，但 x 与 y 的值没有交换。交换前的情况见图 6-5 左图，交换后见图 6-5 右图。

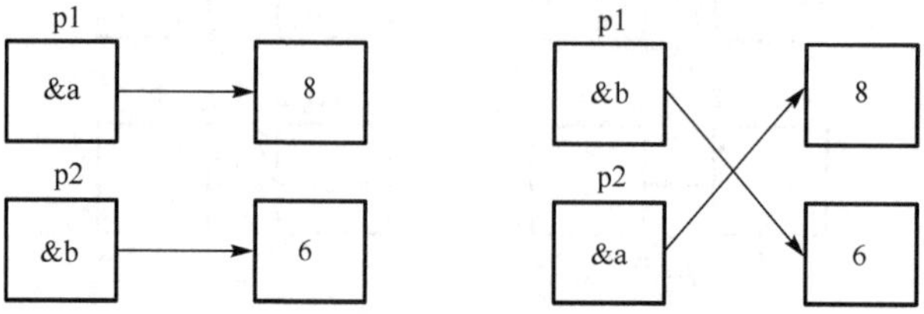

图 6-5　交换前后对比图

(3) 因此最后输出结果 a、b 的值不变，但指针 p1、p2 的指向有所改变。

(4) 如果此例中要把 a、b 的值也改变，只需把 if 语句修改为：

```
int t;
if(*p1>*p2)
{
    t=*p1;
    *p1=*p2;
    *p2=t;
}
```

6.3　指向一维数组的指针

上一节介绍了指向变量的指针。每个变量有地址，一个数组包含若干元素，同样每个数组元素都在内存中占用存储单元，它们都有相应的地址。指针变量既然可以指向变量，当然也可以指向数组元素(把某一元素的地址放到一个指针变量中)。所谓数组元素的指针就是数组元素的地址。 对于数组来说，如果用指针访问会更加方便。

6.3.1　指向一维数组元素的指针的定义

【例 6.6】 定义一指针及整型数组，并使指针指向该数组。

```
#include <stdio.h>
void main()
{
int b[5];
int *p;
    p=b;
}
```

程序分析：

在上面例子中定义整型数组 b，定义指向整型变量的指针 p，p=b 使得指针 p 指向数组 b。

定义一个指向数组元素的指针变量的方法，与以前介绍的指向变量的指针变量相同，即：

基类型 *指针名。

基类型要与指向的数组的元素的类型相同。如果让指针指向某个数组，只需把这个数组的元素的地址赋值给指针即可。

例如：int b[5];

　　　int *p;

如果要让指针指向数组，可以执行：p=b;　或者　p=&b[0];

以上两句等价，都是让指针 p 指向数组的第一个元素，如图 6-6 所示。

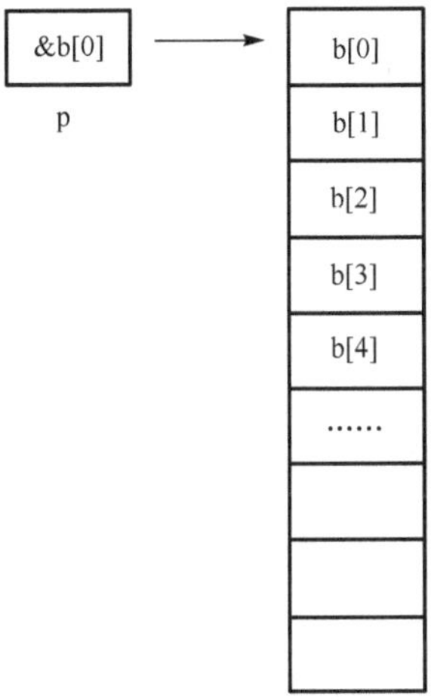

图 6-6　数组指针

若 p=&b[1]; 则指针 p 指向数组的第 2 个元素。

注意：

（1）p=b 并不是把数组 b 的所有元素赋值给 p，而是把数组 b 的第一个元素的地址即首地址赋值给指针 p。C 语言规定数组名代表数组的首地址，即第一个元素的地址。

（2）指针的基类型与数组的类型必须一致。也可以在定义指针的同时赋值。

例如：int *p=&b[0]。

6.3.2　通过指针引用一维数组元素

【例 6.7】利用下标法及指针法分别输出数组的元素值。

- 下标法

```
#include <stdio.h>
void main()
{   int a[5];
    int i;
    for(i=0; i<5; i++)
       scanf("%d", &a[i]);
    for(i=0; i<5; i++)
       printf("%d", a[i]);
}
```

程序分析：下标法与数组一章的用法完全相同。

- 通过数组名计算数组元素地址，找出元素的值。

```
#include <stdio.h>
void main()
{  int a[5];
    int i;
    for(i=0; i<5; i++)
       scanf ("%d", &a[i]);
    for(i=0; i<5; i++)
       printf ("%d", *(a+i));
}
```

程序分析：

(1) 输入时使用的是与数组一章完全一致的方法。

(2) 输出时使用*(a+i) 表示数组的各个元素，i 值每增加 1，则访问数组的下一个元素，(a+i) 为第 i 个元素的地址，*(a+i) 即为第 i 个元素的值。

(3) i 的值从 0 开始，数组下标从 0 开始，从第一个元素开始输出。

- 用指针变量指向数组元素。

```
#include <stdio.h>
void  main()
{  int a[5];
   int  i;
   for(i=0; i<5; i++)
     scanf("%d", &a[i]);
   for(p=a; p<(a+5); p++)
     printf("%d", *p);
}
```

程序分析：

(1) 输入时使用的是与数组一章一致的方法。

(2) 输出时使用*p 表示数组的各个元素，p++则指针向后移动一个元素，访问数组的下一个元素，*p 即为 p 所指向元素的值。

(3) 在 for 语句的循环变量中，初始条件 p=a，即指针 p 指向数组的第一个元素；终止条件 p<(a+5)，即指针 p 移动到最后一个元素；每次循环结束 p++，把指针向后移动一个元素；输出*p，即输出 p 当前所指向内存单元的值。

数组在内存中的存储是占用一段连续的内存空间，如果指针指向了数组的第一个元素或者某一个元素，通过指针的上下移动就可以方便访问数组的各个元素。因此定义一个指针就可以访问数组的每个元素。

假设已有如下定义：

```
int a[10], *p;
p=a;
```

C 语言规定 p+1 运算是把指针向下移动一个元素，而不是一个内存单元。在本例中 p 指向的是整型数组，目前 p 指向数组第一个元素，p++运算后，p 指向数组第二个元素，p 移动了两个内存单元。同理 p-1 运算是把指针向上移动一个元素。

引用指向数组的指针后，对于数组元素的访问可以采用如下方法：

(1) 下标法，如 a[i]形式；这种方法与前面学习的数组完全一致。

(2) 指针法，如*(a+i) 或*(p+i)。

说明：

(1) p 指向数组的第一个元素，则 p+1 指向数组的第二个元素，即每次移动指针移动一个元素，如果数据为 int 型，则移动 2 字节。

(2) 也可以直接使用数组名作为指针访问数组元素，例如 a+i 就是访问数组第 i 个元素。

(3) p+i 或 a+i 就是把指针移动 i 个元素，*(p+i) 或*(a+i) 即访问数组第 i 个元素。

(4) 如有赋值 p=&a[2]，则指针 p 指向数组的第 3 个元素，执行 p++，此时指针指向第 4 个元素。

6.3.3　应用指向一维数组元素的指针

【例 6.8】用指针将数组 a 的 10 个元素倒序存放。

程序分析：

(1) 数组的 10 个元素倒序存放，最简单的实现方法就是第 1 个与第 10 个元素交换，第 2 个与第 9 个元素交换……，以此类推，一共交换 5 次。

(2) 使用循环完成，一共循环 5 次。

(3) 使用指针访问数组的每个元素。

```
#include <stdio.h>
void  main()
{
   int i,a[10]= {1,2,3,4,5,6,7,8,9,10} ;
   int *x,*y, t;
   x=a;
   y=a+9;
   for( ; x<=a+4; x++,y--)
   {
      t=*x;
      *x=*y;
      *y=t;
   }
   for(int i=0;i<10;i++ )
     printf("%d \n" ,a[i]);
}
```

程序说明：

(1) 初始定义数组 a，并给 a 赋值为 1 到 10。

(2) 定义两个指针，一个指向数组第一个元素，一个指向数组最后一个元素。

(3) 每次交换这两个指针所指向内存单元的值，变量 t 作为临时变量，用于实现交换。

(4) 把 x、y 所指向的值交换，相当于第 1 个元素和最后一个元素交换；然后执行 x++、y--，x 指针向后移动一个元素，此时 x 指向第 2 个元素，y 指针向前移动一个元素，此时 y 指向第 9 个元素，再次交换这个值。依次类推，直到交换了第 5 个元素和第 6 个元素的值。

(5) 循环结束条件 x<=a+4，相当于指针已指向第 5 个元素，循环执行了 5 次。

【例 6.9】使用指针求 6 位学生的平均分数。

程序分析：

(1) 6 位学生的成绩存放在数组中。

(2) 使用循环对这 6 个成绩求和，并求平均值。

(3) 使用指针实现对数组的输入与访问。

```
#include <stdio.h>
void  main()
```

```
{   int i;
    float stu[6],*p,ave,sum=0;
    p=stu;
    for(i=0; i<6; p++)
       scanf("%d", p);
    for(p=stu; p<(stu+6); p++)
        sum=sum+*p;
    ave=sum/6;
   printf("平均分为%f", ave);
 }
```

程序说明：

(1)定义浮点型数组 stu[6]存放 6 位学生成绩。

(2)定义浮点型指针 p 指向数组第一个元素。

(3)数组输入使用指针输入，每次循环 p++，一共循环 6 次，输入 scanf 语句中使用变量 p，不需要&取地址符号。

(4)使用循环求和，循环执行 6 次，每次累加*p，即 p 所指向的内存单元的值。

(5)最后求平均分。

6.4　指向二维数组的指针

6.4.1　通过指针访问二维数组

【例 6.10】使用指针输出二维数组的值。

```
#include <stdio.h>
void  main()
{   int i,*p;
    int a[3][3]={{1,2,3},{4,5,6},{7,8,9}};
    p=&a[0][0];
    for(i=0; i<9; p++)
       printf("%d  ", *p);
}
```

程序分析：

(1)a[3][3]数组共有 9 个元素，因此循环执行 9 次。

(2)每次执行循环，利用指针*p 输出其中一个值，然后指针指向下一个元素。

(3)这个例子尽管完成了二维数组的输出，但会发现它没有直观地表示出二维数组的行、列关系。

二维数组逻辑上是二维，大家可以理解行和列的组成，但在内存中，二维数组的存放还是连续的，与一维数组相似。假设有二维数组 a[3][4]，其内存存放如图 6-7 所示。从图中可以看出一共 12 个元素，在内存中顺序存放，先存储第一维下标为 0 的，再存储第一维下标为 1 的，最后存储第一维下标为 2 的。因此二维数组可以按照一维数组处理。

假设有如下定义：

```
int a[3][4];
int *p;
p=&a[0][0];
```

此时 p 指向了数组的第一个元素 a[0][0]，其他元素移动指针 p 就可以获得。但这里要注意与一维数组的区别是，如果要访问 a[1][0]，把指针向后移动一个元素显然不行的，p 向后移动一个元素将指向 a[0][1]。因此如果第二维加 1，指针向后移动一个元素，即执行 p++；如果第一维加 1，则指针要向后移动 4 个元素(在本例中)，即移动第二维的长度。

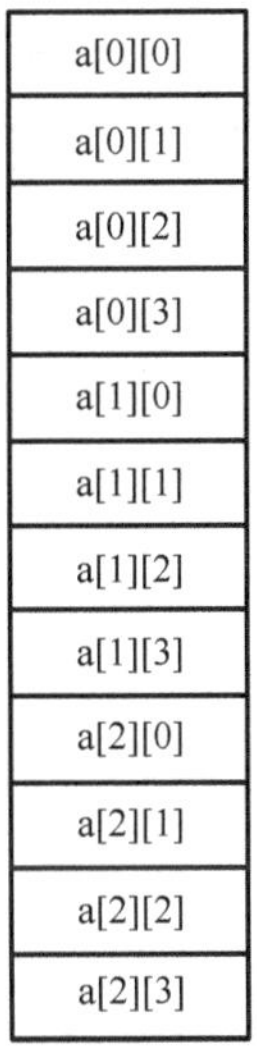

图 6-7　二维数组的内存存储图

6.4.2　二维数组的地址表示方法

二维数组可以看成多个一维数组处理，二维数组的每一行看成一个一维数组，按照这个逻辑，简单总结二维数组的地址表示方法如表 6-1 所示，假设有二维数组 a。

表 6-1　二维地址意义

表示方法	意　义
a、a[0]、*(a+0)、*a、&a[0][0]	0 行 0 列元素的地址
a+1、&a[1]、a[1]、*(a+1)、&a[1][0]	1 行 0 列元素的地址
a+i、*(a+i)、&a[i][0]、&a[i]、a[i]	i 行 0 列元素的地址
a[1]+2、*(a+1)+2、&a[1][2]	1 行 2 列元素的地址
(a[1]+2)、(*(a+1)+2)、a[1][2]	1 行 2 列元素的值

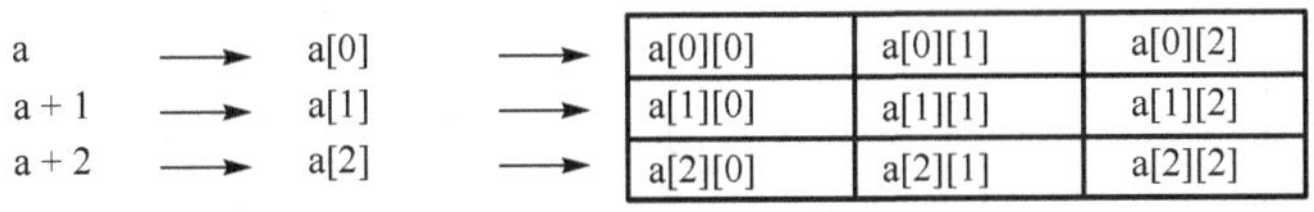

图 6-8　二维地址表示

结合图 6-8 及表 6-1 总结如下：

(1) a、a[0]、*(a+0)、*a、&a[0][0]均表示第 0 行 0 列的地址，*(a+0)+1、a[0]+1 表示第 0 行第 1 列的地址。

(2) a+1、&a[1]、a[1]、*(a+1)、&a[1][0]均表示第 1 行第 0 列的地址，*(a+1)+2、a[1]+2 表示第 1 行第 2 列的地址。

(3) 总结一般规律，a+i、*(a+i)、&a[i][0]、&a[i]、a[i]表示第 i 行 0 列地址。

(4) a[i]等同于*(a+i)，a[i]+j 等同于*(a+i)+j，它们表示第 i-1 行 j-1 列元素的地址，即 a[i][j]的地址。

(5) 对于任一元素 a[i][j]可表示为*(a[i]+j)或*(*(a+i)+j)。

6.4.3　一维数组指针访问二维数组

【例 6.11】 输出二维数组各元素的值。

```
#include <stdio.h>
void  main()
{   int i,j,(*p)[3];
    int a[3][3]={{1,2,3},{4,5,6},{7,8,9}};
    p=a;
    for(i=0; i<3; i++)
    {
       for(j=0;j<3;j++)
         printf("%d  ", *(*(a+i)+j));
       printf("\n");
    }
}
```

程序分析：

(1) 定义一维数组指针(*p)[3]，指针指向二维数组的行。

(2) 使用嵌套循环访问二维数组。

(3) 数组中的每个元素最终表示为*(*(a+i)+j)，这个在上一节已经详细分析过。

二维数组可以看成多个一维数组组成的，每一行为一个一维数组，因此二维数组可以定义为一维数组指针。该指针移动一次即移动二维数组的一行。

定义格式为：

```
基类型 (*指针变量名)[n];
```

其中：基类型为该指针指向的数组元素的类型；*表示定义的是一个指针；n 表示每个一维数组的长度，即二维数组的列数，其中的小括号不能省略。

例如：

```
int a[4][3];
    int (*p)[3];
p=a[0];
```

指针 p 指向二维数组 a，二维数组 a 被分成了 4 个一维数组 a[0]、a[1]、a[2]、a[3]，p 目前指向二维数组第一行，如果执行 p++，则 p 执行第二行首地址，以此类推。

6.5　指针与字符串

6.5.1　字符指针的定义

【例 6.12】使用字符指针访问字符串。

```
#include <stdio.h>
void  main()
{
    char c[]="Hello world", *p;
    int i;
    p=c;
    for(; *p!='\0'; p++)
       printf("%c", *p);
       printf("\n");
```

```
    for(i=0;*(a+i)!='\0';i++)
        printf(*(a+i));
}
```

程序输出：

```
Hello world
Hello world
```

程序分析：

(1) 定义一字符数组 c，初始化为“Hello world”。

(2) 定义指针，初始化为“Hello world”。

(3) 第一个 for 循环，通过访问指针 p 输出字符串，当遇到‘\0’表示字符串结束，每次输出一个字符。

(4) 第二个 for 循环，通过数组输出字符串，每次输出一个字符。

在数组一章，使用字符数组定义字符串，使用字符指针同样也能定义字符串，例如：

```
char *str="Hello world";
```

这里定义了一个字符指针 str，初始化为“Hello world”。初始化的字符串放在“”里。C 语言对字符串常量是按照字符数组处理的，在内存中开辟一个字符数组来存放字符串，如图 6-9 所示，每个内存单元存储一个字符，字符串的结束编译程序自动补充“\0”作为结束符。因此虽然该字符串有 12 个字符，但在内存中实际占用了 13 个内存空间，结束符也要占用一个空间。对 str 的初始化，实际上是把字符串第一个元素的地址，即存放‘H’字符的地址复制给指针 str。

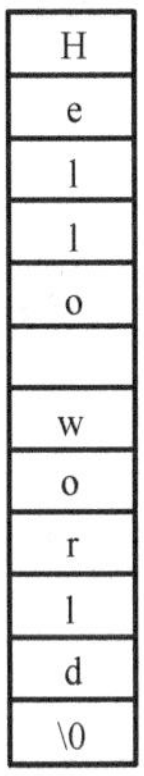

图 6-9　字符串的存储

对于字符串指针，可以定义后直接赋值，例如：

```
char *str="Hello world";
```

也可以先定义后赋值，例如：

```
char *str;
str="Hello world";
```

字符串初始化时，把初始化的字符串放在“”里面直接赋值给指针变量。

需要注意的是，尽管这条赋值语句是把一个字符串赋值给了变量 str，但变量 str 存放的不是整个字符串，而是该字符串首字母的地址，指针存放的还是一个地址值。访问的时候从该地址找到字符串的首字符，一直访问到‘\0’结束。

字符串也可以先存放在数组中，然后再赋值给指针，例如：

```
char c[]="Hello world", *str;
str=c;
```

在例 6.12 中对于字符串的输出是逐个字符输出的，使用指针输出字符串，可以一次性输出，其格式为：

```
printf("%s",str);
```

printf 中格式符用%s，表示要输出字符串，在输出项中直接写指针名字即可，系统会自动顺次输出字符串中各个字符，直到碰到‘\0’为止。改写例 6.11，使用格式符%s 输出。

```
#include <stdio.h>
void  main()
{
    char c[]="Hello world", *p;
    int i;
    p=c;
    printf("%s",p);
}
```

程序分析：

使用格式符%s 改写后，输出明显变得简单了。

6.5.2　应用字符指针

【例 6.13】用指针变量将字符串 a 拷贝到字符串 b。

```
#include <stdio.h>
void  main()
{
    char  *a ="Welcome to Beijing", b[20], *p1, *p2;
    int i;
    p1=a;
    p2=b;
    for(; *p1! ='\0'; p1++, p2++)
        *p2=*p1;
    *p2='\0';
    printf("string  a  is: %s\n", a);
    printf("string  b  is: %s\n",b);
}
```

程序分析：

(1)定义两个字符指针 p1、p2 分别指向两个字符串 a、b。

(2)从字符串 a 的第一个字符开始，依次把每个字符赋值给 b，遇到‘\0’结束。

(3)最终在 b 的末尾补充‘\0’。

字符指针与字符数组区别：

(1)字符数组由若干个元素组成，每个元素中放一个字符，而字符指针变量中存放的是地址，即字符串第 1 个字符的地址，而不是将字符串放到字符指针变量中。

(2)赋值方式不同。对字符数组只能对各个元素赋值，不能用下面办法对字符数组赋值：

```
char  str[14] ;
str="Hello World";
```

而对字符指针变量，可以采用下面方法赋值：

```
char *a;
a="Hello World";
```

但注意赋给 a 的不是字符，而是字符串第一个元素的地址。

(3)对字符指针变量赋初值：

```
char *a="Hello World"; 等价于 char *a;  a="Hello World";
```

而对数组的初始化：

```
char str[14]={"HelloWorld"}; 不能等价于 charstr[14]; str[]="HelloWorld";
```

【例 6.14】编写程序把字符串 b 连接到字符串 a 的后面。如图 6-10 所示。

程序分析：

(1) 这个程序要实现两个字符串的连接，字符串连接需要依次拷贝每个字符，因此需要使用循环，每次赋值一个字符。

(2) 循环的结束条件就是判断是否读取到‘\0’。

(3) 连接结束后一定记得在新字符串后面要添上结束符‘\0’。

(4) 连接字符串一定要保证 a 定义时的长度足够长，至少比字符串 a 和字符串 b 的总长度还要长 1 个字符。

```
#include <stdio.h>
void  main()
{
   int i,j;
   char a[20]="Hello ",*b="world";
   i=0,
   j=0;
   while(*(a+i)!='\0')
      i++;
   while(*(b+j)!='\0')
   {
      *(a+i)=*(b+j);
      i++;
      j++;
   }
   *(a+i)='\0';
   printf("%s\n",a);
}
```

输出结果：

```
Hello world
```

程序分析：

(1) 定义一个字符数组 a，长度为 20，定义一个字符串 b。

(2) 第一个 while 循环实现字符串 a 的指针移动到最后一个字符‘\0’。

(3) 从‘\0’处开始依次把 b 的每个字符赋值到 a 中，赋值一个字符后，指向 a、b 的两个指针均向后移动一个字符，直到字符串 b 访问到‘\0’，即字符串 b 访问结束。

(4) 最后在字符串 a 后添上结束符。

学生成绩管理系统之查询功能实现

具体算法描述如下：

1. 成绩输入已在第五章进行了讲解，目前成绩已存放在一个数组中，假设为 cj 数组，此数组长度为 p，即存放有 p 个学生成绩。

2. 查询时，首先提示用户输入要查询的成绩，用户从键盘输入成绩，保存在一个变量中。

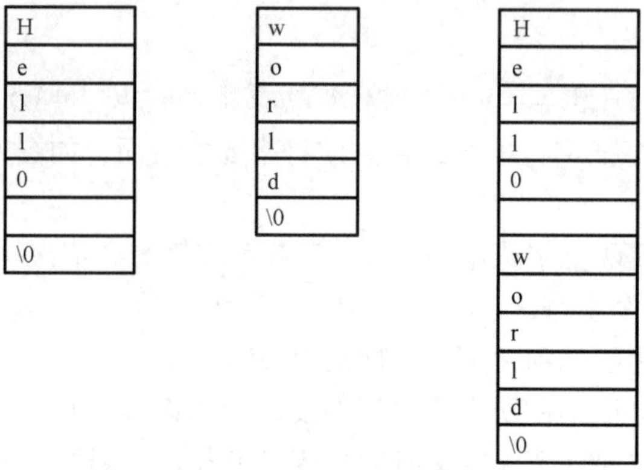

图 6-10　字符串连接前后内存图

3．要用循环结构实现查找，从数组的第一个元素开始找，如果不相等继续寻找，直到找到一个与输入的成绩相等的元素，使用 break 强制退出循环，或者没有找到正常结束循环。

4．循环退出时可能存在两种情况，一种是找到了与查找成绩相同的成绩，使用 break 强制退出了循环，此时循环变量的值即为此元素的下标，输出循环变量加 1 的值即为此成绩所在的位置；另一种是访问到数组的最后一个元素仍然没有找到，此时循环变量的值等于数组长度 p，应输出“没有找到”。

这个案例使用数组可以实现，本章使用指针实现此案例。成绩管理系统的查找功能，使用指针实现，其流程图如图 6-11 所示。

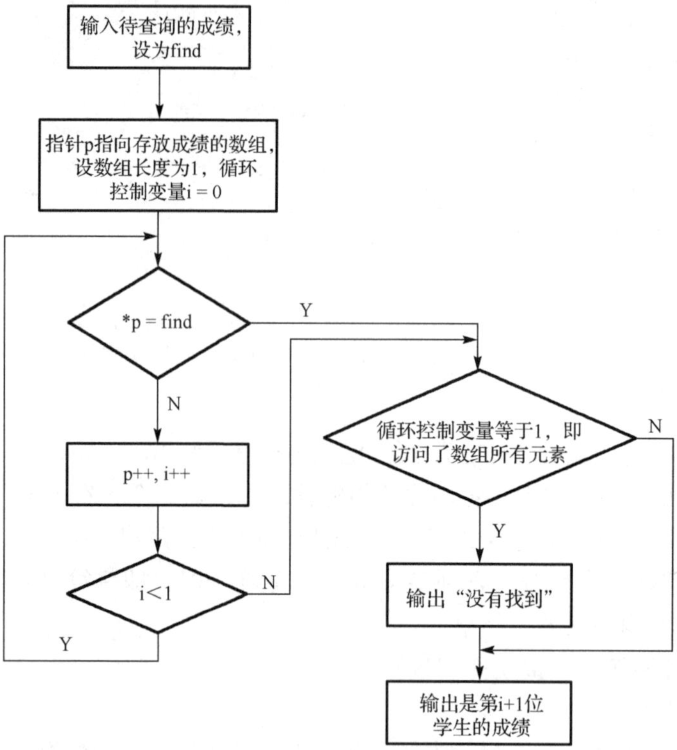

图 6-11　查找算法流程图

```
int find,*p,i;
printf("请输入待查询成绩\n");
```

```
    scanf("%d",&find);
    p=cj;
    for(i=0;i<l;i++)
    {
        if(*p==find)
            break;
        p++;
    }
    if(i==l)
        printf("没有找到\n");
    else
        printf("%d是第%d位学生成绩\n",find,i+1);
```

程序分析：

(1)输入待查询的分数，存入变量 find。

(2)定义指针 p，指向数组的首地址。

(3)从第一个元素开始，依次与 find 比较，如果相同，执行 break 语句，退出循环；如果不相同，执行 p++，移动指针指向下一个元素，继续比较。

(4)循环结束后，如果 i 值与数组长度 l 相同，说明没有找到。

习　题

1．从键盘上输入 3 个整数，然后按从大到小的顺序输出。

2．输入 10 个整数，然后第 1 个数和倒数第 1 个数交换，第 2 个数与倒数第 2 个数交换，依此类推，直到交换所有的数。

3．利用指针访问一字符串，输出字符串长度。

4．利用指针实现在一个字符串中查找是否存在某个字符。

5．用指针编写程序将一个 3*3 的矩阵转置。

6．利用指针求解 10 个学生的平均分。

第 7 章　函数程序设计

通过前几章的学习，已经完成了一个学生管理系统的基本功能。细心的读者会发现，随着学习的深入，程序中包含的代码越来越多。但是除了少量代码，如 include、define 等语句外，其他所有的语句都写在 main 函数中。例如学生成绩管理系统中的统计功能，一般需要统计一门考试成绩的最高分、最低分、平均分、及格率等四个功能。如果将实现这些功能的代码都写在 main 函数中，一方面使得程序过于繁琐而失去可读性，另一方面将四个功能的代码捆绑在一个 main 函数中，使得每一个独立功能不能被项目组其他成员复用。在第二章中提到模块化程序设计思想，就是将大的任务分解成若干小任务，小任务再分解成更小的任务。函数是 C 语言中的一个非常重要的概念，一般被分解的任务都是通过函数的形式实现的。函数除了能提高可读性和便于代码复用外，更重要的好处是可以将实现一个独立功能的计算过程封装起来，例如前面程序中使用的输入函数 scanf 和输出函数 printf，这是两个系统函数，将实现输入和输出的复杂语句封装起来，只要使用正确的函数名字及提供正确的参数就可以进行输入和输出操作。

C 语言提供了两种函数，一种是系统函数，例如 printf 函数，就是系统已定义，只要用户正确使用就可以了；另一种是用户自定义函数，就是用户自己定义的函数。本章主要讲述函数的定义及应用。

本章问题：应用函数优化学生成绩管理系统

问题背景：前面的章节实现了学生管理系统的一些基本功能，包括录入功能、查询功能、统计功能、管理功能，如图 7-1 所示。尽管这些功能按照预期的目标实现了，但是存在一些不可忽视的严重问题，那就是代码的重复编写问题。比如统计功能中可以实现指定学生期末考试的平均分，但需要先从众多学生中查询到该学生才能完成统计平均分的任务；管理功能中能够实现修改某个学生录入错误的分数，前提也是需要查询出该学生预修改的成绩。如此看来，学生成绩管理系统中的各个功能不是相互独立的，其中的一些子功能可能会出现在多个功能模块中。如果在每个模块中都重新编写这些代码，就会造成重复工作，增加了程序员的工作量，也给程序的后期运行和维护带来麻烦。另外相同的代码重复多次出现也减弱了程序的可读性和清晰性，给开发小组相互沟通带来困难。在实现功能不变的情况下，如何解决代码的重用、提高程序的可读性是项目开发小组亟待解决的问题。

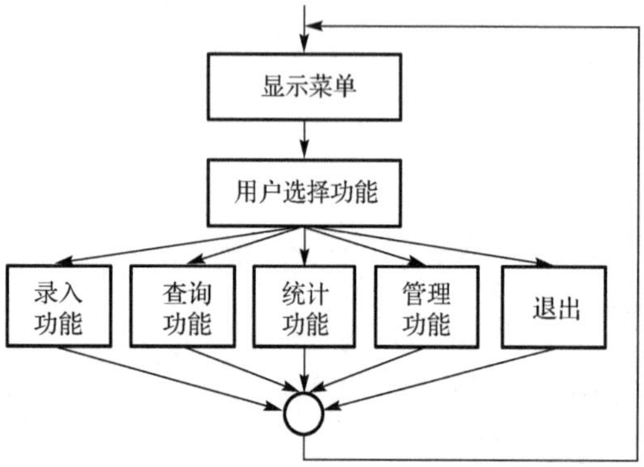

图 7-1　学生成绩管理系统菜单功能

7.1　引 入 函 数

【例 7.1】老师让初学 C 语言程序设计的王晨和张明结组，并分别布置了编程任务。王晨需要编写一段代码求两个整数的最大值和最小值，张明编写程序实现求四个整数的最大值。学习勤奋的王晨觉得问题简单，马上编写出如下的代码。

```
#include<stdio.h>
void main()
{
    int num1,num2,max,min;      //max 为最大值，min 为最小值
    scanf("%d%d",&num1,&num2);
    if(num1>num2)               //求最大值
    {
        max = num1;
    }
    else
    {
        max = num2;
    }
    if(num1>num2)               //求最小值
    {
        min = num2;
    }
    else
    {
        min = num1;
    }
    printf("最大值为%d,最小值为%d",max,min);
}
```

王晨编写的代码经运行检验是正确无误的，能够准确地求出两个整数的最大值和最小值。而王晨的队友张明并没有急于开始编写程序，他首先分析了求四个整数最大值的解决方法。如果求四个整数 a、b、c 和 d 的最大值任务，其实可以分解为如下几个子任务如图 7-2 所示。张明分析发现，求四个整数的最大值其实质就是 3 次求两个整数的最大值问题，而求两个整数的最大值是他的队友王晨已经完成的代码。于是张明向王晨说明了需要借用他编写代码的请求，王晨尽管很痛快地答应了，却发现根本没有办法与张明共享，原因有二：一是求两个数最大值的代码写在了 main 函数里面，没办法共享；其二是最大值和最小值代码都在一个函数里，没办法单独共享其中的最大值代码。

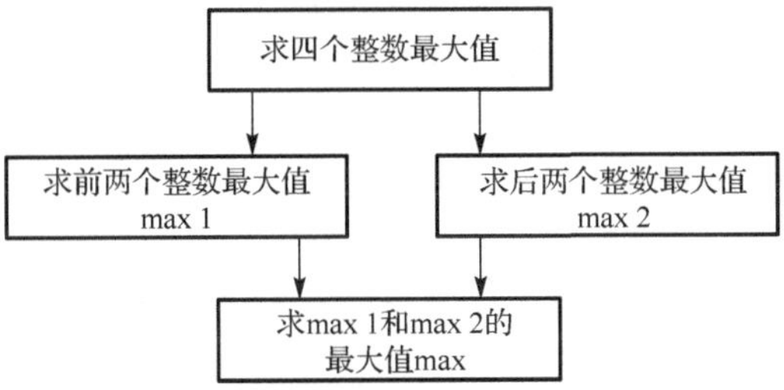

图 7-2　四个整数最大值的功能分解图

为了团队合作，王晨和张明对代码进行了重新分析、设计和编写。完成两个人的任务，王晨的程序设计非常关键。其实王晨要实现两个独立的子功能，即求两个整数的最大值和最小值，要把两个子功能分开编写代码。张明只要复用王晨的最大值代码就可。

王晨新的代码编写如下。

```
#include<stdio.h>
/*求最大值函数*/
int getMax( int a, int b)
{
    if(a>b)
       return a;
    else
       return b;
}
/*求最小值函数*/
int getMin( int a, int b)
{
    if(a>b)
       return b;
    else
       return a;
}
void main()
{
    int num1,num2,max,min;              //max 为最大值, min 为最小值
    scanf("%d%d",&num1,&num2);
    max = getMax(num1,num2);            //调用最大值函数
    min = getMin(num1,num2);            //调用最小值函数
    printf("最大值为%d,最小值为%d",max,min);
}
```

分析王晨编写的代码，是将求最大值和最小值两个子功能分别使用一个函数封装起来，然后在主函数 main 中调用这些函数即可。

这样一来，张明同学的问题也迎刃而解了。张明同学只要编写自己的 main 函数即可：

```
#include<stdio.h>
void main()
{
    int a,b,c,d,max1,max2,max;
    scanf("%d%d%d%d",&a,&b,&c,&d);
    max1= getMax(a,b); //求前两个整数的最大值
    max2= getMax(c,d); //求后两个整数的最大值
    max = getMax(max1,max2);
    printf("四个整数的最大值为%d",max);
}
```

新的程序设计方法不仅提高了程序的可读性，更重要的是解决了代码复用问题。由王晨编写的程序可以看出，可以将大的、复杂的任务分解若干小的子任务，小的子任务还可以分解成更小的子任务，分解后的子任务用独立的函数来实现，例如程序中的 getMax() 函数和 getMin() 函数。

函数是构成 C 语言程序的重要单位。C 语言中的函数分成两类。一类为系统函数，如 printf() 函数，就是系统已经定义好了的函数，程序员根据问题的需要调用即可。但是系统

函数实现功能是有限的，面对复杂的任务，程序员需要设计编写自己的函数。由程序员自己编写的函数称为用户自定义函数，如求最大值函数 getMax() 函数和求最小值函数 getMin() 函数。

7.2 理解函数

7.2.1 函数的概念

数学上传统的函数 function 被认为是"凡此变数中含彼变数者，则此为彼之函数"，也就是说函数指一个量随着另一个量的变化而变化，一般记作 $y = f(x)$，其中 x 为自变量，而 y 为因变量，y 随 x 在对应法则 f 的作用下变化而变化。程序设计中的函数与传统数学的函数有相同的内涵，也是对输入到计算机中的数据进行相应的处理产生对应的输出，从而完成独立的功能或任务。程序设计的函数与传统数学的函数对应关系如图 7-3 所示：

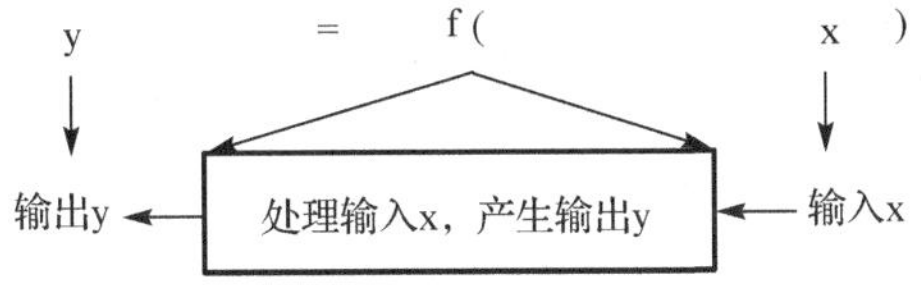

图 7-3　程序设计函数与传统函数的对应关系

其中输入对应自变量 x，输出对应因变量 y，函数的语句则对应着作用法则 f。与数学函数不同的是，程序设计函数可以没有输入。那么程序设计的函数可以理解为：

在程序设计中，一个函数就是能完成一定的功能，有 0 个或多个输入，封装了计算机对输入的处理指令，至少产生一个输出的独立结构。

【例 7.2】阅读下面函数程序，找出函数的输入、输出和处理语句。

```
int  getMaxValue( int a, int b, int c)
{
    if( a < b)   a = b;
    if( a < c)   a = c;
    return  a;
}
```

该函数实现求三个整数最大值的功能，其中 getMaxValue 为函数名。对用户自定义函数来说，函数名由程序员自行命名，但要符合对系统对标识符的命名规则。

紧跟在函数名后面小括号"()"中为函数的输入，该函数有 a、b、c 三个输入，每个输入必须以数据类型和变量名形式出现，例如 int　a。多个输入用逗号隔开。函数的输入也称函数的形式参数，简称形参。这种有形参的函数也被称为有参函数。

最终存放在变量 a 中的值为三个数中的最大值，是该函数的输出。函数的输出是利用 return 语句才能实现，例如 return a；语句实现将变量 a 的值输出返回。而在函数名前面数据类型，例如本函数中的 int，表示了 return 语句输出返回值的数据类型。本函数中，将 3 个整数的最大值存放在变量 a 中输出返回，返回值类型为 int 型。

写在函数的大括号"{}"中的两个 if 语句则是对输入的三个整型变量 a、b、c 的比较处理，并将三个数的最大值保存在变量 a 中，是函数中的处理语句，写在函数的两个大括号“{}”之间，与函数的输出一起被称为函数体。

【例 7.3】 阅读下面的函数，找出函数的输入。

```
int  getMaxValue()
{
    int  a,b,c;
    scanf("%d%d%d",&a,&b,&c);
    if( a < b)   a = b;
    if( a < c)   a = c;
    return  a;
}
```

该函数的功能仍然是实现求三个整数的最大值。与上例不同的是，该函数的输入不是通过形参实现的，而是把输入，即对变量 a、b、c 的赋值放在函数体中。这种形式的函数被称为无参函数。注意尽管没有形式参数，但函数名后面的括号不能缺少。其输出和处理语句与例 7.2 相同。

【例 7.4】 阅读下面的函数，找出函数的输出。

```
#include<stdio.h>
void  getMaxValue()
{
    int a, b,c;
    scanf("%d%d%d",&a,&b,&c);
    if( a < b)   a = b;
    if( a < c)   a = c;
    printf("三个数的最大值为%d",a);
}
```

该函数仍然可以实现求三个整数的最大值。与前面两个题例不同的是，这个函数的输出不是用 return 语句实现的，而是利用 printf 函数直接将处理结果显示输出。由于没有 return 语言，函数将返回无值类型的数据，故在函数名前面必须使用 void 类型，即无值类型。此时系统会把遇到函数体的右大括号作为函数的结束。

良好函数设计规范要求，即使不需要返回任何值的函数也应该使用 return 语句，即 return;语句，函数的返回值类型必须是 void 无值类型。

7.2.2　函数的结构

分析上面几个函数，无论是有参函数还是无参函数，函数的结构是固定的。函数结构可以划分成如图 7-4 所示。

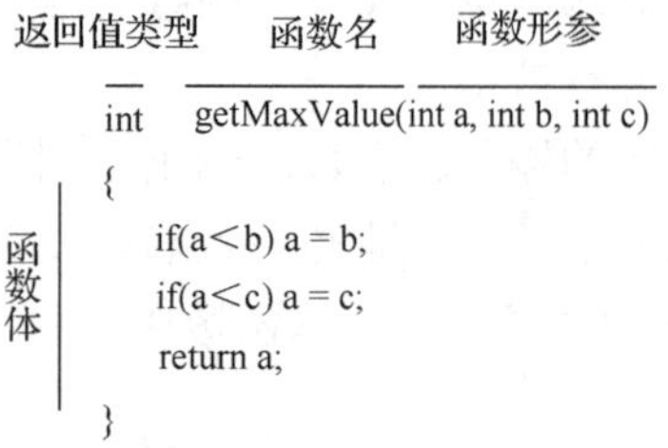

图 7-4　函数的结构

因此任何一个函数的结构可以定义为下列形式：

```
返回值类型　　函数名(函数的形式参数)
{
        函数体
}
```

我们把构成函数的函数名、返回值类型、函数的形式参数、函数体统称为定义函数的四个要素。其中：

(1) 函数名由程序员自己定义，命名规则要符合系统对标识符命名的要求。企业项目要求函数名使用相应的英文单词或缩写，应达到“见名知意”。一般企业项目都有自己的变量命名规则。

(2) 函数的参数。写在紧跟在函数名后面的小括号内。无参函数只有空的小括号，有参函数则将所有的函数都写在小括号内。每个参数的格式相同，即数据类型　参数名。多个参数间用逗号隔开。

(3) 返回值类型。写在函数名的前面，与函数名至少要间隔一个空格。返回值类型是函数返回值的数据类型，要和函数体中的 return 语句返回值的数据类型一致。尤其注意当函数体中没有 return 语句或者仅有 return；语句时，函数的返回值类型必须是 void。

(4) 函数体是函数名下面用大括号“{}”括起来的处理语句。这些语句具体实现函数的功能。

有些书籍将函数结构的第一行，即：

```
返回值类型　函数名(形式参数)
```

称为函数声明。鉴于此函数的结构由两部分组成，即函数声明和函数体。

7.2.3　函数的定义

由前面的函数题例可知，程序员如果定义自己的函数，只要确定函数的四个要素即可，即函数名、函数的参数、返回值类型和函数体。对于一个初学编程者来说，如何正确地找到函数的四个要素是掌握函数编程的关键。下面我们来帮助初学者学会找到四个要素的基本方法。

【例 7.5】在学生成绩管理系统中，经常需要做分数统计功能，常见的包括某门课程成绩的最高分、最低分和平均分。例如统计出《C 语言程序设计》30 名学生成绩的最高分。

问题分析：30 个学生成绩的最高分是本问题需要完成的任务，同时统计最高分功能是学生成绩管理系统中的最常见的统计任务，很可能被多次复用，故应将求最高分的任务通过函数的形式实现。定义自己的函数需要找到函数的四个要素。

(1) 函数名。因为该任务是求最高分，故函数可以取名为 getHighestScore，可以见名知意。这种为标识符取名的方法为骆驼命名法，即 Camel-Case，又称驼峰命名法，即第一个词小写，从第二个词开始，每个词的首字母大写。另一种常见的标识符命名方法是帕斯卡命名法，即 Pascal 法，因 Pascal 语言的命名惯例。帕斯卡命名法是将所有词的首字母都大写，例如 GetHighestScore。有人将这种命名方法称为一种特殊的骆驼命名法，即大驼峰式命名方法。

(2) 函数的返回值类型。因本任务要完成求学生课程的考试成绩的最高分，这是函数的输出，也是编写函数的最终目的。学生成绩分数均为 0-100 间的整数，故最高分也一定是一个整数，所以函数的返回值类型为整型 int，同时函数体中必须有 return 语句，且返回一个整型数据。

(3) 函数的参数。前面讲过函数的参数也是函数的输入，但是又因函数的输入可以以函数参数出现，也可以出现在函数体中，不以函数的参数形式出现，从而使得初学者很难把握函数的形式参数。函数的形式参数其实是函数为完成任务需要的前提条件，比如要求 30

个学生 C 语言程序设计的成绩最高分，如果没有 30 个学生成绩数据，最高分是无从谈起的。故 30 个成绩数据就是该函数的形式参数。再进一步分析，30 个学生成绩信息应该使用整型数组，该形式参数为：int stuScores[30]。

(4) 函数体。即对 30 个学生成绩进行求最大值的操作。利用循环结构，依次比较的方法求得。

由上面的分析编写代码如下。

```
int getHighestScore( int stuScore[ 30])
{
    int i;
    int max;
    max = stuScore[0];
    for(i = 0;i<30; i++)
    {
       if(stuScore[i] > max )
          max = stuScore[i];
    }
    return max;
}
```

该函数完成基于形式参数 stuScore[30]求最高分，通过依次的比较，将最高分存放在整型变量 max 中，最终利用 return max;语句将 max 中的最高分返回。在此例中，形式参数 int stuScore[30]也可以省略数组元素的个数而改写为 int stuScore[ ]，具体原因将在函数调用章节详细讲述。

【例 7.6】根据圆的半径 r 的值求圆的周长和面积。

问题分析，该问题包含两个任务，求圆的面积和圆的周长，需要定义两个函数来实现。首先定义求圆的面积函数。

(1) 函数名。getCircleArea，其中单词 area 翻译为面积。

(2) 函数的返回值类型。求面积是最终任务的目标，面积是 double 类型的数据，同时在函数体中必须有 return 语句返回面积值。

(3) 函数的参数。求函数的面积，必需的前提条件是圆的半径 r 的值，故函数的形参为：double r。

(4) 函数体。圆的面积公式，即面积 $= \pi \times r^2$。在该公式中，需要处理 π，根据问题要求取得其近似值。在此问题中，π 取值为 3.14。其次 r^2 可以写成 r*r。

根据以上分析编写的求圆的面积的函数为。

```
#define  PI  3.14  //宏定义，PI 为符号常量
double  getCircleArea( double  r)
{
   return  PI * r * r;
}
```

同理，求圆的周长函数定义为：

```
double  getCirclePerimeter( double  r)
{
```

```
    return 2*PI* r;
}
```

【例 7.7】 统计 N 个学生某门课程考试成绩的及格率，并将成绩按照降序排序输出。

分析问题，该问题明确需要完成两个任务，一个是及格率，一个是成绩的降序排序。但是仔细分析一下，要统计考试成绩的及格率，首先需要先将 N 个学生的成绩输入到计算机中保存，故还需要完成输入成绩的任务；其次降序排列好的成绩需要显示输出，还需要完成一个输出成绩的任务，故该问题共需要编写四个函数实现，且各个函数之间存在先后关系如图 7-5 所示。

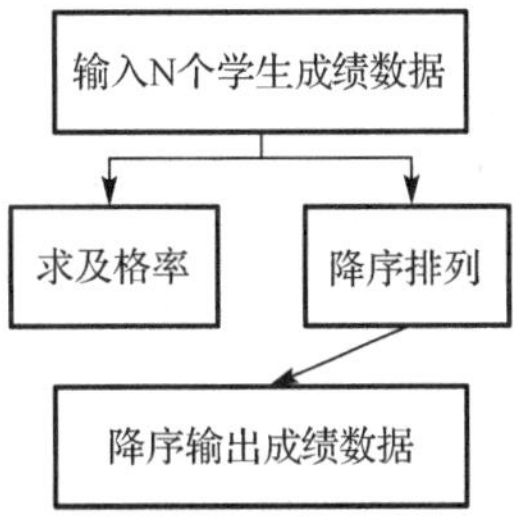

图 7-5　问题中分解的函数及相互关系

从图 7-5 中可知，一个问题中可能包含若干个独立的任务，而各个任务之间可能存在先后关系，例如输入 N 个学生的成绩数据后，才能求及格率和降序排列分数，降序排列分数后，才能将排列好的分数输出，前面的函数的任务结果是后面函数任务的前提条件。故在程序设计前，分析和设计出各个函数及其相互关系是至关重要的环节。

下面依次完成四个函数的定义。首先定义输入 N 个学生的成绩数据任务。

(1) 函数名。 inputScoreInfo，其中 info 是单词 information 的前四个字母。当标识符名字的单词很长时，可以选用该单词的前三个或前四个或有代表性的字母来表述，如用 stu 代表 student、用 btn 代表 button 等。

(2) 函数返回值类型。因为是输入数据到整型 int 数组中，最终的结果保存在数组中即可，不需要返回任何值，故返回值类型为无值类型 void，函数体中只要有 return;语句即可。

(3) 函数的参数。要输入 N 个学生的成绩数据，前提条件是需要知道输入到哪个数组中，输入多少个学生的成绩信息，故函数的参数为 int scores[ ], int　n。其中整型数组 scores 为保存分数的数组，而整型变量 n 则表示输入分数的数目。

(4) 函数体。利用循环语句，scanf 函数依次输入 n 个学生的成绩数据即可。

根据以上分析，输入成绩的函数定义如下。

```
void inputScoreInfo( int scores[ ] , int  n)
{
    int i;
    for( i = 0 ; i < n ; i++)
    {
        scanf("%d", &scores[ i]);
    }
    return;
}
```

其次，完成考试成绩降序排列的任务。

(1) 函数名。sortInDown，使用单词 down 表示降序。

(2) 函数返回值类型。本任务只要对数组中保存的学生成绩进行降序排列即可，不需要返回任何值，故函数的返回值类型为无值类型 void，函数体中只要有 return;语句即可。

(3) 函数的参数。完成对学生成绩信息的降序排列，前提条件是给定待排序的学生成绩，即保存学生成绩信息的数组，以及数组元素的个数，故函数的形式参数为：int scores[ ], int n，其中整型数组 scores 中保存有已经输入的学生成绩数据，而整型变量 *n* 表示学生成绩数据的个数。

(4) 函数体。完成基于学生成绩数组 scores 上的降序排序，可以选择冒泡排序法、选择排序法、插入排序法等。本函数采用冒泡排序方法实现。

根据以上分析，降序排列学生成绩函数定义如下。

```
void sortInDown( int scores[], int n)
{
    int i,j,temp;
     for(i = 0; i < n;i++)       //冒泡排序算法开始
     {
         for( j = i; j < n; j++)
         {
             if(scores[i] > scores[j])
             {
                 temp = scores[j];
                 scores[j]=scores[i];
                 scores[i] = temp;
             }
         }
     }
     return;
}
```

求及格率函数和输出降序排序后的函数，请读者自行完成。

7.3　调 用 函 数

以上学习了如何从一个问题中确定函数及函数间的关系，准确找到函数的四个要素来定义函数的方法。函数是完成特定任务的代码段，代码段定义好了，如何使用这些代码段来完成问题中的任务呢？我们把对函数代码段的使用称为调用函数，下面将详细讲解调用函数的方法。

7.3.1　函数的调用方法

其实在每一个 C 语言程序中都在调用函数，例如基本每一个程序都会出现对 scanf() 和 printf() 函数的调用。C 语言的函数有两类，一类是系统函数，见附录 C 语言库函数，就是系统已经定义好了，程序员只要根据具体问题调用就可以了。另一类的用户自定义函数，当系统函数不能满足解决问题的需要，程序员需要定义自己的函数，例如第 7.2 节中讲到的定义函数的方法。

【例 7.8】求有 *N* 个学生的班级某门课程考试成绩的及格率。

问题分析，该问题要完成求及格率的任务，需定义一个函数来实现。

(1) 函数名为 getPassRate。

(2) 函数的返回值类型。问题的最终目标是获得及格率，及格率数据应该是 double 类型的数据，在函数体中应该有 return 语句返回及格率数据。

(3) 函数的形式参数。求 N 个学生考试成绩的及格率，前提条件是 N 是多少，即多少个学生。另外还要知道所有的成绩信息，故形式参数为：int scores[ ], int n，其中数组 scores 中保存了学生的分数，而 n 表示学生分数的个数。

(4) 函数体。利用循环语句，统计 scores[i] ≥ 60 的分数个数，再除以 n 即可。

依据以上分析，求成绩及格率的函数代码如下。

```
double getPassRate( int scores[ ], int n)
{
    int i;
    double count = 0;            //count 及格人数的计数器
    for(i =0; i< n; i++)
    {
        if(scores[i] >= 60)
        {
            count++;
        }
    }
    return  count/n;
}
```

在此函数中，将保存及格人数的变量 count 定义为 double 类型，主要是由于函数体中的 return 语句中的 count/n 必须是一个 double 类型的值。如果将变量 count 定义为 int 类型变量，则 count/n 将是 int 类型的数据。例如 count = 27，n = 30，则 count/n 的值为 0，而不是 0.9。

统计及格率的任务完成了，如何来检验任务完成的正确与否，就涉及如何来应用函数的问题，即如何调用函数的问题。

先来分析一下函数。前面讲到函数的四个要素，其中函数体是将实现函数任务的所有代码封装在一个大括号“{}”中，并且给这段封装的代码起一个名字，即函数名。所以要想使用这段代码，首先要引用正确的函数名。其次完成任务的前提条件是通过函数的参数来实现的，在函数定义时的参数称为形参，顾名思义为形式参数。在函数被调用时负责传递数据的，即在函数被调用时临时存在，调用完毕后形式参数将不复存在。而真正的数据来源于实在参数，即函数调用时的参数，简称实参。

1. 函数调用的格式

函数调用格式为：

```
函数名(实在参数);
```

函数调用语句就是利用该函数体中封装的代码完成具体任务。用函数名可以找到被封装的代码，而其后括号内的实在参数则提供了完成任务的真正前提条件。

接着例 7.8 的问题，调用函数 getPassRate 来完成成绩及格率的统计。函数调用语句为：

```
getPassRate( stuScore, 30);
```

其中 stuScore 为已经保存了学生成绩数据的 int 类型数组，30 是学生成绩个数。

2. 形参与实参的对应

函数一经定义且调试正确，程序员不再关心函数体内封装的语句，而只关心函数声明部分即可。函数声明和函数调用的对应关系如图 7-6 所示：

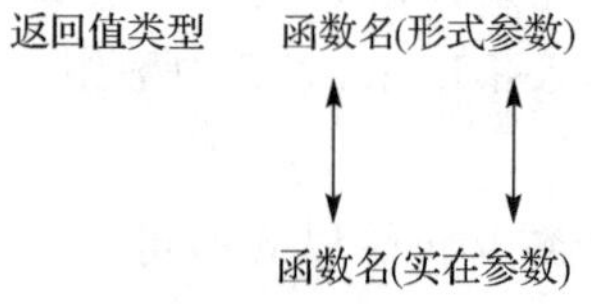

图 7-6　函数声明与函数调用的对应关系

在图 7-6 中包含以下几个规则：

(1) 函数调用时的函数名必须与定义时的函数名完全相同。

(2) 函数调用时的形式参数必须与定义时的实在参数完全对应。这种对应表现在个数、数据类型、出现顺序上的一一对应。例如函数声明为 double getPassRate(int scores[ ], int n)，则函数调用为 getPassRate(stuScore, 30)。形式参数有 2 个，一个是 int 类型数组，一个是 int 类型变量。对应的实在参数也有 2 个，即 int 类型的数组 stuScore，整数 30 则对应着形式参数的 n。且第一个参数为 int 型数组，第二个参数为 int 型变量。

(3) 函数声明中的形参是定义，故形参的数据类型不能省略，例如 int n。而实在参数需要是前面已经定义好的、且有数据的变量，故在调用时只写变量名，不再出现其数据类型。

(4) 形式参数与其对应的实在参数名可以相同，也可以不相同，不会影响函数的执行结果。

3. 函数调用语句的执行过程

当控制执行到函数调用语句时，会执行以下的步骤：

(1) 系统首先会通过对比函数名找到函数的定义处；

(2) 实在参数将数据传递给对应的形式参数；

(3) 执行函数体语句；

(4) 遇到 return 语句或函数体的右大括号“}”，结束函数运行，控制返回函数调用语句。如果有返回值，将返回值带回到函数调用语句处。

例如求两个整数和的函数定义为：

```
int  getSum( int x, int y)
{
    return  x+y;
}
```

当执行到函数调用语句 getSum(10,20)；时，首先对比 getSum 找到函数的定义处，并将控制转换到该函数处。接着将实参 10 传递给形参变量 x，将实参 20 传递给形参变量 y。然后执行函数体语句，遇到 return 返回 x+y 的值 30，控制返回到函数调用语句处。

一般情况下，如果函数有返回值，也就是说函数的返回值类型不是无值类型 void，函数调用需要是一个赋值语句，将函数最终的返回结果赋值给相同类型的变量。例如调用求两个数的和的函数一般写成：

```
int  sum = getSum( 10, 20);   或者
int sum;
sum = getSum(10,20);
```

此时，将函数返回值 30 给 int 型变量 sum 赋值。

【例 7.9】写出实现下面问题的函数的声明和其中一个函数调用实例。并请读者自行分析语句的执行过程。

(1) 函数名为 getEvenSum，可以完成求自然数 N 以内的偶数和。

问题分析，函数的返回值类型为 N 以内的偶数和，是 int 类型。函数的参数为自然数 N 的具体取值。故函数声明为：

```
int getEvenSum( int n)
```

函数调用为：int　sum = getEvenSum(30);

也可以写为：int　sum = getEvenSum(n)；其中 n 必须是 int 类型变量，且在该语句前已经被赋予一个确定的值。

(2) 函数名为 DeleteScoreInfo，根据输入的分数数据，将某门课程学生成绩中与输入分数相同的成绩都删除，不需要返回值。

问题分析，由于不需要返回值，故返回值类型为无值类型 void。完成该任务需要的前提条件有两个，一个是输入的分数，另一个是存放所有成绩信息的数组。故函数声明为：

```
void DeleteScoreInfo( int score , int scores [])
```

函数调用为：DeleteScoreInfo(100, scores)；其中 scores 为已经存放了所有成绩信息的 int 类型数组。该函数将考试成绩为 100 都删除掉。

(3) 函数名为 getStuCount，统计某门课程学生考试成绩处于某个区间的学生人数。

问题分析，函数的返回值为学生的人数，是 int 类型的数据。完成该任务的前提条件分别为所有的成绩数据，以及某个区间的两个数据。故函数声明为：

`int getStuCount( int scores [ ], int upper, int lower)`，其中 upper 是区间上限，而 lower 是区间下限。

函数调用为：`int count = getStuCount( stuScores, 60, 0);`，其中 stuScores 是存放所有成绩数据的数组，该函数实现统计某门课程成绩不及格的人数。

7.3.2　函数的嵌套调用

【例 7.10】 求 3 个学生某门课程考试的最高分。

问题分析，求最高分是一个任务，应该定义一个函数来实现。

(1) 函数名为 getHighestSco。

(2) 函数的返回值类型。任务的最终结果是最高分，故返回值类型为 int，且在函数体中必须有 return 语句返回最高分的值。

(3) 函数的参数。完成任务的前提条件是给定 3 个学生的考试分数，故形式参数为：int scoA, int　scoB, int　scoC。

(4) 函数体。求 3 个分数的最高分，方法是先求前两个成绩的最高分，再和第三个数求最高分。其实是两次调用了求两个成绩的最高分函数，问题转化为先定义求两个成绩的最高分，再定义求三个成绩的最高分。

依据以上分析，求两个成绩的最高分函数定义为：

```
int getHiSco(int scoA, int scoB)
{
   if( scoA > scoB)
      return scoA;
   else
      return scoB;
}
```

求 3 个成绩最高分的函数定义为：

```
int getHighestSco(int scoA, int scoB, int scoC)
{
    int highestSco;
    highestSco = getHiSco( scoA, scoB);          //调用 2 个成绩最高分函数
    highestSco = getHiSco(highestSco, scoB);   //调用 2 个成绩最高分函数
    return highestSco;
}
```

调用 3 个成绩最高分函数，完成问题的任务，编码如下。

```
#include<stdio.h>
void  main()
{
   int scoA, scoB, scoC, hiScore;
   scanf("%d%d%d",&scoA,&scoB,&scoC);
   hiScore = getHighestSco(scoA, scoB, scoC); //调用 3 个成绩最高分函数
   printf("三个成绩的最高分为%d", hiScore);
}
```

下面来看程序的执行过程。从 main 函数为执行起点，首先执行 scanf 函数为三个分数变量输入值，然后执行语句 hiScore = getHighestSco(scoA, scoB, scoC);，通过函数名对比找到函数 getHighestSco 的定义处，实参将其值分别复制给对应的形参，控制转入到函数 getHighestSco 的函数体执行。在 getHighestSco 的函数体内，执行语句 highestSco = getHiSco(scoA, scoB);，对比 getHiSco 函数名找到该函数，实参将值复制给形参，控制转到 getHiSco 函数体内执行求两个分数的最高分，return 语句带着最高分将控制返回到 highestSco = getHiSco(scoA, scoB);，并将带回的值赋值给变量 highestSco。接着执行语句 highestSco = getHiSco(highestSco, scoB);，控制再一次转入 getHiSco 函数执行，控制返回语句 highestSco = getHiSco(highestSco, scoB);，并将最高分赋值给变量 highestSco。接着执行 return highestSco; 语句，控制带着变量 highestSco 的值返回到语句 hiScore = getHighestSco(scoA, scoB, scoC);，并将带回的值为 hiScore 赋值。最终执行 printf 函数，输出 hiScore 的值，即最高分。在该例中，main 函数调用了 getHighestSco 函数，而 getHighestSco 函数又调用了 getHiSco 函数。

这种嵌套调用的情况，初学者应该清晰地把握程序的执行过程。图 7-7 为嵌套调用函数程序执行过程图。

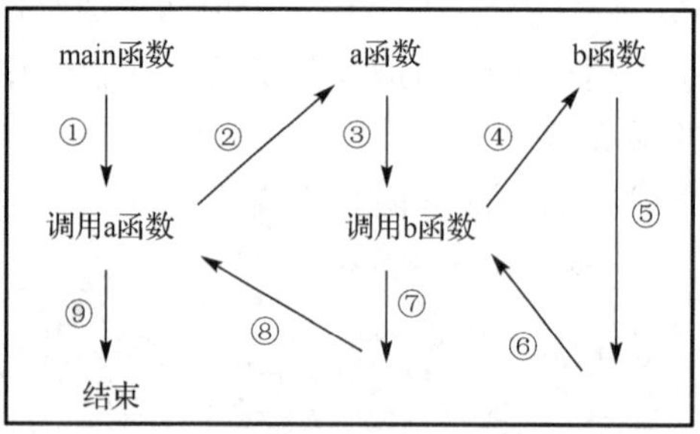

图 7-7　函数的嵌套调用

在图 7-7 中，main 函数调用了 a 函数，a 函数调用了 b 函数，其函数定义及调用语句如下。

```
返回值类型 b(形参 )
{
    ….
}
返回值类型  a(形参)
{
    …
    b(实参 );
    …
}
void main()
{
    …
    a(实参 );
}
```

该程序的执行过程是按照图 7-6 中的序号依次进行，请读者认真阅读。

同理，系统函数也常常被嵌套调用，如求整型变量 x 的平方根的语句为：

```
#include<math.h>
sqrt(abs(x));
```

abs(x)是系统函数，实现求变量 x 的绝对值的功能。因为开平方根之前必须保证 x 是正数。

系统函数的调用方法如下。

【例 7.11】为了分析某门课程考试成绩的分布是否正常情况，需要计算成绩的标准差。标准差的公式为：

$$\sigma = \sqrt{\frac{1}{N}\sum_{i=1}^{N}(x_i - \mu)^2}$$

其中 N 表示有 N 个数据，x_i 代表第 i 个数据，μ 代表 n 个数据的平均值。

问题分析，完成求考试成绩标准差的任务需要定义一个函数。

(1) 函数名为 getStdDev，其中 std 代表 standard，dev 代表 deviation。

(2) 函数的返回值类型。函数返回标准差值，为 double 类型，在函数体中的 return 语句必须返回 double 类型的数据。

(3) 函数的参数。完成任务的前提条件是存放所有学生成绩的数组以及学生成绩个数，故形式参数为 int scores[ ], int n。

(4) 函数体。预求成绩的标准差，其实就是计算标准差的公式。在公式中的开根号运算和平方运算是 C 语言的库函数中已经定义好的系统函数。求 $(x_i - \mu)^2$ 是用 C 语言头文件 <math.h>中的库函数 double pow(x,y)完成 x^y 运算。而开根号运算也是用该头文件中的库函数 double sqrt(double x)来完成的。程序员只要正确地调用库函数即可。

根据以上分析，求成绩标准差的函数定义如下。

```
#include<math.h>                        //包含库函数的头文件
double  getStdDev( int scores[ ], int n)
{
    int i ;
    double  sum= 0,ave,dev = 0;
    for( i = 0; i<n; i++)
    {
        sum = sum + scores[i];
    }
    ave = sum / n;
    for( i = 0; i<n; i++)
    {
        dev = dev + pow((scores[i] - ave), 2);
    }
    dev = sqrt(dev/n);
    return  dev;
}
```

由此题例可知，如果调用系统函数，需要注意以下问题：

(1)掌握函数能完成的任务信息，准确定位需要调用函数所在的头文件并 include。

(2)函数名必须完全正确。

(3)调用函数的实参必须与形参一一对应。

(4)正确使用函数的返回值。

在本书的附录中提供了 C 语言各个头文件中的库函数供程序员查阅使用。

7.3.3　参数的传递方式

【例 7.12】交换两个整型变量的值。

问题分析，交换两个整型变量的值是一个任务，需要定义一个函数来完成。

(1)函数名为 swapValue。

(2)函数的返回值类型。函数的运行结果是将两个整型变量的值相互交换，原则上最终的结果是交换后的两个变量的值。这样说来函数的返回值类型为 int，函数体中必须有 return 语句与之对应。但是 return 语句的能力有限，最多只能带回一个值。故放弃使用 return 语句来返回值，只要变量的值交换即可。故函数的返回值类型不能是 int，而选择用无值类型 void。

(3)函数的形式参数。完成任务的前提条件是给定两个整数，故形式参数为 int x, int y。

(4)函数体。利用一个临时整型变量 temp 完成变量 x 和 y 值的交换。

依据以上分析，函数定义如下。

```
void swapValue( int x, int y)
{
    int temp;
    temp = x;
    x = y;
    y = temp;
    return;
}
```

在 main 函数中调用 swapValue 函数代码如下：

```
#include<stdio.h>
void main()
{
    int a = 10, b = 20;
    swapValue( a, b);  //调用函数交换值
    printf("a=%d,b= %d",a,b); //输出交换后的 a 和 b 的值
}
```

运行上面的程序输出结果为：

```
a = 10, b = 20
```

运行结果发现变量 a 和 b 的值并没有交换。我们跟踪一下程序运行过程查找原因。程序运行的起点为 main 函数，在定义并初始化变量 a 和 b 后，遇到了函数调用 swayValue，根据函数名字对比控制转到函数的定义处，实参 a 将其值 10 复制给对应的形参 x，实参 b 将其值 20 复制给对应的形参 y，此时 x = 10, y = 20。进入函数体运行，交换形参 x 和 y 的值变为 x = 20，y=10。遇到函数体的有大括号结束函数执行，控制返回到 main 函数的 swapValue(a,b) 处接着往下执行 printf 语句，此时，尽管形参 x 和 y 的值交换了，但是实参 a 和 b 的值仍然没有交换。导致该问题的主要原因是实参将其值拷贝给了形参，实参和形参是相互独立的不互相影响的，所以尽管形参的值改变了，我们所希望的实参值却没有发生任何变化。如何来解决这类问题，程序员必须熟悉函数调用的参数传递方式。

1. 传值

在函数调用时，实参将其值拷贝一份给形参，形参和实参相互独立。

【例 7.13】 从键盘上依次输入 30 个成绩信息，统计高于某个给定成绩的分数个数。

统计成绩信息函数分析如下：

(1) 函数名 getCount。

(2) 函数的返回值为高于给定成绩的个数，故为 int 类型，函数体中必须有 return 语句返回个数数值。

(3) 函数的形式参数为给定的分数，int score。

(4) 函数体。利用 for 循环，依次判断输入的每一个分数与给定成绩的大小关系，累加计数。

依据以上分析，函数定义如下：

```
int  getCount ( int score)
{
    int  i, count = 0, nextScore;
    for( i = 0; i<30; i++)
    {
         scanf("%d",&nextScore);
         if(nextScore >= score)
            count ++;
    }
    return count;
}
```

调用函数语句为：　int　count = getCount(80)；

在执行函数调用语句时，实在参数 80 将其值赋值给形式参数 score 后，进入函数体执行，将大于 80 的分数计数保存在 count 中，最终 return 语句将 count 值返回给函数调用语句的 int 型变量 count。这种实形参之间通过复制值的方式来传递数据的方式称为传值方式。

2. 传地址

【例 7.14】正确实现例 7.12 的问题。

分析例 7.12 失败的原因是由于形参和实参相互独立而互相不影响。如果将实参和形参合二为一，那么形参值变化时，实参也将随之发生变化。两个变量合二为一就说明两个变量的内存地址是相同的，而表示地址的方法目前学过两种，一是指针，二是数组。于是修改例 7.12 如下：

```
void swapValue( int  *x, int  *y)
{
    int temp;
    temp = *x;
    *x = *y;
    *y = temp;
    return;
}
```

在 main 函数中调用 swapValue 函数代码如下：

```
#include<stdio.h>
void main()
{
   int a = 10, b = 20;
   swapValue( &a, &b);  //调用函数交换值
   printf("a=%d,b= %d",a,b); //输出交换后的 a 和 b 的值
}
```

运行修改后的程序结果为：a = 20, b = 10。

这是程序员期望的正确结果。下面分析一下执行过程。程序的执行起点为 main 函数，当执行到函数调用语句 swapValue(&a, &b);时，依据函数名对比找到函数的定义处，控制转到函数，实参 a 将其地址赋值给对应的形参 x，实参 b 将其地址赋值给对应的形参 y。x 和 y 都是指向 int 类型的指针变量，经实参赋值后，x 指向了实参变量 a，y 指向了实参变量 b，此时实参和形参合二为一。接着执行函数体语句，交换指针 x 和 y 指向的变量的值，即交换了实参 a 和 b 的值。这种实参将其地址传递给形参的参数传递方式称为传地址。

如果函数的参数需要传地址，则要求实参和形参都是地址。例如例 7.14 的实参&a 和&b。在 C 语言中，除了对变量取地址&、指针外，还有数组名也表示地址，也可以作为传地址的参数。

【例 7.15】调用例 7.11 定义的成绩标准差函数，求 30 个学生某门课程考试成绩的标准差。

问题分析，例 7.11 的函数声明为 double getStdDev(int scores[ ], int n)，函数的形式参数为 int 型数组 scores 和 int 型变量 n。数组 scores 是传地址方式，而变量 n 是传值方式，

故函数调用语句为 getStdDev（stuScores, 30）。在 main 函数中调用函数 getStdDev 的程序代码如下：

```
#include <stdio.h>
void main()
{
    int stuScores[30], i;
    double stdDev;
    for( i = 0 ;i < 30; i++)
    {
        scanf("%d",&stuScores[i]);
    }
    stdDev = getStdDev(stuScores, 30);      //调用标准差函数
    printf("%d",stdDev);
}
```

也可以用指针替代数组作为实参，修改程序代码如下：

```
#include <stdio.h>
void main()
{
    int stuScores[30], i, *p;
    double stdDev;
    p = stuScores;                          //指针 p 指向数组首地址
    for( i = 0 ;i < 30; i++)
    {
        scanf("%d",&stuScores[i]);
    }
    stdDev = getStdDev(p, 30);              //调用标准差函数
    printf("%d",stdDev);
}
```

上面程序中定义了指向 int 型的指针变量 p，并使 p 指向数组 stuScores 的首地址。前面我们讲过数组名是数组的首地址，所以在函数调用时，可以用指针 p 代替数组名作为实参。

【例 7.16】在不改变功能的前提下，利用指针变量改写例 7.8。

问题分析，在例 7.8 中，第一个形式参数为 int 类型的数组 scores，这是一个地址，可以用指向 int 类型的指针代替，程序改写如下：

```
double getPassRate( int * p, int n)
{
    int i;
    double count = 0;               //count 及格人数的计数器
    for(i =0; i< n; i++, p++)
    {
        if(p[i] >= 60)
        {
            count++;
        }
```

```
    }
    return  count/n;
}
```

由此总结一下函数的参数传递方式。

1．参数为非地址型变量以传值方式传递参数，形参和实参均为非地址变量。

2．在传值方式下，实参将其值复制给对应的形参，实参和形参相互独立。

3．形参或实参中任何一个为地址型变量，另一个也必须是。以 int 类型为例，形参和实参对应关系如表 7-1 所示。

表 7-1

条　件	实参	形　参
int a;	&a	int * p
int a,*p; p= &a;	p	int * p
int arr[20];	arr	int array[]　或　int * p
int arr[20],*p; p= arr	p	int array[]　或　int * q

7.3.4　函数原型

1．函数原型的通用形式

【例 7.17】例 7.9 的第(3)题中，利用函数 getStuCount()统计某门课程学生考试成绩处于某个区间的学生人数，编写程序调用函数 getStuCount()。

```
#include<stdio.h>
void main()
{
    int stuScores[30];
    int i,count = 0, upper, lower;
    for( i = 0; i < 30; i++)
    {
        scanf("%d", &stuScores[i]);
    }
    scanf("%d%d", &upper,&lower);
    count = getStuCount(stuScores, upper,lower);
    printf("处于%和%成绩之间的学生人数为%d", lower, upper, count);
}
int getStuCount(int scores[], int upper, int lower)
{
    int i,count = 0;
    for(i = 0; i <30; i ++)
    {
        if(scores[i] >=lower && scores[i] <= upper)
        {
            count++;
        }
    }
    return count;
}
```

执行上面的程序时出现错误提示为：implicit declaration of function ‘int getStuCount(...)’。造成这个错误的主要原因是 main()定义写在 getStuCount()的前面，而在 main()函数中调用 getStuCount()函数时，系统不能识别 getStuCount 的身份，故而产生了上面错误。解决该问题的方法是在 main()函数的前面，或在 main()函数体内调用 getStuCount()函数之前添加语句：int getStuCount(int *, int, int);，程序即可正确运行。添加的这条语句被称为函数的原型。

可以看出，函数原型语句与函数的声明语句基本相同，例如：

函数声明为：int getStuCount(int scores[], int upper, int lower)

函数原型为：int getStuCount(int *, int, int)

函数原型主要是提前告知系统函数的返回值类型以及函数的参数类型。函数声明也可以作为函数原型，只是函数原型中可以省略变量名。故函数原型的通用形式为：

```
返回值类型　函数名( 参数数据类型列表);
```

注意：参数是数组或指针的函数原型都写成同类型的指针即可。

当然，如果调换 main()函数和 getStuCount()函数定义的位置，即将 getStuCount()函数的定义放在 main()函数之前，则不需要再使用函数原型。也就是说，如果一个函数定义出现在调用它的函数定义之后，则必须使用函数原型。相反，如果一个函数定义出现在调用它的函数定义之前，则不需要使用函数原型。

2. 规范的函数摆放顺序

虽然 C 语言没有规定函数的摆放顺序，但是作为良好的程序设计规范，建议程序员应该遵循下面的摆放顺序：

```
预处理命令
符号常量的定义
函数原型;
void main()
{
    变量定义;
    其他可执行函数;
    return 语句;
}
其他函数定义
```

注释语句可以出现在程序的各个地方。

7.4　递归调用

7.4.1　认识递归

递归调用是一种特殊形式的嵌套调用，是一个函数调用了它自己，而不是调用其他别的函数。函数的递归调用简称为递归。

【例 7.18】老和尚给小和尚讲故事，分析其中的递归思想。

民间流传着这样的故事，从前有座山，山里有座庙，庙里有个老和尚和小和尚，老和尚在给小和尚讲故事，他说：从前有座山，山里有座庙，庙里有个老和尚和小和尚，老和尚在给小和尚讲故事，他说：从前……如果把“从前有座山，山里有座庙，庙里有个老和尚和小和尚，老和尚在给小和尚讲故事，他说：”看成是一个函数的话，那么就是这个函数嵌套调用了它自己。这是一个典型的“递归”故事，可以无限次地递归下去。

但是在计算机 C 语言世界中，这样无限次的循环是一个死循环，一般是不能解决实际问题的。良好的递归应该有一个能结束递归的条件，让每一次递归都向结束条件迈进，直到满足结束条件而终止递归进行。为此，可以把故事改编为：

从前有座山，山上有座庙，庙里有个老和尚和 5 岁的小和尚。老和尚在给小和尚讲个故事，他说：从前有座山，山里有座庙，庙里有个老和尚和 4 岁的小和尚。老和尚在给小和尚讲故事，他说：……经过这样改编的故事就不能无休止的讲下去，因为随着每次调用，小和尚的岁数在减小，直到小和尚为 1 岁，递归调用就终止了。

由此可以看出，递归要有一个终止条件，每一次递归都向终止条件迈进一步，直到满足递归终止条件递归结束。

【例 7.19】把一个 8 两重的苹果切成重量相同的若干份，要求每一块的重量不能小于 1 两，分析其中的递归思想。

一般来说，我们的做法是：第一刀先把一个苹果切成重量均等的 2 份 A1 和 A2；再把其中的一份 A1 切成重量均等的两份 A11 和 A12，把 A2 切成均等的两份 A21 和 A22；把 A11 切成重量均等的两份……。每一刀都使得切得的苹果块重量接近 1 两，直到每一小份都等于 1 俩为止。

由该例可知，递归是一种解决问题的思想，是把大问题分解为若干小问题，大问题和小问题都是用相同的方法。每一次递归都是向终止条件迈进一步，直到满足递归终止条件，递归结束。

【例 7.20】某人要把 50 块石头从 A 地搬到 B 地，用递归的方法分析问题。

应用递归的思想，搬 50 块石头，每一次都搬一块，可以等价于搬 49 块石头，再搬一块石头；搬 49 块石头又可以等价于搬 48 块石头，再搬一块石头；同理搬 48 块石头又可以等价于搬 47 块石头，……，直到搬最后一块石头结束。

如果用 n 表示每次搬石头的个数，$0<n\leqslant 50$，则搬 50 块石头问题可以利用函数来表示：

$f(50)$：表示搬 50 块石头。

$f(50)=f(49)+f(1)=f(48)+2f(1)=f(47)+3f(1)=\cdots=50f(1)$。

将其写成通式为：

$f(n)=f(n-1)+f(1)\quad 0<n\leqslant 50$

由该例可知，在程序设计中，递归的思想需要使用函数来实现。

总结一下递归调用的特征。

(1) 递归调用要有一个终止条件，否则递归将陷入死循环；

(2) 每一次递归的规模在减小，但都使用相同的解决方法；

(3) 每一次递归都要更接近终止条件；

(4) 每一次递归的解组合成整个问题的解。

7.4.2 递归调用编程要点

递归调用是一种非常重要的函数调用编程方法，只要把握了递归的特点，递归编程将使复杂的问题清晰又简单。

一般用递归实现的问题分为两种，一种是数值问题，一种是非数值问题。

【例 7.21】 分析数学上求非负整数的阶乘，即 n！是否符合递归思想。

问题分析，$n!=n\times(n-1)\times(n-2)\times\cdots\times2\times1$。则 $n!$可以等价于 $n\times(n-1)!$；$(n\text{-}1)!$等价于 $(n-1)(n-2)!$，……，直到求 1！。可以看出无论是求 n！、$(n-1)$!、$(n-2)!\cdots$..，都具有相同的求解方法，且每一次 n 的值减小 1，直到 n 的值为 1 或 0 时终止。这是一种典型的递归思想。

求 n！通式为：

$$n!=\begin{cases}n\times(n-1), & n>1\\ 1, & n=0、1\end{cases}$$

将 $n!$用 $f(n)$函数表示，其中 n 为自然数：

$$f(n)=\begin{cases}n\times f(n-1), & n>1\\ 1, & n=0、1\end{cases}$$

在公式中，$n>1$ 之前每次递归都有相同的处理方法 $n\times f(n-1)$，每一次调用 n 的值减 1，直到 $n=1$，即 $f(1)$的值为 1。

例 7.21 是数值型的递归问题。对于这类递归问题，要通过数学公式入手，推导出问题的递归定义，并通过问题的边界条件，确定递归终止条件。所以数值型递归编程时要点有两个：

(1) 递归公式(递归算法)

(2) 递归终止条件

【例 7.22】 Hanoi 汉诺塔问题。这是一个古典的数学问题，是一个用递归方法解题的典型例子。问题是这样的：古代有一个梵塔，塔内有 3 个座 A、B、C，开始时 A 座上有 64 个盘子，盘子大小不等，大的在下，小的在上。有一个老和尚想把这 64 个盘子从 A 座移到 C 座，但每次只允许移动一个盘，且在移动过程中在 3 个座上都始终保持大盘在下，小盘在上。在移动过程中可以利用 B 座，如图 7-8 所示。据说当移动完 64 个盘子的那一天就是世界末日，故汉诺塔问题也称世界末日问题。分析汉诺塔问题的递归思想。

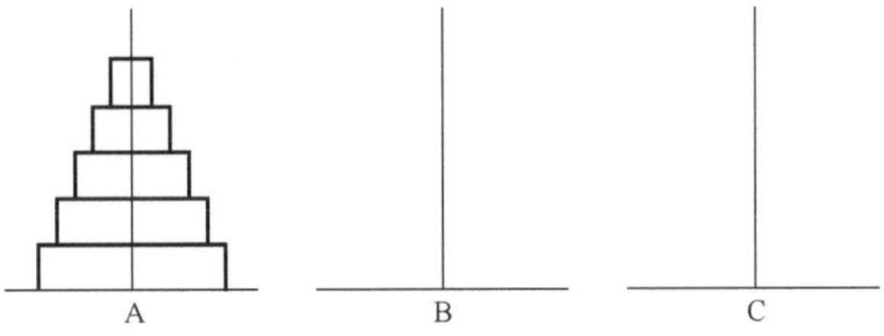

图 7-8　汉诺塔问题图示

为便于理解，先将问题规模简化，分析将 A 座上 3 个盘子移到 C 座上的过程：

(1) 将 A 座上 2 个盘子移到 B 座上(借助 C)；

(2) 将 A 座上 1 个盘子移到 C 座上；

(3)将 B 座上 2 个盘子移到 C 座上(借助 A)。

其中第(2)步可以直接实现。第 1 步又可用递归方法分解为：

1.1 将 A 上 1 个盘子从 A 移到 C;

1.2 将 A 上 1 个盘子从 A 移到 B;

1.3 将 C 上 1 个盘子从 C 移到 B。

第(3)步可以分解为：

3.1 将 B 上 1 个盘子从 B 移到 A 上;

3.2 将 B 上 1 个盘子从 B 移到 C 上;

3.3 将 A 上 1 个盘子从 A 移到 C 上。

由上面的分析可知：将 *n* 个盘子从 A 座移到 C 座可以分解为以下 3 个步骤：

(1)将 A 上 $n-1$ 个盘借助 C 座先移到 B 座上;

(2)把 A 座上剩下的一个盘移到 C 座上;

(3)将 $n-1$ 个盘从 B 座借助于 A 座移到 C 座上。

显然上面的 3 步是移动 *n* 个盘子的方法，同样适用于移动 $n-1$ 个盘子，只是问题规模由 *n* 变成了 $n-1$，直到 *n* 变成 1，就是当 A 塔上只有一个盘子，只需将该盘子从 A 塔移到 C 塔即可。

显然汉诺塔问题是非数值型递归，一般不能使用数值型递归公式来表述。求解非数值型递归的一般方法是分析问题中存在的规律，找到解决问题的一些列递归步骤，比如汉诺塔移动盘子的 3 个步骤。非数值型递归终止条件为将问题最简化时的条件。

汉诺塔递归问题的编程要点为：

(1)递归终止条件：当 $n = 1$ 时。

(2)递归算法：移动盘子的 3 个步骤。

7.4.3 递归编程

在以上的各例中，可以总结出，无论是数值型还是非数值型，利用函数递归编程需要明确两点：递归公式和递归结束条件。正确地确定这两点，递归编程就水到渠成了。

【例 7.23】为例 7-21 编写递归程序。

为 *n*！定义递归函数，函数名为 factorial、函数返回值类型为 long 类型、函数的形式参数为 int 型变量 n、函数体为递归公式。

```
long factorial( int n)
{
    if( n == 1 ||  n == 0)                //递归终止条件
    {
        return 1;
    }
    else
    {
        return  n * factorial(n-1);       //递归公式
    }
}
```

如果求 n!，只要调用 factorial()函数即可。例如求 5!，则调用函数语句为：

```
long  facValue = factorial( 5);
```

由于求阶乘的结果值很大，很容易超出 int 类型容纳的数值，故一般求阶乘，根据实际问题选择恰当的整数类型。

请初学者注意递归调用编程要点在函数中出现的方式和位置。

现在看来，只要知道了递归的终止条件和递归公式，编写递归函数是最简单的事情了。但是递归函数是如何执行，得到正确结果，初学者往往感到困惑。在递归函数中，对自身调用的执行过程是在函数定义尚未完成时进行的，这明显地与一般函数之间相互调用的描述方式不同。这一调用过程是如何执行的呢，我们来运行一下例 7.23 程序。

首先执行函数调用语句 long　facValue = factorial(5);，实参 5 将其值复制给形参 n 后进入函数体执行。n = 5 满足 else 分支，在 return 语句中再次调用 factorial(4)函数。同样 factorial(4)也不满足 if 条件执行 else 语句，调用 factorial(3)函数。factorial(3)函数调用 factorial(2)，factorial(2)调用 factorial(1)。factorial(1)满足了 if 条件，执行 return 1，将数据 1 带回 factorial(2)的 else 分支，计算 2*1，将数据 2 带回 factorial(3)的 else 分支，计算 3*2，将数据 6 带回 factorial(4)的 else 分支，计算 4*6，将数据 24 带回 factorial(5)的 else 分支，计算 5*24 为 120，函数终止运行。程序运行过程如图 7-9 所示。

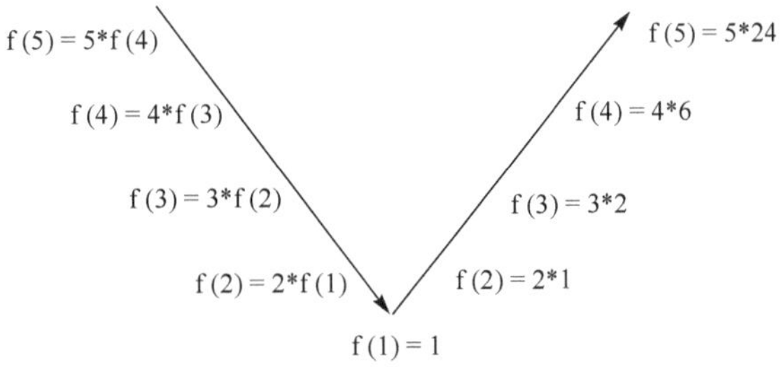

图 7-9　阶乘递归函数执行过程图

【例 7.24】为例 7.22 编写递归程序

定义汉诺塔问题的递归函数，函数名为 Hanoi，函数的返回值类型为 void，函数的形式参数为移动的盘子数 int 类型变量 n 以及三个塔座，函数体为移动盘子的 3 个步骤，即递归算法。

```
/*  定义 Hanoi 函数，将 n 个盘从 one 座借助 two 座移到 three 座 */
void  Hanoi(int n,char one,char two,char three)
{
    void move(char x,char y);        /* 对 move 函数的声明 */
    if(n= =1)                        // 递归结束条件
       move(one,three);
    else                             //递归算法
    {
       hanoi(n-1,one,three,two);
       move(one,three);
       hanoi(n-1,two,one,three);
    }
```

```
}
/*完成将一个盘子从 x 座移到 y 座*/
void move(char x,char y)
{
    printf("%c-->%c\n",x,y);
}
```

如果在 main() 中调用 Hanoi() 函数，实现将 *m* 个盘子从 A 座经 B 座移到 C 座，编写的 main() 函数为：

```
void main()
{
    void hanoi(int n,char one,char two,char three);
    /* 对 Hanoi 函数的声明 */
    int m;
    printf("输入层数:");
    scanf("%d",&m);
    printf("移动的步骤为: \n");
    hanoi(m,'A','B','C');
}
```

运行结果：

输入层数：3

移动的步骤为：

```
A-->C
A-->B
C-->B
A-->C
B-->A
B-->C
A-->C
```

当 n 等于 1，即移动最下面盘子的时候，从 one 移动到 three。如果没有移动到最下面层执行 else 分支，else 分支就按照前面分析的逻辑。首先去掉最下面一层，从第一个塔移动到第二个塔，借助第三个塔，因此语句为 hanoi(n-1,one,three,two)；然后最下面一个盘从 A 塔移动到 C 塔；最后再把 B 塔上的盘子移动到 A 塔，语句为 hanoi(n-1,two,one,three)；

```
if(n = = 1)
    move(one,three);
else
{  hanoi(n-1,one,three,two);
    move(one,three);
    hanoi(n-1,two,one,three);  }
}
```

对于 hanoi() 函数的一层层调用，直到 n 变为 1，然后再一层层返回，其运行过程与阶乘相同，这里不再赘述。

7.5　函数中的变量

C 语言程序是由函数构成的。每一个函数都封装了一段代码，使得程序的执行有了界限，这也将引起变量作用范围的改变。下面将学习变量的作用域。为了说明变量的作用域问题，我们随机编写了一个程序。

7.5.1　变量的作用域及类型

【例 7.25】分析下面的程序，说明每一个变量的作用域。

```
#include<stdio.h>
int test(int ,int);
void main()
{
    int  x, y, i;
    x = 1;
    y = 2;
    for( i = 1; i <= 10; i++)
    {
        int  x = 0;
        x = x + i;
        y = test(x,y)+ x;
    }
    printf("i 的值为%d\n", i);
    printf("x 的值为%d", x);
}
int  test( int x, int y)
{
    return  x + y;
}
```

1. 变量的作用域

变量的作用域就是变量的作用范围或者说变量起作用的范围。一般来说变量 x 的作用域从变量的定义语句开始，到包围变量 x 定义语句的最里层大括号的右括号终止的范围，在这个范围内出现的每一个 x 都是同一个 x。

纵观整个程序，共出现 x、y 和 i 三个 int 类型的变量。仔细观察发现，变量 x 的定义语句 int　x;出现了 3 次，而变量 y 的定义语句 int　y;出现了 2 次，变量 i 的定义语句 int　i;仅仅出现 1 次。C 语言明确规定，变量是不允许重复定义的。也就是说按照这个规则，这个程序是有编译错误的。但这是一个能够正常运行的程序，下面来详细分析一下。

首先分析变量 i。定义 i 的语句出现在 main()函数的第一条语句，从此开始变量 i 产生。包围定义语句 int　x, y, i;的最里层大括号的右括号为 main()函数体的右括号，所以变量 i 作为 for 语句的循环控制变量、for 循环体中与 x 累加 x = x + i;、printf("i 的值为%d", i);都是同一个变量 i，最终输出 i 的值为 11。

其次分析变量 y。y 的定义出现 2 次，说明程序中有两个不同的变量 y。第一次定义 y

出现在 main()函数的第一条语句，从此变量 y 产生。包围定义语句 int　x, y, i;的最里层大括号的右括号为 main()函数体的右括号，所以 y = 2;、y = test(x,y) + x;语句中出现的变量 y 都是第一个变量 y。第二个变量 y 定义语句出现在 test()的形参中，之后语句 return　x + y;中 y 是第二个变量 y，其作用域为 test()函数。

最后分析变量 x。x 在程序中被定义 3 次，故程序中有 3 个不同的变量 x。第一次定义 x 出现在 main()函数的第一条语句，第一个 x 产生。包围定义语句 int　x, y, i;的最里层大括号的右括号为 main()函数体的右括号为其作用域。但在其作用域内，for 循环体中又出现语句 int x;，这是第二个变量 x，包含第二个变量 x 的定义语句的最里层大括号为 for 循环体，这是第二个变量 x 的作用域。也就是说尽管在第一个 x 的作用域内，在 for 循环体中出现的变量 x 是第二个变量 x。循环体之后的 printf(“x 的值为%d”, x);语句在第一个 x 的作用域中，故 x 的值为 1。第三个 x 与第二个 y 是相同的，其作用域为 test()函数。

由此可知，如果程序员在同一个程序将不同的变量定义为相同的变量名，会降低程序的可读性和可维护性，建议不同的变量尽量使用不同的变量名。

2. 变量的类型

【例 7.26】求某班级 30 个学生《C 语言程序设计》课程成绩的最高分和最低分。

问题分析，保存 30 个学生的考试成绩需要使用一维数组 scores，其下标值变化范围为 0-29。最高分和最低分要分别定义一个函数来实现，并通过 main()函数调用这些函数来解决问题。

```
#include<stdio.h>
int minScore, maxScore;
void main()
{
    int scores[30],i;
    for( i = 0; i<30; i++)
    {
       scanf("%d",&scores[i]);
    }
    getMinScore( scores);
    getMaxScore(scores);
    printf("最低分为%d，最高分为%d", minScore, maxScore);
}
void getMinScore( int * p)
{
    int i;
    minScore = *p;
    for( i = 0; i < 30; i++)
    {
       if(p[i] < minScore)
          minScore = p[i];
    }
    return;
}
```

```
void getMaxScore( int * p)
{
    int i;
    maxScore = *p;
    for( i = 0; i < 30; i++)
    {
        if(p[i] > maxScore)
            maxScore = p[i];
    }
    return;
}
```

该程序所有的代码由五部分构成，预定义语句、变量定义、main()函数、getMinScore()函数和 getMaxScore()函数。除了预定义语句外，其他部分都出现了变量。仔细分析，这些变量定义出现的位置有两种情况。一种是出现在某个函数中或函数的形参中；另一种是游离在函数之外，例如变量 maxScore。

对于第一种变量类型，应用刚刚讲过的变量作用域的方法，可以很快为每个变量找到作用域。比如 int 型的数组 scores，从定义语句 int scores[30],i;开始，到包围定义语句的最里层大括号的右括号，即 main()函数的函数体的右括号终止。函数 getMaxScore()的第一条语句 int i; 其作用域为整个的 getMaxScore()函数。这种变量类型的作用域局限在某一个函数或程序的局部区域，故被称为局部变量。

对于第二种变量类型，因为没有包围定义语句的大括号，故其作用域为从变量定义语句开始，直到整个程序的末尾。在这个区域内出现的与该变量同名的变量都是同一个变量，例如变量 minScore，在整个程序中出现的 minScore 都是同一个。这种变量被称为全局变量。全局变量因其作用域的广泛使得应用较为方便。但是也因为其广泛的作用域使得每个函数都可以对其修改而导致不安全，建议程序员减少使用全局变量。

同样，对于出现在程序最前面的#define 宏定义、函数原型也建议尽量少使用。

7.5.2　变量的存储类型

前面学习过局部变量和全局变量的作用域，就是该变量有效范围内的语句，这可以看做是变量的空间维度。除此之外，变量还有时间维度。一个变量的时间维度就是系统分配给该变量的存储单元的保留时长，也就是变量的生命周期，何时给变量分配存储单元(何时生)、何时收回存储单元(何时死)。有些变量是在整个程序执行结束时被系统收回而死亡，有些变量是在函数执行结束时被系统收回而死亡，也有一些变量是在函数执行期间被系统收回而死亡的。一个变量的生命周期到底有多长取决于该变量在内存中的存储类型。

1. C 语言的存储类型

C 语言的变量共有 4 种存储类型，即 auto、static、extern 和 register。变量的存储类型声明需要在变量定义的同时进行，其格式为：

```
存储类型　数据类型 变量名;
```

例如前面学过的 static 类型变量：

```
static  int  temp;
```

再如：

```
extern  char  arr[ 30];
register  double  * newlist;
```

细心的读者会发现，除了以前使用过 static 类型外，其他的变量在定义时，并没有声明该变量的存储类型。在 C 语言中，如果变量定义中缺省了存储类型，则默认为该变量的存储类型为 auto 类型。所以前面程序中出现的绝大多数变量的存储类型都是 auto 的。

下面将从局部变量和全局变量来学习和应用变量的存储类型。

2. *局部变量的存储类型*

局部变量的作用域是一个局限的区域，这也说明局部变量的生命周期相对较短。C 语言中局部变量的存储类型有 auto、static 和 register 三种。同样，如果局部变量定义时没有声明存储类型，则默认该变量的存储类型为 auto。

auto 一词来源于 automatic，意为“自动”。auto 存储类型变量在每次函数被调用时产生，只要函数没有返回到调用它的函数。auto 类型的变量一直有生命，也就是说该变量的存储单元没有被系统收回，变量是可用的。当函数返回了调用它的函数，auto 类型变量自动死亡，系统收回存储单元，变量不可用。

【例 7.27】说明下面程序中每个变量的生命周期。

```
#include<stdio.h>
int test(int ,int);
void main()
{
    auto int  x, y, i,z;
    x = 1;
    y = 2;
    for( i = 1; i <= 5; i++)
    {
        z = test(x,y) ;
        printf("z 的值为%d\n", z);
    }
}
int  test( auto int x, auto int y)
{
    auto int z = 10;
    z = z + x + y;
    return  z;
}
```

该程序有 7 个 auto 类型变量，其中 main() 函数中的语句 auto int　x, y, i,z;定义了 4 个 auto 存储类型的变量，其存储单元从定义开始一直保留到 main() 函数的结束被系统收回。而 test() 函数中的形式参数定义 auto int x, auto int y 和函数体中的语句 int z; 定义的 3 个 auto 存储类型变量，其存储单元从定义开始一直保留到 test() 函数结束被系统收回，变量不可用。并且 test() 函数每被调用一次，auto 存储类型变量就有一次重新开始的生命周期。也就是说每次函数调用，auto 类型变量被重新分配存储空间，函数返回调用它的函数时，该变量的存储单元被系统收回。

程序的运行结果为：

```
z 的值为 13
z 的值为 13
z 的值为 13
z 的值为 13
z 的值为 13
```

main()函数共计调用 5 次 test()函数。第一次调用时，系统为 auto 类型的变量 z 分配存储单元，并初始化为 10，执行语句 z = z + x + y;，z 的值为 13。第一次调用返回 main()时回收变量 z 的存储单元，z 死亡。第二次调用时，执行初始化语句 auto int　x, y, i,z;，重新为变量 z 分配存储单元，并将其值初始化为 10，执行语句 z = z + x + y;，z 的值仍为 13。同理，第三次、第四次、第五次调用变量 z 的结果值均为 13。

关键字 static 意为“静态的”，定义时被 static 修饰的局部变量被称为静态变量。与 auto 类型变量不同的是，static 存储类型变量在函数第一次被调用被分配存储单元，期间无论该函数被调用多少次，该变量始终保持已分配的存储单元，直到整个程序执行完毕。

【例 7.28】 分析下列程序中 static 变量的运行结果。

```
#include<stdio.h>
int test(int ,int);
void main()
{
    auto int  x, y, i,z;
    x = 1;
    y = 2;
    for( i = 1; i <= 5; i++)
    {
        z = test(x,y) ;
        printf("z 的值为%d\n", z);
    }
}
int  test( auto int x, auto int y)
{
    static  int  z = 10;
    z = z + x + y;
    return  z;
}
```

与例 7.20 程序相比，只是将函数 test()中的局部变量 z 由 auto 类型修改为 static 类型，使得程序的运行结果发生了变化：

```
z 的值为 13
z 的值为 16
z 的值为 19
z 的值为 22
z 的值为 25
```

main()函数共计调用 5 次 test()函数，第一次调用时，系统为 static 类型的变量 z 分配存储单元，并初始化为 10，在第一次调用返回 main()时并不回收变量 z 的存储单元，z 的值为 13。第二次调用时，不再执行变量 z 的初始化语句 static　int　z = 10;，直接执行其下面的语句 z = z + x + y;，z 原来的值为 13，加上 x 和 y 的值后 z 的值变为 16。同理，第三次调用 z 的值在第二次调用的基础上累加为 19，依次类推。

从例 7.27 和例 7.28 可知，auto 存储类型变量的初始化语句可以被执行多次，而 static 存储类型的变量初始化语句仅仅被执行一次，所以 static 类型的变量只能由常数或常数表达式来初始化，例如：static double　s = 3.15 ;，而不能用变量为其做初始化。下面的初始化语句是错误的：

```
int x = 6;
static  int  y  = x;
```

另外，在 C 语言中，如果没有对 static 类型的变量做初始化操作，系统会自动将其初始化值设为 0。所以，如果 static 类型的变量的初始值为 0 时，其初始化语句可以省略。

单词 register，中文意思为“寄存器”。同 auto 类型和 static 类型相比，register 类型的变量使用较少。当一个变量定义时用 register 修饰，该变量的存储类型是 register。例如：

```
register  char  ss;  //变量 ss 的存储类型为 register 类型
```

register 类型变量的生命周期与 auto 类型相同，即每次函数被调用时被创建，并分配存储单元，在函数返回调用它的函数时被系统回收存储单元。但是 register 变量与 auto 变量不同点在于它们的存储位置不同。register 变量的值存储在中央处理器的寄存器上，其余的变量的值都存储在计算机的内存中。由于寄存器的速度远远高于内存的速度，故使用 register 类型变量会提高程序的执行速度。相反，寄存器的容量远远低于内存的容量，故程序中不能过多地使用 register 类型变量。另外，对 register 类型的变量来说，不能使用取地址&获得变量的地址。例如下面的语句是错误的：

```
register  int   a = 10, *p;
p = &a;
```

3. 全局变量的存储类型

前面提到，全局变量的定义不在任何一个函数中。全局变量不能是 auto 和 register 存储类型，只能是 static 和 extern 存储类型。例如下面的变量均为全局变量，定义如下：

```
auto  int  sum;         //错误
extern  int  sum;       //正确
static  int  sum;       //正确
register  int  sum;     //错误
```

static 类型的全局变量运行原理与 static 类型的局部变量相同。当在变量定义时没有被初始化时，系统自动将其值设置为 0。

单词 extern，中文意思为“外部”，被 extern 修饰的全局变量也称外部变量。外部变量顾名思义为外面的变量。该变量在当前程序文件之外的其他程序文件中定义，在当前文件中可以使用。在这之前将所有代码都写在同一个 C 文件中，所以没有使用过 extern 类型的变量。实际上，解决实际问题的 C 程序是可以包含多个 C 文件的，且文件中定义的变量可以互相使用，这时将用到 extern 类型变量。

【例 7.29】 求 3 个班级，每个班级 30 个学生《C 语言程序设计》课程的平均分，以及 3 个班学生该门课程总的平均分。

问题分析，保存 3 个班级，每个班级 30 个学生的考试分数需要使用二维数组 scores，其中行代表班信息，值变化范围为 0-2；列代表学生的成绩信息，值变化范围为 0-29。该问题可以分解为以下几个子任务来解决。输入学生成绩任务、计算每个班级的平均分任务、计算总的平均分任务和 main()函数。

将 main()函数和输入学生成绩函数放在一个 C 文件 file1.c 中，将求每个班级的平均分函数和计算总平均分函数放在另一个文件 file2.c 中。

file1.c 文件编写如下：

```
#include<stdio.h>
#include "file2.cpp"
extern double aveScore[3];          //在文件 file2 中定义的外部变量
extern double ave;                  //在文件 file2 中定义的外部变量
void inputCScore( int [][30]);      //函数原型
void main()
{
    int scores[3][30];
    int * p,i;
    inputCScore(scores);            //调用输入分数函数
     /*输出每个班的平均分*/
    getGradeAve(scores);
    for( i = 0; i <3; i++)
    {
        printf("第%d 班的平均分为%f",i,aveScore[i]);
    }
    /*输出总的平均分*/
    getAllAve(scores);
    printf("三个班考试成绩的平均分为%f", ave);
}
/*输入学生的成绩信息函数*/
void inputCScore( int scores[][30])
{
     int i,j;
     for( i = 0; i < 3; i++)
        for( j = 0;j< 30; j++)
            scanf("%d",&scores[i][j]);
     return;
}
```

file2 文件编写代码如下：

```
#include<stdio.h>
double  aveScore[3];             //全局变量
double  ave;                     //全局变量
/*求每个班级平均分函数*/
void getGradeAve(int tempScores[3][3])
{
```

```
        double sum = 0;
        int i,j;
        for( i = 0; i< 3; i++)
        {
            for(j = 0;j< 3; j++)
            {
                sum = sum + tempScores[i][j];
            }
            aveScore[i] = sum/3;
            printf("%f\n", aveScore[i]);
        }
        return;
    }
    /* 分别求所有成绩的平均分*/
    void getAllAve( int scores[3][3])
    {
        double sum = 0;
        int i,j;
        for( i = 0; i< 3; i++)
        {
            for(j = 0;j< 3; j++)
            {
                sum = sum + scores[i][j];
            }
        }
        ave = sum/(3*3);
        return;
    }
```

在文件 file1 中，使用了 file2 中定义的全局变量 aveScore 数组和 ave，故在 file1 中应该将该变量声明为 extern 存储类型。

7.6 函数的程序设计方法

前面主要讲述了单个函数的设计方法。实际上，解决一个实际问题可能需要多个函数才能实现。所以除了掌握一个函数的设计方法外，还需设计好函数间的相互关系，充分考虑函数代码复用，做好程序设计中函数的总体规划工作。

7.6.1 函数功能分解

分而治之是结构化程序设计的思想，C 语言中的函数是实现结构化程序设计的重要保障。函数提供了将程序中代码段提取出来，封装后进行整体使用和处理的手段，满足对复杂问题分解和重组的需要。编写大型软件系统时尤其注意对函数的分解和函数的定义。

【例 7.30】完成学生成绩的管理工作和统计工作，其中管理工作包括成绩录入、成绩查询、成绩修改、成绩修改和新增成绩等，成绩统计包括统计最高分和最低分。假设当前有 25 名学生某门课程的考试成绩，设计程序实现对成绩的管理和统计工作。

问题分析，前面章节学习过自上而下、逐步求解的结构化程序设计方法。首先依据结构化程序设计方法，可以将题目中学生成绩问题自上而下分解成如图 7-10 所示的功能分解图。学生成绩管理系统有成绩管理和信息统计两大功能。其中成绩管理又分解为查询、修改、删除和增加四个子功能，而成绩查询又分为按学号和按姓名查询两种。信息统计功能分解为最高分、最低分和平均分。整个功能分解为三层的树形结构，图中方框被称为树的结点。在树形结构中，没有分支的结点为叶子结点，有分支的结点为中间结点。在图 7-10 中，每一个结点都定义为一个函数，其中上层结点函数调用下层结点函数，叶子结点函数不调用其他函数。比如成绩管理函数调用成绩查询函数、修改函数、删除函数和增加函数，而成绩查询函数由调用按学号查询函数和按姓名查询函数，按学号查询函数和按姓名查询函数不再调用其他的函数，具体实现查询任务。

其次在函数设计中，还要考虑代码复用问题。比如成绩修改和删除是在查询指定学号的基础上完成的，故成绩修改函数和成绩删除函数需要复用按学号查询函数的代码。

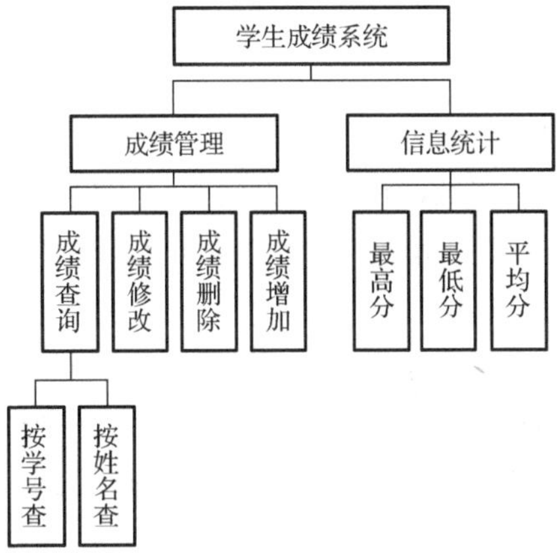

图 7-10　成绩管理与统计功能分解图

函数功能分解到哪一层，粒度应该达到多大将不再分解是初学者困惑的问题。初学者在进行函数功能分解时，需要掌握以下两个基本规则。

(1) 函数的功能要单一，不能赋予一个函数太多的功能。比如图 7-10 中成绩查询的两种方式不能用一个函数来实现，也就是说不能把按学号查询和按姓名查询编写在一个函数中，否则，只需要按照学号信息修改成绩和删除成绩的函数将无法复用成绩查询功能。除了不利于代码复用外，一个函数的功能过多，也将导致其形参数目增多，减弱了程序的可读性和程序员使用的方便。

(2) 控制函数体的语句规模，一般控制在 80-100 行代码内。太多行代码将使程序失去可读性、清晰性和可维护性。

7.6.2　设计函数间传递的参数

【例 7.31】为例 7.30 的函数设计参数。

在树形函数功能分解图中，上层功能需要调用下层函数功能来实现，而下层函数需要上层函数为其传递的参数。正确地设计在上下层函数间传递的参数可以使开发工作并行运行，提高开发效率。确定参数其实是定义各个函数声明部分，这项工作自上而下设计如下。

```
void  stuScoreSys (int  scores[30] );           //学生成绩系统
void  stuScoreManagement(int  scores[30]);      //成绩管理函数
void  stuScoreStat(int  scores[30]);            //成绩统计函数
void  stuScoreQuery(int  scores[30]);           //成绩查询函数
void  stuScoreModi(int  scores[30]);            //成绩修改函数
void  stuScoreDele(int  scores[30]);            //成绩删除函数
void  stuScoreAdd(int  scores[30]);             //成绩增加函数
void  queryInNo(int  scores[30]);               //按学号查询函数
void  queryInName(int  scores[30]);             //按名字查询函数
```

```
void  statAveSco(int  scores[30]);                //统计平均分函数
void  statMaxSco(int  scores[30]);                //统计最高分函数
void  statMinSco(int  scores[30]);                //统计最低分函数
```

在全部的 12 个函数中，传递的参数均为保存成绩信息的数组，而返回值为 void 类型。善于思考的读者可能会问，叶子结点函数如按学号查询函数，形式参数除了学生成绩数组外，还应该增加指定的学号信息，即函数声明由：

```
void  queryInNo(int  scores[30]);  变为：
void  queryInNo(int  scores[30],  int  querySco);
```

其中 querySco 变量传递了需要查询的学号数据。如果这样设计参数，那么要查询的学号数据需要在其上层函数 stuScoreQuery() 函数中输入，而 stuScoreQuery() 函数除了调用 queryInNo() 外，还要调用 queryInName() 函数。每一种查询方式都需要增加相应的输入语句，这将造成函数代码的复杂化。在函数的设计过程中，尽量把具体的实现推到下一层来实现，以免因为输入方式变化修改上层代码。那么输入指定学号的语句应该写在 queryInNo() 函数中。

同理，也不要将函数声明由：

```
void  queryInNo(int  scores[30]);  变为：
int  queryInNo(int  scores[30]);
```

如果函数将查找到的分数返回到调用它的函数，即 stuScoreQuery() 函数，那么在 stuScoreQuery() 函数中就要将这个值显示给用户，同样增加了上层函数的复杂性。故对查询等临时显示的信息，也要推迟到下层来实现。

请读者按照以上函数设计，编程实现学生成绩的管理和统计功能。

7.6.3　函数实现方法

【例 7.32】例 7-31 设计的函数编写代码。

按照一般程序设计的顺序，确定了函数间传递的参数，定义了函数声明，接下来就是为每一个函数编写代码。将功能层次图变为实际的函数代码有两种方式，一种是自下而上实现；另一种是自上而下实现。

1. 自下而上方式

自下而上实现方法是先为最下层函数编写代码，然后再编写次下层函数的代码，自下而上，直到为最上层的函数编写完代码。因为没有学习过结构体编程，假设一维数组 scores 中成绩存放是按照从 0 开始的学号排序的。以上层 stuScoreQuery() 函数和下层 queryInNo() 函数为例。

先为下层函数编写代码：

```
void  queryInNo(int  scores[30])
{
    int queryNo, i;
    scanf("%d",&queryNo);
    printf("学号为%d 的分数为%d",queryNo,scores[queryNo]);
}
```

再为上层函数编写代码：

```
void  stuScoreQuery(int  scores[30])
{
    int choice;
    while(scanf("%d", &choice) != 0 )
    {
        if( choice == 1)
        {
            queryInNo(scores);        //调用按学号查询函数
        }
        if( choice == 2)
        {
            queryInName(scores);      //调用按姓名查询函数
        }
    }
    return;
}
```

其中 queryInName(scores);函数此处不提供定义。我们编写的函数是否正确，需要更上层的函数 stuScoreManagement()来调用，而 stuScoreManagement()函数是否正确需要 main()函数调用来检验。故一般来说，以自下而上方式实现时，在上层函数没有编写之前，要测试底层函数编写是否正确，必须编写上层函数的模拟函数，称为驱动函数(驱动模块)。

驱动函数是用来模拟被测试函数的上一层函数，相当于被测函数的主程序。它接收数据，将相关数据传送给被测函数，启用被测函数。例如，为了测试 stuScoreQuery ()函数编写是否正确，为其编写驱动函数为：

```
void main ()
{
    int scores[30] ,i;
    for( i = 0; i<30;i++)          //准备传递的数据
    {
        scanf("%d", &scores[i]);
    }
    stuScoreQuery(scores);         //启动被测函数
}
```

2. 自上而下方式

自上而下实现方式是先为最上层函数编写代码，然后再编写次上层函数的代码，自上而下，直到为最下层的函数编写完代码。使用这种方式实现时要注意，在函数的层次结构中，上层函数的功能需要调用下层函数来实现。但在编写上层函数时，下层函数还不存在。为了能够正确地编写上层函数，也必须编写下层函数的模拟函数，称为桩函数。桩函数也称存根函数，是下层函数的“替身”函数，能够接受上层函数传递的参数，并返回正确的数据类型值。

例如：先编写上层函数 stuScoreQuery()如下：

```
void  stuScoreQuery(int  scores[30])
{
    int choice;
```

```
    while(scanf("%d", &choice) != 0 )
    {
        if( choice == 1)
        {
            queryInNo(scores);        //调用按学号查询函数
        }
        if( choice == 2)
        {
            queryInName(scores);      //调用按姓名查询函数
        }
    }
    return;
}
```

要想测得 stuScoreQuery()函数功能正确与否，必须为 queryInNo()和 queryInName()编写桩函数。代码编写如下：

```
void  queryInNo(int  scores[30])
{
    scanf("%s", scores);
    return;
}
void  queryInName(int  scores[30])
{
    scanf("%s", scores);
    return;
}
```

在桩函数中，建议最好将传递来的参数显示出来。

一般来说，在编码实现的同时要进行测试，也就是说，在定义函数的同时要测试其实现的功能是否正确。那么采用自上而下方式实现，就要编写桩函数；而采用自下而上方式实现，就要编写驱动函数，随着每个函数定义编程的完成，函数被不断地集成到一起测试其功能，直到所有的函数编写完毕。

7.7 函 数 应 用

【例 7.33】 阅读并运行下面的程序，分析运行结果。

```
#include <stdio.h>
void main()
{
    int max(int x,int y);        // 函数原型
    int  c;
    float a,b;
    scanf("%f, %f",&a, &b);
    c = max(a,b);
    printf("最大值是%d", c);
}
```

```
int max(float  x,float  y)
{
    float z;
    z=x>y?x:y;
    return(z);
}
```

运行程序，为 float 类型 a 和 b 输入的值为：1.5, 2.5，运行结果为：

最大值是 2

下面来分析一下程序：

(1) max 函数的两个形参为 float 类型。

(2) main 函数调用 max 函数，两个实参 a、b 也为 float 类型，并且 a 和 b 将其值分别复制给形参 x 和 y。

(3) 在 max 函数内部比较 1.5 和 2.5 的大小，局部变量 z 的值为 2.5。

(4) 从运行结果看到，尽管 z 值为 2.5，但由于函数的返回值类型为 int，因此系统强制执行了类型转换，将 2.5 转换为 2，因此最终输出最大值是 2。

【例 7.34】斐波那契数列也是典型的递归问题，又称黄金分割数列，因数学家列昂纳多·斐波那契 (Leonardoda Fibonacci[1]) 以兔子繁殖为例子而引入，故又称为“兔子数列”。该数列是这样的：0、1、1、2、3、5、8、13、21、34、……。在数学上，斐波纳契数列有如下递归公式：

$$f(n)=\begin{cases}1, & n=0.1\\ f(n-1)+f(n-2), & n\geqslant 2\end{cases}$$

递归函数定义如下：

```
int  Fibonacci( int n)
{
    if(n == 1 || n == 0)
    {
        return 1;
    }
    else
    {
        return  Fibonacci( n - 1) + Fibonacci( n - 2);
    }
}
```

【例 7.35】用弦截法求方程 $f(x)=x^3+2x^2-6x-72=0$ 的根。

数学中弦截法求解示意图如图 7-11 所示。

(1) 取两个不同点 x_1、x_2，如果 $f(x_1)$ 和 $f(x_2)$ 符号相反，则 (x_1、x_2) 区间内必有一个根。如果 $f(x_1)$ 与 $f(x_2)$ 同符号，则应改变 x_1、x_2，直到 $f(x_1)$、$f(x_2)$ 异号为止。注意 x_1、x_2 的值不应差太大，以保证 (x_1, x_2) 区间内只有一个根。

(2) 连接 $(x_1, f(x_1))$ 和 $(x_2, f(x_2))$ 两点，此线（即弦）交 x 轴于 x。

(3) 若 $f(x)$ 与 $f(x_1)$ 同符号，则根必在 (x, x_2) 区间内。此时将 x 作为新的 x_1。如果 $f(x)$ 与 $f(x_2)$ 同符号，则表示根在 (x_1, x) 区间内，将 x 作为新的 x_2。

(4) 重复步骤 (2) 和 (3)，直到 $|f(x)| < \varepsilon$ 为止，ε 为一个很小的数，例如 10^{-6}。此时认为 $f(x) \approx 0$。依据以上四步骤画流程图如图 7-11 所示。

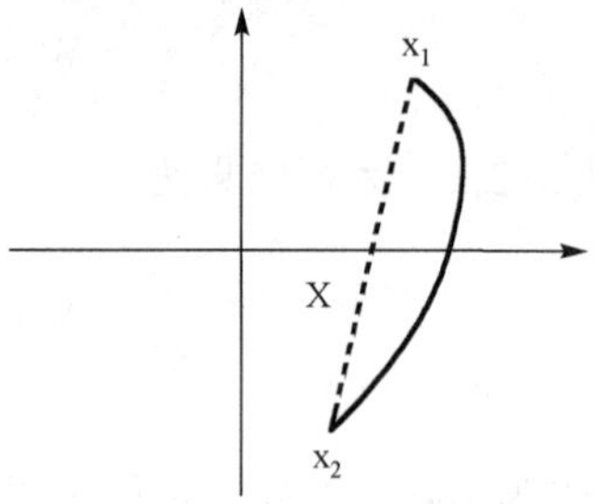

图 7-11　弦截法求解示意图

问题分析，这是一个典型的数学函数 y = f(x) 的问题，其中 x 为自变量，而 y 为因变量。如果利用程序设计的函数来实现，需要注意以下几点。

(1) 函数 $f(x)=x^3+2x^2-6x-72$ 被调用了多次，每次计算 f(x) 都需要调用，调用的是同一个函数，只是函数中的 x 不同，因此可以使用带参数的函数实现，每次调用函数参数值不同即可。

(2) $(x_1, f(x_1))$ 和 $(x_2, f(x_2))$ 的连线与 x 轴的交点 x 的坐标需要计算多次，因此可以用函数实现。本例中定义此函数为 cross(x1,x2)，两个参数为两个点的横坐标，纵坐标在函数内部调用 f(x) 计算。显然这个函数必须调用 f(x)。

(3) 求 (x_1, x_2) 区间的实根用函数 root (x1,x2) 实现。显然，执行 root 函数过程中要多次用到函数 cross。

(4) 很明显这个程序实现过程中要用到函数嵌套调用。

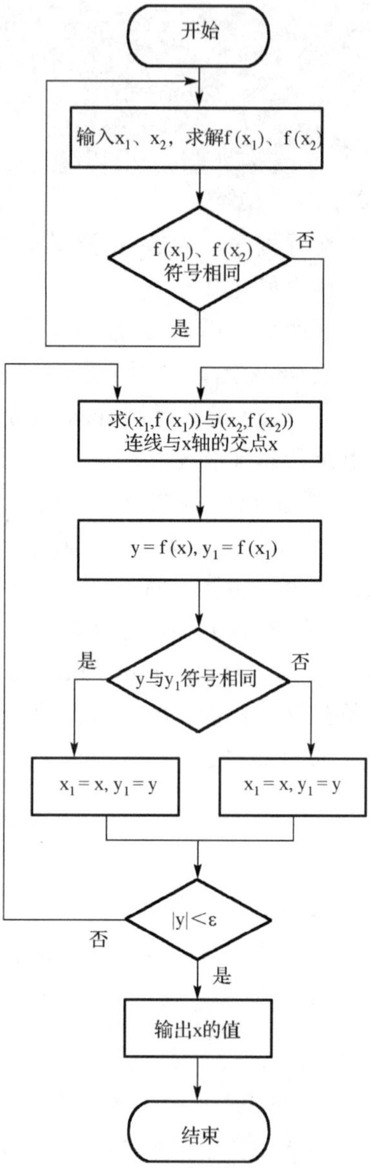

图 7-12　弦截法流程图

依据分析编写函数代码如下：

```
#include <stdio.h>
#include <math.h>
float f(float x)                        /* 定义 f 函数*/
{
    float y;
    y=x*x*x+2*x*x-6*x-72;;
    return y;
}
float cross(float x1, float x2)       /*定义 cross 函数，求出弦与 x 轴交点 */
{
    float x;
    x=(x1*f(x2)-x2*f(x1))/(f(x2)-f(x1));
    return x;
```

```
}
float root(float x1, float x2)      /* 定义 root 函数，求近似根 */
{
    float x,y,y1;
    y1=f(x1);
    do
    {
        x=cross(x1,x2);
        y=f(x);
        if(y*y1>0)                  /*f(x)与 f(x1)同符号 */
    {
        y1=y;
        x1=x;
    }
    else
        x2=x;
    }while(fabs(y)>=0.0001);
    return x;
}
void main()                         /*主函数*/
{
    float x1,x2,f1,f2,x;
    do
    {
        printf("输入 x1,x2: \n");
        scanf("%f, %f", &x1,&x2);
        f1=f(x1);
        f2=f(x2);
    }while(f1*f2>=0);
    x=root(x1,x2);
    printf("根是%8.4f\n", x);
}
```

运行结果：

```
输入 x1,x2:
1,9
根是 4.0000
```

程序分析说明：

(1) 第一个函数 f 求 $f(x)=x^3+2x^2-6x-72$ 的值，参数 x 传递实际要计算的点的横纵标，根据此函数计算出纵坐标，通过 return y 返回计算出的函数值即纵坐标。

```
float f(float x)
{
    float y;
    y=x*x*x+2*x*x-6*x-72;;
    return y;
}
```

(2) 第二个函数 cross 计算两个点(x1, f(x1))、(x2, f(x2))间的连线与 x 轴的交点横坐标值。

```
float cross(float x1, float x2)          /*定义 cross 函数，求出弦与 x 轴交点 */
{
    float x;
    x=(x1*f(x2)-x2*f(x1))/(f(x2)-f(x1));
    return x;
}
```

下面详细分析 y=(x1*f(x2)–x2*f(x1))/(f(x2)–f(x1))的由来。

已知两个点(x1,f(x1))、(x2,f(x2))，假设由这两个点确定的直线的方程为 y=kx+b。

把两个点的坐标代入方程得到：

f(x1)=k*x1+b

f(x2)=k*x2+b

两个方程相减，得到 k=(f(x2)–f(x1))/(x2–x1)，

把 k 代入第一个方程，得到 b=(f(x1)*x2-f(x2)*x1)/(x2-x1)

因此方程为：

y=((f(x2)–f(x1))/(x2–x1))*x+(f(x1)*x2–f(x2)*x1)/(x2–x1)

现在要求此直线与 x 轴交点，只需另 y 为 0，得到

x=(x1*f(x2)–x2*f(x1))/(f(x2)–f(x1))。

cross 函数就是按照上面的计算，调用最后一个算式计算着两个点连接的直线与 x 轴的交点，返回交点的横坐标值。在函数的实现过程中多次调用了 f 函数。

(3)第三个函数计算方程的根。

```
float root(float x1, float x2)          /* 定义 root 函数，求近似根 */
{
    float x,y,y1;
    y1=f(x1);
    do
    {
        x=cross(x1,x2);
        y=f(x);
        if(y*y1>0)                       /*f(x)与 f(x1)同符号 */
        {
            y1=y;
            x1=x;
        }
        else
            x2=x;
    }while(fabs(y)>=0.0001);
    return x;
}
```

在 main 函数中已经确保了传递到 root 函数形参的两个实参值一定能使得 f(x1)与 f(x2)异号，即根在 x1 与 x2 之间。

令 y1=f(x1)，函数内部调用 cross 函数，计算(x1,f(x1))、(x2,f(x2))与 x 轴的交点，假设为 x，计算 y=f(x)。如果 y 与 y1 同号，说明根在 x 与 x2 之间，则把 x1 变为 x 所在点，执行 if 分支；如果 y 与 y1 异号，说明根在 x 在 x 与 x1 之间，则把 x2 变为 x 所在点，执

行 else 分支。使用循环语句，每次变换 x1 或 x2 值能够保证 x1 与 x2 更加靠近。经过若干次循环，直到计算出的 f(x) 值接近 0，则认为找到了根。

这个 root 函数里多次调用了 cross 函数及 f 函数。

(4) 最后一个 main 函数，请求用户输入初始的 x1 与 x2 值，直到用户输入的两个值能够使得 f(x1)、f(x2) 异号，结束循环，只有这两个值异号，才能确保 x1 与 x2 之间有根。然后调用 root 函数求根。

从这个例子看出，main 函数调用 root 函数，root 函数又调用 f 函数，实现了函数的嵌套调用。

习　题

1．编写函数判断一个数是否为素数，如果是，函数返回 1，否则返回 0。

2．输入一行字符，将此字符串中最长的单词输出，编写函数实现。

3．输入年、月、日，编写函数计算是该年的第几天。

4．用递归函数，求小于等于 n 的所有正整数之和。

5．编一个名为 root 的函数，求方程 $ax^2+bx+c=0$ 解，并作为函数的返回值。其中的 a、b、c 作为函数的形式参数。

6．定义一个函数 dig(n,k)，它的作用是将整数 n 的从右边开始第 k 个数字的值返回。例如 dig(15324,4)=5。

7．编一个函数，判断是否为为闰年，是则返回 1，否则返回 0。

8．定义一个函数，使输入的一个字符串反序存放，主函数中输入输出字符串。

9．写一个函数，使给定的一个二维数组(3*3)转置。

10．编写一个函数，实现两个字符串连接。

11．用函数实现“冒泡排序法”，在主函数中输入 10 个数，调用函数对这 10 个数排序。

12．编写一个函数，输入一个十六进制数，输出相应的十进制数。

第 8 章　结构体程序设计

在学习本章内容之前，大家已经能够运用所学习的基本数据类型、三种流程控制结构、数组、字符串和指针能内容编写很多的程序。当在编写程序时涉及少许的变量时，可以采用基本数据类型分别单独进行定义。当在编写程序时遇到一系列数据类型相同的变量时，可以采用数组这种简单复合数据类型来实现。本章所学的结构体是一种构造数据类型，它将诸多不同数据类型的数据组成在一个类型之中，作为一个整体进行处理，非常适用于描述现实生活中的诸多复杂事物。鉴于结构体这种构造数据类型更加地贴切生活需求，因此熟练地运用基本数据类型、流程控制结构、数组、字符串、指针和结构体的相关知识点和编程技能，就能解决企业项目开发中的实际问题，更有助于同学们今后在 Java、C++中面向对象编程的学习。本章主要学习如何利用结构体进行程序设计来解决现实生活中的实际问题。

本章问题：应用结构体类型实现学生成绩管理系统之学生信息管理功能

问题背景：现实生活中学生成绩管理系统的主要功能就是实现学生成绩的录入和修改。我们在第五章节所学的学生成绩管理系统统计功能，未能有效地反映学生信息和成绩的联系。由于贴近生活，就需要采用结构体囊括学生的姓名、学号、各科成绩等基本属性，才能反映出诸多属性之间的内在联系。在用结构体描述学生对象的基础上，实现成绩的录入和修改就比采用数组方式实现得更有意义，效率更高。

学生成绩管理系统的学生信息管理功能结构如图 8-1 所示。

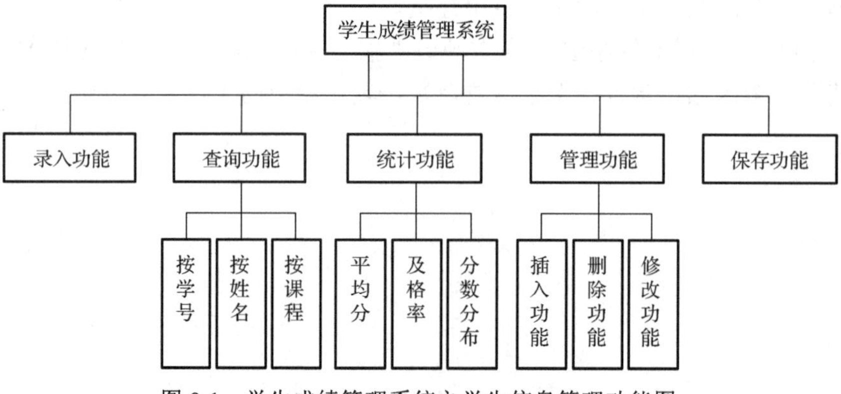

图 8-1　学生成绩管理系统之学生信息管理功能图

8.1　结构体数据类型

信息技术的快速发展以及大数据时代的到来，使得数据已经渗透到当今每一个行业和业务智能领域。由互相关联的元素聚合形成的复杂数据类型则是进行海量数据挖掘和运用的基础。这个复杂数据类型就是结构体。面对这种情形，需要做到三点：首先需要根据需求构造出新结构体，其次利用何种存储方式存储数据更便于使用，最后利用查找方法从存储的数据中挖掘出有价值的信息。

8.1.1　引入结构体

【例 8.1】根据学籍管理需求，输入一名学生的具体信息到计算机中保存起来。

问题分析：根据学籍管理需求，一名学生应具备姓名、学号、各科成绩的基本属性。根据所学数据类型的相关知识，可以知道姓名使用字符数组，学号既可以使用长整型，也可以使用字符数组实现，而各科成绩通常为单精度数据类型实现。通过分析发现这些数据项之间的数据类型各不相同，初步编程代码如下：

```
#include <stdio.h>
void main()
{
   char stuNo[10];
   char stuName[20];
   float score1, score2, score3;
   ......
}
```

如上所示，采用简单变量虽然可以实现功能，但是无法自动地将各科成绩与学生姓名、学号相关联，难以反映出数据项之间的内在联系。此外，如果涉及 $N(N\geqslant 3)$ 名同学,则更加混乱，仅仅变量声明就会 N 倍地增长，并且在获取学生信息输入语句时也会 N 倍地增加，显然不合情合理，不够明智。

在学生成绩管理系统中，只有将学生信息与成绩信息相关联才具有现实意义。面对此类问题，C 语言程序设计可以采用结构体来描述“学生”这类实体，然后采用循环控制结构和数组知识相结合，实现学生信息的录入以及学生信息的输出。

问题解决思路：经过问题分析，【例 8.1】可以简要执行三个步骤进行，第一步学习结构体的定义并使用结构体定义学生实体；第二步输入学生信息；第三步将学生信息显示在屏幕上。解决问题步骤如图 8-2 所示。

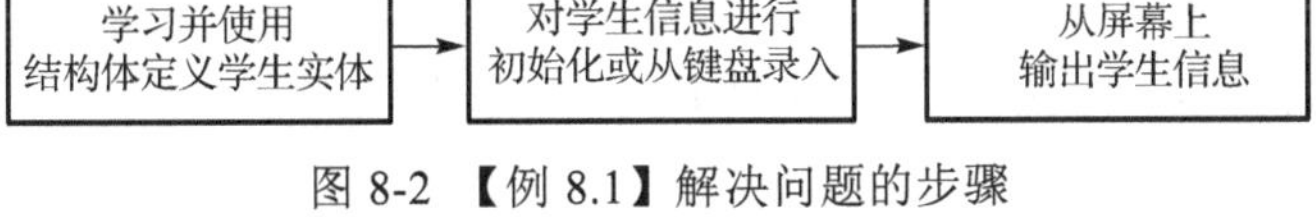

图 8-2 【例 8.1】解决问题的步骤

如图 8-2 所示，可以得知需要运用如下三方面的知识点。

(1) 结构体的定义；

(2) C 语言提供的 scanf() 以及循环控制结构实现学生信息的输入；

(3) 利用 printf() 实现学生信息的输出。

基于【例 8.1】的分析，提出结构体的概念。

1. 结构体类型的概念

C 语言程序设计中常把不同数据类型的数据组合在一个类型之中，作为一个整体进行处理，这个类型被称为结构体类型。

在面对现实世界各种各样的实际问题时，需要用户根据实际需求对问题的研究对象——数据内容进行分析和整理，归纳需要哪些数据项，并指出每个数据项的表现形式(即：数据类型)。一旦用户分析、整理并归纳得出的数据项不是任何单一种类的数据类型可以描述的场合，就需要用户采用能集中不同数据类型于一体的构造类型——结构体来对数据内容的定义。

在现实世界中，结构体适用的场合非常之多。比如，科学计算中的坐标点，直线等对象，生活中的人、动物、汽车、商品、通讯录等。

2. 结构体类型的形式定义

结构体类型声明的一般形式为：

```
struct 结构体类型名
{
    类型名 1  成员名表 1;
    类型名 2  成员名表 2;
    ……
   类型名 n  成员名表 n;            //结构体成员变量的声明;
};
```

在结构体类型声明的形式定义中，需要牢记如下六大要素：

(1)关键字 struct 是定义结构体的开始，“;”是结构体定义的结束。

(2)通常用“结构体名”来称呼所定义的结构体，若干成员变量的声明为结构体的内容。“结构体名”用于区分不同的结构体类型，由用户自定义命名。结构体中的成员变量可以是简单变量、数组、指针变量，也可以是结构体一类的构造型变量。

(3)结构体形式定义不是定义一个变量，而是用户自定义的一种新的数据类型。这种数据类型可以和 C 语言本身提供的基本数据类型(如：int)一样使用。

(4)结构体形式定义中的成员变量声明并没有声明变量，仅仅描述了变量与结构体之间的逻辑关系。比如，int num 仅仅代表 Student 结构体的学号。

(5)结构体本身不会被作为数据而开辟内存，真正作为数据在内存中存储的是这种结构体所定义的变量。比如：Student 结构体是通过声明的 num、name、score 和 gender 变量来向系统申请内存的，而非 Student。

(6)结构体必须先定义，后引用。

经过学习结构体类型的形式定义，我们可以写出“学生”结构体的形式定义：

```
#define N 3
struct Student
{
    Long   num;
    char   name[20];
    float  score[N];
    char   gender;
};
```

在 Student 结构体类型描述的学生信息，还可以根据现实问题的需要进行不断完善，比如联系电话、家庭住址等信息。正因为有了结构体复合数据类型，我们就可以对现实世界中的复杂事物进行描述，从而对问题进行分析，加以解决。

3. 结构体类型的逻辑形式

分析 Student 结构体类型，会发现其包含三种数据类型，基本描述为：

```
学生学号(num)：长整型
学生姓名(name)：字符型数组
学生成绩(score)：单精度类型数组，一共 N 科成绩
学生性别(gender)：字符型
```

经简单计算，Student 结构体类型需要的内存空间为(4+20+N*4+1)字节。假定 N=1，则 Student 结构体类型需要 29 个字节的内存空间，29 是各成员所占字节数的总和，如图 8-3 所示。

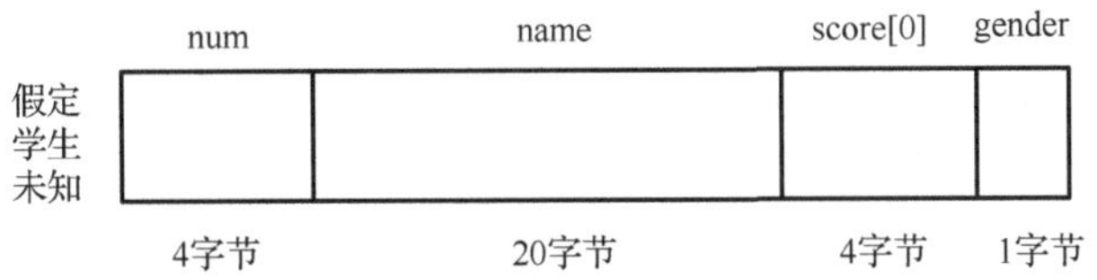

图 8-3　假定未知学生的存储单元

【例 8.2】根据 Student 结构体类型定义，画出某具体学生的存储示意图。

根据需要牢记的六大要素之(5)，必须定义 Student 结构体类型的变量，方可获得结构体类型的内存空间。假定一名学生 stu3 一科成绩的信息为“1005，陈奕杨，100，‘F’”，则 stu3 变量的内存存储情况如图 8-4 所示。

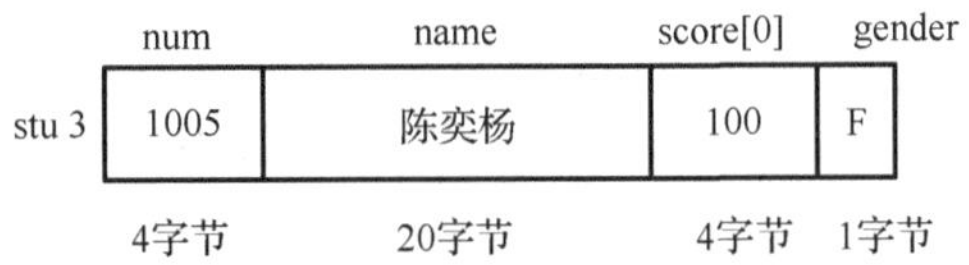

图 8-4　变量 stu3 的存储单元

经过上述学习，可以知道结构体类型的变量(stu3，一科成绩)一经定义，系统就会为 stu3 开辟 29 个字节的内存空间。并且根据图 8-3 和图 8-4 可知，结构体变量(stu3)中的各个成员变量在内存中是按照声明的顺序依次进行存放的。

8.1.2　结构体类型变量的定义和使用

【例 8.3】根据 Student 结构体类型定义，定义具体学生“陈奕杨”变量。

问题分析：结构体数据类型经过形式定义后，需要声明结构体类型的变量，方可使用。在学习结构体类型定义的基础上，要学习如何进行结构体类型变量的声明。因为只有进行了结构体变量的声明，才会向系统申请内存，才能真正存储实际的数据内容。

下面分别介绍两种结构体变量声明形式。

1. 第一种结构体变量声明形式

第一种结构体变量声明形式是在定义结构体类型的同时声明结构体变量，即将结构体类型的定义和声明结构体变量放在同一个语句中，一般形式如下：

```
struct 结构体类型名
{
```

```
        结构体成员列表;
    }结构体变量名表;
```

"Student" 结构变量声明示例如下:

```
    struct Student
    {
        int   num;
        char  name[20];
        float score;
        char  gender;
    }stu1;
```

在第一种结构体变量声明形式中，可以省略结构体类型名，即可以不写"Student"。

2. 第二种结构体变量声明形式

第二种结构体变量声明形式是结构体类型可以作为数据类型声明变量，一般形式如下:

```
    struct 结构体类型名 结构体变量名;
```

"Student" 结构变量声明示例如下:

(1)示例 1：struct Student stu2；

(2)示例 2：struct Student stu2，stu4，stu5；

(3)示例 3：struct Student stu3 = { 1005，"陈奕杨"，100，'F'}；

在示例 1 中声明一个单独的"Student"数据类型变量 stu2；在示例 2 中声明了多个"Student"数据类型变量的列表 stu2，stu4 和 stu5；在示例 3 中声明"Student"数据类型变量 stu3 的同时采用数组初始化的语法对 stu3 变量进行了初始化。

8.1.3　结构体类型变量的赋值和初始化

【例 8.4】根据 Student 结构体类型定义，定义具体学生"陈奕杨"变量，并初始化该生信息。

问题分析：关于结构体变量的赋值问题，一共有两种方式。第一种是在结构体变量定义的同时直接整体赋初值；第二种是在结构体变量声明之后，对所有成员变量逐一赋值。

第一种直接整体赋初值示例如下:

```
    struct Student st={1005,"陈奕杨",100,'F'};
```

第二种成员变量逐一赋值示例如下:

```
    struct Student st2;
    st2.num = 1006;
    st2.name = "许铎";
    st2.score = 100;
    st2.gender = 'M';
```

8.1.4　结构体类型变量之成员变量的访问

【例 8.5】在定义具体学生"陈奕杨"变量并初始化该生信息后，如何访问其成员变量。

问题分析：C 语言对结构体变量的处理是通过对其成员变量的引用而实现的。

访问结构体成员变量一共有两种方法：

第一种方法：采用“结构变量名.成员名”的方式访问；

第二种方法：采用“结构体指针变量名->成员名”的方式访问。

其中，第二种方式在计算机内部会被转化为(*结构体指针变量名).成员名，这是 C 语言的硬性规定。

基于上述“Student”结构体的定义，结构体成员变量访问示例如下：

```
struct Student st={1005,"陈奕杨",100,'F'};
struct Student st2;
struct Studeng * pst = &st;
……              //st2 变量的赋值，如 8.1.3 节
pst->score = 98;
st2.socre  = 99;
```

结构体变量初始化的一般形式有三种，分别是：

(1)第一种初始化形式

```
struct 结构体类型名 结构体变量名 = {初始化数据};
```

(2)第二种初始化形式

```
struct 结构体类型名
{
    结构体成员列表;
}结构体变量名 = {初始化数据};
```

(3)第三种初始化形式

```
struct
{
    结构体成员列表;
}结构体变量名 = {初始化数据};
```

在上述三种初始化形式中，建议采用第一种初始化形式。

【例 8.6】根据 Student 结构体类型定义，定义具体学生“陈奕杨”变量，并初始化该生信息，然后将该生信息输出到屏幕上。

问题分析：经过体验学习结构体类型的定义、结构体类型变量的赋值及初始化、对结构体类型变量的成员进行访问等，编写 C 程序参考代码如下所示，程序运行结果如图 8-5 所示。

```
#include <stdio.h>
struct Student
{
    long    num;
    char    name[20];
    float   score;
    char    gender;
};
int main(){
  struct Student st={1005,"陈奕杨",100,'F'};
```

```
    struct Student st2;
    struct Student *pst = &st;
    st2.num    = 1006;
    st2.name   = "许铎";
    st2.score  = 100;
    st2.gender = 'M';
    pst->score = 98;
    st2.score  = 99;
    printf("%d\n",st.num);
    printf("%s\n",st.name);
    printf("%6.2f\n",st.score);
    printf("%c\n",st.gender);
    printf("%6.2f\n",pst->score);
}
```

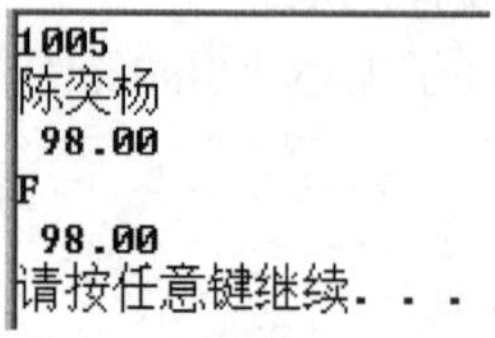

图 8-5　结构体定义及应用示例

8.2　结构体与函数调用

8.2.1　结构体类型变量地址作实参

【例 8.7】在【例 8.5】编程代码中存在大量 Student 结构体类型变量的赋值语句，随着具体学生数量的增多，赋值代码则成倍增加，使得用户阅读代码费力费，如何优化代码？

问题分析：在【例 8.5】main()主函数中涉及大量用户数据的输入和输出操作，而这些操作具有共性，可以利用函数的知识将代码模块化。根据问题分析，可以将学生信息录入和学生信息输出的相关操作用独立的函数形式完成，使得主函数代码更加紧凑，便于读者阅读代码，开发者维护代码。

问题解决：根据学生信息录入和学生信息输出的本质，可以分为三个步骤来完成：

(1)完成学生结构的定义和学生结构体变量的声明。

(2)拟撰写函数 InputStudent()来实现学生信息的输入。

(3)拟撰写函数和 OutputStudent()来实现学生信息的输出。

在结构体变量输入函数 InputStudent()和结构体变量输出函数 OutputStudent()中均不需要返回结果。但是两者均需要接收形参，只有这样函数方可以知道针对哪一个结构体变量进行输入和输出设置。

在 InputStudent()函数中，接收的函数形参因为需要对结构体变量的输入进行设置，即输入值初始化，因此需要接收的形参必须是结构体变量的地址。在 OutputStudent()中由于仅仅是输出，所以地址传递和值传递均可，两者的区别在于值传递既耗费空间又浪费时间，而地址传递既节省空间执行速度又快，缺点是存在一定的风险。

通过本小节的学习，我们体会到利用指针快速传递数据减少内存耗用，使函数返回一个以上值的优点，又可以通过修饰符 const 来限制结构体变量输出函数 OutputStudent()对地址传值的修改，从而规避了数据被修改的风险。

根据上述分析，C 程序参考代码如下,运行结果如图 8-5 所示。

```
    #include <stdio.h>
```

```
struct Student
{
    int    num;
    char   name[20];
    float  score;
    char   gender;
};

void InputStudent(struct Student *);
void OutputStudent(const struct Student *);
int main(){
    struct Student st;
    InputStudent(&st);
    OutputStudent(&st);
}
/*本函数需要修改主函数中传递的值*/
void InputStudent(struct Student *pstu)
{
    pstu->num = 1005;
    strcpy(pstu->name,"陈奕杨");
    pstu->score=99;
    pstu->gender ='F';

}
void OutputStudent(const struct Student *pst)
{
    printf("%d\n",pst->num);
    printf("%s\n",pst->name);
    printf("%8.2f\n",pst->score);
    printf("%c\n",pst->gender);
}
```

8.2.2 结构体类型变量的成员作实参

【例 8.8】假定学生基本情况包含学号和三门科目成绩，编写自定义函数 mycoupute() 实现求某学生平均成绩，并将该生信息和平均成绩输出到屏幕上。

问题分析：在学习 8.1 的基础上，知道要顺利编程需要实现如下几点：

(1) 定义结构体类型，假定结构体名称为 stuInfo。

(2) 定义 stuInfo 类型的变量及初始化，假定变量名为 yang。

(3) 编写自定义函数 mycompute()，实现获取学生信息及求解平均分。

问题解决：根据问题分析，分别实现如下。

1. stuInfo 结构体类型声明

```
#define N 3
struct stuInfo{
    long num;
```

```
    char name[10];
    float score[N];
    };
```

2. 结构体类型变量 yang 的定义及初始化

对于变量 yang 的定义与初始化，为了简化本例采用定义时初始化的方式，简单易实现。

```
struct stuInfo yang={2014106, 89.5,95.0,87.5};
```

3. 自定义函数 mycompute()的实现

问题分析：根据自定义函数首部三要素，可以分析如下：

(1)返回类型。因为【例 8.8】的目的是输出到屏幕，因此自定义函数返回类型可以为 void，在函数内部计算出平均成绩后连同学生基本信息一同直接输出；

(2)函数名称。依据题意，假定为 mycompute()；

(3)形式参数。因为要输出学生的全部信息，结合第 8.2.2 小节的主旨，应该分别以结构体类型变量的成员变量作为实参进行传递，因此形参需要参考成员变量的定义。根据上述结构体类型 stuInfo 的定义，可以知道相应的形参应该是 long 型、char 型字符数组以及能够指向实型变量的指针类型，具体示意图如图 8-6 所示。

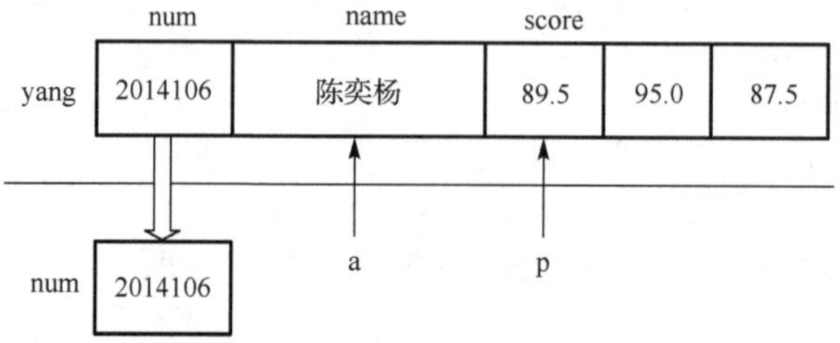

图 8-6 【例 8.8】参数传递过程

问题解决：根据问题分析，自定义函数实现如下：

```
void mycompute(long int num,char a[],float *p){
    int i;
    float sum,avg;
    printf(" 学号: %ld, ",num);
    printf(" 姓名: %s",a);
    for(i=0;i<N;i++){
        printf("%5.1f",*(p+i));
        sum=sum+*(p+i);
    }
    avg=sum/N;
    printf(" 平均成绩: %5.1f",avg);
    printf("\n");
}
```

经过上述分析，我们可以给出如下完整的程序代码。

```
#include <stdio.h>
#define N 3
......                  //stuInfo 结构体定义
```

```
.......                  //自定义函数 mycomputer
main(){
    struct stuInfo yang={2014106,89.5,95.0,87.5};
    mycompute(yang.num,yang.name,yang.score);
}
```

程序的运行结果如图 8-7 所示。

```
学号：2014106，  姓名：陈奕杨 89.5 95.0 87.5 平均成绩：  90.7
请按任意键继续. . .
```

图 8-7 【例 8.8】程序运行结果

8.2.3 结构体类型变量作实参

【例 8.9】假定学生基本情况包含学号和三门科目成绩，编写自定义函数 myinit()实现求某学生信息的初始化，并将该生信息和平均成绩输出到屏幕上。

问题分析：在学习 8.1 的基础上，知道要顺利编程需要实现如下几点。

(1)定义结构体类型，假定结构体名称为 stuInfo。

(2)编写自定义函数 myinit()实现 stuInfo 类型变量的内容修改。

(3)主函数中实现获取学生信息及求解平均分，然后输出到屏幕上。

问题解决：根据问题分析，分别实现如下。

1. stuInfo 结构体类型声明

经分析，stuInfo 结构体类型声明与【例 8.8】中的声明相同，此处代码略。

2. 自定义函数 myinit()的实现

根据自定义函数首部三要素，返回类型可以确定为 void，函数名称已经确定为 myinit()，剩下的关键确定形参。根据第 8.2.3 小节的主旨是以结构体类型变量作为实参进行传递，因此形参应该为相同的结构体类型变量。因此，自定义函数 myinit()的定义如下：

```
void myinit(struct stuInfo stu3){
    stu3.num=2014107;
    stu3.score[2]=100;              //假定修改学生的学号和第二科目成绩
}
```

3. 主函数中进行学生平均成绩的求解以及输出

经过上述分析，关于平均成绩求解的思路主要借助循环控制结构，代码相对简单。

经过上述分析，我们可以给出如下完整的程序代码。

```
#include <stdio.h>
#define N 3
struct stuInfo{
   long num;
   char name[10];
   float score[N];
};
```

```
void myinit(struct stuInfo stu3){
    stu3.num=2014107;
    stu3.score[2]=100;
}
main(){
    struct stuInfo yang={2014106,"陈奕杨",89.5,95.0,87.5};
    int i;
    float sum,avg;
    myinit(yang);
    printf(" 学号：%ld，",yang.num);
    printf(" 姓名：%s",yang.name);
    for(i=0;i<N;i++){
        printf("%5.1f",yang.score[i]);
        sum=sum+yang.score[i];
    }
    avg=sum/N;
    printf(" 平均成绩：%5.1f",avg);
    printf("\n");
}
```

程序的运行结果如图 8-8 所示。

```
 学号：2014106， 姓名：陈奕杨 89.5 95.0 87.5 平均成绩： 90.7
请按任意键继续. . .
```

图 8-8 【例 8.9】程序运行结果

根据图 8-8 所示运行结果可知，主程序中调用自定义函数 myinit()修改该生的学号和第二科目的成绩，但是发现程序运行结果保持不变，这是为什么呢？究其原因是在主程序中的调用语句 myinit(yang)中采用结构体类型变量作实参，所以是将实参中各成员的值一一赋给对应形参的成员，表明实参和形参之间的数据传递是单方向的，形参的改变不会影响实参的值。因此，采用【例 8.9】的方法是无法改变学生信息的。

8.3 结构体数组及应用

【例 8.10】根据学籍管理需求，每逢期末考试后需要将学生个人信息以及成绩录入成绩管理系统，然后按照学生的成绩从低到高进行排序，最后将排序结果输出在屏幕上。

问题分析：根据题目需求，首先需要考虑现实生活中，每个班级的学生人数不完全相同，而且存在不参加期末考试的情况，因此学生的个数要依据真实参加考试的学生个数而定；其次，为了简化录入的学生信息和成绩，可以根据考试试卷上的信息进行录入。本问题中学生的信息有名字和性别，假定包含有一科英语成绩。

在学习第 8.1 小节的基础上，要顺利编程可以简要执行五个步骤进行。

(1)定义“Student”结构体：因为学生信息所涉及的姓名、性别和成绩是多种数据类型构成的研究对象，适合采用结构体描述。

(2) 输入参考考试学生的个数，并申请内存空间：根据实际参加考试的学生个数，动态申请空间存储学生的信息。

(3) 采用 for 循环进行学生信息的输入：参加考试的学生个数可以确定。

(4) 采用冒泡排序按照学生成绩从低到高的顺序对学生实体进行排序。

(5) 采用 for 循环进行学生信息的输出。

根据上述总结的执行步骤，学生可以理清所需的知识点。

(1) 结构体定义以及基本数据类型的熟练掌握。

(2) 需要掌握键盘输入 scanf() 函数，结构体指针变量的声明以及结构体变量的声明，以及 C 语言申请内存空间的函数 malloc() 的运用。

(3) for 循环结构以及输入函数 scanf() 以及输出函数 printf() 的准确应用。

(4) 要理解冒泡排序的思想，通过学生的成绩来交换学生实体的排序。

(5) 在学生信息输出中，仅仅需要掌握 for 循环和熟练运用 printf() 函数即可。

基于【例 8.10】的分析，提出 malloc() 函数的学习和冒泡排序的思想。

1. malloc() 函数

malloc() 是 C 语言中申请内存空间的函数，其函数原型如下所示。

malloc 函数原型：void * malloc(unsigned int size);其功能是在内存的动态存储区中分配一个长度为 size 的连续空间。返回值是指向所分配的连续存储域的起始地址的指针，若内存申请失败，返回 NULL。

结合指针的学习，对于为了加深 malloc 函数的了解，举例如下：

```
int * p;                        //定义一个 int 类型的指针
p = (int *)malloc(4);          //分配 4 个连续的内存单元给指针 p
```

此外，使用 malloc() 函数时必须在程序开头包含 stdlib.h 头文件。

2. 冒泡排序

冒泡排序(BubbleSort)的基本思想是：以待排数字序列为基准，从队首开始依次比较相邻的两个数，将小数放在前面，大数放在后面。即首先比较第 1 个和第 2 个数，将小数放前，大数放后。然后比较第 2 个数和第 3 个数，将小数放前，大数放后，如此继续，直至比较最后两个数，将小数放前，大数放后。重复以上过程，仍从第一对数开始比较，将小数放前，大数放后，一直比较到最小数前的一对相邻数，将小数放前，大数放后，第二趟结束，在倒数第二个数中得到一个新的最小数。如此下去，直至最终完成排序。由于在排序过程中总是小数往前放，大数往后放，相当于气泡往上升，所以称作冒泡排序。冒泡排序的学习在【例 5.34】中已经详细介绍过，大家可以回顾。

根据问题描述及分析，C 程序参考代码如下所示，运行结果如图 8-9 所示。

```
#include <malloc.h>
#include <stdio.h>
struct Student
{
    char   name[100];
    float  score;
```

```
    char   gender;
  };
  int main(){
   int len;
   struct Student *pArr;
   int i,j;
   struct Student temp;

   //动态构造学生信息一维数组
   printf("please input student number:\n");
   printf("len = ");
   scanf("%d",&len);
   pArr = (struct Student *)malloc(len*sizeof(struct Student));

   for(i=0;i<len;++i)
   {
     printf("please input NO. %d student info\n",i+1);
     printf("name =");
     scanf("%s",pArr[i].name);
     printf("Score =");
     scanf("%f",&pArr[i].score);
     printf("Gender = ");
     scanf(" %c",&pArr[i].gender);
    printf("\n");
   }
   //冒泡排序
   for(i=0;i<len-1;++i)
   {
    for(j=0;j<len-1-i;++j)
    {
      if(pArr[j].score > pArr[j+1].score)
      {
        temp = pArr[j];
        pArr[j] = pArr[j+1];
        pArr[j+1] = temp;
      }
    }
   }

   printf("-----学生信息列表---\n");
   for(i=0;i<len;++i)
   {
     printf("NO. %d student info is:\n",i+1);
     printf("      name = %s",pArr[len-i].name);
     printf("      score= %5.2f",pArr[i].score);
     printf("      Gender = %c",pArr[i].gender);
```

```
        printf("\n");
    }
}
```

```
please input student number:
len = 3
please input NO. 1 student info
name =chenzs
Score =100
Gender = m

please input NO. 2 student info
name =chenyy
Score =99
Gender = f

please input NO. 3 student info
name =xuduo
Score =102
Gender = m

-----学生信息列表---
NO. 1 student info is:
      name = chenyy        score= 99.00        Gender = f
NO. 2 student info is:
      name = chenzs        score= 100.00        Gender = m
NO. 3 student info is:
      name = xuduo        score= 102.00        Gender = m
请按任意键继续. . .
```

图 8-9　采用冒泡排序实现学生成绩排序的应用示例

8.4　结构体数组与指针

【例 8.11】为了应对学校在校生人数规模的不断扩大，以及学生信息的存储量急剧增大的需求，要求学籍管理能够处理应对如下三种情况：

(1) 部分学生因转学、换专业等需要进行的信息修改情形；

(2) 新学期新增的学生信息；

(3) 因各种原因导致学生辍学进行的学籍变更或删除的情形；

同时，在应对上述三种情形的时候避免不了需要进行学籍的查询，因此增加：

(4) 实现学生信息的查找功能。

提示：为了简化，本节假定学生信息包含学生学号、姓名和语文课程成绩三个属性。

问题分析：根据学生信息的描述，需要采用结构体来完成，其次需要考虑到数据的存储方式，通常考虑连续的存储方式还是链式存储方式。其中，连续存储方式最常见的就是数组。

1. 数组优缺点

数组作为数据存储的一种存储结构，具有内存上空间连续的特点，数据存储利用率极高，可实现数据随机访问，查找速度快。数组的缺点是如果需要连续的空间，当所需空间较大而内存空间比较紧张时，有可能存在内存申请失败的情况。此外，在数组中进行插入、删除时，插入点或删除点后面的全部元素都要往后或往前移动，系统消耗较大。另外，数组一旦被显式声明后，其大小就固定了，不能动态扩充。

2. 引入链表

链表作为数据存储的另一种存储结构，则很好地弥补了数组存储结构的不足。链表适用于分散的内存空间地址，具有很好的扩展性。此外，面对插入和删除操作，链表只需要更改有必要更改的节点内相关信息即可，不需要更改节点的内存地址，具有较好的灵活性，效率很高。另外，链表可以动态扩充，弥补了数组显式声明后固定无法扩充的不足。

要求学生了解链表的相关知识，方可以正确地书写结构体定义。下面先进行链表基本知识的普及讲解。

3. 链表的定义

链表是指将若干个数据元素按一定的原则连接起来的表。链表中每一个数据元素称为结点，数据元素可能包含多个成员项。在链表中，每个结点是单独分配空间的，不要求一定要连续存放，因此需要为每个节点增加指针将所有结点连接起来。

(1) 单链表。在链表中，如果每个结点采用一个指针，将前一个结点的指针指向下一个结点，将这样的链表称为单链表。在单链表中，只有通过前一个结点才能找到下一个结点。因此，一个链表必须知道其头指针。

(2) 头指针。存放头结点地址的指针变量就称为头指针。

(3) 头结点。头结点就是链表中首节点前面的那个结点。头结点不存放有效数据，且其数据类型与首结点的数据类型一模一样。设置头结点的目的是为了方便对链表进行操作。

(4) 首结点。在链表中，称存放第一个有效数据的结点为首结点，也称为第一个结点。

(5) 尾结点。在链表中，称存放最后一个有效数据的结点为尾结点，也称为最后一个结点。

(6) 双链表。在链表中，若每个结点有两个指向其他结点的指针，则称之为双链表。本章内容主要讨论单链表的相关知识与编程。

4. 结构体与指针

在单链表中，一般情况下每个结点由两个域组成，其中一个是用于存放数据元素值的数据域，另一个是用于存放下一个结点地址的指针域。本小节的数据域中存放学生的信息，包含学生的学号、姓名和语文成绩。根据分析，单链表中结点类型定义如下：

```
struct Node
{
        int num;
        char name[20];
        int score;
        struct Node * pNext;
};
```

5. 单链表的基本运算

假定学生信息包含学号、姓名和语文成绩，逐个输入构成单链表的学生信息。

(1) 建立单链表。建立单链表的常用方法有两种，即头插法建表和尾插法建表。头插法建表就是始终在头结点之前插入新建的节点，使得结点数据域的顺序与用户输入的顺序正好相反。尾插法就是始终在最后一个结点之后插入新建的结点，类似于银行排队的思想，使得结点数据域的顺序与用户输入的顺序一致。因为尾插法更易于理解，本章介绍采用尾插法建立单链表的过程，具体如图 8-10 所示。

结合学生信息录入函数声明可知，该函数是一个指针型函数，需要返回建立的单链表的头结点指针。

(a) 建立头结点*pHead

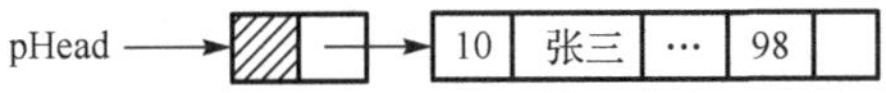

(b) 尾部链入学号为10学生的结点

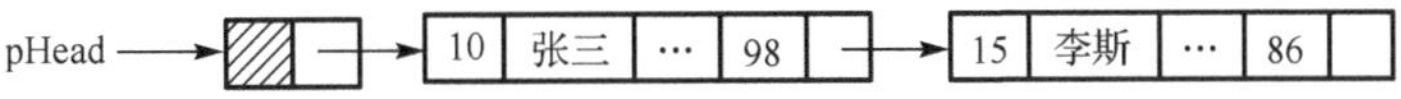

(c) 尾部链入学号为15学生的结点

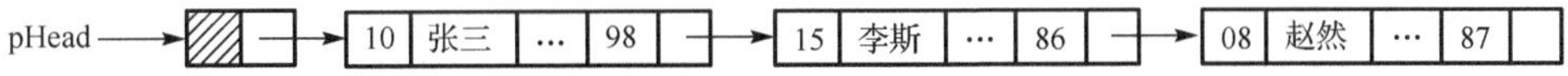

(d) 尾部链入学号为08学生的结点

图 8-10　采用尾插法建立一个单链表的过程

(2) 输出单链表。输出链表就是依次输出以*pHead 为头结点的单链表中的所有节点的数据域。

(3) 查找运算。单链表中的修改和删除均离不开单链表的查找运算。查找运算的本质就是在头结点为*pHead 的单链表中顺序查找指定序号为 *i* 的节点。若找到该节点，则返回其指针，否则返回 NULL。若找到指定节点，根据返回的指针就可以实现对该节点所含信息的修改或删除该节点。按照结点在链表中的位置序号查找的函数如下：

```
struct Node *  getnode(struct Node * head,int loc_i)
{
        int j = 0;
        struct Node *p;
        p = head;
        while(p->pNext !=NULL && j<loc_i)
        {
           p = p->pNext;
           j++;
        }
        if(p!= NULL)
            return p;
        else
            return NULL;
}
```

(4) 插入运算。在以*pHead 为头结点的单链表中，将指定学生信息插入到链表序号为 *i* 的节点位置上。假定链表原有学生 *n* 个，则插入的范围为 1 至 *n*+1。若 *i*=1，表示插入的节点作为首节点；若 *i*=*n*+1，表示插入的结点作为最后一个结点。

在单链表中，如何实现在*p 结点后面插入新的结点*s 呢？具体示例过程如图 8-11 所示。

(5) 删除运算。在以*pHead 为头结点的单链表中，将指定学生信息从链表中删除，首先要定位单链表中的序号为 *i*–1 的节点*p，然后删除*p 之后的节点。

在单链表中，如何删除*p 结点后面结点呢？具体示例过程如图 8-12 所示。

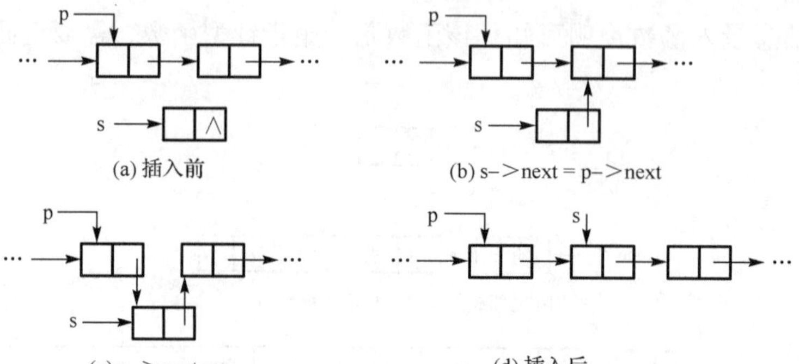

图 8-11　在单链表中插入结点的过程

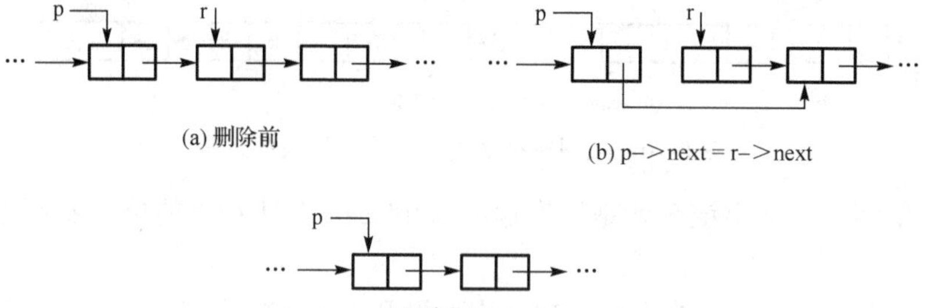

图 8-12　在单链表中插入结点的过程

6. 单链表基本运算的代码实现

根据问题描述和分析，单链表数据插入、删除和查找函数的代码参考如下。

(1) 单链表中插入操作参考代码。

```
void insert_list(struct Node * pHead)
{
  struct Node *p,*s;
  int i;
  ……
    s = (struct Node *)malloc(sizeof(struct Node));
     if (NULL == s)
         {
             printf("分配失败，程序终止!\n");
             exit(-1);              //终止程序
         }
……
    printf("---请输入研究对象待插入的位置序号---\n");
    printf("insert location i:=");
    scanf("%d",&i);

   if(i==1)
    {
        s->pNext = pHead->pNext;
        pHead->pNext = s;
    }
    else
```

```
        {
            p = getnode(pHead,i-1);
            if(p == NULL)
            {
                printf("位置 i 取值有误\n");
                exit(0);
            }
            s->pNext = p -> pNext;
            p->pNext = s;
        }

    }
```

(2) 单链表中删除操作参考代码。

```
void delete_list( struct Node * pHead)
{
    struct Node *p,*r;
    int i;
    printf("---请输入链表待删除的元素位置序号---\n");
    printf("delete location i:=");
    scanf("%d",&i);
    p = getnode(pHead,i-1);    //删除需要获取该节点的前一个节点序号
    if(p == NULL || p->pNext ==NULL)
    {
        printf("位置 i 取值有误\n");
        exit(0);
    }
    r=p->pNext;
    p ->pNext = r->pNext;
    free(r);                   //释放结点 *r ，将所占用的空间归还给存储池
}
```

(3) 单链表中查找操作参考代码。

```
struct Node *  getnode(struct Node * head,int loc_i)
{
    int j = 0;
    struct Node *p;
    p = head;
    while(p->pNext !=NULL && j<loc_i)
    {
        p = p->pNext;
        j++;
    }
    if(p!= NULL)
    return p;
    else
        return NULL;
}
```

问题解决：根据上述分析可知，通过执行如下五个步骤可以解决问题。

(1) 定义“Student”结构体：因为学生信息所涉及的学号、姓名和成绩是三种不同数据类型构成的研究对象，适合采用结构体描述。

(2) 采用链表结构：学生数量的增加使得学生信息的数据量剧增，具有不确定性，使用灵活的链表结构来存储数据，能够避免采用数组形式来申请大片连续内存空间可能申请失败的概率。

(3) 获取链表头指针：要实现学生信息的访问，需要从链表的头指针开始，逐一进行比较才可以实现学生信息的访问。

(4) 冒泡排序：采用冒泡排序按照学生成绩从低到高的顺序对学生实体进行排序，当然也可以采用别的排序方法。

(5) 输出学生信息：采用 for 循环进行学生信息的输出。

到目前为止，问题分析以及问题解决思路明确，代码实现也相对比较容易。问题是大家将所有代码都写在主函数 main() 中，会不会感觉代码阅读起来非常繁琐，非常费时呢？因此考虑到代码优化、可读性等方面的问题，问题分析和解决思路可以进一步细化。

【例 8.12】 问题深入分析与解决。

在学生成绩管理系统中，录入功能主要是指将学生信息录入到计算机内存中，需要利用“文件章节”中将外部存储的数据录入到计算机内存中进行保存。管理功能主要包括增加学生信息、删除学生信息、修改学生信息。鉴于代码量相对较多，简化学生信息只包含学生的学号、姓名和语文成绩。

提示：读者可以根据实际情况自行添加字段。

问题深入分析：为了解决上述问题，经过分析大致归总为七步来完成。

(1) 进行结构体的定义。因为学生信息由学号、姓名等多种属性构成，采用结构体适合描述。

(2) 根据问题描述中的两大功能，编写主函数。为了使得主函数简洁紧凑，拟采用函数来实现主程序。其中，编写学生信息录入函数来实现学生信息链表的生成，编写学生信息输出函数来实现学生信息链表的遍历，编写学生信息修改函数来实现指定学生信息链表的查询并修改，编写学生信息增加函数来实现指定学生信息链表的插入，编写学生信息删除函数来实现指定学生信息的删除。根据分析，主程序中建议采用 switch-case 或 if-else 分支语句来实现五大功能的调用，即由用户选择调用执行哪个函数。

(3) 编写学生信息录入函数。

(4) 编写学生信息输出函数。

(5) 编写学生信息修改函数。

(6) 编写学生信息增加函数。

(7) 编写学生信息删除函数。

问题深入分析中涉及自定义函数的介绍：

(1) 学生信息录入函数。根据分析，学生信息作为单链表的数据域元素值，可以在学生信息录入函数内独立完成，因此该函数无需参数传递，但是需要将创建的单链表头指针返回给主函数。经分析，学生信息录入函数声明如下：

```
struct Node * create_list(void);
```

(2)学生信息输出函数。根据分析，学生信息输出相当于对整个单链表从头结点一直访问到尾结点，因此该函数需要获取单链表的头指针，即需要参数传递。获取头指针后，遍历整个单链表将学生信息依次输出即可，即不需要向主函数返回任何值。经分析，学生信息输出函数声明如下：

```
void traverse_list(struct Node * pHead);
```

(3)学生信息修改函数。根据分析，学生信息修改相当于对整个单链表从头结点开始，对当前结点进行“查找-比较”操作，判断当前学生信息结点是否是所要寻找的指定学生信息。如果找到，则退出查找操作并修改该生的信息；如果未找到，则访问下一个节点重复“查找-比较”操作，直至找到或访问到尾结点。因此，该函数需要获取单链表的头指针，即需要参数传递。获取头指针后，遍历整个单链表查找指定学生信息。若找到，则退出并修改该生信息；若未找到，一直循环直至找到或遍历到尾结点而退出。因为学生信息需要修改返回，因此参数传递为指针传递，故学生信息修改函数声明如下：

```
void modify_list(struct Node * pHead);
```

(4)学生信息插入函数。根据分析，学生信息插入相当于在单链表的指定位置插入新的学生信息结点。由于本章采用尾插法建立单链表，需要对整个单链表从头结点一直访问到尾结点，因此该函数需要获取单链表的头指针，即需要参数传递。获取头指针后，遍历整个单链表直至指定位置的前一个结点，插入待增加的学生信息即可。经分析，学生信息增加函数声明如下：

```
void insert_list(struct Node * pHead);
```

(5)学生信息删除函数。根据分析，学生信息删除相当于遍历整个单链表，直至找到要删除的学生信息结点。如果找到，则从链表中删除该生信息的结点；如果未找到，表明已经访问到链尾。因此，该函数需要获取单链表的头指针，即需要参数传递。经分析，学生信息删除函数声明如下：

```
void delete_list(struct Node * pHead);
```

根据问题描述及分析，C 程序参考代码如下所示，运行结果如图 8-13 所示。

```
#include <stdio.h>
# include <malloc.h>
# include <stdlib.h>
//定义一个链表的学生信息数据结构类型
struct Node
{
    int num;
    char namc[20];
    int score;
    struct Node * pNext;
};
//函数声明
struct Node * create_list(void);
void traverse_list(struct Node *);
void modify_list(struct Node *);
void insert_list(struct Node *);
```

```
void delete_list(struct Node *);
struct Node *  getnode(struct Node * head,int );
   // 在链表中查找给定位置 loc_i 处的结点
struct Node *  getnode(struct Node * head,int loc_i)
{
    int j = 0;
    struct Node *p;
    p = head;
    while(p->pNext !=NULL && j<loc_i)
    {
        p = p->pNext;
        j++;
    }
    if(p!= NULL)
    return p;
    else
    return NULL;
}

//建立学生信息单链表子函数
struct Node * create_list(void)
{
    int len;
    int i;
    int stu_num;
    char stu_name[20];
    int stu_score;
    //首先分配一个不存放有效数据的头结点
    struct Node * pHead = (struct Node *) malloc(sizeof(struct Node));
    if( NULL == pHead)
    {
        printf("allocat fail,program terminate!\n");
        exit(-1);
    }
    struct Node * pTail = pHead;
    pTail->pNext = NULL;
    printf("please input the number of list nodes:len=");
    scanf("%d",&len);
    for(i=0;i<len;i++)
    {
        printf("请输入第%d 个学生的信息: ", i+1);
        printf("stu Num:");
        scanf("%d",&stu_num);
        printf("stu Name:");
        scanf("%s",stu_name);
        printf("stu Score:");
        scanf("%d", &stu_score);
        struct Node * pNew = (struct Node *)malloc(sizeof(struct Node));
        if (NULL == pNew)
        {
```

```
            printf("分配失败，程序终止!\n");
            exit(-1);   //终止程序
        }

        pNew->num = stu_num;
        strcpy(pNew->name,stu_name);
        pNew->score = stu_score;
        pTail->pNext = pNew;
        pNew->pNext = NULL;
        pTail = pNew;
    }
    return pHead;
}

//输出学生信息链表
void traverse_list(struct Node * pHead)
{
    struct Node * p = pHead->pNext;
    while (NULL != p)
    {
        if(p->pNext == NULL)
            printf("%d %s %d", p->num,p->name,p->score);
    else
            printf("%d %s %d --> ", p->num,p->name,p->score);
        p = p->pNext;
    }
    printf("\n");
    return;
}

    //链表插入学生信息子函数
void insert_list(struct Node * pHead)
{
    struct Node *p,*s;
    int i;
    int stu_num;
    char stu_name[20];
    int stu_score;

s = (struct Node *)malloc(sizeof(struct Node));
    if (NULL == s)
        {
            printf("分配失败，程序终止!\n");
            exit(-1);   //终止程序
        }
    printf("---请输入待插入学生信息---\n");
    printf("stu Num:");
        scanf("%d",&stu_num);
        printf("stu Name:");
        scanf("%s",stu_name);
```

```
        printf("stu Score:");
        scanf("%d", &stu_score);

        s->num = stu_num;
        strcpy(s->name,stu_name);
        s->score = stu_score;

    printf("---请输入该学生待插入的位置序号---\n");
    printf("insert location i:=");
    scanf("%d",&i);

    if(i==1)
    {
        s->pNext = pHead->pNext;
        pHead->pNext = s;
    }
    else
    {
        p = getnode(pHead,i-1);
        if(p == NULL)
        {
            printf("位置 i 取值有误\n");
            exit(0);
        }
        s->pNext = p -> pNext;
        p->pNext = s;
    }

}

    //链表删除学生信息子函数
    void delete_list( struct Node * pHead)
    {
        struct Node *p,*r;
        int i;
        printf("---请输入链表待删除的元素位置序号---\n");
        printf("delete location i:=");
    scanf("%d",&i);
    p = getnode(pHead,i-1);
        if(p == NULL || p->pNext ==NULL)
        {
            printf("位置 i 取值有误\n");
            exit(0);
        }
        r=p->pNext;
        p ->pNext = r->pNext;
        free(r);    //释放结点 *r ，将所占用的空间归还给存储池
}

//链表修改学生信息子函数
```

```
void modify_list(struct Node *pHead)
{
        struct Node *p;
        int i;
        int stu_score;
        printf("---请输入链表待修改的元素位置序号---\n");
    printf("modify location i:=");
    scanf("%d",&i);
    p = getnode(pHead,i);
        if(p == NULL || p->pNext ==NULL)
        {
            printf("位置 i 取值有误\n");
            exit(0);
        }
    printf("stu modify Score:");
    scanf("%d", &stu_score);
    p->score = stu_score;
}
```

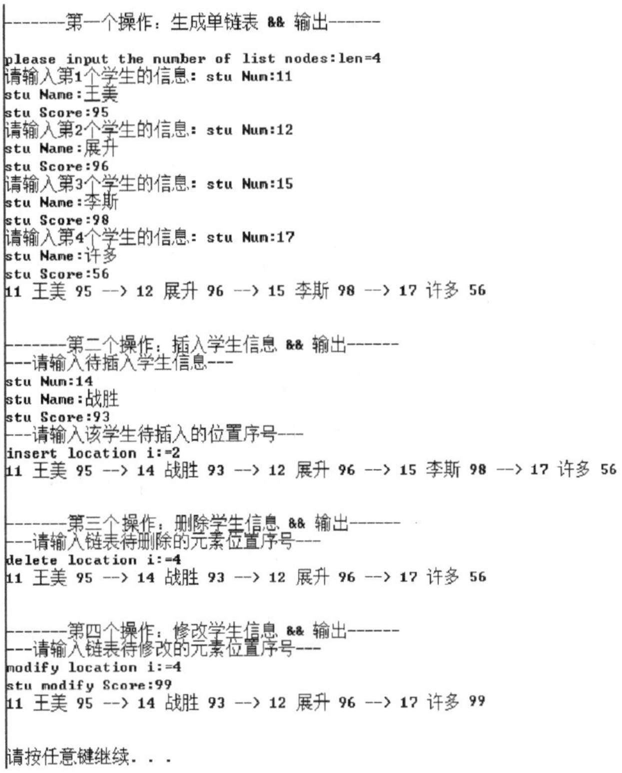

图 8-13　学生成绩管理系统运行结果

如图 8-13 所示，在第一个操作中生成了学生信息单链表，共含有 4 个元素。在第二个操作中，执行了插入操作，将学号为 14 的学生“战胜”插入单链表中位序为 2 的位置。在第三个操作中，将学号为 15 的学生“李斯”从单链表中删除。在第四个操作中，由于学号为 17 的学生“许多”成绩录入有误，在该操作中将录入错误的“56”分修改为正确的“99”分。

从给出的参考程序中，希望同学们利用前面章节所学的流程控制语句和循环控制语句等知识点完善本章节学生信息的菜单，以供用户进行多次选择并进行相应的操作。此外，在用户信息修改的操作中，用户可以根据自己的需求进行相应的修改。

8.5　结构体编程应用实例

【例 8.13】 Josephus 经典问题的编程程序。Josephus 经典问题是大家小时候经常玩的一种游戏，游戏规则是：*N* 个小孩围成一圈，每个小孩都有一个唯一的编号(1～*N*)，老师指定从第 *s* 个小孩开始出列，然后从下一个开始报数，报道第 *m* 个孩子，该孩子就出列，再从下一个小孩开始报数，依此重复下去，直至所有小孩都出列。试求出小孩的出列顺序。

问题分析：对于 Josephus 经典问题，首先要明确游戏对象，然后要明确游戏规则。为了使得问题有意义且更贴近生活。游戏对象和游戏规则分析如下：

1. 游戏对象的分析

(1) 游戏中的对象“小孩”最简化，应该有自己的编号和姓名，采用结构体来定义“小孩”最为适合。

(2) 由于小孩编号是从 1～*n*，可以假定编号和小孩在圈中的位序相对应，故在结构体中可以省略小孩编号的定义。如果小孩编号不是连续的情况，则不能省略。

2. 游戏规则的分析

(1) 游戏中报数到哪个小孩，谁就出列的操作映射了表中结点的删除操作，对于这种删除操作频繁的情况，选用效率更高的链表结构。

(2) 游戏中小孩围成一个圈，当某个小孩退出圈后，剩下人仍然要围成一个圆圈，可以使用循环链表完成对“圈”的定义。

(3) 由于 *n* 个孩都要依次退出，而当任意一个小孩开始数数到 *m* 时又是一个循环。该问题中应该使用双重循环，外循环和内循环次数已知，既可以采用 for 循环，又可以采用 while 循环。本小节采用 while 循环，for 循环由学生自行替代完成。

(4) 圆圈中的小孩视作表中的节点，小孩相邻可以用指针指向来完成。为了在程序中将程序指针每次都指向一个具体的“小孩”结点，而不需要判断，建议修改链表不带头结点。

(5) 由于退出的小孩需要记录退出的次序，采用一个顺序表来进行存储。程序结束后再输出依次退出小孩的编号顺序。

根据上述分析，小孩组成的循环队列的示意如图 8-14 所示。

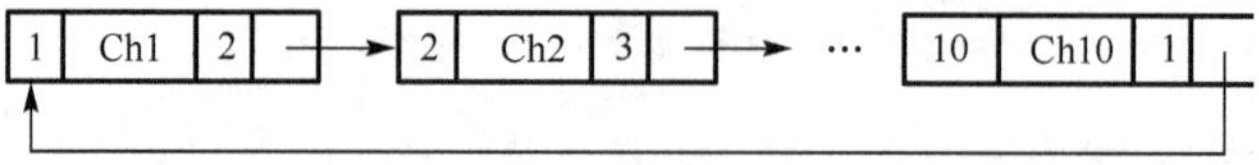

图 8-14　“小孩”构成的循环链表示意图

问题求解：Josephus 问题的程序参考代码如下，运行结果如图 8-15 所示。

```
#define N 10
int main(){
    int s;          //游戏中小孩的次序
    int m;          //游戏规则中的m
    int n = 10;     //游戏中小孩的总个数
```

```
    int i;
    int pre;
    int k;
    int count;        //用于统计已经出列小孩的顺序

    struct Child
    {
        char   name[20];
        int    seqnum;
        int    nextp;
    }link[10]={"Ch1",1,1,"Ch2",2,2,"Ch3",3,3,"Ch4",4,4,"Ch5",5,5,
                "Ch6",6,6,"Ch7",7,7,"Ch8",8,8,"Ch9",9,9,"Ch10",10,0};

    printf("请指定从第几个小孩开始：");
    scanf("%d",&s);
    printf("请指定游戏中报数 m 的值：");
    scanf("%d",&m);
    k = s - 1;
    count = 0;
    if(k == 0)
        pre = N-1;
    else
        pre = k-1;
    printf("游戏中小孩出列顺序如下：");
    while(count != n)
    {
        if(count == n)
        printf("%5d %s ",link[k].seqnum,link[k].name);
        else
        printf("%5d %s -->",link[k].seqnum,link[k].name);
        link[pre].nextp = link[k].nextp;
        k = link[k].nextp;
        count++;
        i = 1;
        while(i!=m)
        {
            pre=k;
            k = link[k].nextp;
            i++;
        }
    }
    printf("\n");
}
```

```
请指定从第几个小孩开始：1
请指定游戏中报数m的值：3
游戏中小孩出列顺序如下：    1 Ch1 -->    4 Ch4 -->    7 Ch7 -->   10 Ch10 -->
    5 Ch5 -->    9 Ch9 -->    6 Ch6 -->    3 Ch3 -->    8 Ch8 -->    2 Ch2 -->
请按任意键继续. . .
```

图 8-15　Josephus 问题程序运行结果

【例 8.14】欧式距离问题。编程实现平面坐标系内任意两点之间的欧氏距离。

问题分析：距离计算是经常使用的具有独立功能的程序片段。对于欧氏距离问题，首先要明确研究对象，然后要明确求距离规则。因此，需要了解在平面坐标系中研究对象“点”该如何表示；其次了解什么是“欧氏距离”。分析总结如下：

(1) 研究对象“点”具有横坐标和纵坐标两个属性，适合采用结构体表示。

(2) 任意两点要采用随机数生成方式生成两个坐标点。

(3) 欧氏距离就是大家学到的两点间直线距离。

问题求解：本示例采用函数形式完成，C 程序参考代码如下，运行结果如图 8-16 所示。

```
#include <math.h>
#include <time.h>
struct point
{
     int x;
     int y;
};

double distance(struct point,struct point);

int main()
{

   struct point  p1,p2;
   srand(time(NULL));
    p1.x=rand()/100+1;
    p1.y=rand()/100+1;
    p2.x=rand()/100+1;
    p2.y=rand()/100+1;
    printf("第一个点坐标为：%6d,%6d\n",p1.x,p1.y);
    printf("第二个点坐标为：%6d,%6d\n",p2.x,p2.y);
    printf("\n");
     printf("两点的距离为：%lf\n",distance(p1,p2));

     return 0;
}

double distance(struct point s,struct point t)
{
    double dis;
    dis=(s.x-t.x)*(s.x-t.x)+(s.y-t.y)*(s.y-t.y);
    dis=sqrt(dis);
    return dis;
}
```

【例 8.15】汉诺塔问题。编程模拟实现汉诺塔游戏中的操作。汉诺塔(又称河内塔)问题是源于印度一个古老传说的益智玩具，图 8-17 为汉诺塔游戏的示意图。汉诺塔要求将一根柱子上的所有盘片挪至另一根柱子上，每次移动一根且要注意大盘片不允许放置在小盘片上。

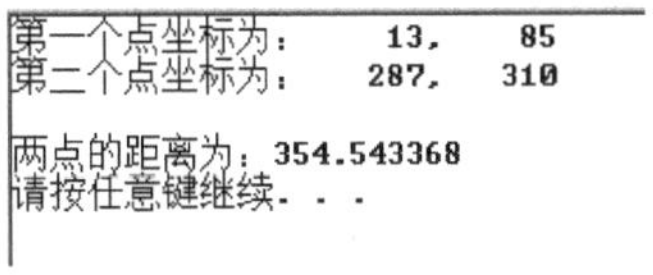

图 8-16 平面内任意两个坐标之间的欧氏距离

图 8-17 汉诺塔游戏的示意图

问题分析：要想把一根柱子上的盘片按大小顺序重新摆放在另一个柱子上，就需要将所有的小盘片拿起来，才可以拿下面的较大的盘片，这就符合“栈”的“后进先出(Last-in First-out，LIFO)”的特点。

1. 栈的概念及操作

栈(stack)又名堆栈，它是一种运算受限的线性表。其限制是仅允许在表的一端进行插入和删除运算。这一端被称为栈顶；相对地，把另一端称为栈底。向一个栈插入新元素又称作进栈、入栈或压栈，它是把新元素放到栈顶元素的上面，使之成为新的栈顶元素；从一个栈删除元素又称作出栈或退栈，是把栈顶元素删除掉，使其相邻的元素成为新的栈顶元素。栈的操作示意图如图 8-18 所示。

在了解栈的概念和操作的基础上，问题分析汇总如下：

(1)研究对象盘片有自身的颜色、大小、编号等属性，适合采用结构体来描述。

(2)盘片摆放有一定顺序，并且在从一个柱子挪到另一个柱子过程中，遵循“后进先出”的原则，适合采用栈来实现。由于栈是一个表，因此能够实现表的方法都可以使用栈。由于该示例中，挪动盘片的动作会频繁出现，也就是频繁的删除、增加操作，故使用链接结构来实现。

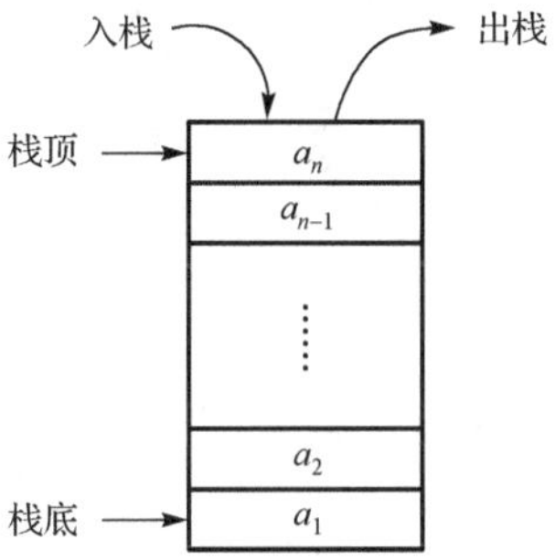

图 8-18 栈的模型示意图

(3)栈是限制插入和删除只能在一个位置上进行的表，该位置是栈的顶端，用栈顶指针确定。在该问题中将元素 a_n 视作单链表的头部，因此该问题采用数据插入时适合采用头部插入法。由此可见，所谓的头部和尾部是相对而言，无绝对一说。

问题解决：通过分析，遵循模块化编程的思路，实现步骤如下：

(1)定义栈结构体 STACK_NODE；

(2)自定义函数实现入栈功能 void push(StackNode plate)；

(3)自定义函数实现出栈功能 void pop(void)；

(4)自定义函数实现遍历栈中各元素并输出的功能 void print(void)；

经过上述分析，C 程序参考代码如下，运行结果如图 8-19 所示。

```
# include <malloc.h>
# include <stdio.h>
/* ** 定义一个结构以存储堆栈元素。 */
typedef struct STACK_NODE
{
    int num;
    int color;
    char name[20];
    struct STACK_NODE *next;
}StackNode;

/* 指向堆栈中第一个节点的指针 */
static StackNode *stack;
/* push 压入栈 */
void push(StackNode plate)
{
    StackNode *new_node;
    new_node = (StackNode *)malloc(sizeof(StackNode));
    if(new_node == NULL)
        printf("malloc fail");
    new_node->num = plate.num;
   new_node->color = plate.color;
   strcpy(new_node->name,plate.name);
   new_node->next = stack;      /* 新元素插入链表头部 */
   stack = new_node;            /* stack 重新指向链表头部 */
}

/* pop 出栈*/
void pop(void)
{
    StackNode *first_node;
    first_node = stack;
    stack = first_node->next;
    free(first_node);
}

/*
** 定义一个print 函数，用来打印堆栈里面的元素。
*/
void print(void)
{
    StackNode *p_node;
    p_node = stack;
```

```
    printf("打印出链式堆栈里面的值: ");
    if(p_node == NULL)
        printf("堆栈为空\n");
    while(p_node != NULL)
    {
        printf("%d %d %s", p_node->num,p_node->color,p_node->name);
        p_node = p_node->next;
    }
    printf("\n");
}


int main(void)
{
    int i;
    int num;
    int color;
    char name[20];
    StackNode platenode[10];
    printf("程序刚运行未压入数据的状态: \n");
    print();

    printf("如图 push 相应盘片的信息后的状态: \n");
    for(i=0;i<7;i++)
    {
        printf("盘片编号: ");
        scanf("%d",&platenode[i].num);
        printf("盘片颜色: ");
        scanf("%d",&platenode[i].color);
        printf("盘片名称: ");
        scanf("%s",platenode[i].name);
        push( platenode[i]);
    }
    print();
    printf("\n");

    printf("如图 pop 上面两个盘片后信息的状态: \n");
    pop();
    pop();
    print();
    printf("\n");
    return 1;
}
```

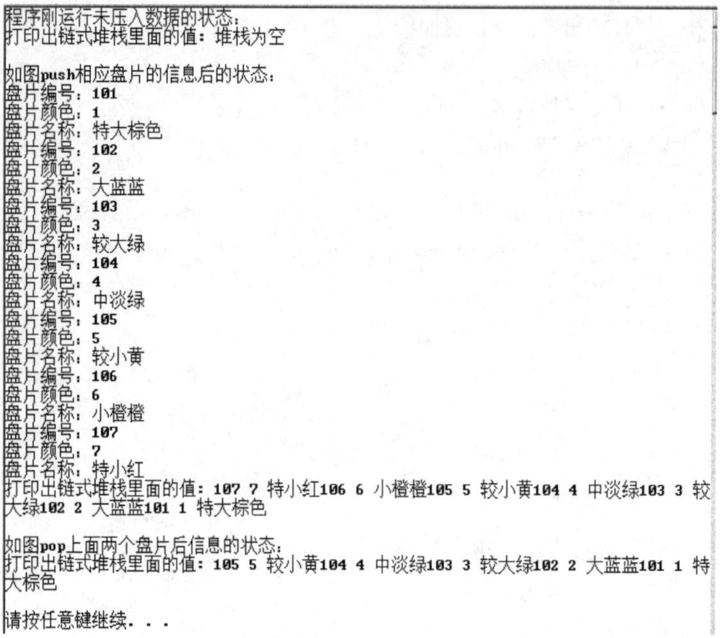

图 8-19　汉诺塔游戏模拟运行结果

【例 8.16】银行 ATM 取款机模拟问题。编程模拟银行 ATM 取款机用户排队取钱或汇款的操作。

问题分析：在日常生活中，大家去银行 ATM 机取款的时候，会遇到排队问题。此时，我们需要考虑研究的对象是什么，到底是 ATM 机，还是用户？仔细阅读题目，可以分析得出如下结论：

(1) 研究对象是排队取现或汇款的用户，用户有 ID、名称、使用 ATM 的目的(汇款、取款)等属性，适合采用结构体来描述。

(2) 用户排队使用 ATM 取款机采用“先来先用”的原则，适合采用队列(Queue)来实现。像栈一样，队列也是表，只不过队列的特点是插入元素在一端而删除元素在另一端进行。

(3) 用户排队使用 ATM，新来的用户自动排列在队尾，映射为插入数据元素在链表的链尾；使用完 ATM 的用户从队首离开，映射为数据元素在链首的删除。这样频繁的增加和删除，采用链表来实现显得非常直观明了。

2. 队列的概念及操作

队列是一种特殊的线性表，特殊之处在于它只允许在表的前端(front)进行删除操作，而在表的后端(rear)进行插入操作。和栈一样，队列是一种操作受限制的线性表。进行插入操作的端称为队尾，进行删除操作的端称为队头。通常队列的操作有入队、出队、删除队首、判断队列是否为空等操作。

问题解决：通过分析，遵循模块化编程的思路，实现步骤如下：

(1) 定义队列结构体 queue；

(2) 定义用户节点结构体 Node；

(3) 自定义函数实现初始化队列功能 void initQueue(struct queue *hq)；

(4) 自定义函数实现入队列功能 void inQueue(struct queue *hq, struct Node x)；

(5) 自定义函数实现删除队列中元素的功能 int delQueue(struct queue*hq)；
(6) 自定义函数实现读取队首元素的功能 int peekQueue(struct queue *hq)；
(7) 自定义函数实现遍历队列并输出的功能 void printQueue(struct queue *hq)；
(8) 自定义函数实现清空队列的功能 void clearQueue(struct queue *hq)；
经过上述分析，C 程序参考代码如下，运行结果如图 8-20 所示。

```
#include <stdio.h>
#include <stdlib.h>
#include <malloc.h>
struct Node
{
    //int data;                    /*值域是描述 ATM 用户*/
    int ID;
    char opt[20];
    char name[20];
    struct Node *next;           /*链接指针*/
};
struct queue
{
   struct Node *front;           /*队首指针*/
   struct Node *rear;            /*队尾指针*/
};

/*初始化链队*/
void initQueue(struct queue *hq)
{
   hq->front=hq->rear=NULL;      /*把队首和队尾指针置空*/
}

/*向链队中插入一个元素 x*/
void inQueue(struct queue *hq, struct Node x)
{
   struct Node *newNode;         /*得到一个由 newNode 指针所指向的新结点*/
   newNode=(struct Node *)malloc(sizeof(struct Node));
   if(newNode==NULL)
   {
      printf("内存空间分配失败！ ");
      exit(1);
   }
  /*把 x 的值赋给新结点的值域*/
  newNode->ID  = x.ID;
  strcpy(newNode->opt,x.opt);
  strcpy(newNode->name,x.name);
   newNode->next=NULL;           /*把新结点的指针域置空*/
   /*若链队为空，则新结点即是队首结点又是队尾结点*/
```

```
    if(hq->rear==NULL)
    {
       hq->front=hq->rear=newNode;
    }else
    {
/*若链队非空，则依次修改队尾结点的指针域和队尾指针，使之指向新的队尾结点*/
      hq->rear=hq->rear->next=newNode;
    }
//return;
}

/*从队列中删除一个元素，返回用户 ID*/
int delQueue(struct queue*hq)
{
    struct Node*p;
    int temp;
    /*若链队为空则停止运行*/
    if(hq->front==NULL)
    {
      printf("队列为空，无法删除！ ");
      exit(1);
    }
    temp=hq->front->ID;
    /*暂存队首元素以便返回*/
    p=hq->front;
    /*暂存队首指针以便回收队尾结点*/
    hq->front=p->next;            /*使队首指针指向下一个结点*/
    /*若删除后链队为空，则需同时使队尾指针为空*/
    if(hq->front==NULL)
    {
       hq->rear=NULL;
    }
    free(p);                      /*回收原队首结点*/
     return temp;                 /*返回被删除的队首元素值*/
}

/*读取队首元素*/
int peekQueue(struct queue *hq)
{   /*若链队为空则停止运行*/
    if(hq->front==NULL)
    {
       printf("队列为空，无法删除！ ");
       exit(1);
    }
    return hq->front->ID;         /*返回队首元素*/
```

```
}

/*输出队列中的所有成员，从队首到队尾*/
void printQueue(struct queue *hq)
{   /*若链队为空则停止运行*/
    if(hq->front==NULL)
    {
      printf("队列为空 ");
      exit(1);
    }
    struct Node *p;

    p = hq->front;
    while(p != NULL)
    {
    if(p != hq->rear)
       printf("%d %s %s -->",p->ID,p->opt,p->name);
    else
     printf("%d %s %s ",p->ID,p->opt,p->name);

     p=p->next;
     }
}

/*检查链队是否为空，若为空则返回 1,否则返回 0*/
int emptyQueue(struct queue *hq)
{
   /*判断队首或队尾任一个指针是否为空即可*/
   if(hq->front==NULL)
   {
     return 1;
   }else
   {
     return 0;
   }
}

/*清除链队中的所有元素*/
void clearQueue(struct queue *hq)
{
   struct Node *p=hq->front;         /*队首指针赋给 p*/
   /*依次删除队列中的每一个结点，最后使队首指针为空*/
   while(p!=NULL)
   {
      hq->front=hq->front->next;
```

```
        free(p);
        p=hq->front;
    }
    /*循环结束后队首指针已经为空*/
    hq->rear=NULL;                     /*置队尾指针为空*/
    return;
}

int main(int argc,char *argv[])
{

    struct queue q;
    struct Node a[5];
    int i;
    initQueue(&q);

    for(i=0;i<5;i++)
    {
        printf("\n");
        printf("请输入用户的 ID: ");
        scanf("%d",&a[i].ID);
        printf("请输入用户操作: ");
        scanf("%s",a[i].opt);
        printf("请输入用户姓名:");
        scanf("%s",a[i].name);
       inQueue(&q,a[i]);
    }
    printf("目前在 ATM 排队信息如下所示: \n");

    printQueue(&q);
    printf("\n");

    printf("ID 为   %d   的用户离开...\n",delQueue(&q));
    printf("\n");
    printf("过了一会, ID 为  %d 的用户也离开了...\n",delQueue(&q));
    printf("\n");
    printf("现在新来了一名用户--月生, ID 为 105, 想转账-----\n");
    struct Node user_new = {106,"转账","月生"};
    inQueue(&q,user_new);
     printQueue(&q);
     printf("\n");
    printf("现在正在使用 ATM 的是 ID 为  %d  的用户\n",peekQueue(&q));

}
```

```
请输入用户的ID：101
请输入用户操作：转账
请输入用户姓名:许多

请输入用户的ID：102
请输入用户操作：取款
请输入用户姓名:婷美

请输入用户的ID：103
请输入用户操作：  取款
请输入用户姓名:伊扬

请输入用户的ID：104
请输入用户操作：转账
请输入用户姓名:董彦

请输入用户的ID：105
请输入用户操作：取款
请输入用户姓名:飞鱼
目前在ATM排队信息如下所示:
101 转账 许多 -->102 取款 婷美 -->103 取款 伊扬 -->104 转账 董彦 -->105 取款 飞
鱼
ID为     101     的用户离开...

过了一会，ID为  102 的用户也离开了...

现在新来了一名用户--月生，ID为105，想转账-----
103 取款 伊扬 -->104 转账 董彦 -->105 取款 飞鱼 -->106 转账 月生
现在正在使用ATM的是ID为  103  的用户
请按任意键继续. . .
```

图 8-20　ATM 用户排队使用模拟操作示意运行结果

8.6　结构体程序相关技巧

利用结构体编写程序，在定义结构体类型时，要根据结构体成员的数据类型长度排序。例如：定义如下两个结构体类型：

```
struct nodeA                          struct nodeB
{                                     {
    char ch;                             int k;
    int  k;                             char ch;
    short f;                             short f;
}                                     }
```

依据 32 位机器中各数据类型占有的长度，应该是 7 个字节，但是分别利用对两个结构体做 sizeof 运算，发现：

```
sizeof(struct nodeA)=12
sizeof(struct nodeB)= 8
```

我们发现两种结构体类型并不是预料中的结果，主要原因是计算机中内存空间是按字节来划分的，理论上讲，变量的存放可以从任何地址开始。实际上，为了提升存取效率，各类型数据需要按照一定的规则在空间上排列，这使得对某些特定类型的数据只能从某些特定地址开始存放，以空间换取时间，这就是字节对齐。结构体默认的字节对齐一般满足三个准则：

(1) 结构体变量的首地址能够被其最宽的基本类型成员的大小所整除。

(2) 结构体每个成员相对于结构体首地址的偏移量(offset)都是成员自身大小的整数倍，如有需要，编译器会在成员之间加上填充字节。

(3) 结构体的总大小为结构体最长基本类型成员大小的整数倍，如有需要，编译器会在最末一个成员之后加上填充字节。

故依据以上三条，分析定义的结构体类型 nodeA 和 nodeB，在内存中存放情况如图 8-21 所示。

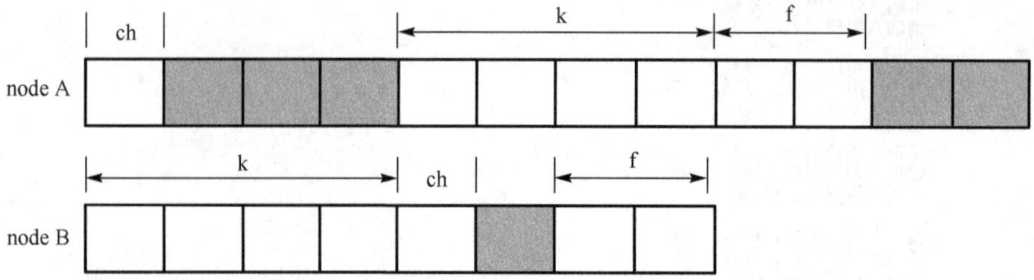

图 8-21　结构体类型 nodeA 和 nodeB 的存储情况

程序员也可以认为在增加无用的结构体成员，以便实现填充对齐，提高存取效率。如上面的结构体类型可定义为：

```
struct nodeA
{
    char ch;
    char blank1[3];          //填充字节
    int  k;
    short f;
   char blank2[2];           //填充字节
}
struct nodeA
{
    int k;
    char ch;
    char blank;              //填充字节
    short f;
}
```

8.7　共用体数据类型

【例 8.17】完善学生信息管理问题。每年在期末考试之前，都会进行学生体育成绩的录入汇总工作。假定体育测验项目 100 米必测项，男生引体向上，女生立定跳远。请编程实现学生体育成绩的录入。

问题分析：在第 8.1 小节中我们学习了学生结构类型所包含的成员是统一的，而在此处学生的体育成绩却出现了分歧，就是男生和女生的体育测试项目既有相同科目，又有异同科目。现在出现了一个问题，学生的体育成绩肯定复合结构体特征，但是采用学习过的结构体又无法实现，该如何解决类似问题呢？这就需要引入共用体的概念。

8.7.1　引入共用体

“共用体”有的教材称为“联合体”，这种数据类型允许不同类型的数据项在内存中共占一段存储单元。共用体也是一种构造数据类型，需要先定义类型再定义相应类型的变量。

8.7.2　共用体类型的定义

共用体类型声明的一般形式为：

```
union 共用体类型名
{
      类型名 1   成员名表 1;
      类型名 2   成员名表 2;
      ……
      类型名 n   成员名表 n;     //共用体成员变量的声明;
};
```

在结构体类型声明的形式定义中，需要牢记如下七大要素：

(1)共用体类型定义的几个成员是共用内存空间的，故系统为共用体变量开辟的空间是所有成员中所需的最大空间。

(2)一个共用体变量只能使用其中一个成员，否则存储空间中的内容会引起混乱。

(3)共用体与结构体都是由不同的数据类型成员组成，但在任何一个时刻，共用体中只存放了一个被选中的成员，而结构体的所有成员都存在。

(4)对于共用体的不同成员进行赋值，将会对其他成员重写，原来成员的值就不存在了。共用体变量中起作用的成员是最后一次存放的成员，在存入一个新成员后，原有成员就失去作用，具体示例见图 8-22。而对于结构体的不同成员之间赋值互不影响。

(5)不能引用共用体变量，而只能引用共用体变量中的成员。究其原因是在同一段存储区域内，不同种类型的数据存储长度不同，享用共同的变量名，系统难以确认输出哪个成员的值。

(6)共用体变量的地址和它的各成员的地址都是同一地址。

(7)共用体类型可以出现在结构体类型的定义中，也可以定义共用体数组。反之，结构体可以出现在共用体类型的定义中，数组也可以作为共用体的成员。

经过学习共用体类型的形式定义，我们可以写出“sportscore”结构体的形式定义：

```
union selscore                           //声明共同体类型 selscore
{
   int bodyup;                           //记录引体向上的成绩
   float jump;                           //记录立定跳远成绩
};
struct stuSport{
   char num[12];
   char gender;
   float run;
   union selscore pick;                  //记录引体向上或跳远成绩
};
```

8.7.3　共用体类型变量的定义

下面分别介绍两种结构体变量声明形式。

1. 第一种共用体变量声明形式

```
union 共用体类型名
```

```
{
        类型名 1  成员名表 1;
        类型名 2  成员名表 2;
        ……
        类型名 n  成员名表 n;     //共用体成员变量的声明;
}共用体变量名列表;
```

2. 第二种共用体变量声明形式

```
union 共用体类型名 变量名;
```

8.7.4 共用体类型变量的引用

与结构体变量引用相似，访问共用体变量成员的格式如下：

```
共用体变量名.成员名
```

示例如下：

```
union selscore stu3;
stu3.bodyup=12;
stu3.jump=98.5;
```

根据第 8.7.2 小节中共同体牢记七大要素之四，由于共用体 stu3 的成员 bodyup 和 jump 共用同一个存储单元，因此该存储区域中的之应该是最后一次存入的成员 jump 的值 98.5，而之前存入的成员 bodyup 的值被后来 jump 的值给覆盖了，具体示意如图 8-22 所示。

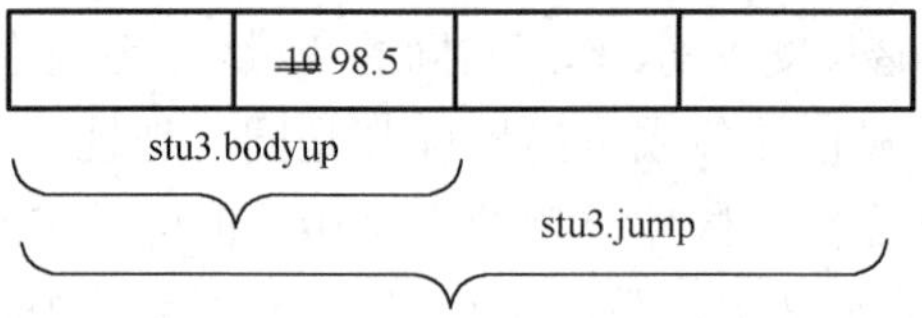

图 8-22　共用体变量成员存储示意图

同样，当定义了共用体指针后，也可以采用“->”符号来访问共用体成员，格式如下：

```
共用体指针名->成员名
```

根据实际需求，共同体常出现在结构体中使用，当然共用体的成员也可以是结构体。

8.7.5 共用体类型变量的应用

经过问题分析和上述知识点的学习，现在汇总【例 8.15】的实现步骤。

(1) 定义共用体 selscore。

(2) 定义结构体 stuSport。

(3) 自定义函数实现获取学生体育成绩的功能 void myinput(struct stuSport *p)。

(4) 自定义函数实现输出学生体育成绩的功能 void myout(struct stuSport *p)。

(5) 实现主函数。

问题求解：学生体育成绩管理的程序参考代码如下，运行结果如图 8-23 所示。

```
#include <stdio.h>
#include <string.h>
#define N 3
```

```
union selscore{
    int bodyup;
    float jump;
} ;

struct stuScore{
    char num[12];
    char gender;
    float run;
    union selscore pick;
};
void myinput(struct stuScore *p);
void myout(struct stuScore *p);
main(){
    struct stuScore stu[N];
    myinput(stu);
    myout(stu);
}
void myinput(struct stuScore *p){
    int i,j;
    float runscore,y;
    for(i=0;i<N;i++){
        j=i+1;
        printf("Please input No-%d stuNum   stuGender",j);
        scanf("%s %c",p[i].num,&p[i].gender);
        printf("Please input 100 score:");
        scanf("%f",&runscore);
        p[i].run=runscore;
        if(p[i].gender=='M'){
            printf("Please input bodyup score:");
            scanf("%d",&p[i].pick.bodyup);
        }
        else if(p[i].gender=='F'){
            printf("Please input jump score:");
            scanf("%f",&p[i].pick.jump);
        }
        else{
            printf("学生性别输入无效，input again: \n");
            i--;
        }
    }
}
void myout(struct stuScore *p){
    int i;
    printf("student sports record list: \n");
    printf("stuNum    Stugender    stu100m    bodyup    jump\n");
    for(i=0;i<N;i++){
        printf("%s    %c     %5.2f  ",p[i].num,p[i].gender,p[i].run);
```

```
            if(p[i].gender=='M')  printf("%d\n",p[i].pick.bodyup);
            if(p[i].gender=='F')  printf("     %10.2f\n",p[i].pick.jump);
        }
    }
```

```
Please input No-1 stuNum   stuGender2014108 M
Please input 100 score:98
Please input bodyup score:18
Please input No-2 stuNum   stuGender2014105 M
Please input 100 score:92
Please input bodyup score:15
Please input No-3 stuNum   stuGender2014109 F
Please input 100 score:92
Please input jump score:95.5
student sports record list:
stuNum      Stugender     stu100m      bodyup     jump
2014108       M             98.00      18
2014105       M             92.00      15
2014109       F             92.00                      95.50
请按任意键继续. . .
```

图 8-23 【例 8.17】程序运行结果

8.8 枚举数据类型

【例 8.18】请编写程序输入一个月份，输出该月份所对应的季节。

问题分析：对于一年十二个月份来说，能够一一罗列出来。将月份罗列出来相当于枚举出一年月份所有可能的取值，这需要枚举的知识。

8.8.1 引入枚举

枚举类型是用户自定义的类型，由若干枚举元素组成。在使用枚举类型的变量之前，首先要对枚举类型进行声明。例如，日常生活中使用纸质人民币有 1 元、2 元、5 元、10 元、20 元、50 元和 100 元，那么就采用枚举的方式进行声明。

8.8.2 枚举类型的声明

枚举类型的声明形式如下所示：

```
    enum 枚举名{  标识符[=整型常量]，标识符[=整型常量]...标识符[=整型常量]};
```

如果枚举标识符没有初始化，也就是说声明[]中的“=整型常量”时，则从第一个标识符开始，顺序赋给标识符 0,1,2,3,…。但是当枚举中的某个成员赋值后，其后面的成员按顺序依次加 1 的规则确定其值。现在将日常生活中的纸质人民币枚举声明如下：

```
    enum  paperCoin{A=1, B=2, C=5, D=10, E=20, F=50, G=100};
```

与此类似，日常生活中常见的枚举现象有 24 节气、春夏秋冬四季、12 月份、星期等，比如我们可以枚举春夏秋冬四季如下：

```
    enum season{spring=1, summer, autumn, winter};
```

假定学生的体育课程有武术、跳远、跳高、百米、800 米、1000 米、篮球、太极、足球、排球，那么自然可以将体育科目枚举声明如下：

```
enum sports{wushu=1,tyuan,tgao,baimi,eightm,thousm,basket,taiji,foot,voll};
```

在枚举类型声明的形式定义中，需要牢记如下六大要素：

(1) 枚举成员之间用“,”分隔，而非“;”。

(2) 枚举成员初始化时可以赋予负值，但是依次增 1 的规则不变。

(3) 枚举变量只能取枚举定义中的某个标识符常量，而不能自行直接赋值，除非强制类型转换。

(4) 枚举的意义在于增强程序可读性，比如判断某天是否为星期二 if(day==TUESDAY) 比 if(day==2) 更直观，更让用户容易理解。

(5) 枚举类型不能进行输出，只能用格式串“%d”输出枚举类型常量和变量，即输出其标识符所对应的数值。

(6) 枚举变量的值只能通过赋值得到，不能靠输入操作得到。

8.8.3 枚举类型变量的定义

枚举类型变量的形式定义如下：

```
enum 枚举名{
        标识符[=整型常量],
        标识符[=整型常量],
        ...
        标识符[=整型常量]
}枚举变量;
```

比如，我们枚举星期，同时用天表示其变量，则定义如下：

```
enum week{SUMDAY,MONDAY,TUESDAY,WEDNESDAY,THURSDAY,FRIDAY,SATURDAY}day;
```

8.8.4 枚举类型变量的使用

经过上述分析，知晓通过输入的月份来判断季度，类似于输入学生的百分制成绩转换相应的五分制，因此采用 switch-case 结构会更为合适。

因此，可以给出【例 8.17】如下完整的程序代码。

```
#include <stdio.h>
main(){
    enum seasom{
        spring=1,summer,autumn,winter
    }sjijie;
    int month;
    printf("Please input month(1-12)");
    scanf("%d",&month);
    switch(month){
        case 12:
        case 1:
        case 2: sjijie=winter; break;
        case 3:
        case 4:
        case 5: sjijie=spring; break;
```

```
        case 6:
        case 7:
        case 8: sjijie=summer; break;
        case 9:
        case 10:
        case 11: sjijie=autumn; break;
    }
    switch(sjijie){
        case spring:printf("春季");break;
        case summer:printf("夏季");break;
        case autumn:printf("秋季");break;
        case winter:printf("冬季");break;
    }
    }
}
```

阅读上述程序，会发现枚举类型仅仅保证了程序的可读性，实际编程开发过程使用范围不是很广泛。

习　　题

1．为以下问题定义结构体类型。

(1) 学生信息：学号、姓名、性别、已经获得成绩、总分。

(2) 邮件信息：收件人姓名、收件人电话、收件人邮编、收件人地址(国家、城市、街道)、发件人姓名、发件人电话。

(3) 股票信息：股票名字、股票价格、购买的日期。

(4) 空间的坐标点。

2．编写一个程序，当用户输入日期(年月日)，计算并显示下一天的日期。

3．定义一个结构体数组，记录一年 12 月中每个月的英文名字和天数，完成下列问题。

(1) 初始化该结构体数组。

(2) 从键盘上输入数据为结构体数组赋值。

(3) 输出结构体数组中的数据。

4．保存并处理下列数据，需要定义什么样的结构体类型。

员工号	员工名	每小时薪酬(元)	工作小时
001	王明	12.90	40
002	李涵	13.50	35
003	赵琳	20.00	20
004	梁梅	14.25	42

利用定义的数据类型，编写一个 C 程序将上表信息输入到一个结构体数组中，并计算输出每名员工的总薪酬(每小时薪酬×工作小时)。

5．编写一个名为 days()的函数，通过接收传递的结构体变量参数(参见下面)，计算出从 1990-01-01 到任何一个日期之间的天数。

```
struct Date
{
    int month, day,year;
}
```

6．针对产品信息：产品编号、产品名、出产公司、产品价格、进货日期，完成下列问题。

(1)定义结构体类型。

(2)建立链表来保存 100 个产品信息。

(3)选择一种算法描述方法，分别描述删除一个产品和插入一个产品的步骤。

7．已知 head 指向一个带头结点的单向链表，链表中数据域仅仅包含学生名称和学生成绩。链表中学生数据按照成绩递增链接，设计一个函数删除链表中成绩相同学生的结点，使之仅保留一个。

8．编写一个函数，能够删除头结点为*h 的单链表中数据成员等 x 的所有结点。注：该单链表数据域仅包含一个整型数据成员。

9．某小区 A 号楼第六单元的用户用水缴费表如表 8.1 所示，每立方米居民用水单价为 1.5 元。编写程序，计算每户应交费用。

表 8.1　用水缴费表

单元号	101	102	201	202	301	302	401	402
上月用水量	50	62	45	75	56	42	35	44
本月用水量	78	85	57	87	72	51	48	62
应缴费用								

10．某班级学生的成绩单，包含的数据域有学生的学号、姓名、英语成绩、数学成绩、计算机成绩和体育成绩。请编写程序计算每门功课的最高分、最低分和平均分。

提示：声明学生成绩单和课程分数统计两个结构体类型。

第 9 章　文　　件

在上面的章节中，我们逐渐实现了学生成绩管理系统的各个功能，并通过函数和指针对实现的功能加以优化。如此，似乎一个系统就此完成了。启动系统运行后，首先录入学生信息及成绩信息，然后基于录入的信息进行查询、统计和管理操作，这一切都是正常的。但是一旦退出系统会发现，原来输入到计算机中的信息无影无踪了。出现这样的问题主要是由于我们仅仅实现了基于内存的一个成绩管理系统，输入的信息并没有被永久地保存下来，故只要退出系统或者关机，内存中的信息就丢失了。本章将要学习 C 语言的文件，包括文件的打开与关闭、各种读写、定位、判断状态等操作。通过本章的学习，读者利用 C 语言实现对文件的各种常见操作。

本章问题：确定学生成绩管理系统之保存功能。

问题背景：学生成绩管理系统中，有学生信息，如学号、姓名、性别、专业、年龄、家庭住址等；大学四年学过的大约 40 门课程的考试成绩信息等，基于这些信息上可以进行录入、查询、管理、统计等各项功能。目前的问题是如何将成绩管理系统中的各项信息永久的保存在数据文件中，以便下次登录系统时，直接从数据文件中调入相应的数据到内存即可。同时存入的文件中的数据也作为备份数据，以备系统一旦出现毁灭性的错误导致数据丢失或损坏时，可以及时地进行数据恢复。

9.1　文件的基本概念

在第 1 章中介绍 C 程序的执行过程中，首先编辑 C 源程序，扩展名为.c 的文件，然后编译 C 源程序，得到扩展名为.obj 的目标程序，而将目标程序链接起来，得到扩展名为.exe 的可执行文件。文件是计算机中保存信息的最常用的结构。

【例 9.1】如何将学生成绩管理系统中的信息永久地保存起来。例如学生的学号、姓名、性别、年龄、专业、家庭住址利用结构体类型来表示，如何将如表 9-1 所示的 3 个学生的信息永久地保存到磁盘中。

表 9-1　学生信息表

学号	姓名	性别	年龄	专业	家庭住址
2013191233001	王晨	男	18	软件技术	朝阳区
2013191233002	张明	男	20	软件技术	昌平区
2013191233003	刘颖	女	19	软件技术	海淀区

问题分析，在计算机中永久地保存数据信息常见的存储介质是磁盘。在磁盘中存储信息是以文件的形式来组织。如果将表 1 中的数据永久地保存起来，需要在磁盘的某个路径下创建一个文件来保存这些学生数据信息。在前面几章编写的程序中，保存数据的结构是变量或数组。变量和数组会在关闭软件系统或电源掉电后信息丢失。所以要想永久的保存信息，必须将这些数据保存在文件中。

9.1.1　文件的定义

文件是按照文件名存储在外部介质，比如磁盘上的数据的集合。文件名对文件非常重要，操作系统是通过文件名实现对文件的管理和操作的。所以如果想要把数据存储在外部存储介质上，或者从外部存储介质上读取数据都要借助于有文件名的文件来实现。

在 C 语言中，扩展名为.c 的源文件是由字符构成。而扩展名为.obj 目标文件和扩展名为.exe 可执行文件是是由二进制符号构成的，可见文件有不同类型。

C 语言的文件是字符或字节构成的序列，即由一个一个的字符或字节顺序组成的。依据数据的组织形式，由字符组成的文件是用 ASCII(8 位二进制)表示的，称为 ASCII 码文件或文本文件。而以字节形式组成的文件称为二进制文件。C 语言文件就是一个字节流或二进制流。

文件必须有文件名。文件名的构成格式如下：

```
盘符：路径\文件名.扩展名
```

例如：`D:\writer\cprogramming\ninth.doc`

文件名是文件的唯一标识，访问文件是通过文件名来实现的。扩展名用于标识文件的格式，例如 test.txt 文件是一个文本文件。而 test.exe 文件是一个二进制文件。

9.1.2　文件类型指针

任何运行的程序和数据必须在内存中处理，存储在磁盘上的数据和程序是不能被计算机直接处理的。因此，当要处理学生成绩管理系统中学生信息或学生成绩信息时，首先必须将存储在磁盘文件中的数据读入到内存中进行处理。同理，当在内存中对数据处理完毕后，也要将内存中的数据存回到磁盘文件中保存起来。

在计算机系统中，磁盘属于外部设备，磁盘的读写速度与内存比相差很大。为了缓解高速内存与低速磁盘之间的速度不匹配矛盾，通常会在内存中开辟一段区域，即文件缓冲区。当读取磁盘上的文件时，先将文件中的数据读入到文件缓冲区中。同理当将数据写回到磁盘文件时，也先将数据写到文件缓冲区中，然后再写到文件中。

为了能够让每个文件能够正确地找到自己的缓冲区而完成文件的读写操作，需要用一个标识符来记住该文件缓冲区的地址，这个标识符就是文件结构类型指针。

文件结构类型是一个结构体，其中存放了关于该文件的有关信息，包括文件的名字、状态、存取方式等。文件结构体类型是系统已经定义好的，其标识符为“FILE”。文件结构体类型的定义保存在 stdio.h 的头文件中。

在 stdio.h 头文件中，FILE 结构体类型定义为：

```
typedef  struct
{
    int  _fd;                    //文件号
    int  _cleft;                 // 缓冲区中剩下的字符
    int  _mode;                  // 文件操作模式
    char  * _nextc;              // 下一个字符位置
    char  * _buff;               // 文件缓冲区位置
} FILE;
```

在不同的 C 版本中，文件结构体类型中的成员不同。但是无论 C 语言的哪一个版本，文件结构体类型的标识符都相同，即“FILE”。

当需要访问存储在磁盘上的某个文件时，系统会为该文件定义一个结构体变量，存储该文件的相关信息。对该结构体变量的使用不是通过变量名，而是利用指向该结构体变量的指针，即文件指针。文件指针的定义如下：

```
FILE * 文件指针变量名;
```

例如：定义一个文件指针变量 fp：

```
FILE * fp;
```

由于文件结构体类型 FILE 的定义在 stdio.h 头文件中，所以在定义文件指针变量 fp 时必须写上预编译包含命令：

```
#include <stdio.h>
FILE * fp;
```

注意：尽管定义了文件指针，但是目前它还没有具体指向哪一个具体的文件。

9.2　打开和关闭文件

对任何一个文件进行访问之前必须先打开该文件，在访问完成之后要关闭文件。在 C 语言中，文件的打开和关闭都是调用系统函数来实现的，打开文件函数 fopen()和关闭文件函数 fclose()。

9.2.1　打开文件

打开文件就是程序将所要操作的文件的信息通知给系统，并指出读写方式及读写位置。如果是读文件，则需要先确定该文件是否存在，并确定读取位置。如果是写文件，则根据写方式将确定写入位置，准备写入数据。

1. 打开一个文件的步骤如下：

① 定义指向 FILE 类型的文件指针变量

```
FILE * fp;
```

② 调用库函数 fopen()

```
fp = fopen(文件名, 使用文件方式);
```

含义：以指定的文件使用方式打开指定文件名的文件，指针 fp 指向了文件名所在的文件。如果成功打开，返回文件的起始地址。如打开失败，则返回 NULL。

例如 `fp = fopen("studentInfo.dat" ",r");`

以只读的方式打开文件名为 studentInf.dat 的文件，指针 fp 指向该文件。

2. 打开文件的使用方式

C 语言打开文件的使用方式如表 9-2 所示。

表 9-2 使用文件的方式。

使用文件方式	含 义
“r”	为输入打开一个文本文件
“w”	为输出打开一个文本文件
“a”	向文本文件尾追加数据
“rb”	为输入打开一个二进制文件
“wb”	为输出打开一个二进制文件
“ab”	向二进制文件尾追加数据
“r+”	为读写打开一个文本文件
“w+”	为读写建立一个新的文本文件
“a+”	为读写打开一个文本文件
“rb+”	为读写打开一个二进制文件
“wb+”	为读写建立一个新的二进制文件
“ab+”	为读写打开一个二进制文件

说明：

① 读入：表示从文件中读一个字符，与输入意思相同。写出：表示将内存单元的内容写到文件中，与输出意思相同。

② “r”方式表示只读，read 的首字母，必须保证该文件已经存在。

③ “w”方式表示只写，write 的首字母，如果文件不存在，打开时创建一个新文件。如果原来该文件已经存在，则删除该文件，创建一个新的文件。

④ “a”方式表示追加，append 的首字母，不清除原来文件的内容，在文件的末尾追加新内容。

⑤ “+”表示打开的文件既读写均可。

打开一个文件的方法是：

```
FILE *fp;                              //定义指向 FILE 类型的指针变量
if(fp =fopen("file", "w") == NULL)     //如果打开失败
{
    printf("不能打开这个文件");
    exit(0);
}
```

其中 exit(0)的作用是关闭所有文件，终止程序的执行，等待用户操作。

9.2.2 关闭文件

关闭文件的意思就是断开打开时文件指针变量 fp 与该文件的指向关系，存储该文件相关信息的缓冲区可以被回收系统进行再次分配。良好的编程习惯是使用完文件就应该关闭它。

C 语言调用函数 fclose()关闭一个文件，格式为：

```
fclose(文件指针);
```

功能：关闭文件指针指向的文件。该函数返回值为一个整数，如果成功关闭了文件，返回值为 0，否则返回 EOF(–1)。在 C 语言中，文本文件结束标志为 EOF，EOF 的值为–1。

函数 fclose()最常见的用法为：

```
fclose(fp);
```

fp 为已经打开的文件指针，关闭 fp 指向的文件。

9.3　以字符形式读写文件数据

【例 9.2】学生成绩管理系统中，学号、姓名、性别、年龄、专业、家庭住址保存在一个结构体中，如何将 30 个学生的信息以单个字符形式保存到文件中。

首先分析一下将要保存到文件中的数据信息。

(1)学号、姓名、性别、专业、家庭住址都是 char 类型的数据，除了性别利用单个字符表示，其他信息都是字符串，即字符数组。

(2)对 char 类型的数据，以单个字符写入文件时，需要依次取字符串中的字符，直到字符串末尾。可以使用字符串函数 strlen(str)判断字符串长度，此时要添加#include<string.h>；也可以使用字符串结束符 '\0'来判断字符串是否结束。

(3)年龄是 int 型数据，需要将 int 型数据转换成字符串，C 语言提供了转换函数 itoa()可以将 int 型数据转换成字符串，该函数包含在 stdlib.h 中，故要添加语句#include<stdlib.h>。

其次必须掌握 C 语言提供了哪些字符形式的读写函数。

9.3.1　写字符函数 fputc()

把一个字符写入磁盘文件上，写字符函数 fputc()的函数调用格式为：

```
fputc(ch,fp);
```

含义：将字符 ch 写到 fp 指向的文件中。如果写入成功，函数的返回值为 ch 的值；如果失败，则返回 EOF(–1)。

【例 9.3】将从键盘上输入的一串字符逐个写入到文件指针 fp 指向的文件中，直到遇到回车键结束。

利用 fputc()函数编写代码片段如下：

```
while( 1)
{
    ch = getchar();
    if (ch == '\n')
        break;
    fputc(ch,fp);
}
```

9.3.2　读字符函数 fgetc()

从指定文件读取一个字符。注意：该文件必须是以读或读写方式打开的。函数的调用格式为：

```
ch = fgetc(fp);
```

含义：从 fp 指向的文件中读取一个字符，赋值给字符型变量 ch。如果成功读取，返回值为读取的字符，否则返回 EOF(–1)。

【例 9.4】将某学生名字字符保存在文本文件 sname.txt 中，然后再从 sname.txt 中将学生名字读出来显示在屏幕上。

该问题需要使用打开文件函数 fopen()、关闭文件函数 fclose()、写字符函数 fputc() 和读字符函数 fgetc()。编写程序如下：

```
#include <stdio.h>
void main()
{
    FILE * fp;
    char  ch;
    fp=fopen("sname.txt","wb");        //以写方式打开文件 sname.txt
    while( 1)
    {
        ch = getchar();
        if (ch == '\n')
            break;
        fputc(ch,fp);                   //从键盘上输入的名字字符依次写入文件
     }
     fclose(fp);                        //关闭文件
    fp=fopen("sname.txt","rb");        //以读方式打开文件 sname.txt
    while( 1)
    {
        ch = fgetc(fp);                 //依次读取 sname.txt 文件中的字符
        if (ch == '\0')
            break;
        putchar(ch);                    //在屏幕上显示 ch 的值
    }
    fclose(fp);                         //关闭文件
}
```

9.3.3　判断文件尾函数 feof()

在 9.2.2 中提到，EOF 为文本文件的结束标志。但是 EOF 的值为-1，在二进制文件中可能是有效数据，所以不能用 EOF 作为二进制文件结束标志。C 语言提供了 feof()函数检测是否到了文件尾。该函数既适合于文本文件，也适合于二进制文件。

函数的调用格式为：

```
feof(文件指针);
```

含义：判断文件指针指向的文件是否到了文件尾。如是，函数返回值为 1，否则返回 0。

例如：`feof( fp);`

判断文件指针 fp 指向的文件是否到了文件尾。fp 必须指向某个已经打开的文件。

【例 9.5】将保存在文本文件 sname.txt 中的学生名字读出来显示到屏幕上。

程序编写如下：

```
#include <stdio.h>
void main()
{
```

```
        FILE * fp;
        char ch;
        fp=fopen("sname.txt","rb");     //以读方式打开文件 sname.txt
        while( !feof(fp))
        {
            ch = fgetc(fp);             //依次读取 sname.txt 文件中的字符
            putchar(ch);                //在屏幕上显示 ch 的值
        }
        fclose(fp);                     //关闭文件
    }
```

feof()函数常见的用法为：

```
    while (!feof(fp))
    {
        c = fgetc(fp);
    }
```

判断是否到文件尾，如 feof(fp)的返回值为假(0)，则依次读出文件的字符，直到 feof(fp)的值为真，!feof(fp)为假，循环停止。

9.3.4　以字符形式读写文件编程

例 9.2 中提出如何将 30 个学生的信息以字符形式存储到磁盘文件中。依据例 9.2 中对学生信息数据的分析，以字符形式读写文件数据程序流程图如图 9-1 所示。

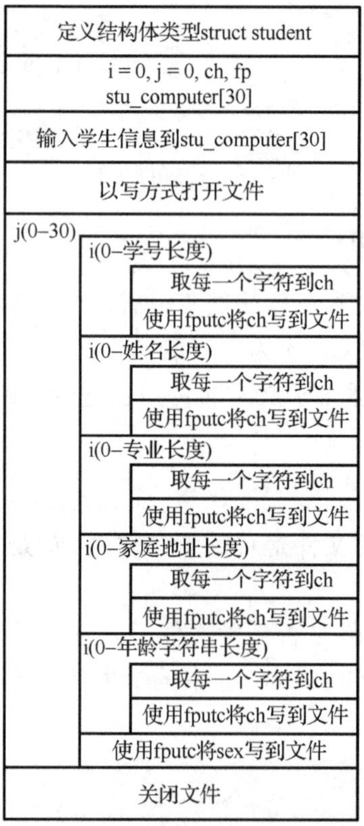

图 9-1　以字符形式读写文件程序流程图

依据图 9-1 编写程序代码如下：

```
#include<stdio.h>
#include<string.h>
void main()
{
    /*学生结构体类型*/
    struct student
    {
        char sno[20];          //学号
        char sname[20];        //姓名
        char sex;              //性别
        int age;               //年龄
        char major[20];        //专业
        char addr[50];         //家庭地址
    };
    struct student stu_computer[30];   //保存 30 个学生信息的结构体数组
    int i,j;
    char ch;
    FILE * fp;                 //定义文件指针
    for(i=0;i<30;i++)          //输入 30 个学生的信息
    {
        scanf("%s",stu_computer[i].sno);
        scanf("%s",stu_computer[i].sname);
        scanf("%s",stu_computer[i].major);
        scanf("%s",stu_computer[i].addr);
        scanf("%d",stu_computer[i].age);
        getchar();                  //消除上一数据输入结束留在缓冲区的回车键
        scanf("%c",&stu_computer[i].sex);
    }
    fp=fopen("data.txt","wb");  //以写方式打开文件 data.txt
    for(j= 0;j<30;j++)              //依次将 30 个学生的信息写到文件中
    {
         for(i=0;i<strlen(stu_computer[j].sno);i++)      //写学号信息
         {
             ch = stu_computer[j].sno[i];
             fputc(ch,fp);
         }
         for(i=0;i<strlen(stu_computer[j].sname);i++)   //写名字信息
         {
             ch = stu_computer[j].sname[i];
             fputc(ch,fp);
         }
         for(i=0;i<strlen(itoa(stu_computer[j].age));i++) //写年龄信息
         {
             ch = stu_computer[j].sname[i];
             fputc(ch,fp);
         }
```

```
            fputc(stu_computer[j].sex,fp);                    //写性别信息
            for(i=0;i<strlen(stu_computer[j].major);i++)    //写专业信息
            {
                ch = stu_computer[j].major[i];
                fputc(ch,fp);
            }
            for(i=0;i<strlen(stu_computer[j].addr);i++)     //写家庭地址信息
            {
                ch = stu_computer[j].addr[i];
                fputc(ch,fp);
            }
        }
        fclose(fp);
    }
```

9.4　以数据块形式读写文件

9.3 节中实现了以单个字符形式读写文件。但是在学生成绩管理系统中，学生数据信息几乎没有以单个字符形式保存的。学生学号、名字、专业等都是使用 char 型数组，单个学生信息都是以结构体形式保存的。多个学生信息则保存在结构体数组中。如何实现以一个数组或一个结构体为单位来读取文件，即整块数据的读取文件，对提高文件操作的效率很重要。C 语言提供了以数据块读写函数。

9.4.1　写数据块函数 fwrite()

fwrite() 函数用来将一个数据块写入文件。函数的调用格式为：

```
    fwrite(buffer, size, count, fp);
```

含义：将 buffer 地址中存放的 count 个 size 字节的数据输出到 fp 指向的文件中。其中 4 个参数分别表示：

(1) buffer 是一个指针，表示要写入数据在内存中存放的首地址。buffer 可以变量的首地址、数组的首地址、还可以是指向存放数据的首地址的指针等。

(2) count 是整数，代表写入数据的块数。

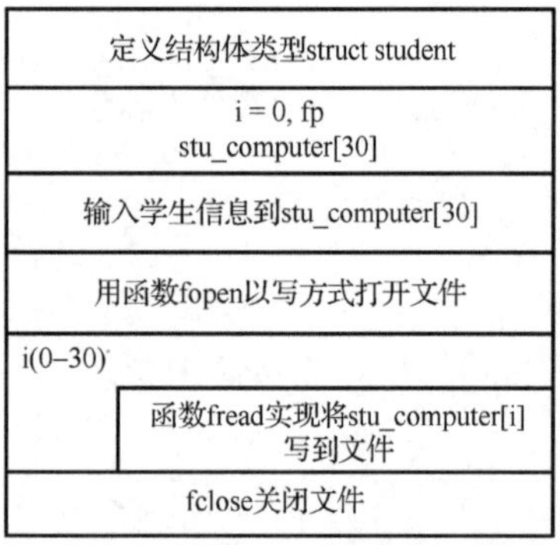

图 9-2　程序流程图

(3) size 也是整数，表示每个数据块的字节数。

(4) fp 表示文件指针，指向已经打开的可写文件。

fwrite() 函数如果写入成功，返回实际写入文件中数据块的个数。如失败，则返回 0。

例如：fwrite(array,2,10,fp)；表示将 int 型数组 array 中存放的 10 个整型数据写到 fp 指向的文件中(每个整型数据占 2 个字节)。

【例 9.6】将例 9.2 的学生数据信息以数据块的形式写入到文件 data. txt 中。

程序流程图如图 9-2 所示。

依据图 9-2 编写代码如下：

```
#include<stdio.h>
void main()
{
    struct student
    {
        char sno[20];                        //学号
        char sname[20];                      //姓名
        char sex;                            //性别
        int age;                             //年龄
        char major[20];                      //专业
        char addr[50];                       //家庭地址
        int score_c;                         //C 语言成绩
        int score_math;                      //高数成绩
        int score_english;                   //英语成绩
    };
    struct student stu_computer[30];         //保存 30 个学生的信息
    int i;
    FILE * fp;
    for(i=0;i<30;i++)                        //输入 30 个学生信息
    {
        scanf("%s",stu_computer[i].sno);
        scanf("%s",stu_computer[i].sname);
        scanf("%d",&stu_computer[i].age);
        scanf("%s",stu_computer[i].major);
        scanf("%s",stu_computer[i].addr);
        scanf("%d",&stu_computer[i].score_c);
        scanf("%d",&stu_computer[i].score_math);
        scanf("%d",&stu_computer[i].score_english);
        getchar();
        scanf("%c",&stu_computer[i].sex);
    }
    fp=fopen("data.txt","wb");               //以写方式打开文件
    for(i=0;i<30;i++)
    {
        fwrite(&stu_computer[i],sizeof(struct student),1,fp);
                                             //依次将每个学生信息写到文件中
    }
    fclose(fp);                              //关闭文件
}
```

9.4.2　读数据块函数 fread()

fread()函数用来从指定的文件中读取一个数据块。函数的调用格式为：

```
fread(buffer, size, count, fp);
```

含义：从文件指针 fp 指向的文件中读入 count 个 size 字节的数据存放在 buffer 中。其中四个参数与函数 fwrite()意义相同。

(1) buffer 是一个指针，表示要读取数据的存放首地址。

(2) count 是整数，代表读取数据的个数。

(3) size 也是整数，表示每个数据的字节数。

(4) fp 表示文件指针，指向已经打开的可读文件。

fread () 函数如果读取成功，成功返回实际读的数据块的个数，即 count。失败则返回 0。

例如：fread (array,2,10,fp)；表示从 fp 指向的文件中读取 10 个整型数据存放到整型数组 array 中(每个整型数据占 2 个字节)。

【例 9.7】从例 9.6 中 data.txt 文件中的数据以数据块的形式读取到学生结构体数组中。

程序流程图如图 9-3 所示。

依据图 9-3 编写代码如下：

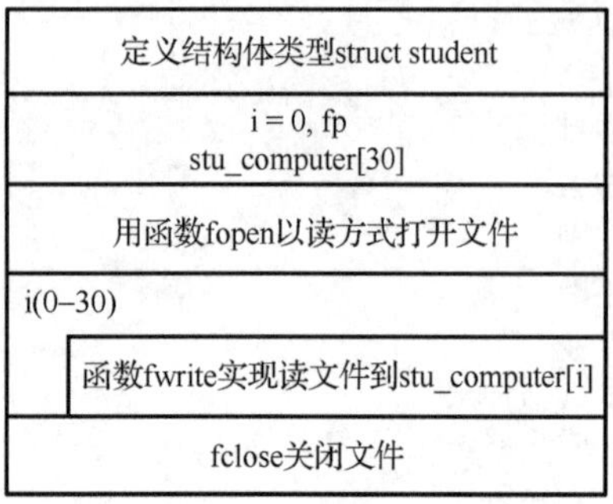

图 9-3　程序流程图

```
#include<stdio.h>
void main()
{
    struct student
    {
        char sno[20];
        char sname[20];
        char sex;
        int age;
        char major[20];
        char addr[50];
        int score_c;
        int score_math;
        int score_english;
    };
    struct student stu_computer[30];
    int i;
    FILE * fp;
    fp=fopen("data.txt","rb");       //以读的方式打开文件
     for(i=0;i<30;i++)
    {
        fread(&stu_computer[i],sizeof(struct student),1,fp);
                                     //依次将文件中学生数据读到结构体变量中
    }
    fclose(fp);
}
```

9.5　以格式读写文件

第二章我们学习了 printf() 和 scanf()，表示格式化的输入和输出语句。对文件而言，C

语言同样提供了格式化读写函数，即 fprintf()和 fscanf()。这两个函数的读写对象不是标准终端而是文件。其中的格式控制符与 printf()和 scanf()完全相同，本章不再赘述。

9.5.1　写格式函数 fprintf()

fprintf()函数将数据以一定的格式写入到文件中。调用格式为：

```
fprintf(文件指针，格式控制串，输出列表);
```

其中 3 个参数的含义为：

(1)文件指针：指向已经打开的可写文件。

(2)格式控制串：与 printf()函数相同，也使用%。

(3)输出列表：与 printf()函数相同，用逗号隔开的若干个变量。

例如：`fprintf(fp,"%5d,%10c,%8.2f",&a,&b,&c);`

表示将整型变量 a 的值占 5 列显示、字符型变量 b 的值占 10 列显示、浮点型变量 c 的值占 8 列显示，并且保留 2 位小数点，将这些数据连同格式输出到 fp 指向的文件中。

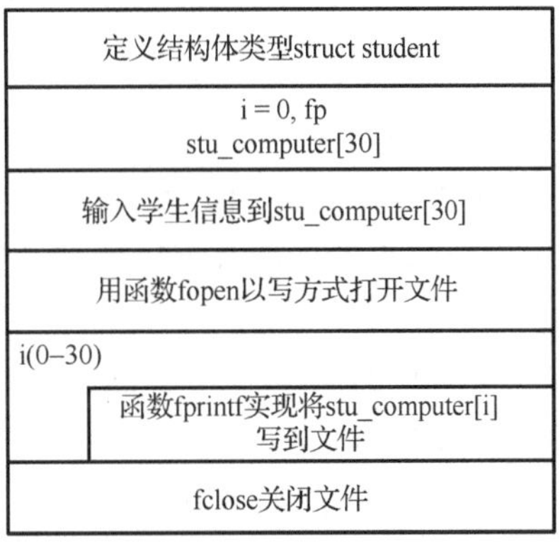

图 9-4　程序流程图

【例 9.8】将例 9.2 的学生数据信息以一定的格式写入到文件 data. txt 中。

程序流程图如图 9-4 所示。

依据图 9-4 编写代码如下：

```
#include<stdio.h>
void main()
{
    struct student
    {
        char sno[20],sname[20],major[20],addr[50],sex;
        int age, score_c, score_math,score_english;
    };
    struct student stu_computer[30];
    int i,j;
    FILE * fp;
    for(i=0;i<30;i++)
    {
        scanf("%s%s%s%s",stu_computer[i].sno,stu_computer[i].sname
        ,stu_computer[i].major ,stu_computer[i].addr);
        getchar();
        scanf("%c%d%d%d%d",&stu_computer[i].sex,&stu_computer[i].age
        ,&stu_computer[i].score_c,&stu_computer[i].score_math,
        &stu_computer[i].score_english);
    }
    fp=fopen("data.txt","wb");
    /* 每个学生的信息以一定的格式写到文件中*/
```

```
    for(i=0;i<30;i++)
    {
        fprintf(fp,"%c%20s%20s%3d%20s%50s%5d%5d%5d",stu_computer[i].sex,
        ,stu_computer[i].sno,stu_computer[i].sname,stu_computer[i].age
        ,stu_computer[i].major,stu_computer[i].addr,stu_computer[i].score_c
        ,stu_computer[i].score_math,stu_computer[i].score_english);
    }
    fclose(fp);
}
```

9.5.2 读格式函数 fscanf()

fscanf()函数用来将文件中的数据以一定格式赋值给变量。调用格式为：

```
fscanf(文件指针，格式控制串，输出列表);
```

其中 3 个参数与 fprintf()函数相同。

例如：fscanf(fp, “%d,%c,%f”, &a,&b,&c)；表示将 fp 指向的文件中的数据以整型、字符型和浮点型分别赋值为变量 a、b 和 c。

【例 9.9】从例 9.8 中 data.txt 文件中的数据以数据块的形式读取到学生结构体数组中。

程序流程图如图 9-5 所示。

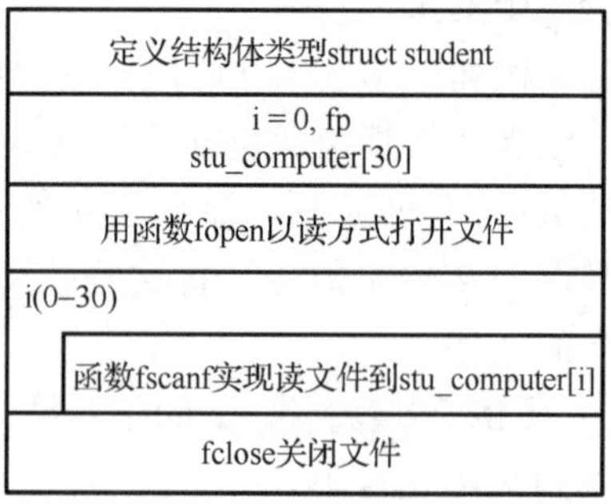

图 9-5　程序流程图

依据图 9-5 编写代码如下：

```
#include<stdio.h>
void main()
{
    struct student
    {
        char sno[20],sname[20],major[20],addr[50],sex;
        int age, score_c, score_math,score_english;
    };
    struct student stu_computer[30];
    int i,j;
    FILE * fp;
    fp=fopen("data.txt","rb");
      /* 将文件中的学生数据以一定的个数读入结构体变量中*/
    for(i=0;i<30;i++)
    {
        fscanf(fp,"%c,%20s,%20s,%3d,%20s,%50s,%5d,%5d,%5d"
        ,&stu_computer[i].sex,stu_computer[i].sno,
        stu_computer[i].sname,&stu_computer[i].age,stu_computer[i].major
        ,stu_computer[i].addr,&stu_computer[i].score_c
        ,&stu_computer[i].score_math,&stu_computer[i].score_english);
        getchar();
    }
    fclose(fp);
}
```

9.6　以字符串形式读写文件

第 2 章我们学过了字符串读写函数 gets()和 puts()。如果输入和输出的字符串不是终端设备，而是文件，则使用函数 fgets()和 fputs()。

9.6.1　写字符串函数 fputs()

fputs()函数可以向指定的文件写入一个字符串。函数的调用格式为：

```
fputs(buffer, fp)
```

含义：向 fp 指向的文件中写入 buffer 中保存的字符串，遇到 '\0'终止。如果成功写入，则返回 0，失败则返回 EOF(–1)。

fputs()函数的 2 个参数的含义为：

(1) buffer 是字符串，可以是一个字符串常量、字符串数组、也可以是指向字符串的指针。

(2) fp 是文件指针，必须指向已经打开的可写文件。

例如：fputs("Beijing China",fp)；表示将字符串 Beijing China 写入到 fp 指向的文件中。

【例 9.10】将给定学号的学生信息，包括学号、姓名、专业和家庭住址等以字符串形式写入到 data.txt 文件中。

(1) 定义文件类型的指针变量 fp，定义存放学生信息的结构体数组。

(2) 以写的方式打开文件 data.txt。

(3) 输入学生信息，保存在结构体数组 stu_computer[30]中。

(4) 输入要查找的学号。

(5) 依次判断 stu_computer[i]中的学号是否与输入的学号相同，如相同，则将该生的信息保存到文件 data.txt 中。

(6) 关闭文件。

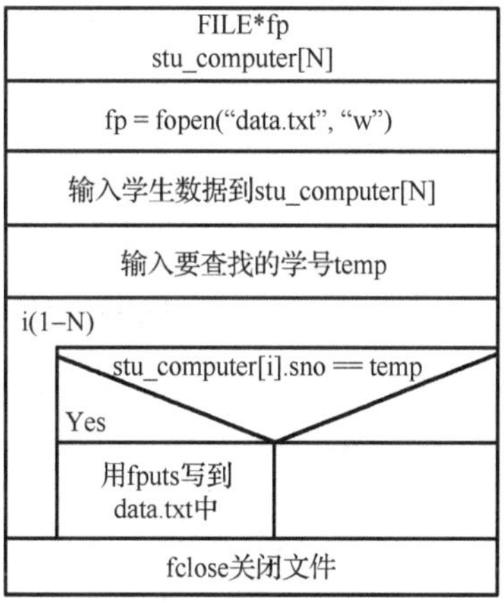

图 9-6　程序流程图

依据问题分析，程序流程图如图 9-6 所示。

依据图 9-6 编写代码如下：

```
#include<stdio.h>
#include<string.h>
void main()
{
    struct student
    {
        char sno[20];
        char sname[20];
        char sex;
        int age;
        char major[20];
```

```
        char addr[50];
        int score_c;
        int score_math;
        int score_english;
    };
    struct student stu_computer[30];
    int i,j;
    FILE * fp;
    char  temp[20];              //保存指定的学号
    for(i=0;i<30;i++)
    {
        scanf("%s%s%s%s",stu_computer[i].sno,stu_computer[i].sname
        ,stu_computer[i].major,stu_computer[i].addr);
        getchar();
        scanf("%c%d%d%d%d",&stu_computer[i].sex,&stu_computer[i].age
        ,&stu_computer[i].score_c,&stu_computer[i].score_math
        ,&stu_computer[i].score_english);
}
    printf("请输入要查找的学号：");
    scanf("%s",temp);            //输入指定的学号
    fp=fopen("data.txt","wb");
    for(i=0;i<30;i++)
    {
        /*找到指定的学号，将该生学号、姓名、专业和家庭地址写到文件中。*/
        if(strcmp(stu_computer[i].sno,temp) == 0)
        {
             fputs(stu_computer[i].sno,fp);
             fputs(stu_computer[i].sname,fp);
             fputs(stu_computer[i].major,fp);
             fputs(stu_computer[i].addr,fp);
             break;
        }
    }
    fclose(fp);
}
```

9.6.2　读字符串函数 fgets()

fgets()函数可以从指定文件中读取一个字符串到字符数组中。函数的调用格式为：

```
fgets(buffer, count, fp);
```

含义：从 fp 指向的文件中读入 count-1 个字符，存放到 buffer 地址中。如果成功读入，函数的返回值为 buffer 的首地址，否则，返回 NULL。

注意：当 fgets()函数从 fp 指向的文件中读取字符存入字符数组，当读取 count-1 个字符或遇到换行符停止，并在读取的字符串后补充一个字符串结束符‘\0’。

fgets()函数的 3 个参数的含义为：

(1) buffer 为字符数组名，也可以是指向字符串的字符指针。

(2) count 为读取字符串中的字符的个数。

(3) fp 为文件指针，必须指向一个已经打开的可读文件。

例如：fgets(str,20,fp)；表示从 fp 指向的文件中读 19 个字符，再加一个‘\0’保存到字符数组 str 中。

请读者编写程序实现从例 9.10 的 data.txt 文件中读取指定学生的学号、姓名、专业和家庭地址信息保存到各自的数组中。

9.6.3 出错检测函数 ferror()

在读写文件的过程中，会出现各种各样的错误。C 语言提供了 ferror() 函数来检测在读写文件过程中出现的错误。函数的调用格式为：

```
ferror(fp);
```

含义：检测文件指针 fp 所指向的文件在读写时是否发生错误，如未发生错误，则返回 0，如发生错误则返回非 0。

【例 9.11】 利用 ferror() 函数对以字符串形式写入文件过程进行写入检测。

```
#include<stdio.h>
#include<stdlib.h>
void main()
{
    FILE * fp;
    char sname[80];
    fp= fopen("data.txt","rb");
    if(fp == NULL)
    {
        printf("文件没有找到");
        exit(0);
    }
    else
    {
        gets(sname);
        fputs(sname,fp);
        if(ferror(fp))
            printf("文件写错误");
        fclose(fp);
    }
}
```

请读者自行完成修改例 9.10 程序代码，实现以字符串形式写入到 data.txt 文件过程进行写入检测。

9.7 随机访问数据文件

在 C 语言中，打开文件时文件指针指向文件头，即文件的起始地址。在读写文件时，需要从文件头开始，每次读写完一个数据后，文件指针会自动指向下一个数据的位置。但有时并不想从文件头开始读取文件，而是读写文件中某个位置的数据。系统提供了能直接定位到某个数据存储位置的函数，实现随机访问文件中的数据。

9.7.1　随机定位函数 fseek()

fseek()函数可以实现随机设置文件指针。由于 fseek()函数可以随机移动文件指针，故可以实现对文件的随机读取。设置成功则返回当前位置，否则返回-1。函数调用格式为：

```
fseek(文件指针,位移量,起始点);
```

fseek()函数 3 个参数的含义为：

(1)文件指针指向某个已经打开的文件。

(2)位移量表示文件指针从起始点向前移动的字节数，大多数 C 版本都要求位移量为 long 型数据。表示将文件指针从起始点向前移动位移量的字节数。

(3)起始点利用 0、1 或 2 代替，其对应的位置如表 9-3 所示。

表 9-3　起始点取值含义

起始点	名字	代表数字
文件开始	SEEK_SET	0
文件指针当前位置	SEEK_CUR	1
文件末尾	SEEK_END	2

例如：

将指针位置移动到距离文件开头 100 个字节处，写成：fseek(fp,100L,0);

将指针位置移动到距离当前位置 100 个字节处，写成：fseek(fp,100L,1);

将指针位置移动到距离文件末尾 100 个字节处，写成：fseek(fp,100L,2);

注意：fseek()一般用于二进制文件，因为文本文件中每个字符占据字节数不能确切知道，计算位置时往往会发生混乱，产生错误。

【例 9.12】将学生数据文件 data.txt 中学号是双数的学生信息显示到屏幕上。

(1)定义文件类型的指针变量 fp，定义存放学号是偶数学生信息的结构体数组。

(2)以读的方式打开文件 data.txt。

(3)利用 fseek 函数依次将文件指针移动学号是偶数的同学位置，将信息读入到结构体变量中，依次输入该结构体变量的各个成员数据即可。

(4)关闭文件。

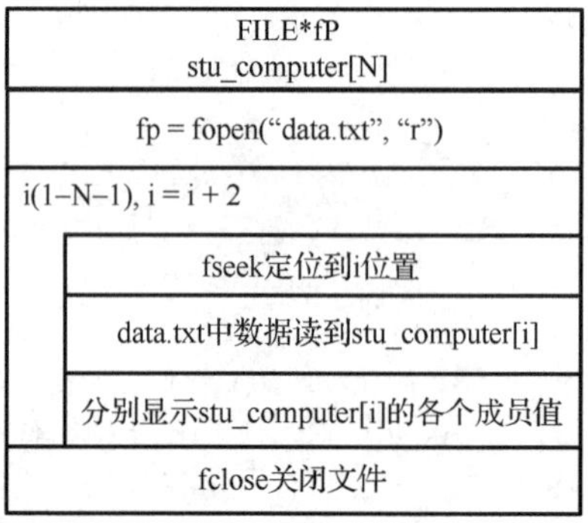

图 9-7　程序流程图

依据问题分析，程序流程图如图 9-7 所示。

依据图 9-7 编写代码如下：

```
#include<stdio.h>
#include<string.h>
# define  N 15
void main()
{
    struct student
    {
        char sno[20];
```

```
        char sname[20];
        char sex;
        int age;
        char major[20];
        char addr[50];
        int score_c;
        int score_math;
        int score_english;
    };
    struct student stu_computer[N];
    int i,j;
    FILE * fp;
    fp=fopen("data.txt","rb");      //以读方式打开文件
    /*找到学号是单数的同学，从文件中读出，显示在屏幕上*/
    for(i=1;i<N;i=i+2)
    {
        fseek(fp,i*sizeof(struct student),0);
                                      //移动文件指针 fp 到双数学生的位置
        fread(&stu_computer[i],sizeof(struct student),1,fp);
                                      //将双数学生的信息依次读入结构体变量中
        printf("sno=%s",stu_computer[i].sno);
        printf("sname=%s",stu_computer[i].sname);
        printf("major=%s",stu_computer[i].major);
        printf("addr=%s",stu_computer[i].addr);
        printf("sex=%c",stu_computer[i].sex);
        printf("age=%d",stu_computer[i].age);
        printf("c=%d",stu_computer[i].score_c);
        printf("math=%d",stu_computer[i].score_math);
        printf("english=%d",stu_computer[i].score_english);
    }
    fclose(fp);
}
```

9.7.2 测试当前位置函数 ftell()

由于多次调用 fseek()函数来设置文件指针的位置，使得文件指针位置经常发生变化，有时造成程序员也难以确定当前文件指针所在的位置。此时需要测试文件指针的当前位置。

ftell()函数可以获得流式文件的指针当前位置。成功则返回当前位置，失败返回-1。函数的调用格式为：

```
ftell(fp);
```

含义：获得文件指针 fp 指向的文件的当前指针位置。

【例 9.13】 测试例 9.11 中数据文件 data.txt 的文件指针的当前位置。

```
#include<stdio.h>
#include<stdlib.h>
void main()
{
```

```
    FILE * fp;
    long length;
    fp= fopen("data.txt","rb");
    if(fp == NULL)
    {
        printf("文件没有找到");
        exit(0);
    }
    else
    {
        fseek(fp,0L,SEEK_END);
        length = ftell(fp);
        printf("文件的当前位置为：%ld",length);
        fclose(fp);
    }
}
```

9.7.3　文件头定位函数 rewind ()

rewind()函数可以将文件指针返回指向文件的开头。函数的调用格式为：

```
rewind(文件指针);
```

含义：将文件指针指向文件的开头。rewind()函数没有返回值。

【例 9.14】将例 9.11 中写入到文件中的数据输出到屏幕上。

```
#include<stdio.h>
#include<stdlib.h>
void main()
{
    FILE * fp;
    char sname[80];
    fp= fopen("data.txt","rb");
    if(fp == NULL)
    {
        printf("文件没有找到");
        exit(0);
    }
    else
    {
        gets(sname);
        fputs(sname,fp);
        if(ferror(fp))
            printf("文件写错误");
        rewind(fp);                    //将文件指针返回到文件开头
        fgets(sname,80,fp);
        printf("文件中读取的字符串为%s",sname);
        fclose(fp);
    }
}
```

9.8　应用文件函数编程

1．将 30 个学生中学号是单数同学的信息写到文件 data.txt 中。

问题分析：

(1)学生的信息需要结构体类型，定义结构体类型，并定义 30 个元素的结构体数组。

(2)应用循环语句输入 30 个学生的信息。

(3)以写方式打开文件

(4)如果是单数学号，利用 fwrite()函数将学生信息依次写到文件 data.txt 中。判断是否单数，一般采用取余%运算是否能被 2 整除。但是学号是字符串，做取余运算首先要将字符串转换成整数，C 语言中字符串转换成整数的函数为 atoi()。

(5)关闭文件。

依据问题分析得到的程序流程图如图 9-8 所示。

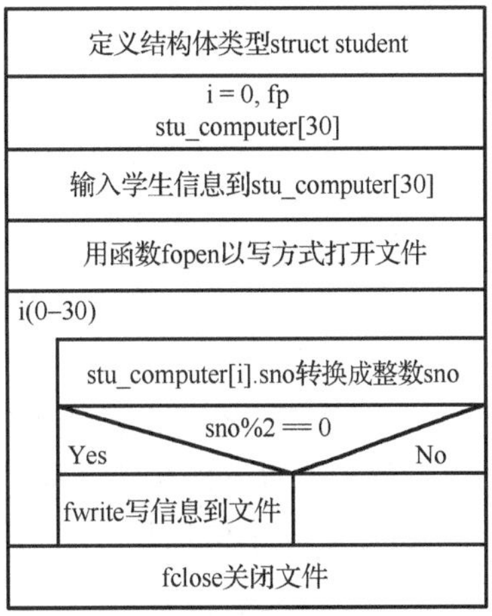

图 9-8　程序流程图

依据图 9-8 编写代码如下：

```
#include<stdio.h>
#include<string.h>
void main()
{
    struct student
    {
        char sno[20];
        char sname[20];
        char sex;
        int age;
        char major[20];
        char addr[50];
        int score_c;
        int score_math;
        int score_english;
    };
    struct student stu_computer[30];
    int i,j;
    FILE * fp;
    /*输入学生信息*/
    for(i=0;i<30;i++)
    {
        scanf("%s%s%s%s",stu_computer[i].sno,stu_computer[i].sname
        ,stu_computer[i].major,stu_computer[i].addr);
        getchar();
        scanf("%c%d%d%d%d",&stu_computer[i].sex,&stu_computer[i].age
        ,&stu_computer[i].score_c,&stu_computer[i].score_math
```

```
        ,&stu_computer[i].score_english);
    }
    fp=fopen("data.txt","wb");  //以写方式打开文件
    /*找到学号是单数的同学，将其信息写入文件 data.txt 中*/
    for(i=0;i<30;i=i++)
    {
       if(atoi(stu_computer[i].sno))%2!=0)
       {
           fwrite(&stu_computer[i],sizeof(struct student),1,fp);
       }
    }
    fclose(fp);
}
```

程序说明：

(1) 在最后一个 for 循环语句中，对每一个学生学号信息 stu_computer[i].sno 判断是否能被 2 整数，将不能整除学号的单号学生信息利用函数 fwrite 写入文件。

(2) 如果学生信息是按照学号有序存放的，最后一个 for 循环可以改成：

```
for(i=0;i<30;i=i+2)
{
    fwrite(&stu_computer[i],sizeof(struct student),1,fp);
}
```

(3) 第二种实现方法明显优于第一种方法。

2．将保存到 data.txt 中的学生信息数据文件备份到 data.bak 文件中。

问题分析：

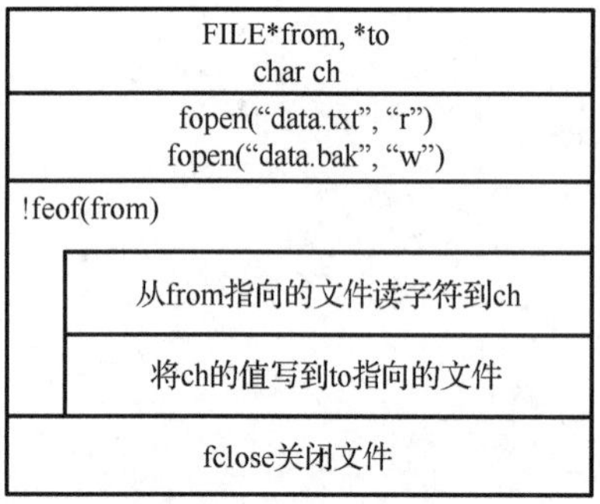

图 9-9　程序流程图

(1) 定义两个文件 FILE 类型的指针 from 和 to，分别指向 data.txt 文件和 data.bak 文件。

(2) 以读方式打开 data.txt 文件，以写方式打开 data.bak 文件。

(3) 依次应用函数 fgetc 从 data.txt 中取单个字符，应用函数 fputc 将取出字符保存到 data.bak 中，直到文件尾。

(4) 关闭两个文件。

依据问题分析获得的程序流程图如图 9-9 所示。

依据图 9-9 编写代码如下：

```
#include<stdio.h>
main()
{
   FILE * from,* to;
   char ch;
   from=fopen("data.txt","r");
   to = fopen("data.bak","w");
   while(!feof(from))
   {
```

```
        ch = fgetc(from);
        fputc(ch,to);
    }
    fclose(from);
    fclose(to);
}
```

3．从数据文件 data.txt 中读出男生的信息，计算每个女生的平均成绩后，将学号和平均分保存到 average.txt 中。

问题分析：

(1) 定义两个文件 FILE 类型的指针 datafp 和 averagefp，分别指向 data.txt 文件和 average.txt 文件。

(2) 定义学生结构体类型，定义结构体数组 stu_female[30]、float 型变量 ave 保存平均分。

(3) 以读方式打开 data.txt 文件，以写方式打开 average.txt 文件。

(4) 依次从 data.txt 文件读数据到 stu_female[i]中，判断性别是否为“F”，如为真，则累加 C 成绩、高数成绩和英语成绩，求平均分，保存在 ave 中；并且将学号信息和平均成绩写入到文件 average.txt 中。

(5) 关闭两个文件。

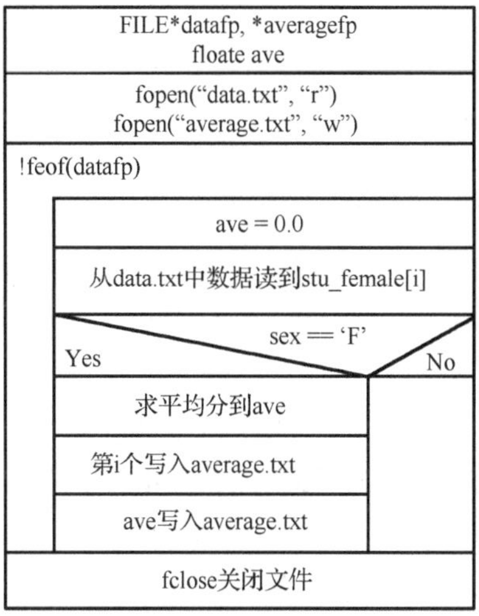

图 9-10　程序流程图

依据问题分析得到流程图如图 9-10 所示。

依据图 9-10 编写代码如下：

```
#include<stdio.h>
main()
{
    FILE * datafp, * averagefp;
    struct student
    {
        char sno[20];
        char sname[20];
        char sex;
        int age;
        char major[20];
        char addr[50];
        int score_c;
        int score_math;
        int score_english;
    };
    int i =0;
    float ave = 0.0;
    struct student stu_female[30];
    datafp = fopen("data.txt","r");
    averagefp = fopen("average.txt","w");
```

```
        while(!feof(datafp))
        {
            ave = 0.0;
            fread(&stu_female[i],sizeof(struct student),1,datafp);
            if(stu_female[i].sex == 'F')
            {
                ave = (stu_female[i].score_c + stu_female[i].score_math +
                        stu_female[i].score_english) / 3.0;
                fwrite(&stu_female[i].sno,sizeof(char),strlen(stu_female[i].sno),
                        averagefp);
                fprintf(averagefp,"%5.2f",ave);
            }
            i++;
        }
        fclose(datafp);
        fclose(averagefp);
    }
```

程序说明：

(1) 语句 fwrite(&stu_female[i].sno,sizeof(char),strlen(stu_female[i].sno),averagefp);是将学号的值写入文件 data.txt 中，利用 fwrite 函数写数据块。

(2) fprintf(averagefp,"%5.2f",ave)；是将平均分写入文件 average.txt，利用 fprintf 函数的格式化写入数据。

学生成绩管理系统之保存功能的实现

学生成绩管理系统的学生结构体数据类型定义如下：

```
    #include<stdio.h>
    #define N 30
    /*学生结构体数据类型*/
        struct student
        {
            char sno[20];
            char sname[20];
            char sex;
            int age;
            char major[20];
            char addr[50];
            int score_c;
            int score_math;
            int score_english;
        };
```

下面编写的程序全部基于此结构体类型。

1. 保存录入的学生信息

```
    void  inputinfo( FILE *fp)
    {
        struct student stu_computer[N];
```

```
    /*录入学生信息*/
    for(i=0;i<N;i++)
    {
        scanf("%s%s%s%s",stu_female[i].sno,stu_female[i].sname,
        stu_female[i].major,stu_female[i].addr);
        getchar();
        scanf("%c%d%d%d%d",&stu_female[i].sex,&stu_female[i].age,
        &stu_female[i].score_c
        ,&stu_female[i].score_math,&stu_female[i].score_english);
    }
    fp=fopen("stuinfo.dat","wb");  //以写方式打开文件
    /*结构体数组中的学生信息全部写入文件*/
    for(i=0;i<N;i++)
    {
        fwrite(&stu_computer[i],sizeof(struct student),1,fp);
    }
    fclose(fp);
}
```

2. 保存查询信息(以按学号查询为例实现)

```
void searchbysno(FILE * fp, char sno[20], FILE * result)
{
    struct student stu_computer[30];
    int i;
    fp=fopen("stuinfo.txt", "r");
    for(i=0;i<30;i++)
    {
fread(&stu_computer[i];sizeof(struct student),1,fp);
}
    printf("请输入要查找的学号：");
    scanf("%s",sno);            //输入指定的学号
    fp=fopen("result.txt","wb");
    for(i=0;i<30;i++)
    {
        /*找到指定的学号，将该生学号、姓名、专业和家庭地址写到文件中。*/
        if(strcmp(stu_computer[i].sno,temp) == 0)
        {
fwrite(&stu_computer[i];sizeof(struct student),1,fp);
            break;
        }
    }
    fclose(fp);
    fclose(result);
}
```

3. 保存排序信息(以C语言成绩从低到高排序为例实现)

```
void sort(FILE * fp , FILE * sortfp)
{
```

```
    struct student stu_computer[30];
    int i;
    fp=fopen("stuinfo.txt", "r");
    for(i=0;i<30;i++)
    {
    fread(&stu_computer[i];sizeof(struct student),1,fp);
    }
    sortfp = fopen("sortinfo.dat", "wb");
    bublesort(stu_computer[30]);
    for(i=0;i<30;i++)
    {
    fread(&stu_computer[i];sizeof(struct student),1,fp);
    }
    fclose(fp);
    fclose(sortfp);
}
/*对结构体数组进行从小到大的冒泡排序*/
void  bubblesort(struct student  stu_computer[ ]);
{
    int i,j,temp;
    float ave=0.0;
    for(j=0;j<30;j++)
        for(i=0;i<30-j;i++)
        {
             if(stu_computer[i].score_c>stu_computer[i+1] .score_c)
             {
                //此处省略交换 stu_computer[i]和 stu_computer[i+1]中的信息
             }
        }
}
```

4. 保存修改信息(以修改给定学号的学生姓名为例实现)

```
void modifyinfo(FILE * fp, char sname[20], FILE * resultfp, char sno[20])
{
    struct student stu_computer[30];
    int i;
    fp=fopen("stuinfo.txt", "r");
    for(i=0;i<30;i++)
    {
    fread(&stu_computer[i];sizeof(struct student),1,fp);
    }
    printf("请输入要修改信息的学生学号: ");
    scanf("%s",sno);            //输入指定的学号
    for(i=0;i<30;i++)
    {
    if(strcmp(stu_computer[i].sno,temp) == 0)
        {
            printf("请输入要修改信息的学生姓名: ");
```

```
            scanf("%s",sname);
            stu_computer[i].sname = sname;
        fwrite(&stu_computer[i];sizeof(struct student),1,fp);
            break;
          }
        }
        fclose(fp);
        fclose(resultfp);
    }
```

5. 备份信息

```
    void backupInfo( FILE * from, FILE  * to)
    {
        char ch;
        from=fopen("stuinfo.txt","r");
        to = fopen("data.bak","w");
        while(!feof(from))
        {
            ch = fgetc(from);
            fputc(ch,to);
        }
        fclose(from);
        fclose(to);
    }
```

习 题

1. 写出完整的语句完成以给定的方式打开下列文件。

文件名	文件指针名	使用方式
coba.txt	memo	write
book.let	letter	write
coupons	coups	append
yield.bnd	pt	append
prices.dat	price	read
rates	rate	read

2. 利用 gets()和 fputs()函数编写一个 C 程序，实现从键盘上接收若干字符行，并将每一行写入文件 text.dat 中，直到输入一个空行为止。(空行是指仅输入回车的行)。

3. 创建一个名字为 employee.dat 的数据文件，包含以下信息：

姓名	职工号	出生日期	实发工资
王明	20060095	19760808	9600.35
李琳	20031998	19711203	10037.20
张晓明	20030198	19730423	11000.00
孙浩	20072120	19780525	9506.10
赵永江	20100001	19810202	7070.25

4．编写一个 C 程序，实现将第 3 题的 employee.dat 的数据文件备份，且备份的文件名为 employee.bak。

5．数据文件 data.dat 中存储如下的数据：

```
5  96  87  78  93  21  4  92  82  85  87  6  72  69  85  75  81  73
```

编写程序计算并显示每组数的平均值和最高分。

（注意：从第一个数 5 开始，5 代表其后面的五个数为一组。接下来，4 代表其后面的四个数为一组。依次类推。）

6．应用函数 fseek()和函数 ftell()，编写 C 函数实现统计输出一个文件中的字符数。

第 10 章　C 语言调试

在本书前面章节已经学习过如何编写一个 C 语言程序，相信大家对编写 C 语言程序已经没有问题了。但对于一个复杂的程序来说，从编写到能够通过编译，只是完成了一小部分而已。然后还要不断地调试、修改、再调试、再修改、…，直到将发现的问题都解决，程序能够稳定正确地运行为止。调试是编程过程中不可忽视的问题，在程序设计中的地位是十分重要的。一段程序完成的速度和质量，往往取决于程序员的调试水平。如何准确定位产生错误的代码，是一项既需要技巧又需要经验的工作。本章在介绍调试技巧的同时也会向读者介绍一些程序调试的经验。

市场上有很多调试产品供选择，不同的调试工具面向的应用是不同的。C-Free 是一款支持多种编译器的专业化 C/C++集成开发环境(IDE)。利用 C-Free，使用者可以轻松地编辑、编译、连接、运行、调试 C/C++程序。Soft Ice 适合于调试操作系统级的应用，Bound Checker 则专心于查找程序的内存泄漏。不同的调试工具虽然界面和操作方法有所差异，但是其背后的思想是相似的。

10.1　什么是调试

在 C 语言编程过程中，难免会出现各种错误，这些错误我们称为 BUG；而通过修改程序，消除这些 BUG 的过程，我们则称为 Debug；Debug 的中文翻译即为：调试。下面我们来看一个简单程序的调试。

【例 10.1】将 3 名学生的 C 程序设计成绩输入到计算机中保存起来。

分析一下，问题逻辑很简单。保存 3 个学生的考试成绩，首先需要定义 3 个 int 型变量 s1、s2、s3，其次需要使用 scanf 函数将成绩输入到 3 个变量中，编程代码如下：

```
int main( )
{
   int s1,s2,s3;
   scanf("%d%d%s",&s1,&s2,&s3);
   return 0;
}
```

(1)打开 C-Free 5.0 专业版，创建一份新的代码文件，单击菜单栏“文件”—“新建”，如图 10-1 所示。也可直接单击“文件”下的白色图标，或按快捷键“Ctrl + N”。

(C Free 5.0 默认情况下新建的代码文件为 .cpp 格式，可在“工具”、“环境选项”、“新建文件类型”中更改，C 语言标准格式为 .c 格式)

(2)将上述程序输入未命名 1.cpp，如图 10-2 所示。

(3)程序输入完成后，单击菜单栏“调试”—“开始调试”(快捷键 F9)，如图 10-3 所示。

图 10-1　新建程序文件“未命名 1.cpp”

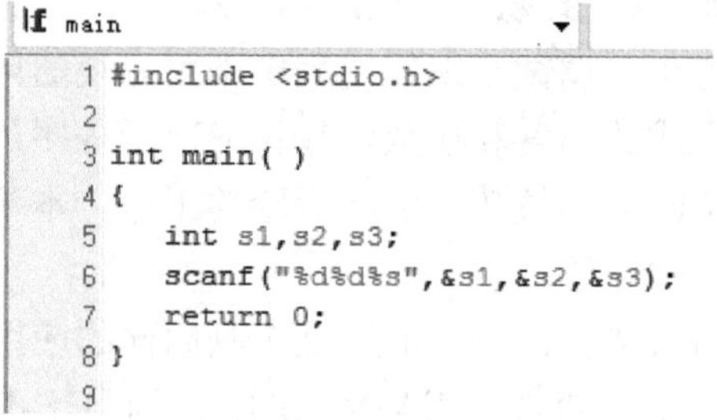

图 10-2　程序“未命名 1.cpp”

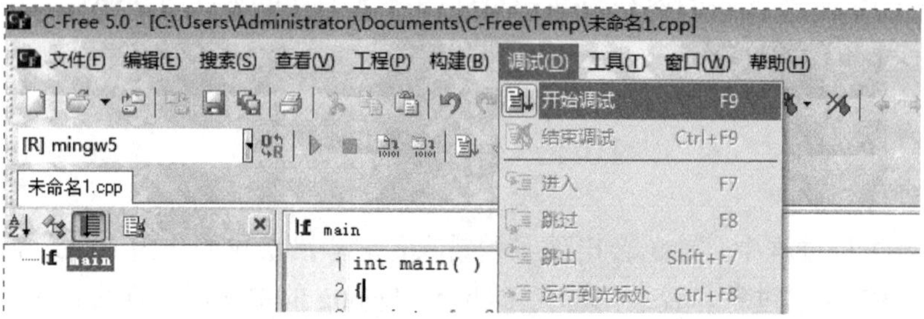

图 10-3　调试程序“未命名 1.cpp”

还可以使用快捷按钮“开始调试”进行调试，如图 10-4 中标记所示。

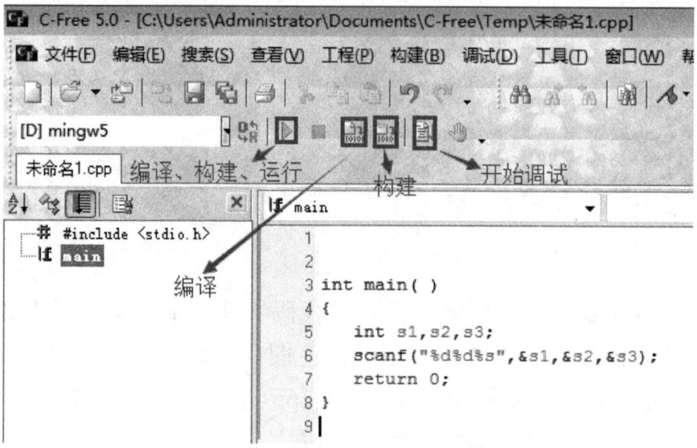

图 10-4　调试程序快捷按钮

(4)程序调试完成后，在 C-Free 5.0 的构建窗口，输出相应的调试信息，如图 10-5 所示。

```
构建
--------------------配置: mingw5 - CUI Debug, 编译器类型: MinGW--------------------

检查文件依赖性...
正在编译 C:\Users\Administrator\Documents\C-Free\Temp\未命名1.cpp...
[Error] C:\Users\Administrator\Documents\C-Free\Temp\未命名1.cpp:6: error: 'scanf' was not declared in this scope

构建中止 未命名1: 1 个错误, 0 个警告
```

图 10-5　调试输出信息

从输出结果可以看到相应的提示信息，“构建中止， 未命名 1: 1 个错误， 0 个警告”。

从这句输出的调试信息中，可以看到程序编译的结果。我们依次来介绍。

首先，“构建中止”说明：程序存在错误，无法完成编译，构建可执行文件(EXE)，需要修改程序，才能完成编译。

其次，“未命名 1: 1 个错误， 0 个警告”说明：程序存在 1 个错误，那么错误在什么地方呢？

在输出的信息中，我们可以找到如下的错误提示：

```
[Error] C:\Users\Administrator\Desktop\未命名1.cpp:6: error:
'scanf' was not declared in this scope
```

其中，[Error]即为程序错误标记；

C:\Users\Administrator\Desktop\未命名 1.cpp:6 则标记程序的源文件路径，最后的“6”表示错误出现的行数，即程序未命名 1.cpp 第 6 行有错误。

最后，错误提示信息'scanf ' was not declared in this scope，表明‘scanf’标识符在其出现的地方是未被定义的。

根据错误提示信息，scanf 函数需要引入头文件<stdio.h>，在程序的开头加上“#include <stdio.h>”，再进行调试，此时程序如图 10-6 所示。

```
main
1 #include <stdio.h>
2
3 int main( )
4 {
5     int s1,s2,s3;
6     scanf("%d%d%s",&s1,&s2,&s3);
7     return 0;
8 }
9
```

图 10-6　修改后的程序“未命名 1.cpp”

(5) 按照第 3 步进行调试，按程序调试完成后，在 C-Free 5.0 的构建窗口，输出相应的调试信息，如图 10-7 所示。

```
构建
--------------------配置: mingw5 - CUI Debug, 编译器类型: MinGW---

检查文件依赖性...

完成构建 未命名1: 0 个错误, 0 个警告
生成 C:\Users\Administrator\Documents\C-Free\Temp\未命名1.exe
```

图 10-7　修改后的程序“未命名 1.cpp”

从输出结果可以看到相应的提示信息，“完成构建， 未命名 1: 0 个错误， 0 个警告”。程序编译通过，构建出可执行文件(EXE)。

(6) 构建出可执行文件后，程序要求分别输入 3 名学生的成绩，为了查看输入的成绩是否正确赋值给相应的变量，在第 7 行设置断点，如图 10-8 所示。

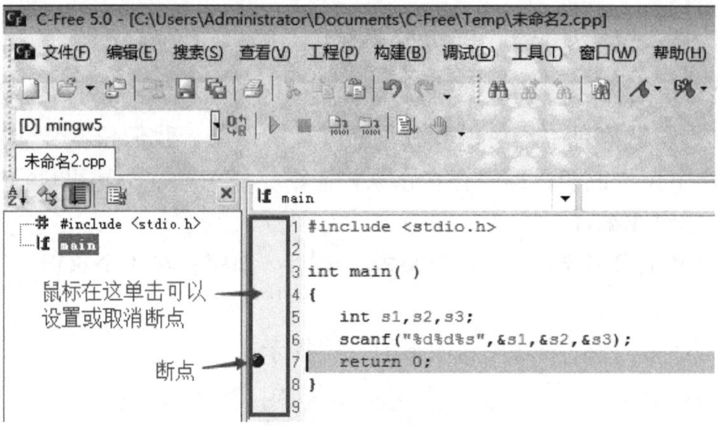

图 10-8　设置断点

(7) 单击开始调试，在跳出的界面分别输入 3 名学生的成绩，“78、85、80”，如图 10-9 所示。

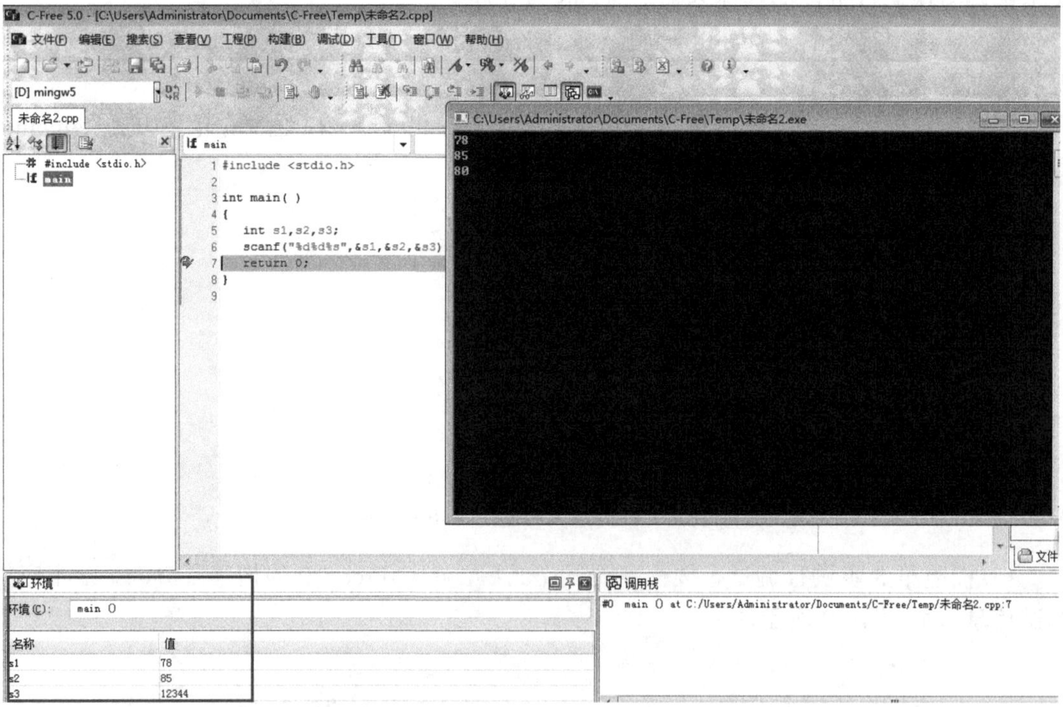

图 10-9　输入 3 名学生成绩

在图 10-8 左下角红色框图标出的变量观察框，观察 3 个变量 s1、s2、s3 以及相应的赋值，明显能看到 s3 的赋值和输入的 80 不符；查看输入 s3 的语句，也就是程序第 6 行。

```
    scanf("%d%d%s",&s1,&s2,&s3);
```

由于 s3 是 int 类型，那么输入的格式符应该是“%d”，而在程序“未命名 1.cpp”中，使用的是“%s”，不能正确赋值给 int 类型变量 s3，将第 6 行程序进行修改，程序如图 10-10 所示。

```
main
1 #include <stdio.h>
2
3 int main( )
4 {
5     int s1,s2,s3;
6     scanf("%d%d%d",&s1,&s2,&s3);
7     return 0;
8 }
9
```

图 10-10　修改后的程序“未命名 1.cpp”

(8) 重复第 (7) 步，输入 3 名学生的成绩，“78、85、80”，结果如图 10-11 所示。

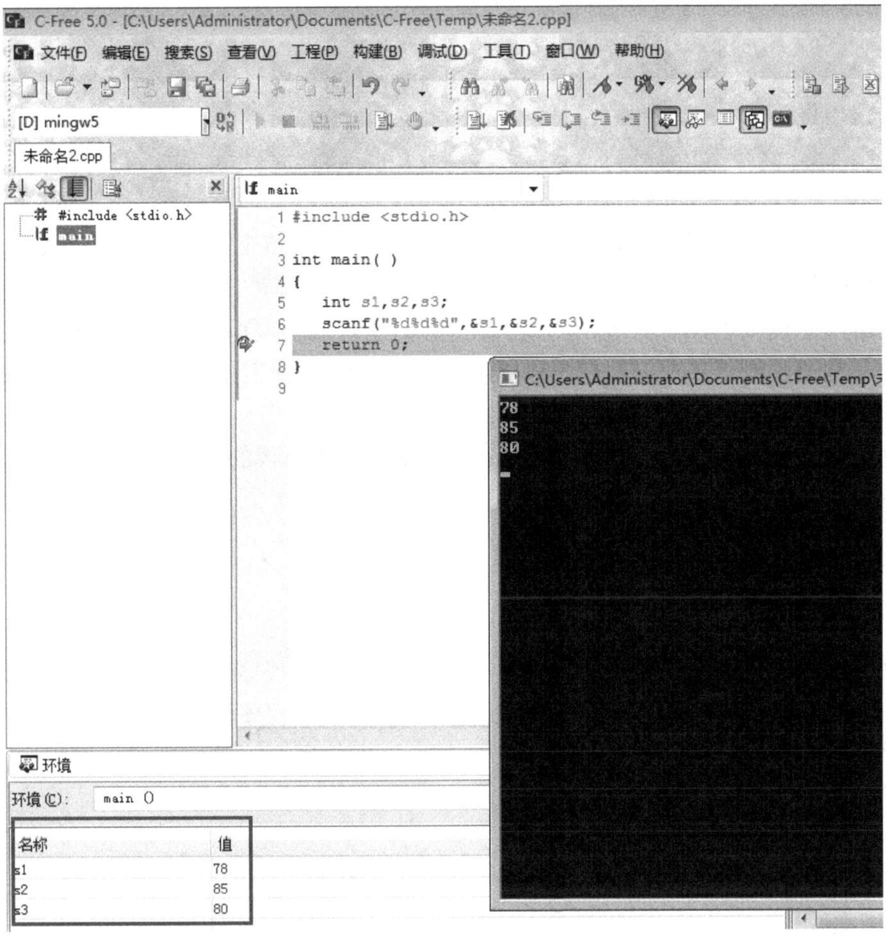

图 10-11　输入 3 名学生成绩

在左下角红色框图标出的变量观察框，观察 3 个变量 s1、s2、s3，变量赋值全部正确，程序完成了相应的功能，调试结束。

10.1.1　C 语言的 BUG

在前面的例子中，程序中出现了两个 BUG，这两个 BUG 就是两类错误的典型代表。在 C 语言中，程序错误(BUG)分为三大类：语法错误和逻辑错误，下面分别介绍一下。

1. 语法错误

也称编译错误，是由于编写的代码不符合 C 语言的语法规范造成的错误。由于初学者对 C 语言的语法规则不熟悉而经常出现语法错误。出现语法错误的程序一般不能被编译、链接生成可执行文件(EXE)。C 语言的编译器在构建窗口会给出“出错信息”，并提示出错的位置和大概的种类。例如下面的程序段中有语法错误：

```
main()
{
    char major[30];
    scanf("%s",major);
    printf("%s",major);
}
```

构建窗口提示为：

```
4: implicit declaration of function 'int scanf(…)'
5: implicit declaration of function 'int printf(…)'
```

从提示的出错信息可以得知出错的位置是第 4 行和第 5 行，出错的原因是 scanf 函数和 printf 函数没有明确的声明。

语法错误的调试方法有两种，一是人工代码走查，就是程序员通过阅读代码的方式发现程序中存在语法错误。二是要充分利用编译器提供的各种工具，实现对语法错误的改正。其中 90%的语法错误调试都是靠编译器来完成的。

上例中，需要在文件中引用包含 scanf 函数和 printf 函数的头文件，即：

```
#include <stdio.h>
```

如此，语法错误消除，程序可以正常运行。

2. 逻辑错误

程序并没有违背 C 语言的语法规则，没有语法错误。程序可以进入到运行状态，但是运行的结果与设计时的意愿不符合。这种错误一般是由于程序设计人员在进行算法设计或编写程序逻辑有错，造成告知给系统的指令与设计者的原意不符，出现了逻辑上的混乱。例如：计算 100 个学生成绩之和的程序代码：

```
#include <stdio.h>
void main()
{
    int i, sum = 0, scores[100];
    for (i = 1; i <= 99; i++)
    {
        scanf("%d", &scores[i]);
        sum = sum + scores[i];
```

```
        }
        printf("%d",sum);
    }
```

该程序存在逻辑错误，在 for (i = 1; i <= 99; i++) 语句中，i 的初始值从 1 开始，漏掉了 scores[0]，在 sum 中仅仅累加了 99 个学生的分数之和。

逻辑错误的调试方法一般要求程序员具有非常丰富的编程经验，通过人工代码走查修正。也可以借助编译器提供的断点和单步执行，通过跟踪变量的值来确定错误的位置。

3. 运行时错误

程序既没有语法错误也没有逻辑错误，只是在程序运行时出现错误而导致停止运行。例如以下程序段将在运行时停止：

```
#include <stdio.h>
void main()
{
    int a, b,c;
    scanf("%d%d", &a,&b);
    c = a/b;
    printf("%d",c);
}
```

运行该程序，当 a 和 b 分别输入 2 和 5 时，c 的值为 0，程序运行正常。但是将 0 输入给 b 时，程序停止运行出现错误。

运行时错误一般是由于程序员在编写程序时考虑的情况不周造成的。好的程序应该能处理各种可能的输入数据，经受得住数据的考验。

修正上面程序的运行时错误，需要对变量 b 做特殊情况处理，程序修改为：

```
#include <stdio.h>
void main( )
{
    int a, b;
    scanf("%d%d", &a,&b);
    if(b == 0)
        printf("除数不能为 0");
    esle
        printf("%d",a/b);
}
```

当 b 的值为 0 时，将提示“除数不能为 0”。

给一个问题编写完成程序后，工作量仅仅完成一半，或者说还没有完成一半。程序调试往往比编写程序花费更多的时间、遇到更多的困难。一个简短的程序可能会有多个错误。调试一个小时编写的程序需要半天的时间。调试程序要求程序员掌握调试的方法和技术。

4. 排除 bug 的规则

(1) 先进行人工代码走查，也称静态检查。编写好程序后不要急于上机运行，首先要依据软件需求和设计，进行人工阅读代码，检查与需求和设计不符之处，或者发现部分的语法和逻辑错误。

(2) 人工检查后进行上机调试。充分利用编译器构建窗口关于错误和警告的提示信息。确定错误位置，先消除错误。消除错误的过程一定要有先后次序，前面的错误没解决之前不要去消除后面的。

(3) 消除所有错误后，再消除警告。有些程序员认为警告信息不会影响程序的正常运行，一般采取置之不理的态度，这其实是非常危险的。最好消除警告，除非已经非常确定这是一个无关紧要的警告。

10.1.2　断点

为了确定程序中 BUG 的确定位置，需要让运行的程序在指定的位置停下来，观察各个变量当前值是否与预期值一致。断点是程序调试中最常用的一种方法。

1. 什么是断点

断点是调试器设置的一个代码位置，当程序运行到断点时，程序中断执行，回到调试器。只有在程序中设置断点并使程序回到调试器，才能对程序进行在线调试。

2. 断点的设置和取消方法

在 cfree 中，断点的设置方法有两种：

(1) 把光标移动到需要设置断点的代码行上，然后按 Fn+F10 快捷键。

(2) 把光标移动到需要设置断点的代码行上，点击工具条上的小手图标。

与断点设置方法相对应，断点的取消方法也有两种：

(1) 把光标移动到已经设置断点的代码行上，然后按 Fn+F10 快捷键。

(2) 把光标移动到已经设置断点的代码行上，点击工具条上的小手图标。

3. 条件断点

点击菜单“调试”-“管理断点”，在“断点条件”处输入断点的条件。断点条件是一个布尔表达式。当程序运行到有条件的断点时，测试该条件表达式的值，如果为 true，则程序暂停在这个断点，否则程序将忽略该断点继续执行。对没有设置条件的断点，程序始终都会在断点处暂停。例如下面的程序：

```
#include <stdio.h>
void main( )
{
    int a, b,c;
    scanf("%d%d", &a,&b);
    c = a/b;
    printf("%d",c);
}
```

在 c = a/b;处设置断点，并为该断点设置条件为：b == 0。程序在运行过程中，如果变量 b 输入的值不为 0，则程序在该断点处继续执行。反之，如果变量 b 输入的值为 0，则程序在该断点处暂停执行。

10.2　单 步 调 试

10.2.1　查看变量的内容

【例 10.2】 计算 1+2+3+…+10 的结果，并输出结果。

分析一下，计算 1+2+…+10 的结果，首先需要定义 2 个 int 型变量 i、sum，sum 记录最终结果，其次使用一个 for 循环，依次从 1 到 10，加到 sum 中，编程代码如下：

```
#include <stdio.h>
int main(int argc, char* argv[])
{
   int i;
   int sum;
   sum=0;
   for(i=1;i<=10;i++)
      sum=sum+i;
   printf("sum=%d",sum);
   return 0;
}
```

(1) 打开 C Free 5.0，输入上面的代码。

(2) 把光标移到“sum=0;”这一行，按 F10。它的作用是设一个断点，程序运行到这里时，会停下来。也就是说，接下来，程序必须通过按 F7 键单步运行了，如图 10-12 所示。

(3) 按 F9(开始调试)，或者使用快捷按钮，如图 10-13 所示。

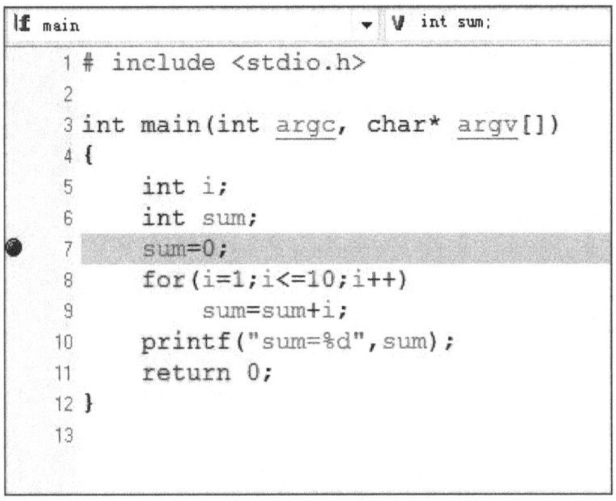

图 10-12　程序代码和断点

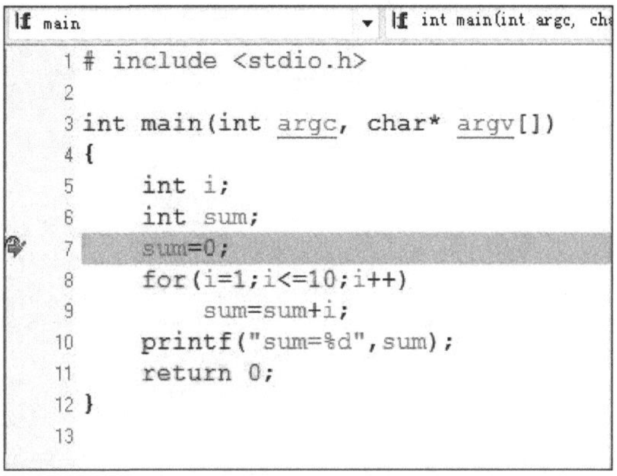

图 10-13　程序调试

从图中可以看到有一箭头停留在这句语句上，它指示程序停留的位置，而箭头所在的语句(“sum=0;”)还没有执行。事实上，我们可以通过看一下内存变量 sum 的内容来验证。

(4) 单击“菜单栏”—“调试”—“监视”，就可以查看变量，如图 10-14 所示。

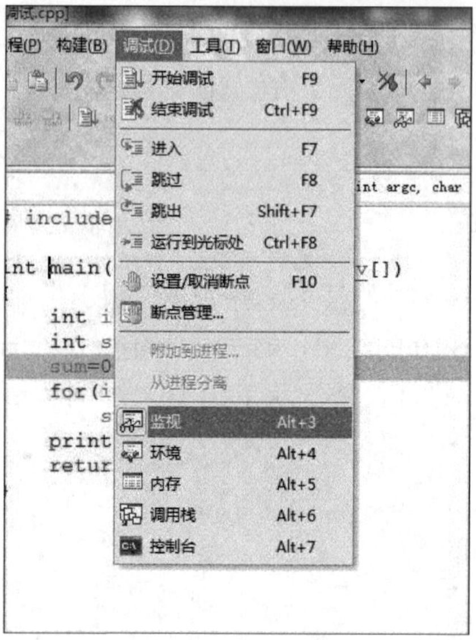

图 10-14　查看内存变量方式

然后打开“调试”下的“监视”，或者按快捷键“Alt + 3”，如图 10-15 所示。

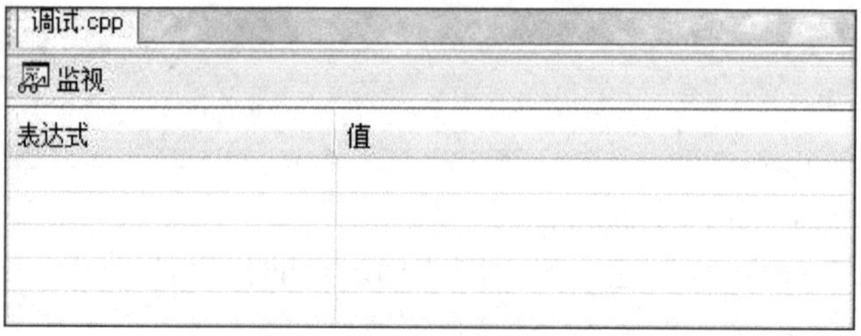

图 10-15　监视窗口

在“监视”的空白处单击鼠标右键，选择“添加监视”，如图 10-16 所示。

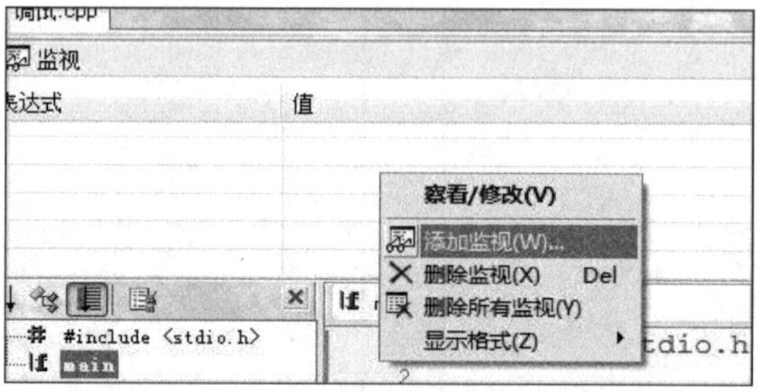

图 10-16　监视窗口中添加监视

输入需要监视的变量名，这个程序中输入为 sum，如图 10-17 所示。

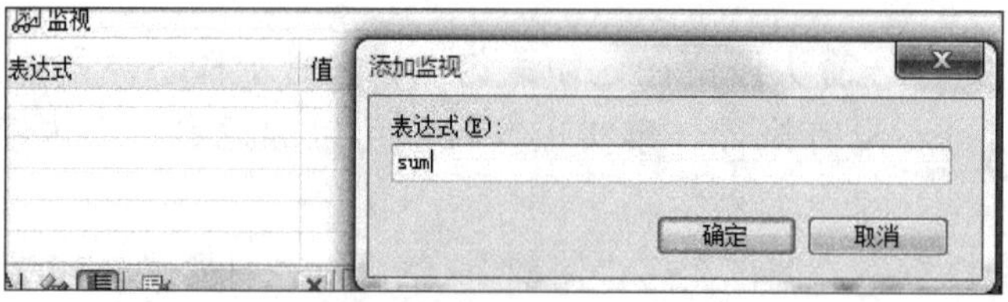

图 10-17　添加监视变量

可以在监视窗口中看到 sum 的内容不为 0，而是一个随机的值，如图 10-18 所示。

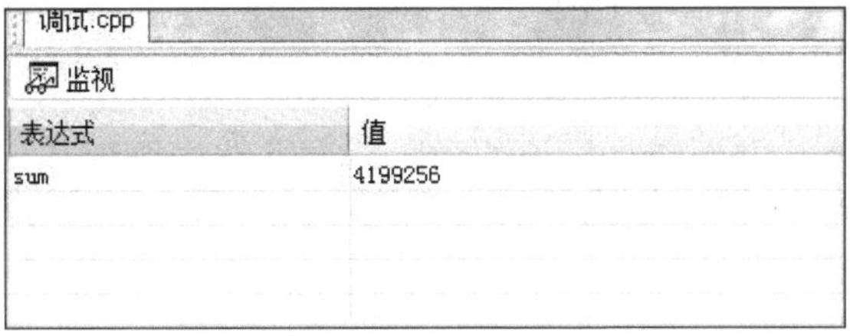

图 10-18　查看监视变量 sum

(5) 单击 F7(进入)，我们发现 sum 的内容变为 0 了。这说明“sum=0;”这句语句被执行了，如图 10-19 所示。

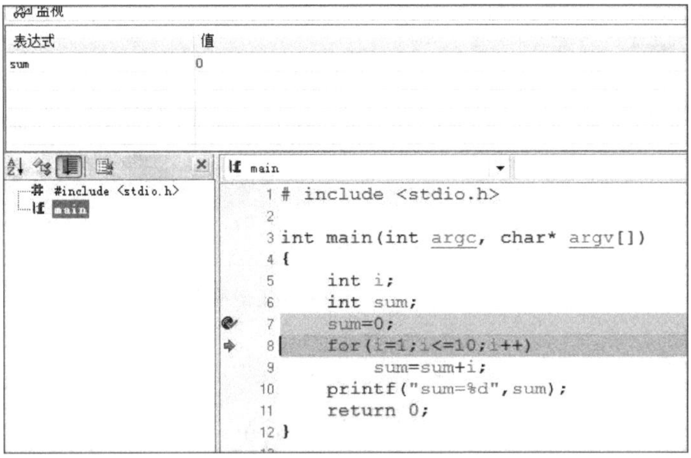

图 10-19　调试程序

还可以用同样的方法查看 i 的内容，如图 10-20 所示。

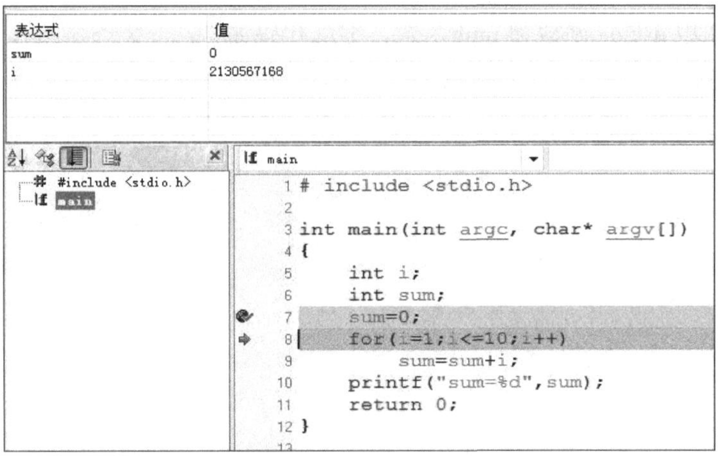

图 10-20　查看变量 i

(6) 一步一步地按 F7，我们可以发现在单步执行 for 循环语句的时候 i 和 sum 的内容不断变化。当退出循环时，我们发现 i 的内容为 11(因为变量 i 的内容为 11,i<=10 这个条件不满足,所以程序退出循环)，如图 10-21 所示。

附带提一下，当程序已经执行了“sum=0;”这一句语句后，如果直接把光标移到“printf("sum=%d",sum);”，然后按 Ctrl+ F8，我们可以直接把上面的 for 循环都执行了，而不必一步一步地按 F7。在实践中，为了查找程序的逻辑错误，往往要单步运行该程序好几遍。如果已经通过单步调试验证某一段语句(如一个 for 循环语句或者几个用户定义的函数)正确了，就可以用 Ctrl+ F8 跳过这段语句，直接运行到还未测试的语句。

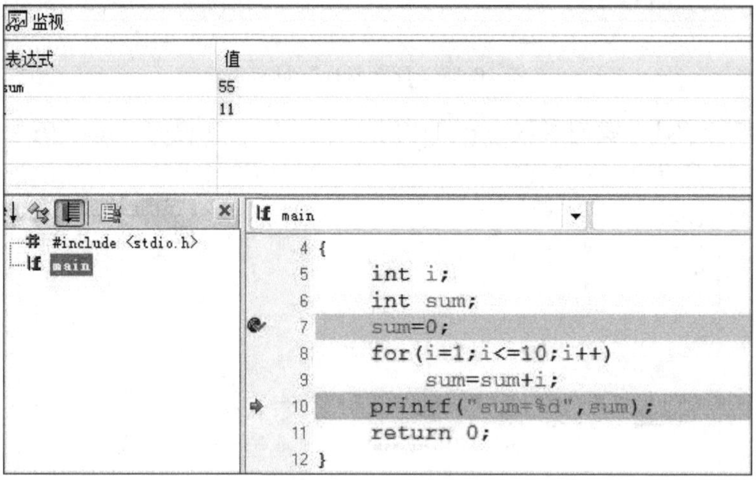

图 10-21　循环结束时变量截图

10.2.2　单步跟踪

【例 10.3】定义 divide 函数计算两个数整除的结果，定义 mul 函数计算两个数的乘积；计算 0 到 1000 内的整数自身整除自身的结果，以及整数的平方。

分析一下，整除的结果为整型，首先需要定义 divide 函数，返回类型为 int 型，其次定义 mul 函数来计算两个整型变量的乘积，最后在 main 函数中，使用两个 for 循环，依次从 1 到 1000，调用 divide 函数和 mul 函数，编程代码如下：

```
#include <iostream>
using namespace std;
int divide(int a, int b)
{
   return a/b;
}
int mul(int a, int b)
{
   return a*b;
}
int main(int argc, char* argv[])
{
   int i=0;
   for(i=0; i<10000; i++)
   {
      int a = divide(i,i);
   }
```

```
    for(i=0; i<10000; i++)
    {
       int b = mul(i,i);
    }
    return EXIT_SUCCESS;
}
```

由于程序中使用了整数除法，这里是一个可能出现错误的地方(除数为零)。

(1)打开 C Free 5.0，输入上面的代码，按 F5 运行程序，显然当第一次调用 divide 函数的时候，程序会抛出例外。

很显然这是一个除零错误，那么是如何发生的呢？不妨在 return a/b 一行添加断点。然后再次按 F5 运行(以后的运行都是指 F5 运行)。当程序运行到 return a/b 一行的时候，会自动停止，此时观察【环境】窗口会发现 b 的取值为零，显然是非法的，如图 10-22 所示。

图 10-22　查看变量 a、b

这时有两个选择：停止调试；修改 b 的取值使得程序继续运行。这里选择后者在【监视】窗口添加变量 b，双击 b 的 Value 列，修改原来的 0 为 1，然后按 F10 继续运行。这次程序没有出错。

注意：在【监视】窗口中可以在调试过程中修改变量的取值。

(2)介绍调试时常用的四条跟踪命令：StepInto(进入到函数中)、Step Over(跳过一条语句)、Step Out(从函数中跳出)、Run to Cursor(程序运行到光标所在位置停止)。

① 进入到函数中，Step Into(F7)

该命令的功能是单步执行代码，如果遇到函数则进入函数内部。

在 int a = divide(i, i)一行加入断点。当程序运行到这里的时候，按 F7，则程序进入函数 divide，并暂停在函数 divide 的入口处。

② 跳过一条语句，Step Over (F8)

该命令的功能是单步执行代码，如果遇到函数则跳过函数，即把函数当作一条语句来看待。

在 int a = divide(i, i)一行加入断点。当程序运行到这里的时候，按 F8，则程序跳过函数 divide，并暂停在调用函数 divide 的下一句处。

③ 从函数中跳出，Step Out (Shift+F7)

该命令的功能是从当前函数体内部跳出。

在 int a = divide(i, i)一行加入断点。当程序运行到这里的时候，按 F7，则程序进入函数 divide，并暂停在函数 divide 的入口处。接下来按 Shift+F7，则跳出函数体。

④ 程序运行到光标所在位置停止，Run to Cursor (Ctrl+F8)

该命令的功能是继续运行程序，直到遇到下一个断点或者光标所在行暂停。

在 int i = 0 一行加入断点。当程序运行到这里的时候，鼠标单击 return EXIT_SUCCESS 所在行，使得插入符号位于这一行，然后按 Ctrl+F8，则程序暂停在 return EXIT_SUCCESS 一行。

至此已经介绍了使用 C-Free 调试的大部分基本功能。掌握了这些命令，用户已经可以方便地调试自己的应用程序了。

10.2.3　F7 和 F8 的区别

【例 10.4】 定义 add 函数计算两个数相加的结果，并调用 add 函数实现两个数的相加，输出结果。

分析一下，程序逻辑还是比较简单。首先需要定义 add 函数，返回类型为 int 型，其次在 main 函数中，调用 add 函数，并使用 printf 输出结果，编程代码如下：

```
# include <stdio.h>
int add(int m,int n)
{
   int s;
   s=m+n;
   return s;
}

int main(int argc, char* argv[])
{
   int i=1;
   int j=2;
   int sum;
   sum=add(i,j);
   printf("sum=%d",sum);
   return 0;
}
```

(1) 把光标移到“sum=add(i,j);”，按 F10 设置断点后按 F9 开始调试，此时“sum=add(i,j);”这句语句还没有执行，如图 10-23 所示。

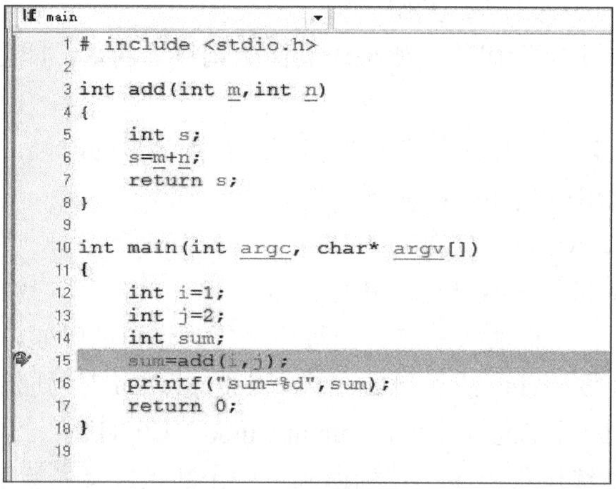

图 10-23　程序设置断点

(2) 如果按 F7，则程序单步执行到 int add(int m,int n) 的函数体，此时箭头停留的位置如图 10-24 所示。

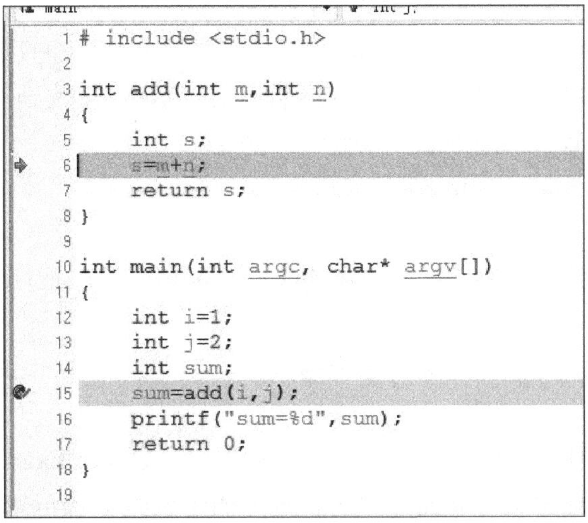

图 10-24 程序运行停留位置

如果不按 F7 而按 F8，则把 int add(int m,int n) 内的语句全部执行了（也就是说程序不会单步运行到 add 函数的里面），此时箭头停留的位置如图 10-25 所示。

也就是说，碰到函数，F7 会单步执行函数体的每一句语句，而 F8 则把函数当作一句普通的 C 语言语句来执行。在调试程序的时候，我们可以这样做：如果已经通过测试发现某一个函数正确，那么不必单步执行函数体的每一句语句；否则，单步执行函数体的每一句语句，监视相关的变量的内容，通过测试用例检查一下问题出在哪里。

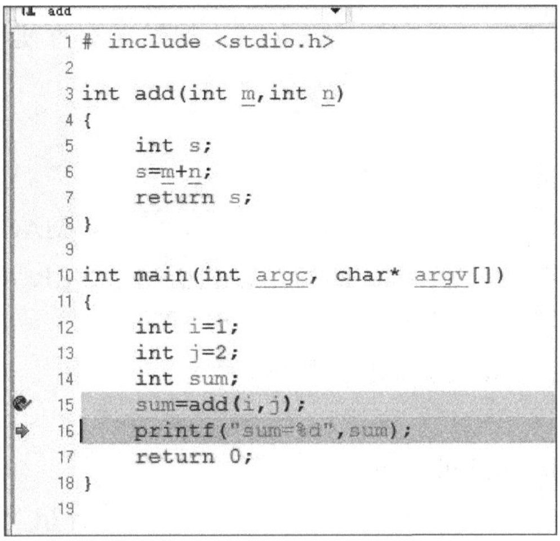

图 10-25 程序运行停留位置

10.3 C 语言编译警告类型的解决方法

当编译程序发现程序中某个地方有疑问，可能有问题时就会给出一个警告信息。警告信息可能意味着程序中隐含的大错误，也可能确实没有问题。对于警告的正确处理方式应该是：尽可能地消除之。对于编译程序给出的每个警告都应该仔细分析，查看是否真的有问题。只有那些确实无问题的警告才能放下不管。

由于编译的警告各种各样，根本不可以一一罗列出来，下面只是列举出比较典型的十六种警告；还有一些警告，大家只要根据字面意思，就可以很快地查找出来，并解决之。

类型 1：

显示：warning: implicit declaration of function 'Example()'。

警告原因：

① 在编写的.c 文件中调用了函数 Example()，可是并没有把声明这个函数的相应的.h 文件包含进来。

② 有可能在一个.c 文件中定义了这个函数体，但并没有在.h 中进行声明。

解决方法：

① 可以在调用这种函数的.c 文件的一开始处加上：extern Example()；

② 可以在调用这种函数的.c 文件中包含进声明了函数 Example()的头文件。

③ 如果在一个.c 文件中定义了这个函数体，但并没有在.h 中进行声明，不嫌麻烦的话，也可以去生成一个.h 文件，加上函数声明。

类似的警告：

```
warning: type mismatch with previous implicit declaration
warning: type mismatch with previous implicit declaration
warning: previous implicit declaration of 'Example()'
```

类型 2：

显示：warning: unused variable 'param'。

警告原因：很明显，是定义了变量 ‘param’，却根本没有使用它。

解决方法：不需要用的话，就删了它吧。

类型 3：

显示：warning: statement with no effect。

警告原因：可能的情况是，在文件中，首先定义#define MACROPRIN，然后在某一处又定义了#define MACROPRINT printf。然后在各处引用 MACROPRINT(“HELLO”)，这样不会出错，但是发生了警告“这个声明是没有用的”。

解决方法：把#define MACROPRINT 删掉。

类型 4：

显示：warning: int format, long int arg (arg 3)

警告原因：使用代码 printf("%s%d", szDebugString, Id);而 Id 是一个 unsigned long 型的，而为它选择的输出形式却是“%d”(这个格式是为整数型服务的-int)。

解决方法：这样的错误只要做到参数类型一致就可以了，类似上面的现象，只要把“%d”改成“%ld”就可以了。

类似警告：`warning:comparison between pointer and integer`

类型 5：

显示：warning: comparison is always 0 due to limited range of data type

警告原因：有可能定义了 unsigned int uParam;但是做了 if(uparam<0)的判断，

因为 unsigned int 型的数据总是>=0 的，因此这样的比较由于数据类型限制了它的范围，也就给出了警告。

解决方法：可以去掉这样的判断。

类型 6：

显示：warning: control reaches end of non-void function

警告原因：出现这样的警告，有可能是写了一个如下的函数：

```
unsigned long FuncA()
{
    if()
    {
        return ulValue;
    }
    if()
    {
        return ulValue;
    }
}
```

这样的函数，可能在两个 if 语句中，程序都没有进入，这时，在退出函数之前，函数就根本没有值可以返回。

解决方法：将 return 语句从 if 中提出来、让函数有返回值。

类型 7：

显示：warning: overflow in implicit constant conversion

警告原因：变量的变换有可能导致数值的越界。

```
#define RET_PRODUCTID 0x10000000
#define ERR_RET_GLOBAL RET_PRODUCTID+5000
#define RET_USER ERR_RET_GLOBAL+5000
#define USER_OK RET_USER+0
#define USER_FAIL RET_USER+1
```

如果这样定义，碰到 short Func(){return USER_OK}，就会警告有出现越界。

解决办法：确定好值的范围。

类型 8：

显示：warning: 'ulParam' might be used uninitialized in this function

警告原因： 当 ulParam 做为表达式的右值时，而在此之前，没有对这个参数进行初始化。如下面的程序。

```
void Func()
{
    ulong ulParam;
    ulong ulRetCode;
if(...)
{
    ulParam = ...;
}
if(....)
```

```
    {
        ulParam = …;
    }
        ulRetCode = ulParam;
    }
```

在这种情况下，当两个 if()都执行不到的时候，ulParam 根本没有被赋值过，这样又去给 ulRetCode 赋值，就会造成很大的问题。

解决办法：在赋值的时候，需要更加细心谨慎。

类型 9：

显示：warning: passing arg 1 of 'free' makes pointer from integer without a cast

警告原因：在使用代码 free(a)时,由于 a 是一个 unsigned long,可能把一个指针的数值放在了 a 里面了。

解决办法：在 free(a)时，需要强制转换 a 为指针类型即可，即：free((char*)a)。

类似警告：warning: assignment from incompatible pointer type

warning: initialization from incompatible pointer type

warning:passing arg 2 of ‘AOS_MemCopy_X’ makes pointer from integer without a cast

10.4　编写易于调试的代码

当程序出现问题，调试是解决问题的途径之一。为了减少程序中 Bug 的数量，降低代码调试的难度，在编写代码阶段就应该适当考虑编写易于调试的代码。

程序(Program)一词本意就是设计、规划的意思。要避免程序中的错误，首先要设计好程序的结构。在设计程序结构的时候需要着重注意一下两个特性：

简单性：大多数常见的错误来源于程序设计中不必要的复杂成分。一个好的设计应该反映问题本身的要求，而不必为了刻意追求“满足将来的需要”而添加不必要的特性。实际上，简单优雅的设计比那些复杂的设计更能迎合未来的需求，而且更适合调试。

耦合性：耦合(decoupling)性用来衡量不同对象之间的依赖程度。松耦合的程序易于理解和实现，易于测试和维护，且这种程序包含错误的可能性小，错误也较容易发现和清除。设计模块的时候，在性能要求不是很高的情况下，应尽量降低模块之间的耦合性。松耦合的模块，也便于单模块的单元调试。

10.4.1　编程风格

编程风格是个人问题，有很大的随意性。一个好的编程风格不仅让代码易理解，也易于调试。尤其在团队合作的时候，编程风格的一致更显得重要。为了编写易于调试的代码，编程风格应该注意以下几个方面：

清晰地书写代码

如果没有必要，尽量不要使用语言中的高级特性，因为这些特性不易于理解和调试，甚至出现歧义。使用大多数程序员都能理解的语言成分来书写代码，不易犯错且易于理解和维护。

编写结构良好的代码

当程序崩溃时所能得到的最基本的调试信息是源代码文件、问题所在行的行号和一个调用堆栈。调用堆栈是调试程序时最有帮助的部分，它提供错误出现的上下文，也就是函数调用的层次序列。书写的代码结构越清晰，调用堆栈就能给你越多信息。

使用良好的标识符

一个好名字能使你的代码更容易被理解和维护。流行的匈牙利命名法(Hungarian Notation)实际上是把标识符的意义和表示方法结合起来。现在，匈牙利命名法表现出不少的局限性，匈牙利命名法过于看重前缀的作用，对一个变量的表达信息不完整，实际上并没有传递多少有用信息，它使代码难于阅读，难以维护。一个好的命名传统是指示出变量的作用域以便在需要的时候检查它的定义，并明确地指出一个变量是全局的、局部的还是成员数据。依赖变量的定义比依赖匈牙利前缀更加有用和可靠。

好的名字能够用平常的语言概括出该标识符所代表的实体的含义。在选择类、函数、变量的名字时可以考虑以下几个原则：

(1)取简单的描述性名字，好的名字能简要地概括出这个标识符代表的含义。

(2)避免简写，简写使标识符难于阅读和记忆，尽量使用混合大小写的完整的单词。

(3)避免相似性的文字，避免混淆。

(4)避免采用一般的或随机产生的名字，而应采用有实际意义的名字。如欲从按钮类派生位图按钮，取一个 CBitmapButton，而不是 CMyButton。

用简单的语句行

在 C-Free 中，一行可写多个语句。但调试是面向行的，过于复杂的行难于调试。因此，从调试的角度出发，每一个语句都应独自成行。否则即使错误定位到行，由于该行语句较多，或者语句过长，定位错误位置的时候还是可能会出现问题。

使用统一的排列

统一的排列方式使类、变量的定义和语句更加明显。

用括号使书写清晰

你不一定能全部记住各种运算符的优先级和结合律，而使用多余的括号并不影响编译后的代码。因此，如果你不能确定是否需要括号时，请加上它。

此外对于条件语句之后只有一句的情况，以后难保不会加上其他语句，最好也加上括号。

小心=和==

在 C 语言中，由于 if/while 后的条件语句可以使用任何类型，经常会误将 if(x==2)写为 if(x=2)，使得该条件判断永真。在比较变量和常数的时候，为了避免上述错误的发生，建议将常数写在左边，if(2==x)，即使不小心写作 if(2=x)，在编译的时候也会发现错误。

使用好的注释

用好的注释能使你的代码不易出错，而且便于其他程序员阅读，便于理解和维护。即使是自己编写的代码，也难保证一周后、一月后、一年后还可以轻而易举地看懂它。尤其当参与的项目过多，代码被反复修改之后，看到有注释的代码会倍感亲切的。

10.4.2　借势 C++

利用 C++语言特性

(1)用 const 代替#define 来创建常量；

(2)用 enum 代替#define 来创建常量集合；

(3) 用内联(inline)函数代替#define 宏定义的函数；

这三种技术用 C++而不是宏预处理。使用预处理的问题在于编译器对于预处理器所做的事情一无所知，因此无法用数据类型检查错误和不一致的地方。预处理的名字不在符号表里，因此也不能用调试工具来检查预处理常量。相似地，预处理宏被编译进去，不能用调试工具跟踪。但是编译器能充分了解 const、enum 和 inline 语句，从而能在编译的时候对出现的问题发出警告。

但预处理在很多调试代码中起重要作用。调试代码经常需要从非调试代码里面得到不同的行为，而最有效的办法就是让预处理为调试创建不同的代码。

(1) 用 new 和 delete 代替 malloc 和 free。在创建对象、类型的安全性和灵活性方面，使用 new/delete 比 malloc/free 要好。另外，new 可被重载，提供了更大的灵活性。此外 C++还提供了 palcement new 操作符，便于实现自定制的内存分配器。

(2) 用输入输出流(iostreams)代替 stdio。使用 C++输入输出流(<<和>>)而不使用 C 标准输入输出库(printf/sprintf 和 scanf/ sscanf)，有利于安全性和扩展性。从调试的角度来看，标准输入输出函数的最大问题在于编译器不能对控制流参数进行任何类型检测，而输入输出流的任何问题都能在编译时检测出来。在使用 iostream 的时候，请使用 STL 中的标准 IO 库，而不要再使用已经过时的 IO 库，也就是使用<iostream>头文件，而不是<iostream.h>头文件。在 VC7.1 中已经取消过时的 IO 库了。如果非要使用 printf 族函数，请不要混合使用两套 IO 库，否则会出现不可预测的问题。

使用头文件

要在头文件中声明所有共享的外部符号，而且保留函数原型中的参数名。把所有的共享定义放在头文件中，不要在.cpp 文件里面看到 extern 关键字。

初始化变量

在使用变量之前一定要把它们初始化。在初始化之前就使用变量肯定会产生错误。通常不需对对象进行初始化，对数据成员应在构造函数中初始化。必须明确地为在栈中和堆中分配的数组和数据结构进行初始化。对于对象，应该初始化每个需要初始化的数据成员。因为变量的使用是由优化器来检查的，所以检测未初始化的本地变量，发布版本要比调试版本要做得好。

对于类的对象，最好使用指针类型，这样在初始化的时候设置为 NULL，然后在使用 new 创建对象，在使用 delete 释放对象之后，请紧接着使用 NULL 来赋值。使用指针类型来声明变量，便于检查对象的合法性。

另外在构造函数中请不要进行过于复杂的操作，以防止初始化失败。对象创建不出来，无法进行后续操作。对于复杂的初始化操作，应提供单独的初始化函数来完成。

使用布尔类型

bool 类型是 C++引入的新类型，取值为 true 和 false，大小为一个字节。 Windows 程序通常用 BOOL 类型，其定义如下：

```
typedef int BOOL;
#define FALSE 0
#define TRUE 1
```

在 C++中，一个布尔表达式如果为 0 则为假，其他则为真，包括负数。因此，对布尔表达式应该检查是否为假而不是检查是否为真。

使用句柄和指针

初始化一个指针时，要么让其指向一个有效的内存地址，要么设为 NULL(空指针)，避免指针指向无效地址。回收指针所指对象时要重新初始化这个指针，并且在指针被释放前为空时就对其进行处理。对句柄的处理跟指针一样。避免出现野指针和野句柄。

用引用而不是指针做参数

用指针做函数的参数可传递一个空指针，很灵活，但也很容易忘了对指针进行初始化。而引用是对象的别名，它必须和有效的对象相关联，不存在空的和没有初始化的引用。当在函数中收到一个引用参数时，可以肯定这是一个有效的对象。程序用引用做参数比用指针做参数更为健壮，并且更能够利用编译器的特性帮助发现错误。

强制类型转换

进行数据类型的强制类型转换时，将会调用相应的构造函数或转换函数来创建一个新类型的临时对象。对指针的正确类型转换可消除一个编译错误，但并没改变指针。强制类型转换破坏了编译器进行类型检查的功能，而这正是编译器查找错误的最有效的机制。为了保证安全性，每一个强制类型转换都需要手工进行类型检查。为尽量避免强制类型转换，你可以：避免使用多态数据类型；使用更加广泛的基类；提供特殊的存取函数；让编译器隐式处理类型转换等措施。

使用构造函数和析构函数

构造函数需要分配内存，创建资源或者打开文件，这些运算并不总是成功。构造函数没有返回值，没有直接显示错误的方法。一个常见的方法(在很多 MFC 类中使用)是把对象创建分为两步：第一步，让构造函数以一种不会出错的方式初始化对象；第二步，让某些初始化函数(如 Create 或 Open)完成工作，这一步可能出错。另一种方法是在构造函数中使用异常：第一步，以不会出错的方式初始化对象；第二步，用可能在 try 段内出错的代码初始化对象；第三步，在 catch 代码里面处理异常。如果出现异常，就会在构造函数里清除分配的资源，并且再次抛出异常。

异常处理的一个关键细节，就是在栈展开的过程中抛出的异常会终止整个应用程序。在处理异常时经常要调用析构函数，因此析构函数很容易出错，一定要保证析构函数的异常在析构函数中得到处理。要保证基类的析构函数是虚函数。这样，就算对象是一个指向基类的指针，也会调用派生类的析构函数。否则，就会引起资源泄漏(resource leak)。为了避免由于异常处理导致的资源泄漏，可以使用智能指针来解决这个问题。

丰富自身的知识

调试，不单单是一个调试代码的过程，其中可能涉及方方面面的知识。尤其在编写大型软件的时候，还可能使用到数据库、网络、多媒体等领域的知识。当遇到莫名其妙的异常时，往往问题不是出自程序本身。这个时候，网上的讨论组和搜索引擎是一个好去处，在那里可以得到更多人的帮助。加入一些著名的讨论组和邮件列表，去一些人气较旺、水平较高的论坛，都会提高自身的修养。

参 考 文 献

尹宝林. 2009. C 程序设计思想与方法. 北京：机械工业出版社

Bronson G J. 2004. 标准 C 语言基础教程. 3 版. 北京：电子工业出版社

附　　录

附录 1　C 语言的 32 个关键字及其含义

关键字	含义	关键字	含义	关键字	含义
auto	局部变量	break	离开所在循环或分支	case	switch 的分支
char	字符类型	const	定义常量	continue	结束本次循环
default	switch 的默认分支	do	构成 do-while 循环	double	双精度浮点类型
else	if-else 选择结构	enum	枚举类型	extern	外部变量
float	单精度浮点类型	for	for 循环	goto	无条件转移语句
if	选择语句	int	基本整型	long	长整型
register	寄存器变量	return	返回函数值	short	短整型
signed	有符号类型	sizeof	计算字节数	static	静态变量
struct	定义结构体类型	switch	开关语句	typedef	重定义数据类型
union	共用体	unsigned	无符号类型	void	空类型
volatile	隐含改变变量值	while	do-while 循环		

附录 2　C 语言编程元素及其适用场合

1. 关键字和标识符

关键字是指系统赋予特殊意义、具有指定功能的、由系统命名的字。C 语言共有 32 个，见附录 1。

标识符是由编程人员自行命名的，由字母、数字和下划线构成，其中数字不能开头，也不能和关键字重名。标识符适用于为变量、函数、文件、数组等命名，一般遵循“见名知意”的原则。不同系统对标识符的命名长度要求不同。

2. 数据类型

数据类型规定了值的集合及其在该组值集上的一组操作。在实际编写程序时，数据类型是为了处理和保存占据内存大小不同的数据。数据类型分为基本数据类型、复合数据类型和无值类型。数据类型适用于当系统需要保存或处理数据时，需要为数据定义内存大小合适的类型。

3. 运算符和表达式

C 语言的运算符需要掌握每一个运算符的运算含义、运算数的数据类型及个数、运算法则、优先级、结合性，见附录 3。

表达式是由 C 语言的标识符、运算符、常数等符号按照一定的规则连接而成的式子，表达式最终有一个值。

4. 选择控制结构

分支（选择）语句适用于解决问题中的单项或多项选择。C 语言有四种常用的选择结构。

① if（条件） 语句；　　//单分支

② if（条件） 语句 1；　else　语句 2；　　//双分支、二选一

③ if（条件 1） 语句 1；
　else　if（条件 2） 语句 2
　else　if（条件 3） 语句 3；
　……
　else　语句 n；　　//多分支、多选一

④ switch (表达式)
```
{
    case 常量表达式 1：语句 1; break;
    case 常量表达式 2: 语句 2; break;
    ……
    case 常量表达式 n: 语句 n; break;
    default：语句 n+1;
} //多分支、多选一
```

5. 循环控制结构

循环控制结构适用于解决问题域中重复多次做具有某种变化规律的问题。C 语言有四种控制结构。

① while（条件） {循环体语句；}　　// 当型循环，常用于循环次数未知

② do {循环体语句；}　while(条件);　　//直到型循环，常用于循环次数未知

③ for(表达式 1；表达式 2；表达式 3) {循环体语句；}　//适用于循环次数已知

④ if(条件) goto 标号；　//goto 为无条件跳转语句，建议少用。

6. 数组结构

数组是一种复合数据类型，用来存储数据类型相同的一组数据。根据预存储数据所需要的表述的维度多少，可以分为一维数组、二维数组或多维数组。数组结构适用于需要存储或处理大量相同类型的数据的问题。数组定义为：

```
数据类型   数组名[数组长度];          // 一维数组
数据类型   数组名[行长][列长];        //二维数组
```

7. 结构体结构

结构体是一种复合数据类型，可以用来存储不同数据类型的一组数据。结构体的成员也可以是结构体。结构体适用于需要存储或处理的数据是由多种数据类型构成的问题。

结构体类型定义为：

```
struct 结构体类型名
{
    数据类型 1   成员 1;
    数据类型 2   成员 2;
    ……
    数据类型 n   成员 n;
};
结构体变量定义为： 结构体类型名  结构体变量;
```

8. 指针结构

指针是指内存中的存储地址。指向变量的指针是变量的内存地址。指向数组的指针是数组的内存首地址。指向结构体的指针是结构体的内存首地址，即第一个成员数据的内存首地址。指针与所指向的结构的数据类型必须相同。指针可以应用于任何场合的编程，可以让程序变得灵活、精炼而高效。但没有正确使用指针也会带来毁灭性的错误。使用指针要慎重。指针定义为：

```
数据类型  指针名;             //指向某种数据类型的变量的指针
指针名 = &变量名;             // 指针指向某个变量。
指针名 = 数组名;              //指针指向某个数组变量。
指针名 = &结构体名;           // 指针指向某个结构体变量。
```

9. 函数结构

函数是 C 语言结构化编程的具体体现。一个函数就是对完成某项任务的一段代码的封装。函数由四个要素组成，C 语言有系统提供函数和程序员自定义函数。函数自定义为：

```
返回值数据类型　函数名（形式参数）
{
    ......                    //函数体
}
```

调用函数（使用函数）的格式为：

```
函数名（实在参数）；
```

其中实在参数与形式参数一一对应。

10. 文件结构

文件是按照文件名存储在外部介质，比如磁盘上的数据的集合。操作系统是通过文件名实现对文件的管理和操作的。文件适用于解决将数据存储在外部存储介质上的问题。C 语言有两种文件类型，文本文件（ASCII 码文件）或二进制文件。定义文件类型时必须定义一个指向文件类型的 FILE 的指针变量，并将该指针指向要操作的文件。文件的定义为：

```
FILE * fp;            //fp 是一个指向文件类型 FILE 结构体类型的指针变量。
fp = fopen(文件名，使用文件方式)；      //以某种方式打开文件，fp 指向该文件。
fp = fopen(文件名，使用文件方式)；      //关闭 fp 指向的文件。
```

附录 3　常用字符与 ASCII 码的对照表

标准 ASCII 码字符编码

DEC	OCT	HEX	KEY	DEC	OCT	HEX	KEY	DEC	OCT	HEX	KEY
0	0	0	nul	43	53	2B	+	86	126	56	V
1	1	1	soh	44	54	2C	,	87	127	57	W
2	2	2	stx	45	55	2D	-	88	130	58	X
3	3	3	etx	46	56	2E	.	89	131	59	Y
4	4	4	eof	47	57	2F	/	90	132	5A	Z
5	5	5	enq	48	60	30	0	91	133	5B	[
6	6	6	ack	49	61	31	1	92	134	5C	\
7	7	7	bel	50	62	32	2	93	135	5D	]
8	10	8	bs	51	63	33	3	94	136	5E	^
9	11	9	ht	52	64	34	4	95	137	5F	—
10	12	A	lf	53	65	35	5	96	140	60	、
11	13	B	vt	54	66	36	6	97	141	61	a
12	14	C	ff	55	67	37	7	98	142	62	b
13	15	D	cr	56	70	38	8	99	143	63	c
14	16	E	soh	57	71	39	9	100	144	64	d
15	17	F	si	58	72	3A	:	101	145	65	e
16	20	10	dle	59	73	3B	;	102	146	66	f
17	21	11	dcl	60	74	3C	<	103	147	67	g
18	22	12	dc2	61	75	3D	=	104	150	68	h
19	23	13	dc3	62	76	3E	>	105	151	69	i
20	24	14	dc4	63	77	3F	?	106	152	6A	j
21	25	15	mak	64	100	40	@	107	153	6B	k
22	26	16	syn	65	101	41	A	108	154	6C	l
23	27	17	etb	66	102	42	B	109	155	6D	m
24	30	18	can	67	103	43	C	110	156	6E	n
25	31	19	em	68	104	44	D	111	157	6F	o
26	32	1A	sub	69	105	45	E	112	160	70	p
27	33	1B	esc	70	106	46	F	113	161	71	q
28	34	1C	fs	71	107	47	G	114	162	72	r
29	35	1D	gs	72	110	78	H	115	163	73	s
30	36	1E	rs	73	111	49	I	116	164	74	t
31	37	1F	us	74	112	4A	J	117	165	75	u
32	40	20	sp	75	113	4B	K	118	166	76	v
33	41	21	!	76	114	4C	L	119	167	77	w
34	42	22	"	77	115	4D	M	120	170	78	x
35	43	23	#	78	116	4E	N	121	171	79	y
36	44	24	$	79	117	4F	O	122	172	7A	z
37	45	25	%	80	120	50	P	123	173	7B	{
38	46	26	&	81	121	51	Q	124	174	7C	|
39	47	27	'	82	122	52	R	125	175	7D	}
40	50	28	(	83	123	53	S	126	176	7E	~
41	51	29	)	84	124	54	T	127	177	7F	del
42	52	2A	*	85	125	55	U				

注：DEC 为十进制，OCT 为八进制，HEX 为十六进制。

附录 4　常用键盘 ASCII 码对照

键盘说明（ZH_CN）	键盘说明（EN_UK）	ASCII 码
ESC 键	VK_ESCAPE	(27)
回车键	VK_RETURN	(13)
TAB 键	VK_TAB	(9)
Caps Lock 键	VK_CAPITAL	(20)
Shift 键	VK_SHIFT	(16)
Ctrl 键	VK_CONTROL	(17)
Alt 键	VK_MENU	(18)
空格键	VK_SPACE	(32)
退格键	VK_BACK	(8)
左徽标键	VK_LWIN	(91)
右徽标键	VK_LWIN	(92)
鼠标右键快捷键	VK_APPS	(93)
Insert 键	VK_INSERT	(45)
Home 键	VK_HOME	(36)
Page Up	VK_PRIOR	(33)
Page Down	VK_NEXT	(34)
End 键	VK_END	(35)
Delete 键	VK_DELETE	(46)
方向键(←)	VK_LEFT	(37)
方向键(↑)	VK_UP	(38)
方向键(→)	VK_RIGHT	(39)
方向键(↓)	VK_DOWN	(40)
F1 键	VK_F1	(112)
F2 键	VK_F2	(113)
F3 键	VK_F3	(114)
F4 键	VK_F4	(115)
F5 键	VK_F5	(116)
F6 键	VK_F6	(117)
F7 键	VK_F7	(118)
F8 键	VK_F8	(119)
F9 键	VK_F9	(120)
F10 键	VK_F10	(121)
F11 键	VK_F11	(122)
F12 键	VK_F12	(123)
Num Lock 键	VK_NUMLOCK	(144)
小键盘 0	VK_NUMPAD0	(96)
小键盘 1	VK_NUMPAD0	(97)
小键盘 2	VK_NUMPAD0	(98)
小键盘 3	VK_NUMPAD0	(99)
小键盘 4	VK_NUMPAD0	(100)
小键盘 5	VK_NUMPAD0	(101)
小键盘 6	VK_NUMPAD0	(102)

续表

键盘说明（ZH_CN）	键盘说明（EN_UK）	ASCII 码
小键盘 7	VK_NUMPAD0	(103)
小键盘 8	VK_NUMPAD0	(104)
小键盘 9	VK_NUMPAD0	(105)
小键盘.	VK_DECIMAL	(110)
小键盘*	VK_MULTIPLY	(106)
小键盘+	VK_MULTIPLY	(107)
小键盘-	VK_SUBTRACT	(109)
小键盘/	VK_DIVIDE	(111)
Pause Break 键	VK_PAUSE	(19)
Scroll Lock 键	VK_SCROLL	(145)

附录 5　C 语言运算符及优先级

优先级	运算符	名称或含义	使用形式	结合方向	目（元）数
1	[]	数组下标	数组名[常量表达式]	左到右	--
	()	圆括号	（表达式）/函数名（形参表）		--
	.	成员选择（对象）	对象.成员名		--
	->	成员选择（指针）	对象指针->成员名		--
2	-	负号运算符	-表达式	右到左	单目运算符
	~	按位取反运算符	~表达式		
	++	自增运算符	++变量名/变量名++		
	--	自减运算符	--变量名/变量名--		
	*	取值运算符	*指针变量		
	&	取地址运算符	&变量名		
	!	逻辑非运算符	!表达式		
	（类型）	强制类型转换	（数据类型）表达式		--
	sizeof	长度运算符	sizeof（表达式）		--
3	/	除	表达式/表达式	左到右	双目运算符
	*	乘	表达式*表达式		
	%	余数（取模）	整型表达式%整型表达式		
4	+	加	表达式+表达式	左到右	双目运算符
	-	减	表达式-表达式		
5	<<	左移	变量<<表达式	左到右	双目运算符
	>>	右移	变量>>表达式		
6	>	大于	表达式>表达式	左到右	双目运算符
	>=	大于等于	表达式>=表达式		
	<	小于	表达式<表达式		
	<=	小于等于	表达式<=表达式		
7	==	等于	表达式==表达式	左到右	双目运算符
	! =	不等于	表达式!= 表达式		
8	&	按位与	表达式&表达式	左到右	双目运算符
9	^	按位异或	表达式^表达式	左到右	双目运算符
10	|	按位或	表达式|表达式	左到右	双目运算符
11	&&	逻辑与	表达式&&表达式	左到右	双目运算符
12	||	逻辑或	表达式||表达式	左到右	双目运算符
13	?:	条件运算符	表达式 1? 表达式 2: 表达式 3	右到左	三目运算符
14	=	赋值运算符	变量=表达式	右到左	--
	/=	除后赋值	变量/=表达式		--
	*=	乘后赋值	变量*=表达式		--

续表

优先级	运算符	名称或含义	使用形式	结合方向	目（元）数
14	%=	取模后赋值	变量%=表达式	右到左	--
	+=	加后赋值	变量+=表达式		--
	-=	减后赋值	变量-=表达式		--
	<<=	左移后赋值	变量<<=表达式		--
	>>=	右移后赋值	变量>>=表达式		--
	&=	按位与后赋值	变量&=表达式		--
	^=	按位异或后赋值	变量^=表达式		--
	|=	按位或后赋值	变量|=表达式		--
15	,	逗号运算符	表达式,表达式,…	左到右	--

附录 6　C 语言的库函数

数学函数的原型在 math.h 头文件中。

数学函数表

函数名称	函数与型参类型	函数功能	返回值
acos	double acos(x) double x;	计算 $\cos^{-1}(x)$的值 –1<=x<=1	计算结果
asin	double asin(x) double x;	计算 $\sin^{-1}(x)$的值 1<=x<=1	计算结果
atan	double atan(x) double x;	计算 $\tan^{-1}(x)$的值	计算结果
atan2	double atan2(x,y) double x;	计算 $\tan^{-1}(x/y)$的值	计算结果
cos	double cos(x) double x;	计算 cos(x)的值 x 的单位为弧度	计算结果
cosh	double cosh(x) double x;	计算 x 的双曲余弦 cosh 的值	计算结果
exp	double exp(x) double x;	求 e^x 的值	计算结果
fabs	double fabs(x) double x;	求 x 的绝对值	计算结果
floor	double floor(x) double x;	求不大于 x 的最大整数	该整数的双精度实数
fmod	double fmod(x,y) double x,y;	求整除 x/y 的余数	返回余数的双精度实数
frexp	double frexp(val,eptr) double val; int * eptr	把双精度数 val 分解为数字部分（尾数）和以 2 为底的指数 n，即 val=x*2n,n 存放在 eptr 指向的变量中	数字部分 x 0.5<=x<1
log	double log(x) double x;	求 logex 即 lnx	计算结果
log10	double log 10(x) double x;	求 log10x	计算结果
modf	double modf(val,iptr) double val; double * iptr	把双精度数 val 分解为整数部分和小数部分，把整数部分存到 iptr 指向的单元	val 的小数部分
pow	double pow (x,y) double x,y	计算 x^y 的值	计算结果
sin	double sin(x) double x;	计算 sin(x)的值 x 的单位为弧度	计算结果
sinh	double sinh(x) double x;	计算 x 的双曲线正弦函数 sinh(h)的值	计算结果
sprt	double sprt(x) double x;	计算 $\sqrt{x}$ （x>=0)	计算结果
tan	double tan(x) double x;	计算 tan(x)的值 x 位为弧度	计算结果
tanh	double tanh(x) double x;	计算 x 的双曲线正切函数 tanh(x)的值	计算结果

字符函数原型在 ctype.h 头文件中。

字符函数表

函数名称	函数与行参类型	函数功能	返回值
isalnum	int isalnum(ch) int ch;	检查 ch 是否字母或数字	是字母或数字返回；否则返回 0
isalpha	int isalpha(ch) int ch;	检查 ch 是否字母	是字母返回 1；则返回 0
iscntrl	int iscntrl(ch) int ch;	检查 ch 是否控制字母（其 ASCII 码在 0 和 0xlf 之间）	是控制字符，返回 1；否则返回 0
isdigit	int isdigit(ch) int ch;	检查 ch 是否数字（0~9）	是数字返回 1；否则返回 0
isgraph	int isgraph(ch) int ch;	检查 ch 是否是可打印字符（其 ASII 码在 0×21 到 0×7e 之间）不包括空格	是打印字符返回 1；否则返回 0
islower	int islower(ch) int ch	检查 ch 是否是小写字母（a~z）	是小写字母返回 1；否则返回 0
isprint	int isprint(ch) int ch	检查 ch 是否可打印字符（不包括空格），其 ASCII 码值在 0×21 到 0×7e 之间	是可打印字符，返回 1；否则返回 0
isspace	int isspace(ch) int ch;	检查 ch 是否空格、跳格符（制表符）或换行符	是，返回 1；否则返回 0
isupper	int isupper(ch) int ch;	检查 ch 是否大写字母（A~Z）	是大写字母，返回 1；否则返回 0
isxdigit	int isxdigit(ch) int ch	检查 ch 是否一个十六进制数字（即 0~9，或 A~F，a~f)	是，返回 1；否则返回 0
tolower	int tolower(ch) int　ch	将 ch 字符转换为小写字母	返回 ch 对应的小写字母
toupper	int toupper(ch) int ch	将 ch 字符转换为大写字母	返回 ch 对应的大写字母

字符串函数原型在 string.h 头文件中。

字符串函数表

函数名称	函数与行参类型	函数功能	返回值
memchr	void memchr(buf,ch,count) void * buf;char ch; Unsigned int count;	在 buf 的前 count 个字符里搜索字符 ch 首次出现的位置	返回值指向 buf 中 ch 第一次出现的位置指针；若没有找到 ch 返回 NULL
memcmp	int memcmp(buf1,buf2,count) void * buf1,* buf2; unsigned int count	按字典顺序比较由 buf1 和 buf2 指向数组的前 count 个字符	buf1<buf2,为负数； buf1=buf2;返回 0； buf1>buf2;为正数；
memcpy	void *memcpy(to,from,count) void * to,*from; unsigncd int count;	将 from 指向数组中的前 count 个字符拷贝到 to 指向的数组中，from 和 to 指向的数组不允许重叠	返回指向 to 的指针
mem-move	void * mem-move(to,from,count) void * to,* from; unsigned int count;	将 from 指向的数组中的前 count 个字符拷贝到 to 指向的数组中，from 和 to 指向的数组可以允许重叠	返回指向 to 的指针
memset	void * memset(buf,ch,count) void * buf;char ch; unsigned int count;	将字符 ch 拷贝到 buf 所指向的数组的前 count 个字符串	返回 buf
stcat	char * strcat(str1,str2) char *str1, * str2;	把字符串 str2 接到 str1 后面，取消原来的 str1 最后面的串结束符'\0'	返回 str1

续表

函数名称	函数与行参类型	函数功能	返回值
strchr	char * strchr(str,ch) char * str; int ch;	找出 str 指向的字符串中第一次出现字符 ch 的位置	返回指向该位置的指针，若找不到，则应返回 NULL
strcmp	int　strcmp(str1,str2) char * str1 ,*str2;	比较字符串 str1 和 str2	str1<str2,为负数； str1=str2;返回 0； str1>str2;为正数；
strcpy	char * strcpy(str1,str2) char * str1, * str2;	把 str2 指向的字符串拷贝到 str1 中去	返回 str1
strlen	unsigned int strlen(str) char *str;	统计字符串 str 中字符的个数(不包括终止符'\0')	返回字符个数
strncat	char * strncat(str1,str2,count) char * str1, * str2; Unsigned int count;	把字符串 str2 指向的字符串中最多 count 个字符连到串 str1 后面，并以 NULL 结尾	返回 str1
strncmp	int strncmp(str1,str2,count) char * str1, * str2; unsigned int count;	比较字符串 str1 和 str2 中最多的前 count 字符	str1<str2,为负数； str1=str2;返回 0； str1>str2;为正数；
strncpy	char * strncpy(str1,str2,count) char * str1, * str2; unsigned int count;	把 Str2 指向的字符串中最多前 count 个字符拷贝到串 str1 中去	返回 str1
strnset	char * setnset(buf,ch,count) char *buf;char ch; unsigned int count;	将字符 ch 拷贝到 buf 所指向的数组的前 count 个字符串中	返回 buf
strset	char * strset(buf,ch) char * buf;char ch;	将 buf 所指向字符串中的全部字符都变为 ch	返回 buf
strstr	char * strstr(str1,str2) char * str1, * str2;	寻找 str2 指向的字符串在 str1 指向的字符串中首次出现的位置	反回 str2 指向的子串首次出现的地址，否则返回 NULL

输入输出函数原型在 stdio.h 头文件中。

输入输出函数表

函数名称	函数与行参类型	函数功能	返回值
clearerr	void clearerr(fp) FILE * FP;	清除文件指针错误	无
close	int close(fp) int fp;	关闭文件（非 ANSI 标准）	关闭成功返回 0，不成功返回-1
creat	int creat(filename,mode) char * filename; int mode;	以 mode 所指定的方式建立文件（非 ANSI 标准）	成功则返回正数，否则返回-1
eof	in eof(fd) int fd;	判断文件（非 ANSI 标准）是否结束	遇文件结束，返回 1；否则返回 0
fclose	int fclose(fp) FILE * fp;	关闭 fp 所指的文件，释放文件缓冲区	关闭成功返回 0；否则返回非 0
feof	int feof(fp) FILE * fp;	检查文件是否结束	遇文件结束返回非 0；否则返回 0
ferror	int frrror(fp) FILE * fp;	测试 fp 所指的文件是否有错误	无错误返回；否则返回非 0

续表

函数名称	函数与行参类型	函数功能	返回值
fflush	int fflush(fp) FILE * FP;	将 fp 所指的文件的控制信息和数据存盘	存盘正确返回 0；否则返回非 0
fgetc	in fgetc(fp) FILE * fp;	从 fp 指向的文件中取得下一个字符	返回得到的字符。若出错返回 EOF
fgets	char * fgets(buf,n,fp) char * buf;int n; FILE * fp;	从 fp 指向的文件读取一个长度为（n–1)的字符串，存入起始地址为 buf 空间	返回地址 buf,若遇文件结束或出错，则返回 EOF
fopen	FILE * fopen(filename,mode) char * filename. * mode;	以 mode 指定的方式打开名为 filename 文件	成功，返回一个文件指针；否则返回 0
fprintf	int fprintf(fp,format,args,⋯) FILE * fp; char * format;	把 args 的值以 format 指定的格式输出到 fp 所指定的文件中	实际输出的字符数
fputc	int fputc(ch,fp) char ch; FILE * FP;	将字符 ch 输出到 fp 指向的文件中	成功，则返回该字符，否则返回 EOF
fputs	int fputs(str,fp) char str; FILE * fp;	将 str 所指定的字符串输出到 fp 指定的文件中	成功返回 0，若出错返回 EOF
fread	int fread(pt,size,n,fp) char * pt; unsigned size; unsigned n; FILE * fp;	从 fp 所指定的文件中读取长度为 size 的 n 个数据项，存到 pt 所指向的内存区	返回所读的数据项个数，如遇文件结束或出错，返回 0
fscanf	int fscan(fp,format,args,⋯) FILE * fp; char format;	从 fp 指定的文件中按给定的 for-mat 格式将读入的数据送到 args 所指向的内存变量中（args 是指针）	已输入的数据个数
fseek	int fseek(fp,offset,base) FILE * fp; long offset; int base;	将 fp 所指向的文件的位置指针移到 base 所指出的位置为基准，以 offset 为 offset 为位移量的位置	返回当前位置，否则返回返回–1
ftell	long ftell(fp) FILE * fp;	返回 fp 所指向的文件中的读写位置	返回文件中的读写位置，否则返回 0
fwrite	int fwrite(ptr,size,n,fp) char * ptr; FILE * fp; unsigned size,n;	把 ptr 所指向的 n * size 个字节输出到 fp 所指向的文件中	写到 fp 文件中的数据项的个数
getc	int getc(fp) FILE * fp	从 fp 指向的文件中读入下一个字符	返回读入的字符；若文件结束后或出错返回 EOF
getchar	int getchar()	从标准输入设备读取下一个字符	返回字符,r 若文件结束或出错返回–1
gets	char * gets(str) char * str;	从标准输入设备读取字符串存入 str 指向的数组	成功返回指针 str，否则返回 NULL
open	int open(filename,mode) char * filename; int mode;	以 mode 指定的方式打开已存在的名为 filename 的文件（非 ANSI 标准）	返回文件号（正数）；若文件打开失败，返回–1
printf	int printf(format,args,⋯) char * format;	在 format 指定的字符串的控制下，将输出列表 args 的值输出到标准输出设备	输出的字符个数。若出错，否则返回负数
putc	int putc(ch,fp) int ch; FILE * fp;	把一个字符 ch 输出到 fp 所指的文件中	输出的字符 ch,若出错，返回 EOF

续表

函数名称	函数与行参类型	函数功能	返回值
putchar	int putchar(ch) char ch;	把字符 ch 输出到标准的输出设备	输出字符 ch,若出错，则返回 EOF
puts	int puts(str) char * str;	把 str 指向的字符串输出到标准输出设备，将'\0'转换为回车换行	返回换行符，若失败，返回 EOF
putw	int puw(w,fp) int I; FILE *fp;	将一个整数 I（即一个字）写到 fp 所指的文件（非 ANSI 标准）中	返回输出整数；若出错，返回 EOF
read	int read(fd,buf,count) int fd; char * buf; unsigned int count;	从文件号 fd 所指示的文件（非 ANSI 标准）中读 count 个字节到 buf 指示的缓冲区中	返回真读入的字节个数，如遇文件结束返回 0,出错返回–1
remove	int remove(fname) char * fname;	删除 fname 为文件名的文件	成功返回 0，出错返回–1
rename	int rename(oname,nname) char * oname, * nname;	把 oname 所指的文件名改为由 nname 所指的文件名	成功返回 0；出错返回–1
rewind	void rewind(fp) FILE * fp;	将 fp 指定的文件指针置于文件头，并清除文件结束标志和错误标志	成功返回 0；出错返回非零值
scanf	int scanf(format,args,…) char * format;	从标准输入设备按 format 指示的格式字符串规定的格式，输入数据给 args 所指示的单元。Args 为指针	读入并赋给 args 数据个数。遇文件结束返回 EOF；若出错返回 0
write	inr write(fd,buf,count) int fd; char * buf; unsigned count;	从 buf 指示的缓冲区输出 count 个字符到 fp 所指的文件（非 ANSI 标准）中	返回实际输出的字节数，如出错返回–1

动态存储分配函数的远型在 stdlib.h 头文件中。

动态存储分配函数表

函数名称	函数与行参类型	函数功能	返回值
calloc	void * calloc(n,size) unsigned n; unsigned size;	分配 n 个数据项的内存连续空间，每个数据项的大小为 size	分配内存单元的起始地址，若不成功，返回 0
free	void free(p) void * p;	释放 p 所指的内存区	无
malloc	void * malloc(size) unsigned size;	分配 size 字节的内存区	所分配的内存区地址，如内存不够，返回 0
realloc	void * realloc(p,size) void * p; unsigned size	将 p 所指的已分配的内存区的大小改为 size,size 可以比原来分配的空间大或小	返回指向该内存区的指针。若重新分配失败，返回 NULL

“其他函数”是 C 语言的标准库函数，由于不便归入某一类，所以单独列出。函数的原型在 stdlib.h 中。

其他函数表

函数名称	函数与行参类型	函数功能	返回值
abs	int abs(num) int num;	计算整数 num 的绝对值	返回计算结果

续表

函数名称	函数与行参类型	函数功能	返回值
atof	double atof(str) char * str;	将 str 指向的字符串转换为一个 double 型的值	返回双精度计算结果
atoi	int atoi(str) char * str;	将 str 指向的字符串转换为一个 int 型的整数	返回转换结果
atol	long atol(str) char * str;	将 str 所指向的字符串转换一个 long 型的整数	返回转换结果
exit	void exit(status) int status;	终止程序运行。将 status 的值返回调用的过程	无
itoa	char * itoa(n,str,radix) int n,radix; char * str	将整数 n 的值按照 radix 进制转换为等价的字符串，并将结果存入 str 指向的字符串中	返回一个指向 str 的指针
labs	long labs(num) log num	计算长整数 num 的绝对值	返回计算结果
ltoa	char * ltoa(n,str,radix) long int n; int radix; char * str;	将长整数 n 的值按照 radix 进制转换为等价的字符串，并将结果存入 str 指向的字符串中	返回一个指向 str 的指针
rand	int rand()	产生 0 到 RAND-MAX 之间的伪数。RAND-MAX 在头文件中定义。	返回一个伪随机（整）数
random	int random(num) int num;	产生 0 到 num 之间的随机数	返回一个随机（整）数
Random-ize	void randomize()	初始化随机函数。使用时要求包含头文件 time.h	无
system	int systen(str) char * str;	将 str 所指向的字符串作为命令传递 DOS 的命令处理器	返回所执行命令的退出状态
strod	double strtod(start,end) char * start; char * *end;	将 start 指向的数字字符串转换成 double,直到出现不能转换为浮点数的字符为止，剩余的字符串赋给指针 end *HUGE-VAL 是 turbo C 在头文件 math.h 中定义的数学函数溢出标志值	返回转换结果。若未转换则返回 0。若转换出错，返回 HUGE—VAL 表示上溢，或返回-HUGE—VAL表示下溢
strtol	long int strtol(start,end,radix) char * start; char * *end; int radix	将 start 指向的数字字符串转换成 long,直到出现不能转换为长整型数的字符为止，剩余的字符串赋给指针 end。转换时，数字的进制由 radix 确定。* LONG-MAX 是 turbo C 在头文件 limits.h 中定义的 long 型可表示的最大值	返回转换结果。若未转换则返回 0。若转换出错，返回 LONG—VAL 表示上溢，或返回-LONG—VAL 表示下溢

附录 7　常见的编程错误

C 语言常见编写错误：

1．书写标识符时，忽略了大小写字母的区别。

2．忽略了变量的类型，进行了不合法的运算。

3．将字符常量与字符串常量混淆。

4．忽略了“=”与“==”的区别。

5．忘记加分号。

6．多加分号。

7．输入变量时忘记加地址运算符“&”。

8．while 和 do-while 忽视了循环控制变量的初始化

9．while 和 do-while 忽视了修改循环控制变量的值

10．输入输出的数据类型与所用格式说明符不一致。

11．输入数据时，企图规定精度。

12．switch 语句中漏写 break 语句。

13．忽视了 while 和 do-while 语句在细节上的区别。

14．定义数组时误用变量。

15．在定义数组时，将定义的“元素个数”误认为是可使的最大下标值。

16．在不应加地址运算符&的位置加了地址运算符。

17．同时定义了形参和函数中的局部变量。

18．定义的指针变量或文件变量没有赋值。

C 语言常见编译错误：

1．Ambiguous operators need parentheses
不明确的运算需要用括号括起

2．Ambiguous symbol "xxx"
不明确的符号

3．Argument list syntax error
参数表语法错误

4．Array bounds missing
丢失数组界限符

5．Array size toolarge
数组尺寸太大

6．Bad file name format in include directive
包含命令中文件名格式不正确

7．Call of non-function
调用未定义的函数

8．Call to function with no prototype
调用函数时没有函数的说明

9. Case outside of switch
漏掉了 case 语句
10. Case syntax error
Case 语法错误
11. Code has no effect
代码不可述不可能执行到
12. Compound statement missing{
分程序漏掉"{"
13. Could not find file "xxx"
找不到 XXX 文件
14. missing ;
说明缺少"; "
15. Declaration syntax error
说明中出现语法错误
16. Division by zero
用零作除数
17. Do statement must have while
Do-while 语句中缺少 while 部分
18. Expression syntax error
表达式语法错误
19. Extra parameter in call
函数调用多参数
20. Fuction should return a value
函数必需返回一个值
21. Too few parameters in call
函数调用少参数
22. Type mismatch in parameter XXX
参数 xxx 类型不匹配
23. xxx statement missing (
xxx 语句缺少左括号
24. xxx statement missing)
xxx 语句缺少右括号
25. xxx statement missing ;
xxx 缺少分号
26. "xxx" declared but never used
说明了 xxx 但没有使用
27. "xxx" is assigned a value which is never used
给 xxx 赋了值但未用过